자연에
이름
붙이기

NAMING NATURE

자연에
이름
붙이기

**보이지 않던 세계가
보이기 시작할 때**

캐럴 계숙 윤 지음

정지인 옮김

윌북

제일 좋아하는 자연탐구가이자 제일 친한 친구인

메릴 피터슨에게 이 책을 바칩니다.

추천의 글

『자연에 이름 붙이기』보다 나의 생각에 큰 영향을 미친 책은 없다. 섬세한 관찰자이자 면밀한 과학자로서 저자가 길러낸 이 열매들을 즐겁게 맛보다 보면 어느새 완전히 새로운 생각이 머릿속에 들어와 있음을 깨닫게 될 것이다.

— 룰루 밀러, 과학 전문 기자, 『물고기는 존재하지 않는다』 저자

발굴된 고인류 화석을 무엇이라고 부를지 고민하는 과정은 고인류학에서 중요한 과제다. 『자연에 이름 붙이기』는 이러한 고민을 특별한 시선으로 돌아보게 한다. 동식물의 이름을 익히며 즐거워하는 아이, 어떤 식물을 두고 풀인지 나무인지 구분하기 위해 말다툼하는 부부. 저자는 분류학의 역사를 꼼꼼히 파헤치며, 생명에 이름을 붙이고 비슷한 것끼리 모으고 다른 것끼리 나누는 일이란 취미나 과학이기 이전에 생존을 위한 몸짓에서 기원하고 진화했음을 깨닫는다. 살아 있는 존재를 느끼고 유심히 살피는 본능적인 감각에 관한 깨달음이 갈피마다 가득한 이 책은 무감하게 바라봐왔던 우리 일상에 대해 새로운 시각을 준다.

— 이상희, 캘리포니아대학교 리버사이드 인류학 교수, 『인류의 진화』 저자

생명의 세계에는 이미 질서가 존재했지만 자기의 방식으로 새로운 질서를 부여하려는 이른바 분류학자들이 있다. 아이러니하게도 분류학이 발전할수록 생물은 사라져간다. 『자연에 이름 붙이기』는 생물을 구분하는 방식이 진화분류학, 수리분류학, 분기학으로 발전하면서 각 공동체가 가지고 있던 생명의 이름이 사라지는 사정을 소상히 밝힌다. 아뿔싸! 이젠 물고기가 존재하지 않는다고 한다. 기이한 일이다. 이름이 사라지면 지식이 사라지고, 이름이 사라지면 생명이 사라진다. 다시 지구를 생명으로 충만하게 하는 법. 각자 자기 세계의 생명에게 스스로 이름을 붙이는 것이다. 물고기가 다시 헤엄치게 하자.

— 이정모, 펭귄 각종과학관장, 전 국립과천과학관장, 『저도 과학은 어렵습니다만』 저자

분류학에 관한 풍성한 지식과 살아 있는 존재에 관한 철학적 사유가 돋보이는 책이다. 분류학이란 다양한 과학적 기술을 바탕으로 종과 종 사이의 관계를 밝히고 이름을 부여하는 학문이다. 그 분야의 지식을 저자는 물고기를 예로 들어 무척이나 흥미롭게 짚어낸다. "살아 있는 모든 것들 사이에 존재하는 경계"를 인식하기 위해서는 상대방의 편에 서서 바라봐야 한다고 강조하는 대목은 말 그대로 철학적 사유에 가깝다. 주체로서의 삶을 지탱하느라 망각하고 있는 우리의 본능을 '움벨트'라는 개념을 통해 일깨워 주기도 한다. 자연과 더 가까워지고 더 깊이 연결되어 있어야 세계의 진실에 가까스로 도달하게 된다는 것! 무릎을 치면서 배운다.

— 허태임, 국립백두대간수목원 연구원, 『식물분류학자 허태임의 초록목록』 저자

진화생물학자 캐럴 계숙 윤은 우리가 이 세상의 경이를 바라보고, 만져보고, 귀 기울이고, 불완전한 우리만의 감각으로 이해하려 노력해야 하는 이유를 설명해준다. 다윈이 그랬듯 윤도 따개비에게서 아름다움을 발견할 줄 아는 사람이다. 생물학과 전기와 민담으로 풍성하게 꾸려진 그의 책을 읽는 것은 감각적 환희를 선사한다.

— 오프라 매거진《O》

대중적 과학사와 문화비평이 명랑하게 조합된 이 책은 단순한 분류를 거부한다.

— 《뉴욕 타임스》

도발적이면서 긴급한 아이디어들이 빼곡히 들어찬 경이로운 책이다. 강력 추천.

— 《올림피언》

『자연에 이름 붙이기』는 분류학에 관한 책이다. 분류학에 관한 이야기라면 졸음을 확실히 보장할 것 같은 느낌이지만, 능수능란한 윤의 손을 통과하자 롤러코스터를 타듯이 스릴 넘치는 이야기가 탄생했다.

— 《보스턴 글로브》

캐럴 계숙 윤은 '민속 분류학'이 우리의 감각으로 인식된 세계에 대한 통찰을, 그리고 인간과 자연 세계를 다시 연결하는 막강한 수단을 제공한다는 주장을 과학자의 전문 지식과 유려한 글솜씨를 가지고 펼쳐낸다.

— 《시드》

분류학에 대한 저자의 개인적 시각을 쉽고 재미있게 풀어놓은 이 책에서 … 캐럴 계숙 윤은 분류학이 무슨 학문이며 어떤 환경에서 형성되었는지, 이 분야를 추동하는 동기는 무엇이고 거기 매진한 과학자들은 어떤 사람들이었는지에 관한 풍부한 이야기를 들려준다. … 분류학에 휘몰아친 수많은 이념의 파도를 묘사하는 대목에서는 생생한 현장감까지 느낄 수 있다.

— 리처드 레인, 《네이처》

얼핏 따분해 보이는 주제를 다루면서도, 과학적 지식과 개인적 경험을 재치 있고 산뜻하게 엮어내, 이렇게 재미있을 줄 전혀 예상하지 못했던 독자들이 책에서 눈을 떼지 못하게 한다. 이런 걸 보면 윤은 아주 특출한 과학 저술가다. 최고.

— 《커커스 리뷰》

재미와 통찰이 가득하다. 캐럴 계숙 윤은 각자 자신의 '움벨트'를 되찾아 보라고, 생명의 세계에 한 걸음 더 가까이 다가가 보라고, 그리고 생명의 분류에 나타나는 경이로운 다양성들을 있는 그대로 타당한 것으로 받아 들여 보라고 권유한다. 낙관적이면서 신명 나고 혁명적인 책이다.

— 《퍼블리셔스 위클리》

이 책은 과학이 생명의 다양성 속 깊숙이 자리한 질서정연함을 찾아내는 방법을 어떻게 깨우쳤는지 그 흥미진진한 이야기를 들려준다. 린나이우스부터 에른스트 마이어와 빌리 헤니히까지 까칠한 인물들이 잔뜩 등장해 이야기에 생동감을 더한다.

— 데이비드 쾀멘, 『신중한 다윈씨』, 『도도의 노래』, 『진화를 묻다』 저자

자연의 혼돈에 체계를 부여하려는 탁월한 시도와 헛된 시도 모두를 탐색하는 매혹적인 이야기.

— 네이선 발리, 《오리온》

이 책에는 통찰과 다채로운 인물들, 유머가 풍성하게 담겨 있고, 심지어 진실까지 담겨 있다.

— 로브 던, 《윌슨 쿼털리 리뷰The Wilson Quarterly》

깊은 생각을 유발하면서도 전통적이고, 개인적이고도 도발적인 이 책은 정확히 우리에게 필요한 책이며, … 과학의 전제와 특권에 의문을 던지는 책들의 유구한 전통을 잇고 있다.

— 크리스틴 존슨,《아메리칸 사이언티스트》

신선하고 솔직담백하다. 이 책은 분류학의 역사를 다룬 (더 전문적인) 다른 책들에서는 볼 수 없는 새로운 사실들을 알려준다. 재치 있고 자신만만하며 대담하다.

— 이보네 J. 가르손 오르두냐,《계통생물학Systematic Biology》

정확히 우리에게 필요한 책이다. 정말 주의를 돌릴 수 없을 정도로 매혹적이다. … 자연 속을 더 많이 걷고, 새들을 더 많이 관찰하고, 생명의 세계와 직접 더 많이 접촉해볼 것을 권하는 윤에게 우리 대부분이 찬사를 보내게 될 것이다.

— 아서 M. 샤피로,《계간 생물학 리뷰Quarterly Review of Biology》

독창적이고 기쁨으로 가득하며 지혜로운 책. 윤은 스티븐 제이 굴드와 브라이언 그린 등 최고의 대중 과학서 저자들의 계보를 잇는다.

— 수 핼펀,『네 개의 날개와 기도Four Wings and Prayer』 저자

60년이나 분류학자로 살아온 나도 이 책에서 린나이우스와 다윈 같은 사람들에 관해 새로운 사실을 배웠고, 주변적인 역할을 담당했던 분류학의 혁명에 관한 이야기를 재미있게 읽었다. 생물학자, 탐조인, 자연을 사랑하는 모든 사람이 이 책을 즐겁게 읽을 것이다.

— 폴 R. 에얼릭, 『진화의 종말』 저자

주변의 자연 세계를 분류하고자 하는 인간의 욕구에 대한 설득력 있고도 특이하게 아름다운 안내서.

— 데이비드 터카치, 『생물다양성이라는 개념들The Idea of Biodiversity』 저자

매혹적인 과학사이자, 자연이 지닌 믿을 수 없을 정도의 풍요로움의 실례이며, 인간이 내린 정의와 실제 생명의 현실 사이에서 때때로 일어나는 갈등에 대한 사려 깊은 검토.

— 데버러 블룸, 『원숭이 전쟁Monkey Wars』, 『사랑의 발견Love at Goon Park』 저자

이 책은 과학이 우리의 삶과 생활에 어떻게 적절히 (또한 부적절히) 적용되고 있는지 더 깊이 이해하고 싶은 사람들에게 훌륭한 자료가 되어 줄 것이다.

— 제시카 해서웨이, 《내셔널 피셔맨》

캐럴 계숙 윤에게 진짜 과학이란 생명이 존재하는 그곳에서, 그러니까 우리 주변 어디에서나 생명을 인지하는 것이다. 그래서 그는 우리에게 야외로 박차고 나가보라고, 생명의 진화적 기원에 대한 논쟁을 벌이기보다 생명의 경이를 직접 눈으로 바라보라고 권한다. 이 책은 숲속으로 들어가 그런 경이들을 탐험할 수 있게 독자들을 이끌 것이다.

— 빌 던컨, 《오리건 커런츠》

차례

프롤로그 | 물고기가 존재하지 않는 기이한 사정   17

1부 자연의 질서를 찾아 헤매기 시작하다

1장 | 작은 신탁 신관   49
2장 | 따개비 안에 담긴 기적   88
3장 | 맨 밑바닥의 모습   123

2부 밝혀진 비전

4장 | 바벨탑에서 발견한 놀라움   171
5장 | 아기와 뇌손상 환자의 움벨트   211
6장 | 워그의 유산   244

3부   **어떤 과학의 탄생**

7장 ｜ 숫자로 하는 분류학   269
8장 ｜ 화학을 통한 더 나은 분류학   300
9장 ｜ 물고기의 죽음   331

4부   **되찾은 비전**

10장｜ 이렇게 이상한 정류장   373
11장｜ 과학을 넘어   394

감사의 말   414
옮긴이의 말   418
주석   424

일러두기

1. 각주는 옮긴이 주이다.
2. 원서에서 이탤릭체로 강조한 단어는 진한 글씨로 표시했다.

Prologue

물고기가 존재하지 않는
기이한 사정

"이름을 불러도 벌레들이 대답을 안 한다면
이름이 있어 봐야 무슨 쓸모가 있니?" 각다귀가 말했다.
"걔들한텐 쓸모가 없지. 그렇지만 걔들한테 이름을 붙인 사람들한테는 쓸모가
있을 것 같아. 아니면 애초에 왜 걔들한테 이름이 생겼겠어?" 앨리스가 말했다.
"나야 모르지" 하고 각다귀가 대답했다.

루이스 캐럴, 『거울 나라의 앨리스』[1]

200년도 더 전에 과학자들은 생명 세계 전체(꽥꽥거리고, 휙휙 지나다
니고, 꽃을 피우고, 덩굴손으로 감아 오르고, 잎을 내고, 털이 복슬복슬하고,
초록이고, 경이로운 그 모든 것)에 질서를 부여하고 이름을 붙이려는 과
업에 착수했다. 처음에 내가 이 책에 대해 세운 계획은 단순했다. 바
로 그 추구에 관한 글을 쓰면서, 오늘날 분류학taxonomy이나 계통학
systematics이라고 불리는 그 유서 깊은 분류의 과학에 관해 이야기할
작정이었다.[2] 과학자들이 생명을 체계적으로 정리하여 모든 생명을
포괄하는 하나의 계층 구조를 구축하기 위해 동물과 식물 및 그 밖의
모든 생물을 나누고 무리 짓는 그 복잡미묘한 방식을 설명하고 싶었
다. 그리고 과학자들 외에도 중앙아메리카 마야인부터 중세 중국인,
오늘날의 남아프리카 사람, 미국의 초등학생까지 다양한 여러 집단
이 생명의 세계를 체계화하는 특이하고 신기한 여러 방식에 관해서

도 쓸 계획이었다. 흥미를 자아낼 이 특이한 분류법들이 귀퉁이에서 스며드는 한 줄기 빛처럼 재미있는 곁다리 정보를 더해줄 거라고 생각했다. 그 분류법들은 적어도 과학과 다르다는 점에서는 틀렸다는 것을 나는 기정사실로 여겼다. 과학적 분류도 불완전할 수 있고 아직 많은 부분이 진행 중인 작업이라고는 하나, 그것이 생명의 세계를 체계화하는 가장 좋은 방법이자 실로 타당한 유일한 방법임을 나는 알고 있었다. 사람들은 생명을 분류하고 명명하는 일에서는 언제나 과학을 따라야 하며, 또한 한결같이 그렇게 하고 있다는 것도 알았다.

내가 그렇게 생각한 건 어찌 보면 당연한 일이었다. 나는 과학의 젖을 먹고 자란 사람이기 때문이다. 어머니와 아버지 두 분 다 현역 과학자였다. 비 내리는 토요일이면 거실 바닥에서 아버지의 실험용 생쥐와 놀거나, 연방의 지원금을 받아 꾸린 실험실에서 어머니가 이런저런 실험을 할 때면 그 곁에 붙어 재잘거리며 시간을 보냈다. 사춘기가 오기도 전에, 사랑이나 섹스, 멋진 헤어스타일의 힘을 알기도 전에, 나는 다양한 통계 기법(우리 가족이 제일 좋아한 건 카이제곱이었다)의 힘에 빠삭해졌다. 결혼도 과학자와 했고, 친구들도 대부분 과학자이며, 나 역시 과학자가 되었고 지난 20년의 대부분을 《뉴욕 타임스》에 과학자들이 내놓은 신기하고 경이롭고 새로운 발견들에 관한 글을 쓰며 보냈다.

그러니 내가 이 책을 쓰던 도중에 과학이 생명의 세계를 분류하고 명명하는 가장 좋은 방법도, 유일하게 타당한 방법도 아니라는 사실을 차츰 깨닫게 되었을 때, 얼마나 놀랐을지 상상해보시라. 내막을 들여다보니 생명의 분류와 명명은 오히려 훨씬 민주적인 일이며 심지어 과학의 지배력을 뒤집어엎는 일이고, 과학보다 훨씬 흥미로운 일이며 언제나 그래왔다는 것을 나는 알게 됐다. 급기야는 과학이 완벽하게 해내려고 애쓰고 있던 것, 바로 생명에 대한 인류의 이해를 과학 자체가 훼손하고 있는 것 같다는 생각에 이르렀다. 더욱더 예상하지 못했던 깨달음은, 완전히 현대적이며 철저하게 진화론적인 새로운 분류의 과학이 사실상 전 세계의 보통 사람들을 생명의 세계와 점점 더 단절되도록 몰아가고 있다는 점이었다. 이는 거의 아무도 눈치채거나 크게 염려하지 않는 사이 세계 곳곳에서 여러 생물 종이 차례로 사라져가는 현 상황을 초래한 비극이다. 하지만 좋은 소식도 있었다. 얼핏 부정확해 보이는 그 수많은 비과학적 이름과 범주(인류 역사 전체를 통틀어 전 세계의 사람들이 각자 자기네 주변의 생명들을 기쁘게 기리며 만들어낸 질서의 체계)가 사실은 틀리지 않았다는 것도 깨달았기 때문이다. 그 이름과 범주는 각자 더없이 옳았으며, 그것들(그중 어느 하나든, 당신이 원한다면 그 모두든)을 되살리는 일이 이 모든 상황을 치유하는 열쇠였다.

이건 내가 도달하리라 예상했던 곳도 그러기를 원했던 곳도 아니었다. 하지만 일이란 게 늘 계획대로 풀리는 것은 아니며, 오히려 그렇게 된 게 나에게는 행운이었다. 이 책을 쓰는 일은 여러 겹의 발견들이 우당탕거리며 하나씩 펼쳐진 일련의 과정이었다. 그러는 사이 생명의 분류에 관해 내가 안다고 생각했던 거의 모든 것이 수정되거나 폐기되거나 아예 거꾸로 뒤집혔다. 그리고 소중히 품고 있던 예전의 생각들이 밀려난 자리에서 나는 더 좋은 무언가를 발견했다. 그것은 생명의 세계를, 그리고 그 세계에 질서와 이름을 짓는 사람들(과학자들과 나머지 우리 모두)을 바라보는 새로운 관점이었고, 그 관점은 내가 상상으로도 그려볼 수 없었을 만큼 훨씬 더 흥미롭고 더 많은 약속으로 가득 차 있었다.

✻ ✻ ✻

이 책은 오래전, 우리 집 뒤 숲속 어딘가에서 시작되었다. 우리 가족은 보스턴 외곽의 작은 시골 마을에서 살았다. 우리 마을은 하얀 첨탑 교회와 작은 식료품점과 주유소가 있는 뉴잉글랜드의 다른 작은 마을들과 비슷하게 생겼지만, 절대 평범한 곳은 아니었다. 모든 집과 농장 뒤에는 환상적인 야생의 자연이 있었다. 나는 TV에서 만화영화를 볼 때, 그리고 저녁을 만들거나 해부를 하는 어머니를 졸졸 따라다니며 성가시게 굴 때를 제외하면 항상 그 야생의 자연으로 나가 뒷마당 바로 너머에 있는 숲속을 돌아다녔다. 거기 높이 우뚝 솟아 있는 나무들 아래서 나는 셀 수 없이 많은 경이로운 것을 발견했다. 거기엔 자전거 타이어만큼 통통하고 커다란 검정 뱀이 숲길을 가로지르며 누워 있었다. 가느다란 뱀들도 있었는데, 언젠가는 그중 두 마리가 나뭇가지 위에서 서로 얽혀 있는 모습도 보았고, 돌 위에서 햇볕을 쬐고 있던 줄무늬 뱀들도 엄청나게 많이 봤다. 바닥에 쌓인 참나무 잎 밑에서는 난초가 뚫고 올라왔다. 습지에서는 반짝이는 분홍색 가시들이 잎을 뒤덮은 작은 식물들이 자랐다. 소나무를 만지면 송진으로 손가락이 끈적끈적해졌고, 단풍나무는 쉬이 흩어지지 않는 달콤한 향기를 뿜어냈다. 폭격기처럼 급강하하는 까마귀, 시끄러운 미국박새chickadee, 물을 튕기는 살찐 청둥오리가 있었고, 연못과 호수에는 개구리와 두꺼비와 거북이, 그리고 물고기, 물고기, 물고기가 있었다.

숲속을 누비며 다니는 아이라면 누구나 아는 어떤 사실, 자기가 안다는 것도 인식하지 못한 채 아는 그 사실을 내가 처음으로 알게 된 것도 바로 그 숲에서였다. 그건 바로 생명의 세계란 아무렇게나 뒤죽박죽된 것이 아니라 어느 정도 비슷한 것들끼리 무리를 이루는 식으로 구성되어 있다는 것이었다. 나는 야생의 세계가 다양한 종류의 것들로 이루어져 있고, 그 각 범주 안에는 또 더 다양한 종류들이 있다는 것을 알 수 있었다. 그때 내가 알아보았던 것에 이름이 있으며 그 이름이 몇 세기나 되었다는 사실은 나중에야 알았다. 그 이름은 바로 '자연의 질서'였다. 태고부터 세계 곳곳의 사람들이 관찰하고 집착해왔던 바로 그 자연의 질서. 그 사람들 대부분이 한 것처럼 내가 한 관찰 역시 세밀하지도 과학적이지도 않았지만, 그래도 아이들은 (기회만 생기면 거의 모든 사람이 그렇듯이) 쉽게 자연탐구가naturalist[*]가 된다. 내게 그 숲에 있던 모든 것은 있는 그대로 명백했고, 언제나 당연했으며, 아주 실제적이고 손에 잡힐 듯 구체적이었다. 심지어 지금도 떠올리기만 하면 그 숲의 냄새를 맡을 수 있고, 까마귀의 깍깍거림이 들리고, 내 발에 밟혀 나뭇가지가 부서지던 감각을 느낄 수 있다. 그건 그냥 그렇게 존재하는 것이었고, 맑고 파란 하늘만큼 명백한 것이었다.

숲속을 누비며 다니던 많은 아이가 그렇듯 나도 생물학자가 됐다. 나는 어른이 되었고, 그러면서 어릴 때 잡았던 여러 종류의 올챙이나, 쫓아다녔던 여러 종류의 메뚜기, 해마다 봄이면 늪에 나타났지

---

[*] naturalist는 동물과 식물의 자연사에 관심이 깊은 사람들을 의미하며 흔히 '박물학자'라는 말로 옮긴다. 이 책에서는 전문가이든 아마추어든 하나의 학문 영역으로서 자연사를 탐구하는 이들은 박물학자로, 그냥 일상적으로 자연사에 관심을 기울이는 사람은 더 포괄적인 의미의 자연탐구가로 옮겼다.

프롤로그 · 물고기가 존재하지 않는 기이한 사정

만 한 번도 제대로 들여다보지는 못했던 헤엄치는 괴상한 덩어리들에 관해 품고 있었을지도 모를 몽매한 생각들은 치워버렸다. 그렇게 나는 진짜 과학적인 생명의 질서 짓기에 착수할 준비를 갖추었다. 한껏 경탄할 준비도.

분류의 과학에서 내게 제일 먼저 충격적으로 다가온 것은, 생명의 세계를 정확한 질서에 맞춰 분류하는 방법에 관해 과학자들의 생각이 너무 심하게 그리고 너무 자주 엇갈려 보인다는 점이었다. 분류학 분야는 생물학자들 사이에서도 해결하기 어려운 논쟁들로 악명이 높았다. 이 분야의 아버지인 카롤루스 린나이우스Carolus Linnaeus(칼 린네)의 주도 아래 분류의 과학이 갓 형성되기 시작한 18세기에도 이미 식물학자들과 동물학자들은 새로이 발견되어 홍수처럼 쏟아져 들어오던 식물과 동물을 질서 있게 배열하는 가장 좋은 방법을 두고 열띤 논쟁을 벌였다. 200년이라는 긴 세월이 흐른 뒤인 1980년에도 분류학자들은 여전히 그 논쟁을 이어가고 있었다. 내가 대학에 들어가자마자 알게 되었듯, 그 무렵의 싸움은 생명의 질서 짓기에 대해 각자 나름 최선의 방법과 철학을 갖춘 여러 분류학 분파들 간에 벌어지는 일종의 부족 간 전쟁 같은 형식을 띠고 있었다. 그렇지만 과학에 대한 내 믿음을 뒤흔들려면 겨우 2세기 동안의 의견 충돌로는 어림없었고 그보다 더 큰 무언가가 필요할 터였다. 갈등이 진보의 특징임을 나는 알고 있었으니까.

과학적 분류가 명백한 진실로 보이는 것과 충돌했을 때도, 나는 과학의 우위에 대한 의심이 전혀 생기지 않았다. 그런 경우를 볼 때마다, 나머지 온 세계가 모르는 은밀한 정보를 과학자들은 알고 있으니 분명 과학이 옳을 거라고 확신했다. 두 동물이 거의 똑같이 보일지라도(예를 들어 작은 갈색 도롱뇽 두 마리가 완전히 똑같아 보이더라도) 분자유전학적 분석을 통해 그 둘이 진화적으로 꽤 거리가 먼 종들이라는 진실이 드러날 수도 있었다. 또는 둘이(예컨대 콜리플라워와 케일처럼) 완전히 달라 보이더라도 과학은 그 둘이 같은 종의 구성원들이라는 것*을 증명할 수 있고, 또 그렇게 해왔다.

  몇 년 뒤 젊은 대학원생 시절에 그런 충돌을 또 하나 마주했다. 그 충돌을 일으킨 건 얼마 전부터 떠오르고 있던 어떤 분류학자 무리, 바로 분기학자들이라고 알려진 우악스럽고 제멋대로인 집단이었다. 분기학자들은 진화적 유연성을 판단하는 방법, 다시 말해 각 생물 분류군이 생명 진화의 계통수에서 각자 어느 가지에 자리하고 있는지를 판단하는 새로운 방법을 열광적으로 지지했다. 그래서 그들을 가리키는 이름도 '가지'를 뜻하는 그리스어 klados를 가져다 만든 분기학자cladist가 되었다. 이들이 자기네 방법을 어찌나 열광적으로 주장하는지(게다가 당돌하고 시끄럽게 소란을 피우는 적도 많았기에) 다른 분류학자들은 그들을 횡설수설하는 분기학자 또는 악쓰는 분기학자, 심지어 발광하는 분기학자라고 불렀다. 그러나 모두가 분기학자들 이야기를 한 진짜 이유는 이 새로운 분류학 학파가 자기네 방법을 사용해 생명 분류에 일대 혁명을 일으키고 있었기 때문이다. 분기학자들은 엄청나고 자극적인 혁신으로 가장 탁월한 단계의 현대 과학을 눈부시게 수행하고 있었다. 그러나 혁명에는 치명적인 위험이 따를 수 있으니, 이 혁명으로 초반에 희생된 존재 중 하나가 바로 물고

---

* 콜리플라워와 케일은 배추과 배추속의 브라시카 올레라케아*Brassica oleracea* 종에 속한다. 양배추, 방울양배추(브뤼셀 스프라우트), 콜라비, 브로콜리도 모두 같은 종이다.

프롤로그·물고기가 존재하지 않는 기이한 사정

기였다.

여기에 모든 충돌의 어머니가 있었다. 분기학자들은 생명의 질서를 진화적으로 올바르게 밝혀내면 '어류fish'라는 분류군은 존재하지 않는다는 사실이 드러난다고 단언했다. 그러면서 다양한 종류의 물고기들(영웅적인 연어, 곰살궂은 잉어, 점심으로 먹기 좋은 참치…)은 여전히 아주 당연히 존재한다며 모두를 안심시켰다. 다만 다른 분류군과 분명히 구별되는 통합적인 하나의 분류군으로서 어류라는 것은 존재하지 않는다는 말이었다. 빨간 점이 있는 모든 동물을, 또는 시끄러운 모든 포유류를 통합적인 단일 분류군으로 묶을 수 없듯이, 어류도 그런 단일 분류군이 아니라는 것이다. 어류가 없다고? 그것은 어처구니없는 생각, 과학이라면 덮어놓고 믿는 사람의 마음마저 한계까지 밀어붙이는 생각이었다. 왜냐하면 여기서는 과학적 분류와 명백히 진실로 보이는 것(명백한 진실이란 게 과연 존재한다면)이 서로 충돌하고 있었기 때문이다. 처음에는 어류가 존재하지 않는다는 건 결코 사실일 리 없다는 생각이 든다. 전 세계에서 대대손손 물고기를 잡아 온 어부들이 그런 생각을 가볍게 반박할 테고, 미국 어류 및 야생동물관리국에 소속된 많은 이들도 당연히 그럴 것이다. 무엇보다 명백하고도 단순한, 물고기들이라는 **실상**이 가장 강력한 반증이라고 여겨질 것이다.

그런데 얼토당토않아 보이는 그 생각, 그러니까 물고기의 죽음은 알고 보면 과학으로도 논리로도 부인할 수 없다. 오래전 다윈이 분류학자라면 무릇 그래야 한다고 천명한 대로 엄격히 진화적 유연관계를 기준으로 생물을 분류하려면, 새롭고 매우 특수한 방식으로 분류군을 만들고 정의할 수밖에 없다. 하나의 분류군으로서 타당

과학자들은 대체 어떻게 물고기라는 현실을 부인할 수 있는 걸까?[3]

프롤로그 · 물고기가 존재하지 않는 기이한 사정

성을 갖추려면 한 조상에서 유래한 모든 후손을 포함해야 하고 나머지는 하나도 포함해서는 안 된다. 예컨대 티라노사우루스 렉스 *Tyrannosaurus rex*에서 유래한 모든 종은 하나의 분류군에 넣어야 하며, 그 직계 후손이 아닌 모두는 그 분류군에서 제외해야 한다는 말이다. 그러지 않는다면 어떤 조합을 만들든 그것은 진화적으로 불완전한 분류이거나, (안 좋기로는 이 경우도 매한가지인데) 사실은 다른 분류군들에 속하는 것들을 한데 모은 잡동사니 모둠일 것이다. 어느 경우든 분기학자들이 즐겨 하는 말로 '진짜' 분류군은 아닌 셈이다. 그리고 이것이 바로 물고기들에게 일어난 문제였다. 전통적으로 어류라 불려온 모든 종을 자세히 들여다본 분기학자들은 그 물고기들을 온전한 하나의 분류군으로 뭉뚱그릴 수 없다는 사실을 알게 됐다.

문제는 이렇다. 우리가 물고기라고 생각하는 모든 생물을 하나의 분류군에 집어넣는다고 해보자. 이것이 진짜 분류군으로서 성립하려면, 우리는 (진화적 유연성이라는 우리의 규칙에 따라) 이 분류군에 들어가야 할 또 다른 것이 없는지 살펴보아야 한다. 우리의 모든 물고기를 낳은 물고기의 조상에게 또 다른 후손이 없는지 질문해야 한다는 말이다. 그 답에는 놀랍게도 파충류라거나, 심지어 우리 인간처럼 물고기와는 지극히 거리가 먼 생물을 포함하는 분류군인 포유류에 이르기까지 무척 물고기스럽지 않은 것들이 다수 포함된다. 하지만 우리의 엄격한 지침을 준수하려면 도마뱀, 거북이, 뱀, 곰, 호랑이, 토끼, 심지어 인간까지 그 모두를 다 물고기 무리에 집어넣어야 한다. 이러면 갑자기 '어류'라는 분류군이 그리 어류 같지 않은 것이 된다. 바꿔 말하면 우리가 '어류'라고 알고 있는 분류군은 그 새롭고 개선된 질서 짓기의 규칙에 따르면 한마디로 존재하지 않는 분류군인 것이다. 이리하여 새롭게 등장한 그 혁명적인 분기학자들의 손에 의해 어류는 더 이상 존재하지 않게 되었고, 어류의 죽음은 더욱 엄격히 진화에 근거한 명명과 분류의 새로운 방식이 가져온 전혀 예상치 못했던 결과였다.

하지만 희생된 것이 물고기만은 아니다. 초등학생들도 다 아는 동물인 얼룩말도 물고기와 마찬가지로 존재하지 않는다고 선포당했다. 버려진 물고기들과 아직 계속 발차기를 해대는 얼룩말들 더미 위로 나방들도 내던져졌다. 그리고 또 기타 등등, 기타 등등. 어류가 없다고? 얼룩말이 없다니? 나방도 없어? 이건 최첨단 과학과 단순한 현실처럼 보이는 것 사이에서 일어난 심각한 충돌이었고, 이에 비하면 콜리플라워와 케일이 가까운 친척 사이라는 말쯤은 아무것도 아니었다. 이건 우리 대부분이 괴상하다고 여기는 영역에 속하는 일이다. 하지만 대학원 시절에도, 수년 뒤 이 책을 쓰기 시작했을 때도 나는 그것이 가장 진보적인 최고의 과학이라는 걸 알고 있었다. 그 선언들이 기괴하게 느껴질 수 있고, 숲속에서 보낸 유년기부터 생명의 세계에 대해 갖고 있던 나 자신의 감각과도 어긋나기는 했지만, 그래도 나는 다른 무엇보다 과학을 신뢰해야 한다는 걸 알 정도로는 분별 있는 어른으로 성장한 터였다. 나는 물고기의 죽음이 옳고도 타당한 일이라고 알고 있었다.

✳   ✳   ✳

일이 꼬이기 시작한 것은 내가 그때까지 전혀 알지 못했던, 다른 문화권들이 생명의 세계를 질서 짓는 방식을 들여다보기 시작했을 때다. 나는 세계 곳곳에서 행해진 과학 이전의 분류와 비과학적 분류의 기상천외하고 다양한 양상을 사람들에게 선보이고 싶었다. 새와 박쥐를 구분하는 언어권으로는 어떤 언어권들이 있는지, 고대 사회들은 나무가 무엇인가 혹은 인간이 무엇인가를 어떻게 개념화했는지와 같은 주제들을 누군가 언젠가는 연구한 적이 있겠거니 생각했다. 금세 흥미로운 토막 정보 몇 가지가 눈에 들어왔다. 한 인류학 연구는 뉴기니의 몇몇 부족이 뛰어난 자연탐구가들임에도 어떤 거대한 새를 포유류로 분류한다는 것을 보여주었다. 또 다른 연구를 보면 필리핀의 헤드헌터*들은 난초를 사람의 신체 부위로 여기는 듯했다. 당혹스러워하는 인류학자에게 그들은 여기서는 엄지가 나오고 저기서는 팔꿈치가 자란다는 식으로 설명했다.

사람들이 생명을 분류하는 방식에 대해 얼마나 잘못 알고 있는지(다시 말해 과학과 얼마나 다른지)를 보니 이내 흥미가 동했다. 책을 어떻게 쓰면 좋을지 그 가능성의 모양이 잡혀가기 시작했다. 사람들이 생명의 세계를 바라보는 귀여울 정도로 엉뚱한 방식에 관한 이야기를, 그것을 명확히 정리해주는 현대 과학의 정확함을 배경으로 깔고 풀어내는 방식이었다.

다양한 집단의 분류를 더 알아내는 것은 보물찾기 같은 일이겠거니 생각했다. 이런저런 기이한 정보 조각들을 끌어모으고, 잘 알려지지 않은 어떤 언어에서 '덤불'을 가리키는 단어를 어떻게 정의하는지 알아내고, 또 다른 언어의 사전을 뒤져 '개'라는 단어의 어원을 찾아내는 일일 거라고 말이다. 하지만 얼마 지나지 않아 나는 그것이

---

* 싸워서 이긴 적의 머리를 전리품처럼 잘라 모아두는 사람들.

어엿한 한 학문 분야의 연구 대상임을 알게 되었다. 평범한 사람들이 생명의 세계를 어떻게 분류하는지 연구하는 민속 분류학folk taxonomy 이라는 분야였다.

칼라하리 사막의 쿵산족, 베트남인, 프랑스인 등등 사람들은 너 나없이 실제로 생명의 세계에서 질서를 찾고 분류하기 때문에, 민속 분류학은 아주 방대하고도 번창하는 분야였다. 하지만 사람들이 결코 아무렇게나 분류를 하고 있는 건 아니었다. 사람들은 공통적으로 생물의 외양, 그러니까 모습과 냄새, 소리, 행동에서 보이는 비슷한 점과 다른 점을 기준으로 생물들의 계층적 질서 체계를 만들어낸다. 전문적인 과학적 분류학자들이 처음부터 추구해온 것과 똑같은 종류의 분류학인 셈이다. 게다가 집단에 따라 자신들이 그 생물들을 어떻게 사용하는지 혹은 그들과 어떻게 상호작용하는지와 같은 요인들을 기준으로 또 다른 추가적 분류법을 만들기도 한다. 일례로 내가 속한 언어권의 민속 분류학에서는 동물을 가축과 반려동물과 야생동물로 나누고, 식물은 잡초와 우리가 좋아하는 화초로 나눈다. 하지만 그런 추가적 분류를 아무리 많이 만들어낸다고 해도, 외양을 기반으로 하는 기본적 분류는 모두 다 공통적이다. 여기에 풍부한 정보의 광산이 있었다.

나는 자유분방하고도 이국적인 각종 질서 체계를, 아니 사실은 잘못된 질서 체계를 잔뜩 발견하리라 예상하며 조사에 착수했다. 연구들은 실제로 이국적인 것들과 이상한 동물과 더 이상한 식물로 가득했고, 내가 알게 된 분류 체계들은 매혹적일 정도로 생소한 개념으로 가득했다. 하지만 놀랍게도 모두가 무질서와 혼돈은 아니었으며, 오히려 정반대였다. 모든 집단이 생물을 체계적으로 분류했을 뿐 아

프롤로그 · 물고기가 존재하지 않는 기이한 사정

니라, 인류학자들이 발견한 바에 따르면 전 세계의 사람들은 어디에 살고 있든, 어떤 언어로 말하든, 심지어 어떤 동물과 식물을 분류하든 상관없이 자기네 주변의 생물들을 서로 매우 유사한 방식으로, 심지어 판에 박힌 방식으로 분류하고 있었다. 무수히 다양한 민속 분류학들은 밑바탕을 보면 모두 한 주제에 대한 변주들이었다. 그 주제란 오래전 숲속에서 나도 알아보았던, 별 노력 없이도 알게 되는 바로 그 기본적인 자연의 질서였고, 알고 보니 그건 어디서나 모든 사람이 알아보는 자연의 질서였다. 세상 사람들이 생명을 분류하는 방식이 어찌나 정형화되고 한결같았는지, 인류학자들은 사람들이 생명을 분류할 때 무의식적으로 따른다고 여겨지는 실제적 규칙들까지 구체적으로 열거할 수 있을 정도였다. 이 사실에 생물학으로 단련된 나의 턱은 거의 땅바닥까지 떨어질 뻔했다. 여기서부터 팀북투Timbuktu*까지 모든 민속 분류학 사이에 일관성이 존재한다고? 생명 분류의 규칙? 이럴 줄 누가 알았겠는가?

늘 전문적 과학이라고 생각해왔던 분류학이 무언가 다른 것, 훨씬 더 깊이 자리한 무엇처럼 보이기 시작했지만, 나는 그 깊이가 어느 정도인지는 아직 알지 못했다. 적어도 내가 분류학이라는 과학에서 더욱 멀리 벗어나 매우 특수한 부류의 뇌 손상 환자들에 관한 심리학 연구를 접할 때까지는 그랬다. 여러 연구 논문에서 과학자들은 사고나 질병으로 인해 보통 다른 것들은 다 알아보는데도 생물(동물과 식물 모두)의 분류와 이름은 더 이상 알 수 없게 된 사람들에 관해 기술했다. 일례로 1984년에 런던 국립 신경과 및 신경외과 병원

---

* 아프리카 말리에 있는 도시.

의 연구자들은 'J. B. R.'이라고 칭한 어느 젊은 대학생의 사례를 보고했다.[4] 그들은 J. B. R.이 단순포진바이러스로 인한 뇌부종에서 회복한 뒤 무생물 대상들은 알아볼 수 있지만(손전등, 나침반, 주전자, 카누는 뭔지 아주 잘 알아보았다) 살아 있는 것은 까맣게 모른다는 사실을 발견했다. 아주 정상적인 대학생이었던 J. B. R.이 이제는 캥거루와 버섯, 미나리아재비가 뭔지 몰랐다. 하물며 앵무새가 뭔지도 말하지 못했다. 이탈리아의 연구자들이 낸 또 다른 보고 논문은 한때 생물학 전공자였던 로마에 사는 56세의 주부 L. A.가 뇌사에서 깨어난 후 생물들을 식별하려 할 때 역시나 도통 감을 잡지 못했던 사례를 이야기한다. L. A.는 귀뚜라미를 사자라 부르고, 고양이를 개, 물고기를 새라고 불렀다. 그건 L. A.와 J. B. R.만의 일이 아니었고, 연구자들이 파고들수록 그런 환자들은 더 많이 발견되었다. 세계 각지의 심리학자들은 텔레비전과 탱크, 의자와 굴뚝은 구별할 줄 알지만 귤과 토마토, 닭과 쪽파는 구별하지 못하는 사람들을 발견했다. 이들은 자연의 질서에 대한 감각을 잃어버린 사람들이었다. 그뿐 아니라 또 다른 연구들은 그러한 능력을 상실한 사람들이 뇌의 특정한 한 부분에 손상이 생긴 경우가 많음을 시사했다. 일부 과학자(인류학자와 심리학자 포함)들은 생명의 세계에 질서를 부여하는 일에 특화된 뇌 영역이 있을지도 모른다는 의견까지 제시했다.[5] 이 과학자들은 분류학이 하는 일이 어떤 면에서는 선천적인 행위일지 모른다고 주장한 셈이다. 이것은 대체 뭘 의미하는 걸까? 궁금증이 동했다.

심리학자들이 수년 동안 유아를 포함해 어린아이들이 하는 생물 분류를 연구해왔다는 사실을 알게 되었을 때 상황은 더욱 흥미로워졌다. 그들은 어린아이들이 아직 걷거나 말하게 되기도 전부터 생

프롤로그 · 물고기가 존재하지 않는 기이한 사정

명의 세계를, 그것도 꽤 능숙하게 분류한다는 것을 상당히 분명하게 보여주었다. 의식하지 못할 뿐이지, 사실 우리는 아기들을 포함해 사람이라면 누구나 생명의 분류에 관한 한 석학처럼 막힘없는 능력을 보여줄 거라고 기대한다. 이제 막 걸음마를 하는 아기가 '개'나 '고양이'를 겨우 몇 마리만 보고도 개나 고양이가 어떤 존재인지 알아볼 수 있다는 매우 놀라운 사실에 우리가 그리 놀라지 않는 것도 바로 그 때문이다. 생각해보면 개들도 종류가 많고 형태와 크기도 다양하므로, 고양이나 소, 염소처럼 다리가 넷이고 털로 덮인 그 많은 동물과 개를 어떻게 한눈에 구별하는지 설명하는 건 그리 호락호락한 일이 아니다. 또한 우리는 어린아이든 다른 누구든, 백색증에 걸린 낯선 흰색 호랑이든, 심지어 돌연변이로 머리가 둘이거나, 다리 하나를 절단해 다리가 세 개뿐인 호랑이도 호랑이로 알아본다는 사실에도 놀라지 않는다. 이런 건 우리가 전혀 신기해하지 않는 신기한 일, 바로 '플라톤의 딜레마'다. 우리는 어떻게 그렇게 적은 것을 바탕으로 그렇게 많이 아는 걸까? 별 노력이나 생각 없이도 우리는 생명의 세계에 관해 놀랍도록 많이 알고 있지 않은가. 한 생물이 무엇인지(특히 그것이 거대한 자연의 질서에서 어디에 자리하고 있는지) 아는 일은 우리 모두에게 정말 놀랍도록 수월하다. 너무 쉬워서 우리의 무의식에도 깔끔하게 맞아들어갈 정도다. 마지막으로 아이들은 이 일에 매우 능숙해 보일 뿐 아니라, 생명의 질서, 생물의 이름과 분류와 조직에 관해 배우는 일에 일찌감치 그리고 아주 깊이 끌리는 것으로 보인다.

이제 분류학이 상당히 달리 보이기 시작했다. 깔끔하고 견고한 과학의 모습이 아니라 무언가 본능적인 것, 마치 희망처럼 새로 태어나는 모든 아이에게서 영원히 새로 샘솟는 무엇 같아 보였다. 생명의 세계를 분류하는 일, 자연의 질서를 머릿속으로 그려보고 감지하는 일은 오늘날 축소된 형태의 분류학, 즉 추상적인 실험실 과학보다는 훨씬 더 큰 무엇일지도 모른다는 생각이 들었다. 그것은 인간으로서 존재함, 살아 있음에 따르는 필수적인 기능이면서, 최소한 삶의 초기에는 억누를 수 없는 기능 중 하나일지도 몰랐다.

생각하면 할수록 더욱더 이치에 맞는 얘기였다. 우리는 정확히 이런 식으로 진화했어야 마땅하다. 왜 아니겠는가? 바로 그렇게 미리 장착된 것처럼 판에 박힌 방식으로 생명의 세계를 바라보고 체계화하게끔 진화했어야 했다. 생명의 자연적 질서에 대한 매우 구체적인 한 가지 시각을 갖게 되는 일을 우리가 왜 마다했겠는가? 다른 무엇보다 먼저, 동굴에서 살았던 지저분하고 털이 북슬북슬한 우리의 조상들은 살아남기 위해 무엇과 싸워야 했을 것이며, 무엇에 대처할 채비를 갖추고, 무엇을 분류하고, 체계화하고, 기억하고, 이름 붙이고, 식별하고, 무엇에 관한 정보를 주고받아야 했을까? '그들이 먹는 것'과 '그들을 먹을 수도 있는 것'이었다. 바로 생명의 세계였던 것이다.

그러자 대학 시절에 벌들에 빠져 있던 어느 교수님의 동물행동학 수업에서 배웠던 뭔가가 기억났다. 교수님은 생물학자들이 '움벨트Umwelt'라 부르는 것에 관해 설명해주었다.[6] 움벨트는 글자 그대로 '환경' 또는 '주변 세계'를 뜻하는 독일어 단어지만, 동물의 행동을 연구하는 과학자들은 그 단어로 더 구체적인 무언가를 가리켰다. 이 생물학자들에게 움벨트란 **지각된 세계**, 즉 한 동물이 감각으로 인지한 세계를 의미한다. 각 종이 지닌 특수한 감각 및 인지 능력에 의해 키워지고, 그 종에게 결핍된 부분에 의해 제한된 결과 그 종이 특유하게 지니게 된 시각이다. 우리 대부분에게 이 용어는 익숙하지 않지

프롤로그 · 물고기가 존재하지 않는 기이한 사정

만, 그 개념은 아주 익숙하다. 우리는 개들이 색깔을 볼 수 없어서 색채가 아니라 냄새로 그려진 우주에서 산다는 걸 안다. 멍멍이가 자기 눈에 보이는 모든 기둥과 지나가는 모든 사람에게 다가가 킁킁대며 냄새를 맡는 건 그 때문이다. 우리 교수님이 애지중지하던 벌들은 다면적인 구조의 눈으로 인간의 눈에는 보이지 않는 자외선을 볼 수 있다. 그 때문에 벌들은 꽃에서 꿀이 있는 위치로 정확히 날아갈 수 있다. 꽃에 자외선으로 그려진 띠와 줄 패턴이 벌들을 그 자리로 안내한다. 하지만 움벨트는 개와 벌뿐 아니라 모든 동물에게, 심지어 인간에게도 있다. 우리는 그걸 '실제'라고 부를지 모르지만, 사실 그건 우리를 둘러싼 생명의 세계에 대해 우리 특유의 감각이 그려낸 그림이다. 그런 게 바로 움벨트다. 그리고 거기에 답이 있었다.

인간의 움벨트에는 내내 드러나지 않고 있던 중요한 의미 하나가 들어 있음을 나는 깨달았다. 그것은 생물의 체계적 질서를 감지하는 방식, 처음부터 내장돼 있으며 판에 박힌 그 방식을 우리에게 부여하는 것이 바로 움벨트(우리가 공통적으로 지각하는 세계)라는 깨달음이었다. 하버드대학교의 생물학자 에드워드 O. 윌슨이 제안한 바이오필리아(생명이 있는 세계에 대한 인류의 사랑)가 사람이 생물들에게 그토록 자주 매료되는 이유를 설명해준다면(나는 그렇다고 믿는다), 생명의 세계와 그 속 자연의 질서를 우리가 늘 바라봐왔던 그 방식으로 바라보는 이유를 설명해주는 것은 어쩌면 인간의 움벨트(그 별스러운 특징들과 강점 및 약점, 그리고 그것이 존재한다는 점 자체를 포함하여 그에 관한 다른 모든 것까지)일 것이다.

내가 맞추고 있다는 사실조차 모르고 있었던 퍼즐의 작은 조각들이 제자리로 맞아들어갔다. 아프리카부터 아시아, 아메리카 대륙까지 언어와 문화, 사회, 살아가는 장소가 서로 다름에도 사람들이 비슷한 분류를 하는 이유를 바로 움벨트가 설명해주고 있다는 걸 깨달았다. 모두 똑같은 움벨트를 갖고 있으니, 우리가 똑같은 자연의 질서를 알아보고, 똑같은 종류의 민속 분류학을 거듭 되풀이해서 구축하는 것은 전혀 놀라운 일이 아니다. 움벨트는 또한 심리학자들이 뇌 손상 환자들을 연구하는 동안 줄곧 추적하던 것이기도 했다. 생물을 구별하는 능력을 잃은 그 가련한 영혼들의 뇌에서 사라졌거나 고장 난 것이 바로 움벨트였다. 아직 혼자 앉아 있을 수도 없는 작고 앙증맞은 아기들에게 생명의 세계란 과연 무엇인지를 알려주는 것 역시 움벨트였다.

내가 전에는 분류학과 관련지어 생각해본 적도 없었던 아주 많은 것의 원인이 움벨트임이 분명해졌다. 주위를 둘러보니 어디서나 움벨트가 우리에게 질서를 보게 하고, 또한 그 질서에 근거해 행동하게 하고 있음을 알 수 있었다. 우리는 매일 의식하지도 못한 채 (인간을 포함해) 한 종 안에서도 또 질서를 매긴다. 눈에 보이는 모든 사람을 분류하고, 그들이 우리의 자연 질서 안에서 어디에 해당하는지를, 그러니까 흑인인지 백인인지 아시아인인지 남자인지 여자인지 아이인지 등을 순간적으로 판단한다. 의료를 처방하고, 적합한 화장실을 고르며, 장학금과 기회를, 심지어 사랑을 나눠주는 데까지 그 분류법을 활용한다. 그리고 이 모두를 우리의 움벨트라는 렌즈를 통해 행한다.

그러자 비로소 가장 큰 퍼즐 조각이 맞아들어갔다. 인간에게 움벨트가 존재한다는 것, 즉 생명의 세계에 질서를 부여하는 인간 특유의 시각이 존재한다는 사실은 분류학의 역사(처음 탄생한 때부터 논쟁과 다툼으로 점철된 험난한 몇 세기까지 포함해)가 내가 늘 생각했던 것과는 상당히 다른 것이라는 뜻이었고, 이 깨달음은 내게 약간의 충격을 안겼다. 분류학의 역사는 2세기에 걸쳐 인간의 움벨트에 맞서 싸워온 역사였다.

나는 늘 분류학이라는 과학의 역사가 일련의 가지런하고 순차적인 통찰과 실험실의 야근으로 이루어진 것이라고 여겼고, 또한 그런 것들이 모든 타당한 과학의 진보를 이끄는 것이라 배웠다. 그런데 분류학은 철저한 이성에서 태어나 명쾌한 실험을 통해 꾸준히 앞으로 나아가는 그런 일반적인 과학이 아니었다. 오히려 인간이 움벨트에서 받은 충동으로 태고부터 해왔던 일(생명의 질서 짓기와 이름 짓기)에서 파생된 과학이었다.[7] 하지만 움벨트는 금세 분류학 분야의 크고도 끈질긴 약점이 되었다. 생명에 대한 움벨트의 시각은 과학의 토대가 되기에는 완전히 틀린 것으로 드러났기 때문이다.

움벨트와 과학은 왜 그렇게 철저히 상반되는 것일까? 움벨트는 어느 모로 보나 우리 인간 종이 수렵과 채집으로 살아가던 시절에 형성된 것임을 알 수 있다. 동굴에서 살던 사람들이 걸어서 탐험할 수 있을 만큼 작은 세계의 한 조각을 이해하기 위해 만들어진 것이 움벨트이니, 전체 지구의 종들을 이해하기 위해 현대의 과학자가 해야 하는 일에는 쓸모가 없거나 심지어 방해가 된다. 그리고 움벨트는 생명과 자연의 질서를 명쾌한 시각으로 바라본다. 하지만 그 시각은 객관성이나 기나긴 세월에 걸친 진화적 변화, 과학적 엄밀함이나 가설 검증 따위는 신경 쓰지 않을 뿐 아니라 전혀 알지도 못한다. 사실 자연의 질서에 대한 움벨트의 시각은 과학의 진화적 생물 분류와는 정면으로 충돌하는 경우가 많다. 대신 움벨트는 철저하게 감각적이며 극도로 주관적이다. 뉴기니의 수렵채집인 부족이 거대한 새를 포유류로 보게 하고, 필리핀의 헤드헌터가 난초를 엄지손가락처럼 보게 하는 것이 바로 그 움벨트다. 그것은 도저히 말이 안 되는 경이로움이자 완벽하게 말이 되는 의미이며, 영원히 울리는 하나의 주제 선율에 대한 눈부시고 향기로우며 유쾌한 변주들이기는 하지만, 아무튼 과학은 절대 아니다.

알고 보니 움벨트는 그간 보이지 않았고 인지되지 않았던 과학의 적수였고, 맞서 싸우기에 더없이 힘겨운 상대였다. 어찌나 버거운 적수였는지 그 때문에 분류학자들은 그 싸움을 2세기가 넘도록 계속해야 했다. 하지만 결국에는 과학이 승리를 거두었고, 움벨트를 내버리고 생명에 대한 그 비과학적이고 비진화론적인 시각에서 탈출했다. 우연히도 나는 이 일이 벌어지는 장면을 내 눈으로 직접 목격했다. 어류가 더 이상 존재하지 않는다는 분기학자들의 선언은 단순히 분류학에서 가장 최근에 일어난 혁명이기만 한 것이 아니었다. 그 선언은 과학이 움벨트를 완전히 무너뜨리고 최종적으로 폐기하는 행위였다. 그것은 분류의 과학을 너무나 오랫동안 지배해왔던 그 태곳적에 지각된 시각(물고기들과 함께 헤엄치던 시각!)에 대해 진화와 과학의 관점이 아주 오랜 시간을 들여서야 마침내 이뤄낸 승리였다. 분기학자들의 손에 어류가 죽어나간 그 일은 분류학이 진정으로 현대적인 과학으로서 태어나는 순간으로 기록됐다.

✳ ✳ ✳

움벨트는 과학의 문제가 끝나는 곳이 어디인지 드러내면서도 (어류의 죽음), 동시에 나머지 우리의 문제가 시작된 곳도 드러냈다.

왜냐하면 항상 과학의 보이지 않는 적이었던 바로 그 움벨트는 동시에 우리가 깨닫지 못했던 인류의 우방이기도 했기 때문이다. 과학은 움벨트를 믿지 못할 것으로 만들어 폐기함으로써 승리를 거두었지만, 알고 보니 그 승리는 우리 나머지 사람들에게는 비극이었다. 그 비극은 너무 많은 사람이 지독하고 극심하게 생명의 세계와 단절되어버린 아주 이상한 장소로 우리를 데려다 놓았다.

과학을 태동시키기 훨씬 전부터 움벨트는 헤아릴 수 없이 오랜 세월 동안 과학보다 훨씬 더 중요한 역할을 해왔다. 그것은 인류가 살아 있는 모든 것과 나누는 가장 좋은 연결이자 가장 내밀한 연결이었다. 움벨트는 단순히 생명의 세계를 바라보는 하나의 관점만이 아니다. 그것은 우리를 둘러싼 현실을 바라보는 관점이자 우리 자신이 누구인지 이해할 맥락이며, 이는 언제나 그래왔다. 움벨트는 우리에게 자연의 한 질서를 보여줌으로써 사실상 **뭐가 무엇이고 무엇이 아닌지** 선포한다. 또한 현실 자체의 경계선을 정하며, 그 세계 안에 있는 우리 자신이 누구인지를 포함해 생명의 세계 안 존재들의 위치를 결정한다. 움벨트를 잃어버린 사람들, 뇌 손상으로 생물의 자연적 질서를 인지할 수 없게 된 환자들이 바로 그 살아 있는 증거다.

이 사람들에게서 가장 먼저 눈에 띄는 점은 도통 감을 잡지 못해 어리둥절해한다는 것이다. 농산물 코너에서 채소의 종류를 알아보는 일이나, 사람들이 올라타고 달리는 것이 고양이가 아니라 말임을 아는 따위의 정말 단순하고 일상적인 생활 과제를 처리하는 능력을 잃었기 때문이다. 그들에게 살아 있는 존재는 무엇이든 끊임없는 수수께끼다. 그들이 겪는 어려움은 자연(우리에게 음식과 옷과 거처를, 그리고 많은 즐거움을 주는)의 질서를 인지하는 능력이 생존과 번성에 결정적으로 중요하다는 걸 보여주는 증거다. 하지만 가장 충격적이고도 비극적인 점은 이 사람들이 슈퍼마켓에서 혼란에 빠졌다는 사실에 그치지 않는다. 이들은 낯설고 혼란스러운 세상에서 닻도 없이, 깊고 사무치게 길을 잃은 사람들이다. 그들이 잃은 것은 사서처럼 만물을 분류하는 능력, 브로콜리와 곰을, 당나귀와 민들레를 구분하는 능력만이 아니기 때문이다. 자연의 질서를 인지하는 능력을 잃은 이 사람들은 자신을 둘러싼 세상이 무엇인지에 대한 감각을 잃었고, 그 결과 그 세상 속에서 자신이 누구인지에 대한 감각도 잃었다.

사람들은 오랜 세월 움벨트의 중요성을 이해하고 있었다. 비록 그 이해가 의식적 차원의 것은 아니었더라도 말이다. 이 점이 바로 아리스토텔레스부터 12세기 독일의 수녀원장 힐데가르트 폰 빙엔과 린나이우스, 찰스 다윈에 이르기까지 학자들이 움벨트의 시각에 집착하며 움벨트로 드러나는 자연의 질서를 정의하고 기술하며 오랜 세월을 보낸 이유다. 인류의 가장 오래된 생각의 기록은 문자로 된 동물원이자 움벨트에서 얻은 단상들의 정원이라 할 만하다. 기원전 2000년경의 것으로 중국에서 가장 오래된 것이라 알려진 비문은 정부의 포고문이나 연애편지, 귀한 요리법이 아니라 동물 종들의 목록이다. 그리고 구약성경에서 아담이 에덴동산에서 최초로 한 일이 무엇이었던가? 하느님은 아담 앞으로 동물들이 줄지어 지나가게 했고, 성경 최초의 박물학자인 아담은 지상의 동물들을 분류하고 이름을 지어주었다. 문자로 기록된 최초의 역사가 우리 인간 종이 한 말들을 보존하기도 전에, 우리 종은 우리 움벨트의 비전을 보존했다. 유럽부터 오세아니아, 아메리카 대륙까지 무엇이 동굴 벽화의 소리 없는 세계를 지배하는가? 바로 움벨트에서 가져온 존재들, 매머드와 순록,

　　　　　　　　　　프롤로그 · 물고기가 존재하지 않는 기이한 사정

말, 들소, 늑대의 모습에 관한 멋진 표현들이었다.

다윈도 알았고, 린나이우스도 알았으며, 나무 그늘에서 꽃을 모으고 풀밭에서 개미와 벌레를 따라다니는 아이들도 모두 아는 것을 아담도 알았다. 그건 바로 움벨트와 그것이 드러내는 자연의 질서가 중요하다는 것이다.

하지만 오늘날 우리 대부분은 자연의 질서가 존재한다는 사실마저 잊어버렸다. 현대 세계의 시민들은 우리의 움벨트를, 생명의 질서에 대한 아주 오래된 시각을 버렸으면서도 자기들이 그랬다는 사실조차 깨닫지 못한다. 우리에게는 생명에 대한 우리의 비전이 어떤 것이어야 하는지, 생명 세계의 현실이란 어떤 것인지를 결정하는 다른 뭔가가 있으며, 무엇이 맞았고 무엇이 틀렸는지 판단할 권한을 일상적으로 그 다른 무엇에게 위임한다. 그렇다면 지금 생명에 대한 우리의 비전을 지배하는 것은 무엇일까? 물론 그건 과학이다.

나는 이게 최근 몇십 년 사이 휴대용 자연도감의 출판과 구매가 폭발적으로 증가한 이유라고 생각한다.[8] 미국에서만 해마다 족히 50만 부는 넘게 팔린다. 우리가 자연도감에 의지하는 이유는 단순히 살아 있는 자연을 이해하고 싶어서만이 아니다. 자기 눈과 귀로 직접 보고 듣고 즐겼음에도, 우리가 본 게 **정말로** 무엇인지 과학으로 확인해보기 전까지는 자신이 그걸 제대로 이해했다는 생각이 들지 않아서다. 자료해석관interpretive center*이 점점 많아지는 이유도 우리가 판단을 과학에 다 맡기고 자신은 불신하기 때문이다. 바로 눈앞에 있는 생명

---

* 자연 및 문화 유적에 관한 지식 전파를 위한 기관으로, 일종의 새로운 형태의 박물관.

도 누군가가 대신 해석해줘야 한다고 느낀다. 정말로 혼자서는 생명을 보거나 듣거나 이해할 수 없다고 믿는 지경에 이르렀기 때문이다. 실제로 우리는 어떤 생물이 무엇이며 또 무엇이 아닌지를 판단할 수 있는 타당한 방식이 과학 말고도 존재한다는 사실을 기억하지도 못한다. 이 책을 쓰기 시작했을 때 나 역시 정확히 그런 상태였다.

이는 생물에 대한 이해에만 국한된 듯한 기이한 현상이다. 이를테면 공기 중에서 공이 어떤 식으로 이동하는 이유는 우리보다 물리학자가 훨씬 더 잘 알겠지만, 우리는 아치를 그리며 골대로 날아가도록 농구공을 던질 때 물리학자들에게 조언을 구하지 않는다. 과학자들은 다른 누구보다 마찰의 역학을 더 잘 이해하겠지만, 우리는 브레이크를 얼마나 세게 밟아야 할지 판단하려고 그들을 불러와야 한다고 느끼지는 않는다. 해석을 위한 표지판은 필요도 없고 원하지도 않는다. 하지만 흥미로운 식물이나 동물을 볼 때 우리는 그 앞에서 주저한다. '가만있자, 이 문제를 해결하려면 전문가가 있어야겠는걸'이라고 생각한다.

세월이 흐르면서 과학자들도 나머지 우리를 믿지 않게 되었다. 오늘날 생명의 분류는 전문가들만 아는 난해하고 고립된 분야이지만 한때는 훨씬 더 민주적인 일이었다. 예를 들어 18세기와 19세기 초만 해도 오늘날이라면 아마추어라 할 사람들이 야생으로 들어가 관찰하고 새로운 아이디어를 구상한 다음, 모임에서 그 생각을 발표하고 당대에 가장 존경받던 식물학자나 동물학자와 나란히 출판까지 하는 것이 그리 이상한 일이 아니었다. 사실 몇 세기 전에는 당대 가장 존경받는 식물학자와 동물학자 중에 아마추어들도 있었다. 오늘날에는 보통 사람이 높은 단계의 과학적 활동에 참여하는 일이 간혹 허용된다 한들 아주 드물다. 가장 민주적인 매체인 인터넷마저 우리에게 생명을 이해할 능력이 있다는 믿음을 되살려주지 못했는데, 그래도 우리 모두 너무나도 기꺼이 따를 준비가 되어 있는 과학적 분류 체계에 더 쉽고 신속하게 접근할 수단은 제공해주었다.

해야 할 분류 작업이 무엇이든 간에 전부 과학자들에게 맡겨버리는 것이 어떤 면에서는 확실히 더 수월하겠지만, 거기에는 대가가 따른다. 우리는 생명의 세계에 대한 책임을 다른 사람들에게만 맡겨두는 데 너무 익숙해진 나머지 언제부턴가 우리 주변의 생명에게 눈길도 주지 않게 됐다. 수많은 야생의 생물들이 자기 좀 보라는 듯 눈에 띄는 모습으로 끈덕지게 우리 앞에 나타날 때도(예컨대 매들이 주차장 상공을 날아 이동하거나, 한밤에 다채로운 색깔의 나방들이 유리창에 와서 몸을 부딪치거나… 이런 일은 항상 있다) 우리는 그 존재들을 거의 의식하지 못하는 듯하다. 모두가 매일 하루도 빠짐없이 하는 일 가운데 우리가 생명의 세계와 연결되어 있음을 부인할 수 없게 하는 일, 바로 '먹기'를 할 때조차 우리는 우리가 먹는 것이 사실은 생명의 세계임을 점점 더 의식하지 못하는 것 같다. 우리는 고기가 콧김을 뿜어대는 덩치 큰 포유동물에서 잘라낸 살덩어리가 아니라 스티로폼 접시에 놓인 새빨간 타원형 덩어리라고 생각한다. 생명의 세계는 항상 바로 우리 눈앞에 있지만 우리는 그걸 모두 놓치고 있다.

우리가 치를 대가는 그보다 더 큰 것인지도 모른다. 우리는 모든 것 중 가장 큰 것을, 바로 야생의 자연 자체를 잃을 위험에 처해 있다. 생명이 사라지고 있다는데, 우리는 생명과 너무 심하게 단절된 탓에 그에 대해 무슨 행동을 하는 것은 고사하고 어떤 감정을 느끼는 것조차 어려워한다. 심지어 그게 정말 중요한 일이라는 확신도 없다. 매년 플로리다 면적의 절반에 달하는 우림이 파괴되고 있다고?[9] 아하함, 하품이 나네. 종들이 멸종하는 속도가 인류가 끼어들기 전에 비해 100배 내지 1000배나 빨라졌다고? 하암, 하아암. 우리는 도무지 그런 일에 신경을 쓸 정도로 각성하지 못하며, 생명의 세계는 우리와 너무 멀어졌고 너무나 무관해 보인다.

우리는 어쩌다 이런 지경까지 왔을까? 그리고 이 지경에 와 있음을 깨달은 지금, 어떻게 여기서 탈출해야 할까? 이 책은 이 질문들에 답하고자 하는 나의 시도다. 이 책에는 우리가(과학자들과 나머지 사람들 모두) 이 낯선 장소에 도달한 여정의 이야기와 다시 집으로 돌아갈 지도가 담겨 있다.

우선 나는 내 물고기들을 되찾고 싶다. 알고 보니 나는 뱀들과 새들과 물방울을 튕기는 매혹적인 물고기들로 가득한 세계를 내게 보여줬던 유년기의 숲에서 마음껏 활개 치는 움벨트와 함께하던 그 시절, 처음부터 올바로 알고 있었다. 그러니 비록 과학을 대단히 존경하는 사람이기는 해도 나는 물고기가 존재한다고 주장해야겠다. 우리가 과학을 아무리 많이 필요로 하더라도(실제로 우리는 과학을 많이 필요로 한다), 우리에게는 물고기도, 아마 모두가 짐작하는 것보다 훨씬 더 필요하기 때문이다. 미끌미끌하고 반짝거리며 물속을 헤엄치는 그 동물들은(자연탐구가들이 기나긴 세월 셀 수도 없을 만큼 많이 알아보았던 다른 모든 생물과 함께) 우리와 생명의 세계를 연결하는 중심점에 자리하고 있다.

이제 터무니없게도 물고기가 존재하지 않는 이 이상한 지점으로 우리를 데려다놓은 여정의 이야기를 시작해보자. 이야기는 분류 과학의 초창기, 그러니까 움벨트가 내쫓기기 오래전, 현재 우리가 빠져 있는 냉담한 분리 상태가 생기기 한참 전, 사람들이 생명의 세계에 대한 열렬한 사랑에 빠져 있던 시절에서 시작된다. 그중에서도 아마 제일 열정적으로 사랑에 빠져 있던 인물, 당대 지성계의 가장 거대한 문제인 생명의 세계 전체에 질서를 부여하는 일에 뛰어들었고, 그럼으로써 우리의 이야기에 시동을 건 인물에서 시작한다. 바로 과학적 분류의 아버지가 된 카롤루스 린나이우스다. 그는 물고기와 얼룩말, 나방, 그리고 수정처럼 맑고 파란 아름다운 하늘 아래서 우리가 오랫동안 알아보았던 다른 모든 것의 존재를 믿는 사람이었다.

1부

자연의 질서를 찾아 헤매기 시작하다

1장

‒‒‒‒ ❦ ‒‒‒‒

작은 신탁 신관

우리가 와 있는 이곳은 정말 이 세상 같지 않게 너무나도 풍성해. …

저 엄청난 나무들이라니! … 새들과 물고기, (하늘색과 노란색으로 된)

가재까지 색깔도 얼마나 놀라운지 몰라! 지금까지 우린 내내 얼간이들처럼

이리저리 뛰어 돌아다녔어. 첫 사흘은 뭐가 뭔지 하나도 알아볼 수 없었지.

계속 먼저 잡았던 걸 던져버리고 바로 다음 걸 붙잡아야 했으니까.

봉플랑이 뭐라고 했는지 알아? 이 경이로움이 어서 바닥나지 않는다면

자기는 분명 정신이 나가버릴 거래.[1]

아메리카 대륙을 탐험한 프로이센의 유명한 탐험가,
알렉산더 폰 훔볼트가 1799년 형에게 쓴 편지 중에서

1707년 5월 23일, 스웨덴 남부의 로스훌트라는 작은 마을에서 사내아이가 하나 태어났다. 아기의 어머니와 시골 교구 목사인 아버지는 아이에게 칼 린나이우스Carl Linnaeus라는 이름을 지어주었다.[2] 그들은 칼이 언젠가 당연히 아버지의 뒤를 이어 성직자가 될 거라 여겼다. 하지만 그러기엔 처음부터 문제가 좀 있었는데, 아이가 꽃과 관련된 것이 아니면 그 무엇에도 관심이 없었기 때문이다. 이건 칼이 태어나기도 전부터 식물의 세계에 푹 파묻혀 살 수밖에 없게 만든 부모 탓일지도 모른다. 칼의 아버지는 마당에 특이한 표본들을 모아 정원을 가꾸었고, 그 시절에 유행하던 올림 화단을 마치 둥근 식탁 같

은 모양으로 만들어두었다. 가장자리의 관목과 허브는 손님 역할을 했고 꽃들은 식탁에 차려놓은 다양한 요리 같았다. 칼을 임신하고 있을 때 그의 어머니는 앞으로 어떤 결과가 따를지는 까맣게 모른 채 이 꽃피는 만찬 식탁을 바라보며 몇 시간씩 앉아 있곤 했다. 전하는 말에 따르면 칼의 첫 장난감은 한 송이 꽃이었고, 아기였을 때 칼의 울음을 멈출 유일한 방법은 장미든 튤립이든 아무튼 예쁜 꽃잎이 있는 꽃 한 송이를 쥐여주는 것이었다고 한다. 아무래도 칼은 꽃 피는 식물들과 함께할 운명이었던 듯싶다.

어린 시절 칼은 바깥에서 꽃을 모으고 새로운 식물 표본을 찾아내고 자기가 찾은 녹색 보물들에 관해 골똘히 생각하는 데 모조리 시간을 쏟느라 학교 공부는 완전히 나 몰라라 했다. 고등학교 때는 수업에서 워낙 뒤처진 바람에 모든 선생님이 칼에게 적합한 직업은 육체노동뿐이라고 단언할 정도였다. 하지만 선생님들이 뭐라고 생각했든 칼은 재봉사나 목수가 될 운명은 아니었다. 고등학교를 졸업할 무렵에는 그가 식물학에 대해 열정만이 아니라 천재성까지 지니고 있다는 게 분명해졌다. 후에는 동물에 대해서도 그와 유사하게 놀라운 감각을 지닌 것으로 드러났고, 이는 곧 생명의 세계를 체계화하는 심오한 재능으로 밝혀졌다.

후에 칼은 '과학적 분류의 아버지'라는 칭호를 얻어냈는데, 이는 그가 생명에 질서를 짓고 이름을 붙이는 일의 수많은 규칙을 집대성했을 뿐 아니라 『자연의 체계Systema Naturae』라는 걸작을 통해 생명의 세계 전체를 체계화했기에 가능한 일이었다. 하지만 린나이우스를 높은 명성의 위치로 쏘아 올린 건 순전한 독창성은 아니었다. 그가 정리한 분류군과 그의 이름하에 알려진 규칙들(모든 종에 두 부분으로 된 라틴어 명칭을 붙이는 것이나, 계부터 시작해 속과 종까지 내려오는 린네식 계층 구조Linnaean hierarchy로 모든 생물을 배열하는 것 등) 중에는 생물을 체계화하던 다른 사람들이 전에 이미 제안했거나 여기저기서 사용하던 것들이 많았으니 말이다. 오히려 『자연의 체계』와 그 책에 담긴 규칙들은 모든 생명을 총망라한다는 특성, 명쾌함, 단순한 상식적 감각(아주 많은 사람이 이유는 몰라도 아무튼 그의 분류가 맞는 것 같다고 느꼈다)으로 기존의 다른 분류체계들을 훌쩍 뛰어넘는 산뜻함을 갖추고 있었고, 바로 이런 점 때문에 린나이우스와 그 책은 마치 휘몰아치는 폭풍처럼 순식간에 세상을 거머쥐었다.

교회의 손실이 다른 모든 이에게는 이득이었는데, 그건 바로 린나이우스가 딱 적합한 시기에 세상에 등장했기 때문이었다. 어린 칼이 아직 아버지의 정원에서 놀고 있을 때, 크고 넓은 세상에서는 새롭고 기이한 혼돈이 서서히 끓어오르고 있었다. 생명의 질서 짓기에서 이전에는 결코 본 적도 상상한 적도 없던 거대한 규모의 문제가 떠오르고 있었고, 린나이우스는 바로 이 문제를 풀기 위해 세상에 태어난 것이다.

칼 린나이우스가 무대에 등장하기 오래전부터 헤아릴 수 없이 긴 세월 동안 동물과 식물은 사람들이 보기에 더할 나위 없이 이치에 맞는 존재들이었다. 사람들은 주변에서 만나는 생명의 세계에서 쉬이 질서를 목격하고 발견할 수 있었다. 그 질서를 찾아주는 열쇠는 기분 좋을 정도로 단순했다. 우리 인간 종의 역사 대부분에 걸친 그 긴 세월 동안, 사람들 대부분은 그리 먼 거리를 여행할 일이 없었고 따라서 볼 수 있는 생물의 종류도 비교적 적었기 때문이다. 불쏘시개로 쓸 나뭇가지를 주우러 간 숲에서 둥지를 튼 되새를 보기도 하고, 농사짓는 밭을 잽싸게 가로지르는 생쥐를, 길 끝의 늪지 위를 떠다니는 잠자리를 봤을 수도 있다. 하지만 전체적으로 사람들이 볼 수 있었던 생물의 범위는 어느 한도를 넘지 않았다. 그리고 그렇게 경이롭지만 단순하고 지리상으로 엄격히 제한된 세계에는 깊이 생각해볼 만한 생물이 별로 없었으므로, 거기서 지극히 타당하고 이치에 맞아 보이는 질서를 찾아내는 건 전혀 어렵지 않았다.

특징을 쉽게 묘사할 수 있는 부류들은 척 봐도 정체가 뭔지 분명했다. 사실상 그것들은 저절로 눈에 들어왔다. 깃털이 없는 징그러운 대머리에 볼썽사납게 웅크리고 있는 콘도르는 당연히 콘도르였고, 아주 동그랗고 반짝거리며 빨간 바탕에 예쁜 검은 점들이 난 무당벌레는 분명히 무당벌레였으며, 가지에 사과가 주렁주렁 열린 나무는 의심할 여지없이 사과나무였다. 그것은 내가 어린 시절 집 뒤 숲에서 몸소 경험했던 것과 똑같은 바로 그 질서, 똑같이 깔끔하고 명료한 생명에 대한 감각이었다. 내게 그 숲은 다른 세상이었지만 그래도 하루만 거닐면 전체를 다 돌아볼 수 있는 세상이었다. 어떤 사람이 볼 수 있는 것이 겨우 몇 종류의 뱀과 스무 가지 정도의 새들, 쉽게 알아볼 수 있는 종류의 식물들뿐이라면, 질서 짓기의 모든 측면, 그러니까 나누고 무리 짓고 이름 짓는 일까지 모두 다 해도 그건 아이들 놀이에 지나지 않는다. 그리고 아이들뿐 아니라 오랜 옛날부터 박물학을 연구한 학자들에게도, 모든 사람에게 세상은 바로 그렇게 단순하고 명쾌하게 보였고 실제로도 그랬다. 예를 들어 아리스토텔레스도

1부·자연의 질서를 찾아 헤매기 시작하다

동물에 관한 과학적 저작에서 500가지의 동물만을 다뤘다. 또 다른 고대 그리스 학자인 테오프라스토스는 저작을 통해 약 550종의 식물에 관해 논했다.[3]

그런데 이 단순한 시대가 막을 내리고 말았다. 18세기 초, 린나이우스가 살던 시절에 이르자 유럽의 범선들은 이제 미지의 세계 가장자리만 탐색하는 데 그치지 않고, 그 세계에 대한 권리를 주장하기 위해 대대적으로 몰려갔다. 지구의 영혼과 땅과 부에 대한 소유권을 주장할 태세를 갖춘 선교사, 지도제작자, 광물학자를 잔뜩 실은 배들이 속속 항구를 떠났다. 박물학자들도 세상을 샅샅이 훑어 새로운 형태의 생물을 찾아내고 온전히 고향으로 가져오기 위해 배를 타고 바다를 누볐다. 그 일에는 엄청난 거금을 벌 기회도 따랐다. 잘 알다시피 생명의 세계란 사람에게 필요한 모든 것을 품고 있는 법이다. 털로 뒤덮인 존재, 공중을 나는 존재, 덩굴을 감아 오르는 존재 가운데 여행자가 무엇을 발견하게 될지 누가 알겠는가? 아무도 탐험한 적 없는 야생에서는 새로운 음식, 향료, 목재, 음료, 약품, 한 번도 들어본 적 없는 살아 있는 보물을 찾을 수도 있는 일이다.

그리하여 모험심 넘치는 식물학자와 동물학자는 범선에 올라 지구 전역을 누비고, 온갖 생명이 바글대는 열대로, 아시아와 아프리카와 아메리카의 이국적인 야생 속으로 성큼성큼 걸어 들어갔다. 그리고 거기 별빛 내린 초원과 탈 듯한 사막, 거친 대양에서 살아 있는 세계의 광활함을, 들어본 적도 꿈꿔본 적도 없는 동물들과 식물들을 발견했다. 박물학자들은 더 이상 아리스토텔레스나 테오프라스토스처럼 옹색하게 한 지역에만 머물러 있을 수 없었다. 이제 500종의 동물이나 550종의 식물만 생각하고 있을 수는 없었다. 꼬리를 물고 해

안에 당도하는 새로운 형태의 생물이라는 파도가 그들 앞에 수천 종의 동식물이라는 현실을 들이밀었다.

이 모든 새로운 생명에 대한 열광이 커지는 한편으로 혼란도 커져갔다. 더 많은 박물학자가 더 많은 다양한 생물을 볼수록 이름들도 더 빠른 속도로 급증했고, 똑같은 것에 여러 다른 이름이 붙는 경우도 많았다. 얼마 지나지 않아 다른 나라에서 다른 언어를 쓰고 다른 텍스트를 읽는 박물학자들 사이에서는 두 박물학자가 이야기하는 동식물이 같은 것인지 완전히 다른 것인지조차 판단하기가 어려워졌다.

보통은 헷갈릴 일이 잘 없을 것 같은 버팔로(아메리카들소)를 생각해보자.[4] 버팔로는 덩치가 크고 독특해서 뚜렷이 구별되며, 아주 많은 수가 무리를 지어 돌아다니는 경우가 많다. 오늘날에는 희귀해진 유럽버팔로(유럽들소)도 한때는 광범위하게 분포해 많은 사람이 이 동물을 알고 있었다. 하지만 이렇게 독특한데도, 아니 어쩌면 못 알아보기가 불가능한 바로 그 독특함 때문에 유럽들소는 비슷비슷한 명칭들을 포함해 엄청나게 많은 이름을 갖게 되었고, (린나이우스와 동시대인이며 그의 가장 열렬한 비판자로도 꼽혔던) 프랑스 박물학자 뷔퐁 백작 조르주-루이 르클레르Georges-Louis Leclerc, comte de Buffon는 이 현상을 문제로 지적했다. 그 이름 중 몇 개만 열거해도 버플buffle부터 우러스urus, 부발라스bubalus, 카토블레파스catoblepas, 테우르theur, 벨런의 부발라스the bubalas of Belon, 스카티시 바이슨Scottish bison 등이다. 각각의 이름은 한 지역에서 어느 기간 동안 명칭 역할을 잘 해냈을지 몰라도, 이렇게 많은 이름은 지식의 전파를 불가능하게 할 정도로 학자들을 큰 혼란에 빠뜨렸다.[5] (일종의 생물학판 '1루수가 누구

야?'*였다.) 예를 들어 뷔퐁 백작 시절에는 아직 이탈리아와 그리스에
도 버팔로가 있었다. 따라서 당연히 이런 질문이 제기됐다. 고대 그
리스인이나 로마인이 남긴 글 속에 이 멋진 동물에 관한 이야기도 있
지 않을까? 하지만 '버팔로'는 그리스어도 라틴어도 아니니 분명 두
고대 문명에서 사용된 단어는 아닐 것이다. 어쩌면 그들이 따로 쓰던
이름이 있었을지도 모르는데, 그렇다면 그 이름은 뭐였을까? 일단 아
리스토텔레스가 '보나소스βόναϭος'라고 한 것이 그 이름일 가능성이
있는데, 그가 한 설명을 보면 버팔로에 대한 설명처럼 보이기는 하나
사소하게 넘길 수 없는 특징이 하나 있다. 아리스토텔레스의 묘사에
따르면 보나소스는 "배설물을 7미터 넘는 거리까지 쏘아 보낼 수 있
고 … 어찌나 독한지 그 배설물이 묻은 사냥개의 털이 타버릴 정도"[6]
라는데, 어떻게 보더라도 우리가 아는 보통 버팔로 얘기는 아니다.
아리스토텔레스의 글은 거리낌 없이 기발한 표현을 가미했을 뿐 실
제로 버팔로를 묘사한 것일까, 아니면 보나소스와 버팔로는 전혀 다
른 동물인 걸까? 이렇듯 이름 붙이기와 혼동은 서로 붙어 다녔고, 상
황은 더 나빠지기만 했다.

　　동시에 그보다 더 심각한 문제도 박물학자들을 괴롭히기 시작
했다. 생물이 더 많이 나타날수록 생명의 분류 작업 자체도 더 어려
워졌고, 급기야는 아예 그 일이 불가능하다 싶을 정도로 어려워져서
박물학자들에게 좌절감을 안겼다. 처음에는 이게 별 문제가 아닌 것

---

*　　1루수가 누구야Who's on First?는 코미디언 콤비 애벗과 코스텔로의 유명한 만담으
　　로, 1루수의 이름이 '누구Who'라서 질문하고 답하는 사람이 계속 같은 말을 반복
　　하며 답답해한다.

린나이우스의 시대에 자연사 연구는 종종 헷갈리는 이름들이 너무 많은 현상 때문에 곤란을 겪었다. 유럽과 아메리카 대륙에서 돌아다니던 그 덩치 큰 들소[7]처럼 겉보기에 전혀 헷갈리지 않을 것 같은 동물들도 분명하게 구별하기가 어려웠다. 우러스, 카토블레파스, 벨런의 부발라스 등 여러 다양한 이름으로 불렸기 때문이다. 아리스토텔레스가 기상천외한 특성을 묘사한 보나소스도 들소였을지 모른다.

같았다. 학식 깊은 박물학자들이 어찌 새로운 개구리나 과일나무 몇 가지를 분류하지 못하겠는가? 생물의 수가 늘어나는 것이 책의 수가 늘어나 서재에 책장을 늘려야 하는 것과 뭐가 다르냐고 여러분은 물을지 모른다. 그러니까 분류할 새가 더 많아졌다면 그저 작업의 규모를 더 키워서 기계적이고 단순 반복적인 일의 횟수를 더 늘리기만 하면 되지 않느냐고. 그런데 진짜 문제는 점점 더 많은 생물이 나타남에 따라 단순히 기존 범주들 속에 더 많은 생물을 집어넣거나 전체 범주의 수를 늘리기만 하면 되는 일이 아니었다는 점이다. 오히려 처음에 우리가 갖고 있던 단순한 체계 속의 범주들이 무너져버리는 기막힌 상황이 벌어졌다.

사실 이건 우리 모두 익히 알고 있는 현상이다. 누구나 그렇지만 당신도 살아가면서 사람들을 의미 있는 범주로 분류하려 시도해본 적이 있을 것이다. 박물학자들이 생물의 세계에서 질서를 감지하는 것처럼, 우리는 사람들에게서도 일종의 조직적 체계를 감지한다. 다시 말해 아무 체계 없이 뒤죽박죽된 사람들로 보는 것이 아니라, 사람들에게도 유형이 있음을 감지하는 것이다. 사람들은 자연스럽게 생겨난 어떤 유형에 속하는 것처럼 보인다. 똑똑하지만 사교에는 서툰 학자 유형, 목소리가 크고 헛소리 따위 안 봐주는 식당 웨이트리스 유형 등등. 범주를 감지하지 못하거나 범주에 따라 나누지 않기란 불가능하다. 가령 당신이 아이오와주 시골의 아주 작은 마을에서 평생을 살면서 몇백 명의 사람만 보았다고 해보자. 그런 상황에서 아마 당신은 명확하고 실용적이며 유의미한 범주들을 만들었을 것이고, 자기가 만든 규칙들이 깨지거나 혼란에 빠지는 경우는 한 번도 보지 못했을 것이다. 아마 당신은 나이, 성별, 외모, 직업, 품행, 에너지 수

준, 친절한 정도, 성姓 등을 함께 고려하여 그만하면 꽤 깔끔하고 견고한 범주 몇 가지를 만들었을 것이다. 그리고 유달리 범상치 않아서 홀로 자기만의 고유한 범주를 구축한 이도 몇 명 있을 것이다. 당신은 살펴보고, 감지하고, 분류한다. 그렇다고 당신이 분류체계를 창조한다는 말은 아니다. 그저 이미 존재하는 체계를, 얇은 베일에 덮인 채 표면 바로 아래 감춰져 있는 어떤 구조를 알아보거나 발견하는 것이다. 삶이 그만큼 단순하고 명료하다.

이제 당신이 그 작은 마을을 떠난다고 해보자. 당신은 세상을 여행하며 훨씬 많은 사람을 만난다. 유럽의 그 박물학자들이 그랬던 것처럼 당신은 자신의 범주가 무너지기 시작하는 것을 깨닫는다. 당신의 범주에 들어맞지 않는 사람이 너무 많다. 라스타파리안*? 대관절 이 사람들은 누구란 말인가? 고향에서는 한 번도 들어본 적 없는 말이다. 그리고 케이전**? 이 사람들은 또 누구야? 보스턴 브라민***이라고? 한편 당신이 이미 깔끔하게 정리해둔 범주를 헷갈리게 만드는 사람들도 있다. 얼굴은 당신의 고향에서 보던 그 순하고 레이스 옷을 즐겨 입는 할머니들과 똑 닮았지만, 작은 체구에 가죽바지를 입고 우스꽝스러운 억양으로 말하며 공격적이고 심술궂기까지 한 할머니는 어떻게 분류해야 할까? 상황은 극도로 혼란스러워지고 있지만, 당신은 여전히 자연에는 질서가 존재한다는 생각, 몇 가지 진짜 근본

---

*   에티오피아 황제 하일레 셀라시에(본명 Ras Tafari)를 신으로 모시는 자메이카인들의 종교인 라스타파리의 신봉자.

**   Cajuns. 주로 미국 루이지애나주와 캐나다 동부 대서양 연안에 살고 있는 프랑스인들의 후손.

*** 보스턴의 전통적인 백인 상류층.

적인 원인에서 유래한 패턴과 사람의 부류들이 존재한다는 생각을 놓지 못하며, 그래서 거기에 맞추어 범주를 조정한다.

그렇게 당신의 범주 몇 가지가 변화하기 시작한다. 당신은 어느새 자신이 할머니들을 두 유형으로 나누고 있음을 깨닫는다. 고향 할머니들 같은 상냥한 할머니들과 가죽옷을 자주 입고 다니는 성깔이 고약한 할머니들로 말이다. 한편 라스타파리안과 케이전처럼 남들이 전부터 갖고 있었지만 당신에게는 완전히 새로운 범주들도 추가된다. 더 흥미로운 건 그 혼돈에서 또 다른 새로운 범주들이 그냥 저절로 나타나기 시작한다는 것이다. 당신에게는 확연히 다르게 들리는 억양과 친절한 성향을 지닌 남부 사람들을 별개의 한 집단으로 인지하고, 감정적으로 냉담하며 질서정연한 독일인들 역시 그만큼 남다른 별개의 집단으로 인지하는 감각이 생기기 시작한다. 또 SUV를 몰고 다니는 성마르고 공격적이며 지나치게 경쟁심 강한 사커 맘, 샌들 안에 양말을 신고 다니고 늘 얼빠진 듯 멍하며 태평한 불교 신자 비건과 마주치게 되면서 아주 구체적인 또 다른 범주들도 생겨난다.

상세한 각종 감각 지각으로부터 정보를 얻은 당신의 정신은 자기도 모르게 새로운 범주들의 질서 체계를, 무질서에서 나타난 질서를, 이 모든 사람과 나중에 당신이 만나게 될 모든 사람을 분류하는 데 사용할 질서를 고안해낸다. 그러나 이렇게 빨리 만들어진 범주들은 그만큼 빨리 무너지기 시작한다. 당신은 성마르고 SUV를 몰며 멍한 채식주의자를 만난다. 독일 사람이지만 무계획적이고 툭하면 규칙을 어기며 지나치게 다정한 여인 한 명도 기억한다. 매번 당신이 선을 하나 그을 때마다, 당신이 지닌 범주들의 가장자리가 흐릿해지는 것 같다. 질서를 지으려 시도할 때마다 예외들과 복잡하게 만드는 요인들이 계속 쌓여가고 결국에는 당신이 만들어낸 분명하고 깔끔한 범주화의 규칙들은 모조리 지워지고 만다.

18세기 유럽의 박물학자들을 괴롭혔던 것이 정확히 이런 고통이었다. 초기 박물학자들은 우리가 예로 든 아이오와 사람처럼 비교적 제한된 수의 야수와 새와 물고기와 식물을 즐거이 연구했다. 그러나 귀향하는 모든 범선에 실려 상자와 병과 가방을 가득 채운 새롭고 낯선 생물들이 점점 더 많이 몰려들자 유럽 전역의 박물학자들은 길을 잃기 시작했다. 얼굴은 상냥한데 성미는 고약하고 가죽옷을 입고 다니는 할머니들이 사방에 나타난 셈이었다. 과거에는 곤충으로 정의했지만 알고 보니 곤충도 아니고 연충도 아니며 지네도 아닌데, 그러면서도 셋 모두와 비슷한 이 당황스러운 생물을 어떻게 해야 한단 말인가? 크기와 모양과 색깔이 우리가 이전에 분명히 구분했던 범주들의 기반 자체를 뒤흔드는 다양한 스펙트럼의 다채로운 명금류들이 배를 타고 속속 들어오는 상황에서는 어떻게 해야 할까?

자연사에는 이름들이 넘쳐났고 범주들은 해체되었으며 혼돈은 계속 축적됐다. 그리하여 생명의 세계가 점점 더 많은 사람에게 그 어느 때보다 더 크고 긴급한 관심의 대상이 되고 있던 바로 그때, 공교롭게도 자연의 질서는 인간이 도저히 닿을 수 없는 곳으로 멀어지고 있는 것만 같았다. 오늘날에는 생명에 질서와 이름을 부여하느라 겪는 고통이 소수 전문 학자들만의 몫이지만, 린나이우스의 시절에 점점 커져가던 이 문제는 모든 사람이 공유하며 함께 속을 태우던 딜레마였다.

✻　✻　✻

린나이우스는 인류 역사에서 유난히 경이로운 순간을 살았다. 바로 사람들이 생명의 세계에 흠딱 반해 사랑에 빠져 있던 순간이었다. 식물을 모으고 식물에 경탄하는 일을 사랑했던 건 결코 칼 혼자만이 아니었다. 국적과 나이와 지위를 막론하고 모든 사람이 지구가 주는 풍요로움에서 자기 몫을 챙기고, 식물뿐 아니라 모든 생명의 세계를 수집하고 체계화하고 정리하여 자기만의 자연사 컬렉션을 꾸리고 싶은 욕망에 사로잡혀 있었다.

유럽의 살롱과 응접실, 박물관은 생명의 세계로 이루어진 풍요로 가득 채워지고 있었다.[8] 왕과 왕비, 공작과 공작부인, 백작과 백작부인이 모두 앵무새 같은 이국적인 동물들을 다정하게 대하고, 수조나 유리병에 든 물고기를 뚫어지게 관찰했으며, 심지어 코끼리나 코뿔소도 친구처럼 대했다. 넋을 앗아간 건 동물들만이 아니었다. 귀족들은 식물이 안겨줄 가능성에 들떠 온실에 이국적인 나무와 꽃을 심고, 정원에는 신중하게 열을 맞춰 식물들을 배치했다. 눌러서 말린 압화 표본도 수집하여 새로 지은 식물표본실에 쟁였다. 스웨덴 국왕도 어마어마한 컬렉션을 자랑했는데,[9] 거기에는 꼬리감는원숭이 Capuchin monkey 같은 진귀한 유인원도 있었고, 금란조African red bishop 같은 우아한 새가 박제된 채 마치 살아 있는 새처럼 나뭇가지에 앉아 있기도 했으며, 줄줄이 늘어선 방부제 가득한 병들 속에는 블랙벨리트리거피시(항상 입이 툭 튀어나와 있고, 검정, 파랑, 빨강, 노랑으로 그린 것처럼 예쁜 색을 자랑하며, 그 때문에 때로는 피카소 트리거피시라는 부류에 포함되는 경우도 있다), 마치 잠든 것처럼 사지를 동그랗게 말고 있는 아르마딜로, 알을 까고 나오는 순간의 모습으로 영원히 굳어버린 새끼 안경카이만 같은 희귀한 동물들이 담겨 있었고, 심지어 섬뜩하

1장 · 작은 신탁 신관

게도 자기 아내인 로비사 울리카 왕비가 유산한 태아 표본까지 보존해두었다(인간 태아와 코끼리 태아 등 다른 태아들과 나란한 곳에, 혹시나 예상하지 못한 상태에서 맞닥뜨릴 여성 관람객을 배려해 신중하게도 실크 커튼 뒤쪽에 전시했다).

생명의 세계가 선사하는 기쁨과 즐거움이 워낙 크게 인정받았기에 여관과 선술집들은 자기네 컬렉션을 광고하며 손님을 유혹했다. 런던의 '뮤지엄 커피 하우스'라는 펍은 벤자민 프랭클린도 방문해 볼 만한 곳이라고 추천했을 정도로 아주 광범위한 전시품을 자랑했다. 사우스캐롤라이나에서 가져온 가터뱀 두 마리, 수많은 따개비, 길이가 30센티미터 넘는 개구리, 고래의 음경, 심지어 (이건 무슨 〈리플리의 믿거나 말거나〉에 나올 법한 이야기인데) 웨스트민스터 사원의 벽과 벽 사이에서 발견된 굶어 죽은 고양이까지 아주 얄궂은 것들에 둘러싸인 채 맥주를 마실 수 있었다.[10] 이윽고 자연사 컬렉션은 아주 흔한 것이 되어서 어지간한 집이면 으레 자랑스런 경이로운 자연 전시물 몇 가지쯤은 보유하고 있었다. 오색영롱한 나비 몇 마리, 엄청나게 많은 열대 딱정벌레, 진열용 조가비 몇 줄 등등. 언제나 가장 인기를 누리는 건 박제된 벌새였다.

하지만 만약 오늘날 우리가 누군가의 거실에 들어갔다가 유리로 눈을 만들어 넣은 포유동물 박제나 핀으로 고정한 마른 곤충, 납작하게 눌러 말린 식물로 가득한 진열장을 발견한다면 어떤 느낌이 들지 상상해보라. 아마 매력이나 흥미보다는 놀라움과 경계심을 느낄 것이다. 오늘날에는 그런 전시물이 병적이거나 그로테스크하게 보일 수 있지만, 당시에는 주로 생명의 영광에 대한 찬양 행위쯤으로 여겨졌다.

1부 · 자연의 질서를 찾아 헤매기 시작하다

거대한 범선에 올라 항해한 이들은 아마 박물학자들이었을 것이다. 그렇다고 당시 사람들이 드넓은 세상을 건조한 과학적 연구(생물 종 수를 나타내는 무미건조한 그래프, 다양한 생물 범주를 표시한 지루하기 짝이 없는 도표)의 대상으로 여겼던 건 아니다. 오히려 살아 있는 생물들, 그 모든 신기하고 다양한 야생의 존재들은 글자 그대로 모든 사람의 소유였다. 그리고 신기한 수집품 장식장을 들여다보는 즐거움은 수많은 사람이 널리 이해하는 일이었다. 왜냐하면 사람이 (아직 살아 있는 것이든 아니든) 생물을 보면서 깊이 생각할 때, 그러니까 정말 제대로 바라볼 때는 뭔가 중요한 일이 일어나기 때문이다. 몇몇 형태들은 더 닮아 보이고 또 어떤 형태들은 더 달라 보이기 시작하면서 어떤 질서의 감각, 바로 자연의 질서에 대한 감각이 생겨난다. 그리고 그 질서를 인지했을 때, 거기에는 어떤 성찰의 기쁨이, 경이로운 대상을 차분하고 깊이 이해했다는 만족스러운 마음이 따라온다.

사람들은 생명의 세계에 경이로운 볼거리가 아주 많다는 걸 잘 알고 있었고, 그 세계는 아직 너무 많은 것이 미지의 것으로, 때로는 심지어 환상적인 것으로 남아 있었다. 당대의 가장 위대한 학자들조차 인어, 머리가 여러 개 달린 히드라, 일부는 사람이고 일부는 유인원인 동물, 사람 같은 얼굴의 물고기, (낙타와 퓨마 사이에서 난 자손이라는) 카멜로파르달리스camelopardalis, 살아 있는 거위가 열리는 나무 등의 존재를 여전히 믿고 있었다.[11] 너무나 믿을 수 없는 많은 것이 존재한다고 이미 밝혀진 마당에 그런 것들이라고 존재하지 못할 이유가 무엇이겠는가?

세상은 사람들에게 억누를 수 없는 궁금증을 일으키는 기막히게 놀라운 것들로 가득했고, 아직 사람들은 자연스레 이것들이 자신

린나이우스는 브라질 연안에서
발견되었다던 이 인어가
진짜라고 믿었던 것 같다.[12]

과 긴밀히 연결되어 있다고 느꼈다. 어찌나 궁금하고 가깝게 느꼈던
지 바로 그 대상들을 자기 집에도 가져다 두기를 원했고, 그래서 소
파 바로 옆 진열장 안에 잘 보이게 넣어두었다. 자연 질서의 황금기
이자, 수많은 사람이 생명의 세계에 대한 열정을 공유하며 수많은 가
정이 그 세계를 찬양하고 기렸던 시절이다.

정말 많은 사람이 정말 많은 표본을 갖고 있다 보니 생명의 세
계를 질서 짓는 방법에 대한 대중의 욕망이 이전에도 이후에도 본 적
없는 엄청난 규모로 널리 퍼져나갔다. 18세기 프랑스의 곤충학자 르
네 앙투안 레오뮈르는 곤충의 삶을 상세히 다룬 첫 책을 출간하자마
자, 수많은 수집가들이 가장 시급하게 여기지만 아직 답을 얻지 못한
문제로 인한 질문 공세에 시달렸다고 회고했다.[13] 그 질문은 바로 자
기 곤충 컬렉션을 정확히 어떻게 체계적으로 분류해야 하느냐는 것
이었다. 제일 먼저 무엇부터 해야 하죠? 메뚜기? 나비는요? 그리고
나비들과 함께 묶을 건 무엇이죠? 개미, 매미, 잠자리는요? 레오뮈르

　　　　　　　　　　　　　1부·자연의 질서를 찾아 헤매기 시작하다

는 회고록에서 한 중년 귀족 여성이 (자신이 분명히 '일반 독자는 건너뛰라'고 충고했던) 곤충의 체계화와 분류에 유용한 곤충의 구체적인 부분들과 특성에 대한 상세한 기술적 묘사까지 아주 철저하게 다 읽은 다음, 자기 컬렉션을 정확하게 체계화하고야 말겠다고 마음먹고는 더 많은 걸 알려달라고 졸라댔던 일에 대해 이야기했다. 당시 대부분의 박물학자와 마찬가지로 레오뮈르도 불확실하고 부분적인 답변밖에 해줄 수 없었다. 그리고 어느 정도 규모의 컬렉션을 갖춘 사람의 의문은 당연히 곤충에 국한되지 않았다. 박쥐는 새와 같은 부류인가? 상어는 물고기와 한 부류이고? 원숭이는 어떻지? 사람의 두개골은 어떻게 해야 하나?

여러분은 이 사람들이, 예를 들어 그 집요한 귀족 여인이 쉬운 길을 택했으리라 생각할지 모른다. 이미 쉽게 선택할 수 있는 체계화 방식들이 많았고, 예를 들면 알파벳 순서나 크기 순서로 배열하는 방식을 택할 수도 있었다. 하지만 당시 역시나 생명을 연구하고 있던 대학의 식물학자와 동물학자처럼, 일반인들도 그런 식의 분류법은 인위적이며 자신들이 몸소 인지한 체계적 조직을 반영하지 못한다는 것을 분명히 알고 있었다. 왜냐하면 이들도 자기가 수집한 생물들이 질서를 갖추고 정연하게 조직된 집합으로부터, 다시 말해 한눈에 알아볼 수는 없지만 표면 바로 아래에 있을 어떤 계층 구조에서 뽑아온 것이며, 그것이 부인할 수 없는 사실이라고 느끼고 있었기 때문이다. 그들은 대도시에서 막 1년을 살아본 우리의 아이오와 사람과 같은 상태였다. 여기에는 하나의 질서가 있다고, 폭발적으로 증가한 이 수많은 종류를 이해할 수 있는 한 가지 방법이 분명 존재한다고 그들은 확신했다. 이 수집가들이 콕 집어 그렇게 말하지는 않았겠지만,

65   1장 · 작은 신탁 신관

어쨌든 그들이 원한 것은 그냥 아무 조직 체계가 아니라 정확히 당시의 학자들이 추구하고 있던 바로 그 체계, 즉 그들이 이미 너무나 강력하게 인지했던 그 자연의 질서를 정확하고 자세하고 명확히 하나하나 기술하는 체계였다.

모든 사람이 생명의 세계를 체계화하는 방법을 알고 싶어 했다. 하지만 그 방법이 무엇인지는 아직 아무도 말하지 못했다. 그것은 그 시대 지성계의 가장 큰 질문이었고, 천재적이고 이름난 사람들이 그 답을 찾고자 뜨거운 추적에 나서, 장대하고 큰 패턴과 세밀하며 흥미로운 세부를 낱낱이 검토하며 생명의 세계를 꼼꼼히 살폈다. 이들은 세속적이고도 부유한 학자들, 폭넓은 독서와 깊은 지식을 자랑하는 사람들이었다.

대학생이 된 칼 린나이우스가 들어선 것은 바로 이 뜨거운 경쟁과 영광스러운 추구의 한복판이었다. 그는 진실을 밝혀내고, 진정한 자연의 질서라는 세상에서 가장 위대한 상을 확실히 거머쥐려 했다.

✳　✳　✳

물론 그건 터무니없는 일이었다. 시골 교구 목사의 아들로 태어나 가난하고 교육도 잘 못 받은 칼이었다. 고등학교도 겨우 마쳤고, 어찌어찌 대학교에 들어가기는 했지만 거기서도 상황은 순조롭게 돌아가지 않았다. 칼은 의학을 공부하러 스웨덴의 웁살라대학교에 들어갔는데, 당시 의사들은 다양한 질병을 치료하기 위해 식물학 지식을 갖추는 것이 필수적이었기 때문이다. 하지만 입학을 하고 보니 한때 위대했던 그 대학은 이미 쇠퇴해 있었다. 교수들은 가르치는 일을 거의 내팽개치다시피 했고, 책 읽는 학생보다 술집에서 시끄럽게 소동 피우는 학생을 더 쉽게 볼 수 있었다. 그리고 칼은 금세 자기 계획을 방해하는 더 큰 문제에 봉착했다. 빈털터리가, 완전히 철저한 빈털터리가 된 것이다. 때로는 너덜너덜해진 누더기를 옷이라고 걸치고, 밑창에 숭숭 뚫린 구멍을 처음에는 종이 몇 장을 접어 넣어 때웠다가 나중에는 자작나무 껍질로 때운 신발을 신고 다녀야만 했다. 떨어진 조각들을 너무 여러 번 다시 꿰매 붙여 결국에는 갈라진 가닥들만 남았다.

다른 사람이었다면 포기했을 것이다. 하지만 칼은 질서 짓기의 재능뿐 아니라, 흘러넘치는 야망과 기겁할 정도로 거대한 에고의 축복까지 타고났다. 게다가 그에게는 위로해줄 식물들이, 그의 경이로운 식물들이 있었다. 대학생 시늉을 하고는 있었지만, 그의 집착적인 수집은 언제나 계속되고 있었기 때문이다. 하숙집 창가에는 흙을 담은 커다란 화분들이 놓여 있고, 거기서는 희귀한 표본들이 싹을 틔워 초록으로 무성히 자라고 있었다. 곳곳의 시골에서 가지고 온 굵은 나무줄기들과 관목들은 벽에 기대 세워져 있었다. 그리고 그의 작업실에는, 희고 빳빳한 종이에 하나하나 조심스레 풀로 붙인 압화 표본 수천 개가 차곡차곡 쌓인 채 그를 에워싸고 있었다. 대학생이 되어 변한 게 하나라도 있다면 생명의 세계를 알고자 하는 욕구가 더욱 큰 집착이 되었다는 것, 그래서 동물 컬렉션도 그만큼 빠른 속도로 늘어갔다는 것이다. 학생 시절 그의 초라한 하숙방에는 서로 다른 여러 시기에 걸쳐 서른 가지 종류의 새가 살았고, 사람을 잘 따르는 그 새들은 한구석에 서 있는 나무에 앉아 노래를 불러댔다. 세심하게 배열해둔 홍합 껍데기도 아주 많았다. 그 근처에는 수백 가지 곤충 표본들이 역시나 깔끔하게 정리된 채 놓여 있었다.

하지만 그의 컬렉션과 에고가 아무리 거대하다 해도 그런 상황을 얼마나 더 오래 이어갈 수 있을지는 알 수 없었다. 주머니도 배도 텅 빈 그의 빚은 급격히 늘어나고 있었으니 말이다. 칼에게는 탈출구와 자비로운 구원자가 필요했다. 그것도 조속히. 그러므로 1729년 봄, 그가 대학 식물원의 식물들 틈에서 위안을 얻던 어느 따뜻한 날 바로 그런 구원자가 곁을 지나간 것은 그에게 대단히 큰 행운이었다.

✻ ✻ ✻

구원은 꽤 소탈해 보이는, 통통하고 콧수염을 기른 나이 지긋한 성직자의 모습으로 나타났다. 이 사람은 칼을 보더니 걸음을 멈추고 무슨 식물을 보고 있느냐고 물었는데, 이는 칼이라면 아무 막힘 없이 답할 수 있는 주제였다. 그는 칼에게 다른 식물 몇 가지도 동정同定 해보라고 한 다음, 식물학을 공부하고 있는지, 본인의 컬렉션을 갖고 있는지도 물었다. 칼은 남자의 질문에 토착 야생화 600종 이상이 포함된 자신의 컬렉션이 있다고 설명했다. 이 박식한 청년에게 대단히 깊은 인상을 받은 남자는 자신의 집으로 그를 초대하며 컬렉션도 가지고 오라고 했다. 이 점잖은 노인은 올로프 셀시우스Olof Celsius라는 존경받는 신학 교수이자 열성적인 식물학자였다. 섭씨Celsius 온도를 발명하여 이름을 남긴 안데르스 셀시우스Anders Celsius의 숙부이기도 했다. 셀시우스는 더없는 친절을 발휘해 실의에 빠진 이 청년에게 자기 집의 방 한 칸을 내주고 끼니를 해결해주었으며, 엄청난 장서를 자랑하는 자기 서재에도 자유로이 드나들게 해주었다.

린나이우스가 자신의 식물학적 총명함에 힘입어 비참한 가난에서 구출되는 과정에서, 그리고 유럽의 가장 부유하고 학식 높은 사람들과 교유하며 경험한 여러 행운 가운데서 이 사건은 첫 단추에 해당했다. 왜냐하면 칼은 그 유명한 사람들을 만날 때 단순히 그들과 잡담만 나누고 식물만 동정한 것이 아니었기 때문이다. 이 젊은 식물학자는 그들을 완전히 매료했다.

언젠가 칼은 네덜란드의 식물표본관에서 어느 식물학 교수를 만났는데, 교수는 그에게 작은 꽃들은 시들고 잎은 말라 있으며 정확한 정체를 알 수 없는, 아시아에서 온 아주 희귀한 나무의 표본을 보

젊은 시절 린나이우스는 계피나무처럼 진귀하고 수수께끼 같고
헷갈리는 종들의 분류상 위치와 이름을 짚어내는 능력으로
유럽 식물학자들의 경탄을 자아냈다.[14]

여주었다. 그 수피는 많은 이에게 익숙한 계피cinnamon*처럼 보였고 나무 자체도 시나모뭄Cinnamomum이라고 알려져 있기는 했지만, 교수가 알기로 그 외에 다른 모든 면은 수수께끼인 나무였다. 당시 유럽의 식물학자 중에서 그 식물의 잎이나 꽃을 본 사람은 거의 없었고, 열매를 본 이는 아무도 없었으며, 그때까지 그 누구도 식물의 분류체계에서 그 나무가 실제로 어디에 속하는지 판단하지 못했다. 교수는 이 스웨덴 청년도 그 식물을 동정하지 못할 거라고 확신했다.

칼은 교수에게 꽃을 하나 달라고 청했다. 그러더니 자기 입으로 꽃을 촉촉하게 만들어 원래의 형태를 약간 되살린 다음, 아주 잠깐 살펴보고는 자신감 있고 우아한 태도로 그 나무는 월계수bay laurel(남유럽에서 자생하는 나무로, 요리에 사용하는 월계수 잎이 이 나무에서 수확한 것이다)와 아주 가까운 관계이며, 월계수속Laurus이라는 더 큰 집단에 속하는 종 중 하나라고 선언했다.[15] 어떻게 그랬는지는 몰라도 칼은 분류군의 드넓은 범위 안에서 이 나무가 속한 위치를 한눈에 찾아냈다. 그가 동정할 능력을 갖췄을 만한 이유가 전혀 없는 나무였는데도 말이다.

이 나무를 월계수속이라 명명함으로써 젊은 린나이우스는 자연의 질서 속 정확한 위치에 그 나무를 집어넣은 것이다. 이는 특정한 물건을 혼다 어코드라고 지칭함으로써 아주 구체적으로 분류되는 사물들의 계층 구조 속에서 정확한 위치를 정하는 것과 마찬가지다. '저것은 혼다 어코드다'라는 문장은 제일 먼저 우리에게 그것이 자동차임을 말해주고, 차들 가운데서도 혼다이며, 혼다 차 중에서도 어코드

---

* 계피는 녹나무속에 속하는 몇몇 나무의 껍질로 만드는 향신료다.

라고 이름 붙은 특정한 차임을 알려준다. 그러니까 그 식물을 월계수속이라 부르면 거기에는 이름 하나보다 더 많은 정보가 따라붙는다. 그 말은 엄밀히 그 생물을 제일 먼저는 타당한 계kingdom(식물계)에 집어넣고, 그런 다음 식물계 중에서도 정확한 강class에 집어넣는데, 이 경우에는 목련강Magnoliopsida 혹은 쌍떡잎식물강dicot이라 불리는 강으로, 이 강에 속한 식물들은 싹이 터서 처음 땅을 뚫고 나오는 떡잎이 두 개라는 특징을 갖고 있다(이와 달리 외떡잎식물들은 잔디처럼 처음에 하나의 자엽으로 싹이 트기 시작한다). 방대한 목련강에는 목련, 장미, 제라늄을 비롯하여 우리에게 익숙한 정원 식물 대부분과 다수의 관목과 나무가 포함된다. 또한 그 나무에 월계수속이라는 이름을 붙이는 것은 동시에 그 나무를 녹나무camphor tree 등 비슷하게 향기를 풍기는 나무 다수가 포함되는 녹나무목Laurales이라는 정확한 목order에 집어넣는 일이며, 녹나무목 중에서도 월계수, 사사프라스sassafras, 아보카도, 생강나무 등이 포함되는 녹나무과Lauraceae라는 정확한 과family에 집어넣는 일이다. 그리고 그것을 월계수속이라 부르는 것은, 마지막으로 월계수를 비롯하여 유사한 다른 종들과 함께 바로 그 정확한 속genus에 속하도록 자리매김하는 것이며, 이 모든 과정을 그 한 단어로 한순간에 실행하는 것이다.

교수가 젊은 칼의 말을 믿은 건 아니었다. 그는 자기가 칼을 이겼다고 확신하며, 사실 그 나무는 시나모뭄이라고 설명했다. 이에 린나이우스는 그 나무가 일반적으로 시나모뭄이라 불린다는 건 자기도 알고 있고 맞는 말이지만, 제대로 분류할 경우 시나모뭄은 월계수속이라는 분류군에 속하는 것으로 간주해야 한다고 말해 교수의 뇌리에 충격을 가했다. 이 시건방진 애송이가 그 수수께끼를 그리 쉽게 풀었다고 주장하며 자신의 분류가 부정확하다고 지적하는 걸 받아들일 수 없었던 교수는 린나이우스가 틀렸다고 우겼다. 결국 칼은 식물의 분류에 관한 자신의 관점을 세련되게 논하며 그 나무의 위치는 정말로 월계수속에 속하는 것으로 잡는 것이 가장 합리적임을 교수에게 확신시킬 수 있었다. 심지어 칼은 거기서 더 나아가 교수가 잘못 동정한 다른 식물들까지 바로잡아주면서 마침내 완전히 그의 마음을 얻어냈다. 린나이우스의 초기 전기작가 중 한 사람인 에드워드 리 그린이 평한 대로, "세계적으로 가장 학식 높고 출중한 식물학자들 앞에서 이런 식으로 수수께끼를 풀어내는 일이 워낙 자주 벌어지다 보니, 그는 어디를 가나 독일인들과 플란데런 사람들 사이에서 '작은 신탁 신관'이라 불리게 되었다. 왜냐하면 그가 무엇이든 불완전하게 알려진 식물들의 유사성에 관해 단언할 때면, 언제나 그 말이 옳은 것으로 인정받았기 때문이다."[16]

다른 사람들이 점점 복잡해지는 생물들의 미로 속에서 길을 잃는 동안에도 어째선지 린나이우스는 마치 지나간 시절의 단순한 풍경 속에 여전히 머물러 있기라도 한 것처럼, 한 식물에 관해 수년씩 고민하고 연구한 사람도 할 수 없는 일을 해내곤 했다. 그는 즉각적으로 그 식물의 이름과 소속을 대면서, 식물 분류의 거대한 체계 속 적합한 지점에 그 식물의 자리를 찾아 정말로 가장 유사한 종들 사이에, 그리고 다른 모든 것으로부터는 먼 자리에 깔끔하게 끼워 넣었다. 다른 누구도 하지 못한 일을 그는 도대체 어떻게 해냈던 것일까?

린나이우스가 전반적으로 질서에 집착하는 사람이라는 사실이 어느 정도 도움이 되었다. 그의 성격은 점점 더 깊어가는 식물학과 동물학의 혼돈 속에서 분별을 유지하는 데 일조했다. 적어도 그의 경우, 그리고 그의 지시를 따른 모든 이들의 경우 순전히 엉성함 때문에 자연의 질서 속에서 길을 잃는 일은 없었다. 이 남자는 계층과 규칙과 절차를 너무나 사랑한 나머지, '식물학 연방the commonwealth of Botany'(그가 붙인 명칭이다) 영역에서 식물의 분류와 명명을 실행하는 정확한 방법을 상세히 기술하여, 군대식 명령 수백 가지를 꽉 채워 넣은 책을 쓰게 된다.[17] 다양한 식물학자의 명단을 열거할 때는 심지어 '식물군대의 장교들'이라는 은유까지 썼다. 이 전형적인 비유에 따라 그는 자칭 '린나이우스 장군'이 되었다(한편 린나이우스나 그의 책이나 방법을 한 번이라도 비판한 적 있는 식물학자들은 자신에게 식물군대에서 가장 낮은 계급이 부여되었음을 발견했을 뿐 아니라 냄새나고 고약한 잡초들에 자신의 이름이 붙은 것을 발견하곤 했다).

린나이우스의 명령 중에는 식물학에 못마땅한 게 많은 사람이 흥분해서 토해내는 지루한 장광설처럼 들릴 만한 게 많다. 이를테면 "기존의 속명에 음절 하나를 더 붙여 새로운 속명을 만드는 일은 절대로 해서는 안 된다", 나아가 "속명은 그리스어나 라틴어에서만 가져와야 하며 '-oides' 같은 끔찍한 접미사로 끝내서는 절대 안 된다", "이름은 발음할 때 듣기 좋은 소리가 나야 하며, 결코 성인이나 학자를 기리는 데 사용해서는 안 되지만 물론 그 사람이 식물학자인 경우는 예외이며, 그럴 경우 우리는 그 이름들을 '종교적 의무'를 행하듯 보존해야 한다" 기타 등등, 기타 등등. 이런 식으로 법칙을 열거했으니 말이다. 모든 사람에게 정확히 무엇을 해야 하는지 지나칠 정도로 시시콜콜 이야기하는 걸 그가 좀 즐긴 듯 보이기도 하는데, 린나이우스가 과학에 남긴 가장 오래가는 선물이자 뒤죽박죽된 자연사를 구해내는 데 부분적으로 일조한 것은 바로 이러한 공식화와 체계화, 정확함과 깔끔함, 규율을 중시하는 규칙들이었다.

예를 들어 린나이우스 이전에는 생물명이 얼마나 길든 상관이 없었고 상당히 긴 경우도 왕왕 있었다. 어떤 식물의 라틴어 이름은 실로 진을 다 빼놓을 정도였다. 아카시에 쿠담모도 앗세덴스, 뮈로발라노 케불로 베슬링기이 시밀리스 아르보르 아메리카나 스피노사, 폴리이스 세라토니에 인 페디쿨로 게미나치스, 실리콰 비발비 콤프레사 코르니쿨라타 세우 코클레아룸 벨 아리에치노룸 코르누움 인 모둠 잉쿠르바타, 시베 웅구이스 카치*Acaciae quodammodo accedens, Myrobalano chebulo Veslingii similis arbor Americana spinosa, foliis ceratoniae in pediculo geminatis, siliqua bivalvi compressa corniculata seu cochlearum vel arietinorum cornuum in modum incurvata, sive Unguis cati.*[18](이걸 모두 번역해보면 역시나 그만큼 거추장스럽다. "어떤 면에서는 아카시아를 닮았고 베슬링이 가자나무라고 명명한 것과도 비슷하며, 세라토니아속 같은 잎이 잎자루에 쌍으로 나 있고, 열매는 뿔 모양 또는 달팽이 껍질이나 숫양의 뿔 또는 고양이 발톱처럼 구부러진 모양으로 서로 납작이 붙어 있는 두 개의 꼬투리로 이루어진 장각과 열매가 열리는 가시가 있는 아메리카의 나무.") 이 문제를 바로잡기 위해 린나이우스는 모든 종의 이름은 두 부분으로 지어야 한다는 원칙을 세웠다. 그 이전에 다른 사람들도 두 부분으로 된 이름을 사용했지만, 이를 엄격히 지켜야 할 원칙으로 정한 사람은 린나이우스였다. 지금은 학명scientific name 또는 라틴어 이명二名, Latin binomial이라 부르는 이 방식에 따라 이름의 첫 부분에는 그 종이 속한 속을 쓰고 둘째 부분

1부·자연의 질서를 찾아 헤매기 시작하다

에는 그 속 안에서도 고유한 그 종만을 정의하는 명칭을 쓴다. 예를 들어 린나이우스는 우리 종을 호모 사피엔스*Homo sapiens*라 명명했다. 호모(사람속)는 우리가 속한 속명으로, 예컨대 지금은 멸종한 호모 하빌리스*Homo habilis*처럼 같은 사람속의 다른 구성원들과 우리의 유연성有緣性을 나타낸다. 한편 우리의 종명인 사피엔스는 우리 종만을 고유하게 정의하여, 사람속의 다른 종들과 우리를 구분한다.

두 부분으로 된 학명을 비롯한 린나이우스의 명명 규칙들은 엄청나게 긴 이름들을 없애버리는 것 이상의 일을 해냈다. 생물을 명명하는 데 일괄적으로 라틴어만 사용하도록 하고, 특정 속마다 단 하나의 이름, 특정 종마다 하나의 이름만을 사용하도록 함으로써 버팔로의 딜레마와 유사한 다른 문제들도 해결했다. 린나이우스는 명명의 문제를 깔끔히 정리했을 뿐 아니라 오늘날의 과학자들도 여전히 사용하는 (린네식 계층 구조) 규칙에 따른 분류군의 계층 구조를 확립했다. 이 구조는 계kingdom에서 시작하며(예를 들어 동물계) 그 안에 문phylum이 있고, 그 안에 강class이 있으며, 그 안에 목order이 있고, 그 안에 과family가, 그리고 그 안에 속genus, 그 안에 종species이 있다. 내가 처음 린나이우스를 만난 것도 바로 이 지점으로, 과거에도 현재도 어디서나 생물학을 공부하는 모든 학생이 그렇듯 여러 단계로 된 린나이우스의 계층 구조를 암기해야 했다. 초보 생물학자라면 누구나 해야 하는 과제였으므로 쉽게 외우기 위한 표준적인 암기법도 생겨났다. King Philip Came Over From Genoa Spain(필립 왕은 제노바 스페인에서 넘어왔다)*이라는 문장이었는데 여기서 K는 계kingdom,

***

* 물론 제노바는 스페인이 아니다.

1장·작은 신탁 신관

린나이우스의 분류 체계

계	동물계Animalia	(동물)
문	척삭동물문Chordata	(척추동물과 친척들)
강	포유강Mammalia	(포유류)
목	영장목Primates	(영장류Primates)
과	사람과Hominidae	(사람과Hominids)
속	사람속Homo	(사람속Homo)
종	사피엔스sapiens	(우리 자신!)

린나이우스의 분류체계는 계에서 시작해 종까지 내려온다.
한 예로 우리 종인 호모 사피엔스와 우리가 그 계층식 분류체계에서
차지하는 위치를 계에서 시작해 종까지 차례로 제시했다.

P는 문phylum 하는 식으로 계속 내려오다가 스페인의 S는 종species을
나타낸다. 물론 학생들은 이 유명한 암기법을 더 우스꽝스럽고 그래
서 더 잘 외워지는 문장으로 비틀었다. 이를테면 King Philip Cried
Oh For Goodness Sake(필립 왕은 오 이런 맙소사 하고 소리쳤다) 또는
King Philip Cleaned Our Filthy Gym Shorts(필립 왕이 우리의 더러운
운동복 반바지를 빨았다), King Philip Came Over For Great Sex(필립
왕이 끝내주는 섹스를 하러 왔다) 같은 문장들이다. 어떤 방법을 써서 그
문장을 외웠든 린나이우스의 분류체계는 생물학을 공부하는 모든 학
생이 알아야 할 지극히 표준적인 생물학 지식의 일부였다.

역사가 기억하는 린나이우스는 바로 이런 체계화의 대가이며,
그의 규칙들은 자연사에서 점점 커져가던 혼돈을 일부 길들이는 데
실제로 도움이 되었다. 하지만 이 규칙들만으로는 다른 누구도 발견
하지 못한 자연의 질서를 린나이우스가 찾을 수 있었던 이유가 여전

히 설명되지 않는다. '작은 신탁 신관'의 진정한 재능은 그 규칙들 안에 있지 않았다.

린나이우스는 겸손과는 심히 거리가 먼 사람이었으므로, 자기가 (스스로 자주 들먹이며 자화자찬했던) 재능을 지닌 이유를 쉽게 설명할 수 있다고 말했다. 그것은 바로 신의 의지였다. 자서전에 따르면, "그에 앞서 다른 누구도 … 더 위대한 식물학자나 동물학자일 수 없도록 … 더 많은 책을, 더 정확히 쓴 적이 없도록 … 그처럼 다른 모두가 한 것을 다 합한 것보다 더 많은 동물의 목록을 만든 일이 없도록 … 온 세상에서 그보다 더 유명해지는 일이 없도록"[19] 전능한 신이 정해두었다는 것이다. 린나이우스는 전능한 신이 창조의 날 이후 전혀 변하지 않은 무수한 생명 형태들에 관해 그 누구보다 큰 통찰력을 자신에게 주었다고 설명했다. 왜냐하면 그는 칼 린나이우스니까. 하지만 그러한 거드름을 일단 옆으로 치워두면, 실제로 그에게는 자신을 남다른 존재로 부각하는 특별한 재능이 있었는데, 그가 자신의 재주와 힘을 묘사한 과도하고 현란한 방식이야말로 그 차이를 알려주는 실마리다.

린나이우스는 여러 면에서 현대의 과학자와는 정반대인 사람이었다. 대단히 합리적이고 침착하며 객관적이고 약간은 로봇 같은 사람, 그러니까 (뾰족한 귀만 빼면) 〈스타트렉〉의 미스터 스팍 같은 부류가 과학자의 상투적 이미지라면, 분명 린나이우스는 완전히 정반대인 사람이었다.

그는 속속들이 감각적인 사람으로 아름다움과 경이, 세상의 찬란함과 비참함에 탐닉했으며, 멜로드라마적 취향이 다분하고 극단적인 관점을 좋아했다. 자신이 감각하는 세계에 고도로 주파수가 맞추어져 있었던 린나이우스는 초롱초롱한 눈과 인상적인 매부리코, 평범한 귀, 길고 통통한 손가락을 통해 생명을 인지했다. 그는 감각을 활짝 열어둔 채 주의를 기울이며 살았는데 때로는 그 감각이 너무 압도적이어서 거의 감각의 노예라 할 만했다. 스웨덴 최남단에 위치해 열대와 달리 폭발적인 감각적 기쁨을 줄 만한 것이 전혀 없는 스코네 지역을 둘러본 여행 이야기를 할 때도, 누가 린나이우스 아니랄까 봐 과하게 현란한 묘사를 늘어놓았다. "그보다 더 찬연한 것을 상상할 수 없을 정도로 밝은 색채의 파랑은 에키움*Echium*으로 뒤덮인 비탈이다. 밝은 빛을 뿜어내는 노랑은 들판을 뒤덮은 국화*Chrysanthemum*, 갈아놓은 밭에 핀 물레나물*Hypericum*, 모래밭을 뒤덮은 스테하스 시트리나*Stoechas citrina*요, 피처럼 붉은 빨강은 종종 비탈 전체를 뒤덮고 피어난 비스카리아*Viscaria*다. … 어디서나 거위들은 흰빛을 발하며 날아다니고 뭔가를 덥석 물고 꽥꽥 소리를 지른다. … 백조들은 날개를 위로 쳐들고 물가를 유영한다. … 종달새는 떨리는 소리로 지저귀며 머리 위를 맴돌고… 시계개구리clock-frog는 개골개골거리는 소리를 사방에 퍼뜨린다."[20] 그러니까 세상은 칼에게 이런 모습과 냄새와 소리로 다가온 것이다. 그리고 바로 생명의 세계에 대한 이토록 예민한 감각적 인지와 집중적인 기억력이, 다른 사람들이 생명의 무수한 다양성 앞에서 실패를 맛볼 때도 그가 그토록 잘, 그토록 탁월하게 분류할 수 있게 해주었던 것 같다. 생명을 분류하는 일, 생명에 체계를 잡고 이름을 붙이는 일은 합리적이고 객관적인 과학은(적어도 아직은) 아니

1부·자연의 질서를 찾아 헤매기 시작하다

었기 때문이다.

그 시절의 체계화와 명명 작업은 그야말로 자연의 질서에서 영감을 받아 자연의 질서에 대해 갖게 된 감각과 강력한 비전의 풍부한 세계를 다루는 일이었다. 박물학자들은 수년간 생명의 세계에 주파수를 맞춘 예리한 감각을 동원해 주변의 생명을 체계화했다. 그러나 터보 충전기를 장착한 듯한 린나이우스의 감식력은 이를 초월했다. 자연사가 점점 더 혼돈 속으로 빠져들고 있던 그 와중에도, 그의 탁월한 감식력은 완전히 새로운 식물, 신비롭고 새로운 꽃을 만나자마자 그 식물이 다른 어떤 식물과 가장 닮아 **보이는지**, 식물에 집착적으로 빠져 살아온 평생 그때까지 보고 냄새 맡고 맛보고 만져본 모든 식물 가운데 가장 근본적인 유사성을 지닌 것이 무엇인지를 의식적으로 사고하지 않고도 즉각 감지하게 해주었다. 그가 즉각 '아, 맞아요 맞아. 그건 월계수속입니다' 하고 말할 수 있었던 것은 생명의 세계에 대한 바로 그 풍부하고도 설득력 있는 감각이 그에게 지극히 명백한 진실을 보여주었기 때문이다.

✻　✻　✻

그래서였다. 훌륭한 자질을 갖춘 린나이우스가 그 행운의 식물원 산책 후 겨우 6년 만에, 생명 세계 전체에 질서를 잡기 위한 체계를 만들어내며 가장 경이로운 업적을 이뤄낼 수 있었던 것은. 1735년, 겨우 스물여덟 살이던 린나이우스는 이후 수 세기 동안 생명의 체계화와 명명의 기준을 세운 책 『자연의 체계』 초판을 출간했다. 쥐꼬리만한 정부 보조금과 약간의 교사 일, 그리고 그에게 찬탄을 보내는 멘토들과 후원자들의 관대함에 기대 의식주를 해결하며, 수많은 생명을 차례로 하나씩 질서 짓고 이름 붙이는 작업을 끝까지 단호하게 밀어붙였다. 그렇게 분류의 과학이 탄생했다.

이상할 정도로 별것 없어 보인다. 그 책 말이다. 사실 겨우 14페이지짜리이니 소책자에 더 가깝다. 하지만 그 페이지들 속에서 린나이우스는 모든 생명에 대한 최초의 체계화를 과감하게 펼쳐낸다. 거기에는 식물이라는 광활한 초록 세계가 딱 두 페이지에 모두 정리되어 있다. 각자 뚜렷한 개성이 있고 매력적이며 정체를 완벽히 알 수 있는 분류군들이 배치되어 있으며, 매혹적인 난초부터 가시로 덮인 선인장, 맛있는 열매가 열리는 무화과나무까지 모두 각자와 유사한 종류들 틈에 올바른 제자리를 잡고 있다. 본인은 식물학자임에도, 그리고 질투 어린 동물학자들의 텃세에도 불구하고, 그는 대담하게 모든 동물을 체계화하는 일에까지 자신의 시각을 확장했다. 사자부터 호랑이와 곰까지 덩치 크고 털 있는 동물들은 모두 한 분류군에 넣었다. 분별 있게 새들은 따로 분리했으며, 개구리와 거북이, 곤충과 연충도 그렇게 했다. 그리고 거기엔 물론 물고기도, 부인할 수 없고 더할 나위 없이 명백한 물고기도 있었다. 그리고 그 목록의 제일 위에는 바로 우리 인간이 있는데, 이에 대한 설명으로 린나이우스는 그냥 **Nosce te ipsum**(노스케 테 입숨)이라는 문구만 적어놓았다. "너 자신을 알라"는 것이다. 그리고 린나이우스의 시대에는 자연 세계가 동물계, 식물계, 광물계라는 세계로 이루어져 있다고 간주했으므로, 그는 그 책 안에 무생물계 전체도 어떻게든 정리해 넣었다.

이렇게 린나이우스는 분류의 과학을 창조했고, 자신의 막강한 감각과 생명 세계에서 절절히 느낀 자연 질서에 대한 인식을 그 과학의 토대로 삼았다. 아마도 이 점이, 정교하게 작성한 명명과 계층의 그 어떤 규칙보다도 분류의 과학 자체에 그가 남긴 가장 심원한 유산일 것이다. 그는 한 단어도 말하지 않고 그 어떤 선언도 없이 스스로 모범을 보임으로써, 생명에 질서를 짓는 일은 전적으로 사람의 개인적 지각에 근거해야 한다는 고대의 개념을 입증했기 때문이다. 어

린나이우스가 『자연의 체계』 초판에서
전체 동물계를 분류한 두 쪽 중 첫 쪽.[21]

떤 분류가 인위적인지 자연스러운지, 부정확한지 정확한지 판단하는 최종 결정자는 곧바로 말로 표현할 수 없는 사물을 대했을 때 자신의 느낌을 점검하고 자신의 감각에 따라야 하는 법이라고 아주 명확히 밝혔다. 생명을 체계화하는 일에서는 과거에도 늘 그랬듯 주관적 감각이야말로 다른 무엇보다 우세할 것이라는 게 그가 앞으로 그를 따르게 될 모든 이에게 주는 조용한 가르침이었다.

14페이지짜리 얄따란 『자연의 체계』는 이후 몇 권짜리로 불어났다. 린나이우스는 신의 영광을 위해 수고롭게 일하는 동안 결국 약 7,700종의 식물과 4,400종의 동물을 분류하고 명명했다.[22] 그리고 이 분류는 전 세계로 복음처럼 퍼져나가 도처의 박물학자들이 생명을 이해하는 일에 그의 체계를 사용하기 시작했다. 얀 흐로노비위스Jan Gronovius라는 저명한 식물학자가 친구에게 보낸 편지를 보면 당시 박물학자 정기 모임에서 얼마나 이 책에 대한 흥분이 고조되었는지를 볼 수 있다. "우리는 때로 광물을 검토하고, 때로 꽃과 식물, 곤충이나 물고기를 검토한다네. 우리는 (린나이우스의 『자연의 체계』 속) 일람표 덕에 아주 큰 진척을 이루어, 이제는 우리 중 누구도 본 적 없던 어떤 물고기나 식물이나 광물이라도 그 속과 종을 말할 수 있게 되었지. 나는 이 표들이 너무 유용하기 때문에 모든 사람이 서재에 지도처럼 걸어둬야 한다고 생각하네."[23]

점점 더 많은 수의 박물학자가 『자연의 체계』의 안내를 받아 야생생물의 세계에서 자신의 길을 발견하고 있었다. 린나이우스를 숭배하는 사람의 수도 급속히 불어났다. 그러나 그 많은 팬들 중에서도 그 책을 일컬어 "아무리 자주 읽고 아무리 큰 존경을 표해도 지나치지 않은 걸작"이라고 선언한 린나이우스 본인보다 더 열렬한 팬은 찾기 어려웠다.

자기 입으로 그렇게 부단히 자화자찬해댄 그를 칭찬하는 게 쉬운 일은 아니지만, 그래도 『자연의 체계』는 정말로 굉장한 성취였다. 린나이우스는 이십 대 백수 시절에 그 책을 씀으로써, 자기 힘으로 서른도 되기 전에 과학적 분류의 아버지로 온 세상에 이름을 떨치는 영예를 거머쥐었다. 『자연의 체계』를 씀으로써 그는 이제 막 생겨나던 분류학을 탄생시키는 산파 역할을 했다. 이 책을 비롯한 그의 저서들은 세월의 시험을 통과했을 뿐 아니라, 하나의 표준을 설정했다. 『자연의 체계』 10판은 후에 전 세계의 과학자들에게 모든 동물의 분류와 명명을 관장하는 동물학 명명법의 공식적 출발점으로 인정받았으며, 그의 또 다른 저서인 『식물의 종Species Plantarum』은 세계적으로 모든 식물 명명법의 공식적 출발점으로 인정받았다.

✻ ✻ ✻

린나이우스의 책들이 과학적 분류와 명명의 고전으로 추앙받는 이유는 최초의 체계이거나 유일한 체계여서가 아니라(둘 다 아니었다), 너무나 진실 같다는 느낌을 주기 때문이다. 린나이우스는 정교하면서도 간결한 방식으로, 당대의 박물학자들이 (나중에 밝혀진 바에 따르면 나머지 모든 인류도) 인지한 생명 세계의 본질적 비전을 포착하는데 이전 그 누구보다 가까이 다가갔다. 그리고 나는 그가 포착했던 것이 바로 우리 인간 움벨트의 비전이었음을 나중에야 깨달았다. 이 학식 깊은 저서들은 다른 시대에 라틴어로 쓰인 것이지만, 우리 모두에게 익숙한 식물과 동물의 세계를 알아보고 담아냈기 때문이다. 오늘날의 과학과 달리, 생명의 체계적 분류에 대한 린나이우스의 책들은 당신과 내가 매일같이 살고 있는 세계, 까마귀와 비둘기, 선인장과 미나리아재비, 그리고 물고기, 물고기, 물고기로 가득한 세계를 묘사한다. 실제로 린나이우스의 저서에는 온통 움벨트의 스탬프가 찍혀 있음을 나는 나중에야 알아보았다. 심지어 그의 명명 규칙(바로 그 이명법!)과 그 유명한 계층 구조조차 그 보편적 생명의 시각을 이루는 한 부분으로 밝혀진다. 둘 다 전 세계 어떤 문화권, 어떤 시대에나 민속 분류학의 보편적 요소라는 걸 인류학자들이 발견한 것이다.

하지만 움벨트에 관해 알아야만 린나이우스가 세상에 내놓은 것의 가치를 알아볼 수 있는 것은 아니다. 움벨트의 비전은 그것이 존재한다는 걸 몰라도 우리가 이해할 수 있는 것이기 때문이다. 린나이우스가 한 일은 레오뮈르의 책을 독파한 귀족 부인이 갈망했던 것을, 사람들이 떠들썩하게 갈구했던 일을, 그러니까 세상 사람들이 인지한 바로 그대로의 자연 질서를 깔끔하게 해설해준 것이다. 그것도 사람에게 알려진 생명의 세계가 아무도 분류할 엄두조차 못 낼 정도로 확장되고 있던 그 시기에 그 일을 해냈다. 그가 자연 질서를 발견한 것은 생명의 세계가 온갖 종류들로 뒤죽박죽된 광대하고 복잡한 혼란 상태가 되어 있던 때, 그래서 오직 분류의 거장만이, 생물학의 석학이자 특대형 움벨트를 지닌 천재(우리의 작은 신탁 신관)만이 그 흐릿하게 계속 퍼져나가며 폭발하던 난장판에 다시 또렷이 초점을 맞출 수 있고, 여전히 그 안에서 우리가 보고 이해할 수 있는 흔적들과 선들을, 같은 무리들과 다른 무리들을, 경계선들을, 우리가 그토록 강력하게 감지해왔던 그 진정한 자연의 질서를(맞아, 그거야!) 찾아낼 수 있었던 때였다.

1부 · 자연의 질서를 찾아 헤매기 시작하다

그러니까 『자연의 체계』는 단순히 체계화만은 아니었다. 그것은 감각된 세계에 대한 찬양이었다. 그리고 그 세계는 단순히 우리가 아는 세계가 아니라, 우리 것이라고 느끼는 세계였다. 우리는 그 세계에 대한 지분을 갖고 있다. 우리가 그 세계를 소유하고 있다. 린나이우스가 기록한 것은 바로 인간이 보편적으로 공유하는 이 비전이었다. 그의 천재성은 디테일에서 드러났지만(우리 중에 그 수수께끼 같은 월계수속을 식별할 수 있는 사람이 얼마나 되겠는가?) 그의 인간다움은 나머지 모든 것에서, 그러니까 우리 모두 쉽게 볼 수 있는 물고기, 소나무, 호랑이에서 드러났다. 그 모든 개인적 결함과 끝없이 이래라저래라 명령하는 오만함에도 불구하고 린나이우스가 여전히 그렇게 존경받고 스웨덴의 국민 영웅으로 사랑받으며, 수많은 전기의 주인공이 되고, 수많은 교과서에서 그토록 열정적인 칭송을 받는 것은 바로 이 때문일 것이다. 그는 우리의 세계를 포착하고 그 타당성을 확인해주었다.

그런 선물을 안겨준 데 대해 그는 풍요로운 보상을 받았다. 극빈자 대학생으로 경력을 시작한 이 남자는 웁살라대학교의 식물학 교수가 되었고, 스웨덴의 국민영웅이자, 스웨덴 국왕과 왕비의 비공식적 자연사 뮤즈가 되었으며, 결국에는 유럽 전역에서 하나의 전설이 되었다. 그는 꽃들의 군주가 되었다.

말년에는 뇌졸중으로 쇠약해지고 말하는 능력도 잃었다. 그의 지성은 시들었고, 이름 수집가이자 명명가였던 그는 마침내 자신의 이름마저 잊었다. 하지만 방문자들에 따르면 그때조차 그의 감각은 여전히 살아 있었다고 한다. 손에 꽃을 쥐고 있던 아기 때처럼 린나이우스는 말없이 그러나 행복하게 식물들 사이에 누워 있었고, 그렇게 하나의 원이 완성되었다. 끝은 1777년 겨울에 찾아왔다. 그는 일흔 살에 사망했다.

✳ ✳ ✳

린나이우스 장군은 떠났지만, 이미 그가 과학적 분류의 배, 분류학의 배를 아름답도록 순탄한 수면 위로 출항시킨 뒤였다. 찬란하고 평온한 시절이었다. 어디서나 사람들은 생명의 세계와 연결되어 있었고, 생명에 사로잡히고 매혹되어 있었다. 과학의 관점과 평범한 사람들이 생명을 바라보는 관점이 정확히 일치했다. 장엄하고 완전한 합일의 순간이었고, 누구든 어떤 생명의 질서를 발견하면 과학 역시 정확히 그와 같은 질서를 선언하던 때였다. 이 완벽한 일치는 계속될 수 없었다. 그것은 폭풍 전야의 고요였다.

부분적으로는 린나이우스의 업적에서 영감을 받았기 때문이기도 할 텐데, 어쨌든 점점 더 많은 젊은 박물학자들이(찰스 다윈이라는 젊은이도 포함하여) 더 많은 새로운 생명을 찾아 세계 각지의 야생으로 들어가 헤매다녔다. 그러나 그들이 발견한 것은 린나이우스가 펼쳐놓은 자연 질서에 대한 비전을 확고히 다지지 않았다. 오히려 계속해서 쏟아져나오는 새로운 동물들과 식물들은 린나이우스와 다른 모든 사람이 생명의 세계에 대해 갖고 있던 비전의 가장 근본적인 토대를 흔들고, 결국에는 그 토대를 파괴하게 된다.

생명의 세계에 대한 린나이우스의 비전은(다른 모든 이의 비전도 마찬가지로) 불변의 생물들로 가득한 세상의 비전이었다. 생물 종은 누구나 알고 있듯 영원히 불변하는 것이었다. 그러나 이제 곧 다윈이

1부 · 자연의 질서를 찾아 헤매기 시작하다

따개비의 도움을 받아 진화에 대한 깨달음으로 세상에 충격을 가할 참이었다. 그럼으로써 다윈은 수많은 사람이 생명의 세계와 단절되고 물고기는 죽음에 이르게 되는, 그때까지 한 번도 본 적 없는 많은 일이 펼쳐질 무대를 마련하게 될 터였다.

2장

————— ✿ —————

따개비 안에 담긴 기적

위대한 진실은 모두 처음에는 신성모독으로 등장한다.[1]

조지 버나드 쇼

따개비는 도무지 동물 같지 않은 이상한 동물이다. 무엇보다 따개비는 돌덩이처럼 보인다. 선체나 새의 발, 고래 옆구리, 거북이 등딱지 등 여기저기 불편하게 들러붙어서 움직이지 않는 딱딱한 돌덩이. 따개비는 타고난 비밀스러움으로(따개비를 이해하는 데 필요한 거의 모든 것은 꽉 닫힌 껍데기 안의 정교한 조직들 속에 숨어 있다) 체계화와 분류를 시도하는 사람들에게 끊임없는 난관을 안겨왔다.

일찍이 1597년에 존 제라드John Gerard라는 식물학자는 『초본식물 또는 식물의 일반사Herball, or Generall Historie of Plants』라는 책에서 이 수수께끼 같은 혹덩이를 '따개비나무Barnakle Tree'라는 식물이 만들어내는 것이라고 주장했다. 이 정도로는 충분히 괴상하지 않았던 것인지, 이 식물에서 만들어지는 따개비는 완전한 형태를 갖춘 이른바 따개비거위라는 작은 거위들을 몸 안에 품고 있다고 여겼다(물론 따개비거위는 제대로 된 다른 모든 거위처럼 알에서 부화한다).

린나이우스가 살던 시절에는 따개비에 관한 정보가 조금은 개선되었다. 거위 망발은 오래전에 사라진 터였다. 린나이우스는 지극히 린나이우스답게 대부분의 사람에게 아주 사리에 맞게 보일 만한 방식으로, 적어도 일반적인 보통 사람에게는 합리적으로 보일 방식으로 따개비를 분류했다. 그렇다면 린나이우스는 그 장대한 생명의 체계에서 따개비의 위치를 어디로 잡았을까?

따개비를 그려보자. 아마도 당신은 딱딱하고 희며 소금이 굳어 붙어 있고 날카로우며 예컨대 배의 외부 바닥 같은 다른 뭔가에 달라붙어 있는 모습을 상상할 것이다. 첫눈에는 생물보다는 돌에 더 가까워 보이는데, 다시 보면 삿갓조개나 홍합, 아니면 무시무시한 딱딱한 외피를 지녔지만 속에는 더 부드럽고 연약한 부분이 숨어 있으며 전혀 이동하지 못하는 또 다른 바다생물이 떠오를지도 모른다. 대부분의 사람은 따개비가 명백히 비슷한 종류인 조개, 달팽이 등과 같은

옛날 박물학자들은 이 그림에서 보이는 것과 같은
따개비나무가 존재하며, 거기서 따개비가 자라고
거기서 다시 따개비거위가 나온다고 믿었다.
나무 뒤 호수에서 헤엄치고 있는 작은 따개비거위들이 보인다.[2]

2장 · 따개비 안에 담긴 기적

부류에 속한다고, 그러니까 연체동물처럼 보인다고 말할 것이다. 그리고 이것이 정확히 린나이우스가 분류한 방식이었다.

그는 『자연의 체계』 초판에 세 종류의 따개비를 포함시켰다. 그 역사적인 저서에서 동물계를 분류할 때 린나이우스는 크고 명백한 분류군들(포유류부터 새, 물고기까지)을 구분한 뒤 마지막 하나 남은 범주에다가 물렁물렁한 모든 것을 몰아넣었는데, 여기에는 달팽이와 조개처럼 안은 물렁하고 겉은 딱딱한 것들도 포함됐다. 이 분류군을 그는 '연충류Worms'라 불렀다. 그러니까 따개비는 바로 이 대가의 손에 의해 연체동물 소속으로 분류된 것이다. 아마 다른 누가 했더라도 그랬을 것이다. 그리고 따개비는 그럭저럭 한 반세기 정도를 그 자리에 남아 있었다.

그렇다고 딱히 따개비들 때문에 깊은 시름에 빠진 사람은 없었다. 코로 나팔을 불어대는 코끼리나 높이 솟은 참나무에 비하면 따개비는 박물학자들에게 흥분을 불러일으키기는 좀 어려운 감이 있었다. 만약 어떤 생물을 이해한다고 해서 생명 분류의 근간이 뒤흔들릴 수 있다면, 따개비는 그럴 가능성이 가장 적은 후보로 보인다. 하지만 꽁꽁 닫아건 이 자그마한 생물에게는 그 누가 짐작한 것보다도 더 많은 것이 숨어 있었다.

1846년에 찰스 다윈이 따개비에 관한 연구를 처음 시작했을 때, 그건 거의 사족 같은 것에 지나지 않았다.[3] 당시 서른일곱 살이던 이 박물학자가 영원히 자기 이름과 결부되어 버린 그 유명한 갈라파고스제도를 포함해 전 세계를 5년간 여행하고 귀향한 지 10년이 지난 시점이었다. 영국해군 군함 비글호의 박물학자 자격으로 항해한 그는 모든 항구와 섬마다 기대를 가득 안고 배에서 내렸다가 총으로 쏘고 갈고리로 낚아채 포획한 다수의 새로운 야생동물과 수집한 암석 무더기를 잔뜩 가지고 다시 배에 올랐다. 떠날 때는 완전히 무명이었지만 비글호가 잉글랜드 항구에 도착하기도 전에 그는 이미 위대한 탐험가로 칭송받고 있었다. 그가 미리 보낸 수집물(이국적인 새, 다채로운 곤충, 어마어마한 양의 화석)은 당대 주류 과학자들에게 환호와 탄성을 자아냈다. 찰스가 아직 비글호를 타고 항해 중일 때 한 친구는 그에게 "자네의 이름은 불멸하게 될 걸세"라고 써 보냈다. 다윈은 생명의 세계에 대한 탐험으로 잉글랜드에 영광을 안겨준 정복자 영웅이 되었다.

귀국 후 그는 항상 넘치게 바쁜 상태로 지냈다. 외사촌 에마 웨지우드와 결혼했고, 자식 넷을 낳았으며, 켄트에 있는 시골집 다운하우스에서 철저히 은거했다. 자신의 모험을 다룬 인기 있는 모험담 『비글호 항해기Voyage of the Beagle』를 출간했으며, 비글호 항해 시기에 얻은 지질학적인 다양한 관찰 가설에 관한 글을 주로 썼다. 그리고 수천 개에 달하는 자신의 표본들을 대상으로 린나이우스의 위대한 생명의 계층 구조 속에서 자리를 찾아 넣는 방대한 과학적 분류 작업을 감독했다.[4] 분류나 명명 작업, 그 모든 분류학적 작업은 그가 몸소 한 것이 아니다.

잉글랜드에 가져온 것들 덕에 얻은 모든 영예에도 불구하고, 다윈은 실제로 생명을 연구하는 작업, 그러니까 생물 분류군을 체계화하고 명명하는 일의 전문가는 아니었기 때문이다. 다윈은 분류학자가 아니었다. 그 일은 그 분야의 거물들에게 맡길 수밖에 없었다.

린나이우스의 시대 이후 분류학에는 급격한 변화가 일어났다.[5] 어떤 사람이 린나이우스가 했던 것과 같은 일을 하고서 모든 생물에 대한 전문성을 주장할 수 있던 시절은 지났다. 수집가들은 신속하게 작업을 이어갔고, 그 결과 이제는 생명의 세계가 그러기에는 너무 거대하고, 너무 복잡하다는 것이 분명해진 상태였다. 박물관과 대학에 고용된 전문직 종사자들이 다수를 차지하는 전문가들의 광대한 네트워크도 생겨났다. 각자 특정하고 한정된 분류군의 전문가인 이들은 자신이 연구하는 생물의 작은 소집단만으로도 수많은 사람이 여러 생애에 걸쳐 전념해도 충분치 않을 만큼 막대한 연구가 필요하다는 걸 알고 있었다. 식물학자와 동물학자만이 아니라 이제는 수십 가지 전문분야가 존재했다. 동물학자들 가운데 포유류학자는 털이 있고 젖이 있는 동물에 초점을 맞췄고, 조류학자는 새에 초점을 맞추었는데 벌새처럼 새의 특정 부류만을 연구하는 이들도 있었다. 다윈은 바로 이런 위대한 학자들에게 도움을 구했다.

다윈이 발견한 것들을 분류하던 빛나는 스타 학자들로는 공룡이라는 분류군을 처음으로 정의하고 그 이름을 지어낸 고생물학자 리처드 오언이 있었고, 『포유류의 자연사The Natural History of Mammalia』를 쓴 조지 로버트 워터하우스, 그리고 당대의 주도적 조류학자였으며 현재 다윈의 핀치라고 알려진 새들에 대한 자신의 첫 통찰을 다윈에게 알려준 존 굴드도 있었다. 이 사람들은 다윈이 자기가 영국으로 가져온 생물들을 제대로 분류할 거라 믿고 맡길 수 있는 과학자들이었다. 그 생물이 이전부터 알려지고 분류된 것이라면, 그 전문 분류학자들이 그것을 식별하여 다윈에게 이미 존재하는 그 이름을 말해줄 터였다. 만약 완전히 새로운 생물이라면 그 분류학 전문가는 생명의 과학적 분류 체계에서 그 생물의 자리를 찾고 이름을 붙인 뒤, 다윈이 자기도 모르게 최초로 발견한 경이로운 새 종에 대한 정보를 그에게 알려줄 터였다.

그리하여 귀향 후 10년이 지났을 때, 다윈은 그 위대한 여행으로 만들어진 많고도 다양한 할 일 목록에 있던 모든 일이 수습되었다는 생각이 들었다. 모든 일지는 잘 다듬어 출판했고, 수집물은 전부 저명한 분류학자들에게 맡겼다. 그런데 여기서 단 하나는 예외였다. 비글호 여행에서 가져온 것 중 마지막까지 해결되지 않은 작은 과제가 하나 남아 있었다. 아직 분류하지 못한 작고 미세한 생물 하나, 바로 따개비였다.

비글호 항해가 끝을 향해 가던 무렵, 다윈은 칠레 연안의 한 외딴 섬 해변에서 이 따개비들을 처음 만났다. 그 해변은 다윈의 묘사에 따르면 "전부 다 구멍이 뚫린"[6] 고둥껍데기들로 점점이 뒤덮여 있었다. 매번 범인은 거기 구멍을 파고 들어간, 핀 머리 정도 크기의 아주 작은 따개비였다. 이 따개비는 작은 구멍을 하나 뚫고 그 구멍으로 들어간 다음 그 속에 거처를 정하고, 조수에 밀려온 바닷물 속 먹이를 걸러 먹으며 조용한 삶을 이어가고 있었다. 이 기이한 작은 것들에 흥미가 생긴 다윈은 그 따개비를 수백 개나 모아왔다.

1846년에 다윈은 따개비가 담긴 여러 병 중 하나를 열고서 출렁이는 방부제 속에서 지난 11년 동안 절여지고 있었던 따개비들을 가만히 내려다보았다.

해야 할까? 말아야 할까? 그는 이 따개비들이 단순히 아직 작업하지 않고 남은 마지막 생물이 아니란 걸 알고 있었다. 가장 흥미진진한 기회이자, 어쩌면 그가 줄곧 찾고 있던 바로 그 기회일지도 몰랐다.

알다시피 다윈에게는 젊은 천재 탐험가와 지질학 애호가로, 과

2장 · 따개비 안에 담긴 기적

학을 동경하는 사람으로 사는 것보다 훨씬 더 큰 계획이 있었다. 아직 비글호를 타고 세계를 돌아다니던 10년 전, 그는 지성계와 종교계, 과학계의 풍경을 영원히 바꿔버릴 수도 있을 것 같은 어떤 개념을 어렴풋이 감지했다. 그건 바로 진화라는 개념이었다.[7] 갈라파고스 제도에서 발견한 신기한 생물들을 비롯한 수많은 증거에서 자극을 받은 그는 생명이 정말로 시간의 흐름에 따라 변화한다는 가능성에 관해 숙고하기 시작했다. 귀향 후 10년에 걸쳐 그 생각은 더욱 명확한 형태를 띠기 시작했고, 무시하기에는 너무 크고 너무 집요해졌다. 그는 이것이 자기 인생의 위대한 업적이 될 수도 있음을 알았다. 아니면 완전하고 철저한 몰락이 되거나. 그리고 그 생각은 똑같은 정도의 걱정과 들뜬 기대를 동시에 안겼다.

그로부터 2년 전, 다윈은 속을 털어놓고 지내는 친구이자 식물학자인 조지프 돌턴 후커Joseph Dalton Hooker에게 보낸, 자신의 생각에 대한 죄책감이 잔뜩 배어 있는 유명한 편지에서 이렇게 말했다. "마침내 희미한 깨달음의 빛이 비쳐 왔지. 그리고 지금 나는 (처음에 내가 갖고 있던 견해와는 상당히 어긋나지만) 종들이 (이건 마치 살인을 고백하는 것 같군) 불변하는 것이 아니라고 거의 확신한다네."

이 편지를 쓴 후 다윈은 그 생각을 계속 밀고 나가 이른바 '종 작업' 혹은 '종 이론'에 관한 230페이지짜리 글을 썼는데, 이는 이후 『종의 기원On the Origin of Species』으로 출간될 생각들을 처음으로 정리한 글이었다. 이때 다윈은 장차 '자연선택에 의한 진화 이론'이 될 것을 구축하고 있었다. 현재 우리는 그 이론의 기본적 내용을 익숙하게 알고 있다. 모든 종류의 유기체는 성장하여 번식 가능한 성체가 될 때까지 살아남을 수 있는 것보다 더 많은 수의 자손을 생산한다. 그렇게 개체 수가 많으니 항상 필사적인 생존 경쟁이 벌어진다. 먹을 것과 살 곳, 생존에 필요한 모든 것을 두고 경쟁하며, 게다가 짝을 두고도 경쟁할 것이다.

어떤 개체군에나(가령 치타의 개체군이라고 해보자) 필연적으로 다른 개체보다 이런 경쟁에 더 적합한 개체가 있을 것이다. 어떤 치타들은 달리는 속도가 조금 더 빠르거나 사냥을 조금 더 잘한다. 이로써 그 치타는 더 많은 먹이를 안전하게 확보할 것이다. 치타들 사이에서 매력으로 통하는 신비로운 특징을 지닌 치타들은 짝짓기 기회도 더 많이 차지할 것이고, 그럼으로써 더 많은 다음 세대 치타들의 엄마나 아빠가 될 것이다. 이 치타들의 자식들 역시 어느 정도는 부모와 비슷하게 더 빠르거나 더 섹시하여 더 잘 적응할 것이다. 그리하여 시간이 지날수록 치타 개체군은 점점 더 빠르고 더 섹시한 치타들로 이루어질 것이며, 더 느리고 더 매력 없는 치타들은 뒷전과 곁다리로 밀려나고 자식도 못 가지다가 결국 굶어 죽게 될 것이다. 이것이 자연선택에 의한 진화이며 적자생존이다.

이 이치는 일단 말로 풀어 설명하고 나면 너무나 단순하고 명쾌하다. 생명의 세계 전체에 대한 이해를 떠받치는 위대한 진실로, 이전까지 과학적으로 설명되지 않았던 너무나 많은 것을 설명해준다. 이를테면 왜 치타가 그렇게 빨리 달리는지(먹이를 잡기 위해서다), 북극의 연약한 토끼는 왜 눈밭에서 전혀 보이지 않는 흰색인지(먹이로 잡히는 걸 피하기 위해서다), 우리는 더울 때 왜 땀을 흘리는지(우리 몸을 안전하게 시원한 상태로 유지하기 위해서다), 총독나비 같은 어떤 나비들은 왜 제왕나비처럼 독이 있는 다른 나비와 정확히 똑같은 모습을 하고 있는지(포식자가 겁을 먹어 자기를 잡아먹지 않도록 속이기 위해

2장 · 따개비 안에 담긴 기적

서다). 이 비전의 힘은 너무도 강력해서 꼭 다윈이 아니어도, 무슨 천재가 아니어도 그 이론의 마법에 걸릴 수 있다.

내가 『종의 기원』을 처음 읽은 것은 유기화학에서 낙제하고 1년 동안 휴학했을 때였다(과학의 모든 분과가 똑같이 영감을 주는 건 아니란 걸 나는 알게 됐다). 대학교 2학년생답게 미숙하면서도 건방졌던 열아홉 살의 나는 처음에 겸손하고 예의 바른 빅토리아시대 영어로 말하는 다윈의 목소리가 고리타분하게 들린다고, 심지어 우스꽝스럽다고 생각했다. 하지만 한 페이지 한 페이지 넘어가면서 그가 설명하는 개념의 진지함과 힘이 금세 명확히 다가왔다. 마침내 내가 그의 말을 제대로 이해하자, 그러니까 일단 생명의 진화라는 개념을 이해하고 나자 세계를 완전히 다른 방식으로 이해하게 되었기 때문이다.

그 후 독감에 걸린 내가 정말 원하는데도 대학 진료소의 의사가 항생제를 주지 않으려 했을 때, 나는 그게 다 진화 때문임을 알았다. 항생제 일 회분이 세상으로 더 나가면 항생제에 내성이 생긴 그 작고 고약한 박테리아들의 진화를 한층 더 돕게 되리란 걸 나는 충분히 이해할 수 있었다. 룸메이트가 성적인 황홀경의 경험을 묘사하는 이야기를 들으며 나는 속으로 '그래, 이것도 다 진화와 관련된 거지'라고 생각했다. 자연선택은 당연히 실제로 번식 행위를 좋아하는 인간들을 낳을 테니 말이다. 어디를 보든, 예전에는 질문만 보였던 곳에서 이제는 곧장 답까지 보였다. 정말이지, 생명이 그대로 다 설명됐다. 자연선택에 의한 진화는 만물의 외양, 느낌, 소리, 형태, 행위에 숨어 있는 논리이자, 과거와 현재와 미래의 모든 생명 있는 존재들을 하나로 엮고 통합해주는 너무나 강력하고 근본적인 논리이기 때문이다. 그리고 그것은 나만 특유하게 겪은 일도 아니다. 그것은 그 개념 자체의 특성이었다. 내가 아는 어느 대학원생은 항상 『종의 기원』을 가지고 다니는 것 같았다. 그는 그 책에 모든 답이 담겨 있다고 느꼈으니, 그에게는 실로 성경과도 같은 책이었다. 어떤 주제, 어떤 질문, 어떤 발견에 관한 이야기가 나오든 그는 말했다. 아, 그래, 맞아(이때 그는 그 책의 책장을 뒤적이기 시작한다) 다윈도 그걸 알고 있었어, 다윈이 그걸 다뤘다고, 그거 여기에 다 있어! 대개는 어떤 형태로든 실제로 거기 다 있었다. 다윈은 그 책에 크고 거대한 답을, 생물학의 만물 이론을 펼쳐놓았다.

물론 다윈은 자신의 이론이 모든 것을 포괄하는 장대한 이론임을 잘 알고 있었다. 그 이론이 심오하고도 강력하게 모든 것을 밝혀준다는 것을 알았지만, 동시에 그 이론을 몸서리치게 두려워했다. 그 이론이 품고 있는 의미는 장대하기만 한 것이 아니라 혁명적이었고, 가장 온건하게 말해도 대부분의 사람은 아닐지언정 (자기 아내를 포함해) 많은 사람에게 무시무시한 충격을 가할 터였다. 자연에 대한 그의 진화적 비전은 자비로운 신의 존재를 인정사정없이 의심하게 만들 것이고, 인류는 신의 형상을 따라 만든 존재에서 그와는 뭔가 다른 존재로 격하되어 따귀를 맞은 것처럼 모욕을 느끼게 될 것이다. 다윈은 유명한 지질학자 찰스 라이엘 경Sir Charles Lyell에게 보낸 편지에서 이렇게 썼다. "**우리의** 조상은 물속에서 숨을 쉬고, 부레가 있으며, 거대한 꼬리지느러미와 불완전한 두개골을 지녔으며, 의심의 여지없이 암수한몸인 동물이었습니다! 여기 인류가 참으로 기뻐할 계보가 있군요."

게다가 모든 사람이 그를 신성모독자를 넘어 바보로 여길 것이다. 린나이우스의 시대에 그랬던 것처럼 다윈의 시대에도 전문적인 과학 종사자들뿐 아니라 많은 사람이 생명의 세계에 깊고도 열정적인 관심을 갖고 있었으며 아는 것도 많았다.[8] 찰스 본인과 같은 아마추어 박물학자들은 주말이면 딱정벌레를 잡거나 꽃을 수집하러 다녔다. 사냥하고, 감각으로 느끼고, 귀한 여러 생물을 발견하는 오묘한 행복에 홀딱 빠진 채 오후 시간을 야생의 세계에 몰두하며 보내는 일의 즐거움을 수많은 사람이 알고 있었다. 그들은 자연의 질서에서 곧장 뭔가를(멀끔한 거저리darkling beetle를, 하느작거리는 검은눈천인국black-eyed susan을, 키 큰 너도밤나무를) 알아보고 인지하는("아하!" 하는) 데서 오는 기쁨을 알았다. 그리고 그런 이들이 모인 식사 자리나 파티에서는 대화가 수시로 생물의 분류나 누군가의 야생화 컬렉션이나 최근에 발표된 코끼리의 분류학에 관한 이야기로 넘어갔다. 이들은 자연적 질서의 감각을 지닌 사람들이었다. 그리고 생명의 세계는 그 세계를 신중하게 심사숙고한 이 사람들이 잘 알고 있었듯이 진화하지 않는 세계였다. 시간이 지남에 따라 종들이 변화했다고 말한다면 이 사람들은 평생 알고 지낸 자기 형제가 사실은 레프러콘이나 불을 뿜어내는 용이라는 말처럼 터무니없다고 여길 것이다. 그들은 그냥 그게 사실일 리 없다는 걸 알고 있었다.

설상가상으로 다윈 본인도 자신의 이론이 옳은지 완전히 확신하지 못했다. 그 이론이 많은 의문에 답을 제시하기는 했지만, 그래도 그가 설명할 수 없는 것들이 아직 많이 남아 있었다. 다윈은 이 난관이 그 개념 전체를 완전히 무너뜨릴 정도로 치명적이지는 않기를 바랐(지만 그럴지도 모른다는 두려움도 있었)다. 여러 문제 가운데 유난히 그의 골머리를 썩인 것은 변이였다. 진화 이론이 성립하는 데 필요한 그 모든 변이는 도대체 어디에 있단 말인가? 존재하기는 하는 걸까?

　자연선택이 작동할 수 있으려면, 선택할 수 있는 **대상들**이 있어야만 하니까 말이다. 다시 말해서 치타가 달리는 속도, 왜가리 날개의 크기, 쐐기풀의 잎에 있는 독의 양에 차이가 있어야 한다는 뜻이다. 변이가 있어야만 변화가 생길 수 있고, 속도가 더 빠르거나 날개가 더 큰 개체들이 자기네 동료를 제치고 생존하고 번식할 수 있다. 하지만 예컨대 우리가 본 모든 지빠귀를 생각해보면 모두 한 종류 같고 그리 심한 차이는 보이지는 않는다. 눈에 띄는 건 유사성과 확실한 지빠귀다움이지 차이가 아니다. 다윈에게도 그렇게 보였다. 진화이론가로서 혹은 자칭 '관찰자'로서 다윈은 변이가 정말로 드물어 보인다고 생각했고, 바로 이 점이 큰 문제였다.

　마지막으로 이 모든 것에 더해 단념해야 할 이유가 또 있었으니, 그 이론이 그에게 인류의 존엄보다도 더 중요한 것, 바로 자신의 과학적 위신을 위협한다는 걸 다윈은 알고 있었다. 다윈 이전에 진화적 변화의 가능성 같은 것을 제안했던 소수의 인물들은 가장 높은 존경을 받는 과학자들에게 조롱을 당했고, 성공회 지도자들에 의해 (이런 표현을 써도 된다면) 십자가에 못 박혔다. 다윈은 자기도 그보다 더 따뜻한 반응을 받을 거라고는 기대하지 않았다. 종 작업이 "… 출판된다면, 나는 모든 견실한 박물학자들에게 영원히 업신여김을 받을 것"이라고 예상했고, "이것이 미래에 대한 나의 전망"이라고 했다.

　그 말을 믿지 않을 세상 사람들에게 생명이 정말로 진화해왔음을 설득할 희망이라도 품어보려 한다면, 그는 신기한 것을 찾아내는 아마추어에서 벗어나 의심할 수 없이 존경받는 과학자로 변신해야 할 터였다. 그리고 그렇게 할 방법은 딱 하나였다. 자연의 질서를 이해하고 그 질서에 따라 작업하며 그 질서를 추구한 사람들만이 그런 이론을 출판하는 데 필요한 종류의 존경을 받을 자격이 있었다. 한마디로 다윈은 분류학자가 되어야만 했다. 친한 친구로서 다윈을 지지하는 후커조차 어떤 분류군을 상세히 연구하고 기술하는 실질적이고 핵심적인 분류학의 작업을 해본 적 없는 누군가가 그러한 종의 진화 가능성에 관한 추측을 내놓는다면 자신도 별로 믿음이 가지 않을 거라고 말한 터였다.

다윈은 후커에게 보내는 답장에 이렇게 썼다. "여러 종을 상세히 기술해본 적 없는 자라면 그 누구도 종에 관한 질문을 검토할 권리를 주장하기 어렵다는 자네 말이 정말 따끔할 정도로 (나의) 정곡을 찌르는군."

바로 이 지점에서 칠레의 따개비가 등장한다. 다윈의 계획은 단순했다. 이 작은 것들을 연구하고, 자연의 질서에서 이것들이 차지하는 위치를 확실히 밝힘으로써 과학계에서 자신의 위치를 확고히 다지자는 것이었다.

이는 그가 신뢰성을 갖추려면 꼭 필요한 일이었고, 신뢰성을 갖추는 것은 그가 자연선택에 의한 진화 이론을 제시하고자 한다면 피해갈 수 없는 일이었다. 게다가 이 따개비들은 비록 짧은 시간이나마 자신의 머릿속에 있는 그 충격적인 이론에서 잠시 벗어나 숨을 돌릴 기회였고, 어쩌면 그에게는 이 점이 더 중요했을지도 모른다. 유쾌할 정도로 그 이론과는 대조적인 이 따개비들이 그에게 얼마나 매력적으로 느껴졌을까. 이 작은 생물의 유연관계를 알아내려 애쓴다고 해서 이단이나 신성모독이나 바보짓이라고 그를 비난할 사람은 아무도 없겠지.

그는 웃음거리가 될 게 뻔한 일은 비록 짧은 시간이나마 뒤로 미루기로 했다. 웃음거리가 되는 대신 수년 전에 발견한 이 따개비에 집중하는 거다. 그는 이 프로젝트가 두어 달, 아무리 길게 잡아도 1년 정도 걸릴 거라고 예상했다. 그저 한 종류의 작은 생물, 한 가지 따개비일 뿐이었다. 어려워 봐야 얼마나 어렵겠는가? 하지만 유리병 속 따개비들을 들여다보며 이런 생각을 저울질하고 있을 때, 다윈은 자기가 어떤 상황 속으로 발을 들여놓고 있는지 아마 전혀 감을 잡지 못했을 것이다. 앞으로 이 작은 바다생물이 그의 시간을 너무 많이 잡아먹는 바람에, 진화에 관한 이론(이미 10년 전에 처음으로 떠올렸던)은 그때부터 13년이나 더 출판되지 못하다가 1859년이 되어서야 『종의 기원』으로 출판됐다. 지금 다윈이 막 시작하려는 곁다리 프로젝트는 어마어마한 규모가 될 참이었고, 그는 앞으로 8년을 오직 이 따개비에게만 쏟아부으며 자신을 갈아 넣게 될 참이었다. 하지만 그런 고생과 헤아릴 수 없을 만큼 많은 지적 동요에 시달리는 한편, 보상도 따를 터였다. 그가 그토록 열심히 회피하려 애썼던 진화론에 대한 핵심적 증거가 될, 그도 전혀 예상하지 못했던 발견도 그 보상 중 하나였다.

✳ ✳ ✳

그렇다면 따개비 작업은 어디서부터 시작한다지? 대체로 따개비에게 열렬한 관심을 갖는 사람은 없었지만 그래도 린나이우스 시대 이후 따개비의 분류학에는 약간의 진전이 있었다. 1800년대 초의 어느 날, 또 다른 박물학자가 따개비의 새끼(정착할 장소를 찾아 바다를 헤매는 아주 작은 유생)를 관찰하다가 이것들이 처음 생각했던 것과는 다르다는 사실을 깨달았다. 이 유생들은 조개나 홍합 같은 다른 연체동물과는 달랐다. 오히려 새우나 게 같은 갑각류의 유생과 아주 비슷했다. 하지만 따개비 유생은 게나 새우 같은 더 익숙한 형태의 갑각류로 발달하는 게 아니라, 겉껍질이 아닌 다른 표면, 예컨대 바위나 선체 표면에 머리를 붙이고, 작은 벽으로 에워싸듯 보호 갑옷을 만들고는 그 안에서 상당히 변형된 형태의 발들을 내밀어 주변의 물에서 먹이를 끌어들인다. 나중에 유명한 박물학자 루이 아가시는 따개비에 대해 "석회로 된 집 안에 물구나무선 채 발길질을 해서 먹이를 입으로 집어넣는, 새우 비슷한 작은 동물일 뿐"이라고 말했다고 전해진다.[9]

다윈은 거꾸로 뒤집힌 자그마한 새우의 사촌에 대한 연구를 시작했다. 그는 당시의 분류학자라면 누구나 그랬을 방식으로, 린나이우스 본인도 그렇게 했을 방식으로 이 따개비 무리에게 접근했다. 먼저 그는 자기 따개비에 대한 감을 잡아보려는 일부터 시작했는데, 구체적으로 말해서 외양과 형태와 특징을 자세히 살펴본 것이다. 곧바로 한 가지가 더없이 명백해졌다. 그건 이 따개비를 보고 있자면 무엇보다 가장 먼저 눈에 띄는 분명한 사실, 바로 작다는 점이었다. 정말로 작았다. 나중에 밝혀진바, 다윈이 연구하기로 선택한 이 따개비는 세상에서 가장 작은 따개비였다. 암컷은 겨우 핀의 머리만 한 크기였는데, 그런데도 암컷이 더 큰 쪽이었다. 수컷은 더 작아서, 'i'의 점보다도 더 작았다.

하지만 분류학 연구에서는 한 가지 유기체만 따로 떼어 연구하는 건 별 소용이 없다. 그래서 다윈은 전체 따개비들의 자연적 질서를 이해하려는 노력에도 착수했다. 이전의 다른 모든 진지한 분류학자들이 그랬듯이, 다윈도 매번 관찰하고 해부할 때마다 점점 더 예리하게 직관을 버리려 노력했다. 그러다 보면 머지않아 언젠가 자신의 따개비들이 거대한 만물의 질서 속에서 어느 경계선 안에 속하는지 깨달을 거라는 희망을 품고서 말이다.

구체적으로 그는 서로 다른 분류군들을 하나로 묶거나 서로 구별하는 핵심 특징을 찾기 시작했다. 두 개의 개체(예컨대 서로 가깝지만 떨어진 위치에 있는 따개비들)를 살펴보면서 아마 그는 둘이 똑같은지 아니면 그 종 안에서도 서로 다른 변종(아종 또는 품종이라고도 한다)의 일원임을 의미할 작은 차이점이라도 있는지 알아보려 했을 것이다. 이를테면 토마토 중에서도 살짝 다른 두 변종처럼 말이다. 더 두드러진 차이가 더 많다면 그건 둘이 서로 별개의 종이라는 뜻일 테고, 그보다 차이가 더 많다면 서로 다른 속일 것이며, 그렇게 린나이우스의 계층을 타고 계속 올라갈 것이다.

무엇보다 분명한 건 다윈의 따개비들이 아주 작기만 한 게 아니라 더없이 유별나다는 점이었다. 따개비에 관해 구할 수 있는 건 다 구해서 읽어봤지만, 이 따개비는 다른 모든 따개비와 상당히 달랐다. 그는 이 따개비가 너무 괴상하고 속속들이 경이롭고 이상해서, 다양한 부분들 하나하나와 구조까지 모든 것이 호기심을 한껏 자극하는 걸 느꼈다.

다윈이 애정을 담뿍 담아 "이상하게 생긴 작은 괴물"[10]이라고 부른 그 따개비는 새로운 종처럼 보이기만 하는 게 아니라 새로운 속처럼 보였고, 그래서 완전히 새로운 종명과 속명 두 부분으로 된 라틴어 이름이 필요했다. 하지만 자신의 분류학 기술만큼이나 라틴어 실력도 믿을 수 없었던 다윈은 식물 분류학자 친구에게 학명 짓는 일을 도와달라고 부탁했다.

그는 후커를 자신의 따개비 모험에 끌어들이기를 바라며 이렇게 썼다. "자네는 이름 짓는 재주가 있는가? 내게 상당히 새롭고 신기한 속의 따개비가 있어서 말일세. 이 녀석들에게 이름을 붙여주고 싶은데, 이름은 어떻게 짓는 건지 나로서는 도저히 감이 안 잡히는군." 일부 부위가 관절로 연결된 것처럼 보인다는 점에 착안하여 두 사람은 아르트로발라누스*Arthrobalanus*라는 이름을 고안했다. Arthro는 관절로 연결되어 있다는 뜻이고 balanus는 따개비를 뜻한다. 그들이 "미스터 아르트로발라누스*Mr. Arthrobalanus*"라 부르기 시작한 이 따개비는 이렇게 다윈의 세계로 들어와 금세 그 세계를 장악해버렸다.

다윈은 매일같이 서재에 틀어박혀 취기를 유발하는 보존제의 증기 속에서 현미경의 간유리를 통해 들여다보았다. 처음에는 그저 어느 끝이 위쪽(따개비의 경우 발끝)이고 어느 끝이 아래쪽(머리)인지 알아내기 위해 방향을 잡는 일에 집중했다. 그러다 보니 금세 뭐가 뭔지 감이 잡히기 시작했다. 그는 따개비의 몸에 해당하는 작은 조직들 속에 무엇이 들어 있는지 더 잘 알아볼 수 있게 되었다. 미스터 아르트로발라누스가 조개껍질을 뚫고 들어가며 만들어놓은 작은 입구 구멍 바로 너머에는 작은 방이 있었는데, 다윈은 한때 자유롭게 수영하던 유생이 바로 거기로 들어가 성체로 성숙한다는 걸 알게 되었다. 따개비는 바로 이 방 안에서 몸의 나머지는 안전하게 머물면서 그 작은 입구 구멍으로 발들만 내밀어 먹이를 잡아먹는다. 다른 따개비들은 자기 몸을 완전히 에워싸는 데 사용하는 똑같은 종류의 판들을, 이 작은 따개비는 조개껍질에 자기가 뚫어 놓은 구멍을 덮는 단단하고 견고한 지붕을 만드는 데 썼다.

1부 · 자연의 질서를 찾아 헤매기 시작하다

그가 깨우친 따개비의 해부학적 구조는 대부분의 사람에게는 별 감흥을 주지 않았을 테지만, 그 때문에 따개비에게 홀딱 반한 다윈으로서는 따개비의 천국에 와 있는 것만 같았다. 모든 새로운 발견이 그에게는 경이였고 정말로 급박한 문제였다. 어느 날 그는 따개비 그림 그리는 걸 도와주고 있던 후커에게 또 이렇게 편지를 썼다. "내가 보기에 아르트로발라누스에게는 난포가 전혀 없는 것 같네!" 그는 마치 흉측한 괴물을 쓰러뜨렸거나 거대한 수수께끼를 푼 것처럼 흥분해 있었다. 고작 작은 따개비 하나의 해부학적 세부(난포 혹은 알주머니) 하나를 들여다본 것인데 말이다.

그는 따개비에 관한 엄청난 양의 정보를 모으고 있었고, 그것은 힘겹게 얻어낸 보물이었다. 이해하는 건 둘째 치고 그냥 그것들을 보는 것만도 만만치 않은 과제였다. 그의 작업에는 광학 도구들이 결정적으로 중요했고, 그래서 그는 도처에서 가능한 가장 좋은 도구를 찾아 헤맸다. 구할 수 있는 가장 강력한 현미경을 마침내 손에 넣게 되면서 다윈은 자기 따개비를 실제 크기보다 무려 1500배나 더 크게 볼 수 있게 됐다. 그 자잘한 수컷들조차 라지 사이즈 피자만 하게 확대할 수 있었다. 그렇다고 모든 게 순식간에 명료해진 건 아니다. 따개비를 커다란 피자만큼 확대했지만, 여전히 볼 수 있는 건 현미경 아래로 보이는 스냅숏 사진만 한 부분이었고, 각 장면은 한 번에 페퍼로니 하나 정도에도 못 미치는 부분만을 보여주었다. 이 광활한 따개비의 풍경 가운데서 자신이 어디에 있는지, 어느 부분과 어느 부분이 연결되는지, 하나는 다른 하나와 어떤 관계가 있으며, 전체 그림은 어떻게 맞춰지는지, 이 모든 걸 알아내는 건 극도로 어려운 일일 수 있다.

2장 · 따개비 안에 담긴 기적

하지만 그건 그런 고생을 할 가치가 충분한 일이었다. 왜냐하면 다윈은 자신이 블록버스터급 따개비의 비밀을 하나하나 차례로 밝혀내고 있다고 느꼈기 때문이다. 특히 그는 알고 보니 상당히 기괴한 따개비의 성생활에 전율을 느꼈다. 잠깐 미스터 아르트로발라누스뿐 아니라 사랑에 굶주린 모든 따개비가 처한 곤경을 생각해보자. 일단 따개비가 어디든 제 몸을 붙이고 껍데기를 만들고 나면, 이들은 영원히 그 바위 또는 다른 대상에 고착되고, 자기 움직임(움직임이란 게 있기나 하다면 말이지만)을 통제할 수 없게 된다. 이럴 때, 게다가 상대도 똑같이 뭔가에 고착된 따개비일 때, 짝을 찾아 구애하고 짝짓기를 하는 방법은 대체 어떤 걸까? 이동하여 짝짓기하는 것이 불가능하므로 대부분의 따개비 종들은 그 거리를 뛰어넘기 위해 상상할 수 없을 만큼 긴 페니스를 펼쳐 근처에 고착해 있는 따개비를 수정시킨다.

아르트로발라누스 수컷은 특히 더 괴상하다. 먼저 이들은 암컷에게 구멍을 뚫고 그 안에 들어가 꼭 끼어 사는 것으로 짝을 찾는 어려움을 상당히 줄여버렸는데, 때로는 암컷 하나에 수컷이 일곱 마리까지 들어가 있기도 하다. 둘째로 다윈은 이 친구들이 사실 한 개체당 페니스가 두 개씩 달려 있다는 사실을 발견했다. 그리고 현미경을 통해 수컷 따개비의 성기를 더 편안하게 당기고 살펴볼 수 있게 되면서, 이 수컷 따개비들이 잠재적 짝에게 바로 붙어살고 있으면서도 작은 몸에 비해 페니스가 지나칠 정도로, 적어도 그 작은 몸 크기에 비해서는 엄청나게 길다는 걸 알게 되었다.

다윈이 미스터 아르트로발라누스를 어찌나 속속들이 알게 되었는지, 나중에는 자기가 못살게 군 녀석의 페니스에 대해 이렇게 쓰기에 이르렀다. "그중 한 부분을 두 개의 바늘로 잡아당겨 보니 원래 길

　　　　　　　　1부·자연의 질서를 찾아 헤매기 시작하다

이보다 세 배까지 늘어났는데, 내 생각에는 이 동물이 스스로 이 기관을 길게 펼칠 때면 아마 0.1인치까지, 그러니까 원래 총 길이보다 8~9배는 더 길어질 것 같다!"[11]

다윈이 따개비를 연구하던 기간 내내, 그의 편지와 일지에는 경이와 환희의 느낌표가 가득했다. 얼마 전까지 그는 글을 쓰고 자신의 컬렉션을 관리하느라 너무 바빴고, 생물의 세계에 몰두할 시간은 너무 부족했었다. 그가 후커에게 말했듯 "순수한 관찰 행위에는 특별한 기쁨이 있고… 다시 내 눈과 손가락을 사용하는 것은 아주 즐거운 일"이었다.

다윈이 어찌나 따개비들에게 매료되었던지 가족들 사이에서는 농담거리가 될 정도였다. 아이들은 그의 묘사("헤엄치기에 좋은 구조인 여섯 쌍의 발, 근사한 한 쌍의 겹눈, 극도로 복잡한 더듬이")[12]가 광고 문구 같다며 아버지를 놀려댔다. 결국 아이들은 집안 여기저기 어디나 놓여 있는 이 작은 해양 생물 더미 위로 항상 고개를 숙이고 있는 아버지에게 너무 익숙해진 나머지, 그중 한 명은 친구 집에 갔을 때 집 안을 둘러보고는 "그러면 너희 아버지는 어디서 따개비 연구를 하시는 거야?"라고 물었다고 한다.[*13]

다윈이 따개비의 모든 것에서 환희를 느끼기는 했지만, 실제 분류학 작업은 그가 예상했던 것보다 훨씬 더 어려웠다. 우선 그는 기

---

*   이웃 친구네 집 서재에 해부대가 없는 것을 보고 한 말이라고 한다.

2장 · 따개비 안에 담긴 기적

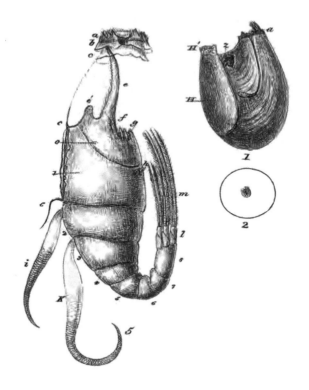

세상에서 가장 작은 따개비인 이 '미스터 아르트로발라누스' 그림은 따개비에 관한 다윈의 논문[14]에서 가져온 것으로, 그가 결국에는 크뤼토피알루스 미누투스*Cryptophialus minutus*라고 이름 붙인 이 종의 세 가지 모습을 보여준다. 왼쪽에는 겉껍질에서 빼낸 모습을 거대하게 확대해서 보여준다. 위가 머리가 있는 쪽 끝이며, 입은 (아래로 3분의 1쯤 내려와) o라고 표시된 것이다. 따개비의 몸은 계속 아래로 내려오며 'm'이라고 표시된 꼬리 쪽으로 이어진다. 오른쪽 위 그림은 아직 겉껍질에 들어 있는 암컷의 모습이다. 'z'라고 표시된 작고 검은 부분이 암컷에게 붙어 있는 작은 수컷이다. 오른쪽 아래 동그라미 안에 그려진 것은 다윈이 발견한 가장 큰 크뤼토피알루스를 그린 것이다. 원래 지름 0.5인치인 동그라미에 비율을 맞춰 그린 것으로, 실제 표본은 가로가 0.1인치가 채 안 된다.

존의 다른 모든 따개비 분류가 끝없는 혼란으로 점철된 분류의 악몽임을 깨달았다. 생각 같아서는 미스터 아르트로발라누스를(혹은 나중에 새로 지은 이름인 크립토피알루스 미누투스*Cryptophialus minutus*를) 이미 알려진 따개비 분류군들 사이 여기나 저기에 자리를 찾아 넣을 수 있을 것 같았다. 하지만 그걸 집어넣을 체계가 그야말로 완전히 엉터리라면 그래봐야 무슨 소용이란 말인가?

다윈은 생물의 위대한 분류체계에서 미스터 아르트로발라누스의 제대로 된 자리를 찾아 주려면 따개비들 전체를, 그러니까 전 세계에 있는 모든 따개비, 화석이 된 따개비와 살아 있는 따개비를 모두 다 알아야 한다고 확신했다. 만각류*Cirripedia*라고 알려진 이 전체 분류군은 린나이우스의 계층에서는 목 단계에 해당했다. 그건 터무니없을 정도로 거대한 과업이었고, 얼마 지나지 않아 그 규모가 어느 정도인지 분명해졌다. 다윈은 가여운 우체부들이 절대로 좋아할 수 없는 사람이었다. 몇 년에 걸쳐 다운하우스에는 무려 1만 개에 달하는 따개비가 병에 담긴 표본이나 화석이 담긴 상자 같은 무거운 소포로 도착했으니 말이다.

다윈이 성공한 일이라고는 이미 어려워지고 있던 일을 무시무시할 정도로 어려운 일로 바꿔놓은 것뿐이었다. 그가 더 많이 알아낼수록, 전 세계에서 온 드넓은 지질학적 시간 범위에 속한 따개비들을 더 많이 볼수록, 그것들을 종으로 분류하는 일은 더욱더 어려워지는 것 같았다. 그 일은 어려웠고, 기를 꺾어놓았으며, 참담할 정도로 느릿느릿 진행됐다.

"나는 따개비들과 사이가 지독하게 나빠졌네." 어느 시점엔가 그는 후커에게 이렇게 써 보냈다. 찰스 라이엘에게 보낸 또 다른 편지에서는 이렇게 말했다. "나의 만각류 숙제는 영원히 끝나지 않을 겁니다. 눈에 띄는 어떠한 진전도 이루지 못했어요. 이건 분명 내가 아닌 시간이 결정할 일인 것 같습니다. 그리고 난 내 과제에 짓눌려 신음하고 있고요."

무슨 일이 일어나고 있었던 것일까? 어떻게 이 위대한 사상가가, 자연선택에 의한 진화 이론을 내놓아 세상을 바꿔놓을 사람이 한 무리의 작은 따개비들에게 패배할 수 있단 말인가? 사실 그에게 분류학이 그렇게 고통스러울 정도로 어려웠던 이유는 정확히 바로 그것, 그러니까 진화에 대한 그의 천재성, 가장 혁명적인 그 개념에 대한 집착, 그 지식의 깊이 때문이었다.

어째선지 다윈은 분류학이 '생명의 세계는 영원히 변하지 않는다'는 한 가지 근본적인 진실을 기초로 하고 있다는 사실을 잊어버리고 만 것이다. 아리스토텔레스는 변하지 않는 종들을 다루었다. 린나이우스는 단순히 종들의 순서만 정한 것이 아니다. 그는 창조의 날 이후로 전혀 바뀌지 않은, 불변하는 모든 종의 순서를 정했다. 모든 시대, 세계의 모든 곳에서 모든 부류의 일반 사람들은 바로 그와 똑같이 분별 있게 고정된 것으로서 생명을 바라보았다. 우리 중에 어떤 살아 있는 생물이 진화하는 것을 본 사람이 있었던가? 불변하는 종들이 차곡차곡 들어찬 바로 그 정적이고 계층적인 구조가 바로 자연의 질서가 아니던가. 다윈은 분류학의 핵심에 자리한 이 불변하는 생물에 대한 시각을 버림으로써 갑자기 자신의 새로운 비전 속에서 길을 잃고 혼란에 빠지고 말았다. 그 새로운 비전은 항상 변화하는 세계라는 비전, 종들은 영원한 변화의 상태에 있고, 아주 조금씩 변하면서 다른 무언가로 바뀌어가는 세계에 대한 비전이었다.

　　　　　　　1부·자연의 질서를 찾아 헤매기 시작하다

바로 이런 사정으로 따개비 작업은 전혀 손 쓸 수 없는 상태가 되고 말았다. 따개비 종들의 깔끔한 정리여야 할 것이 다윈의 머릿속에서 엉망진창 뒤죽박죽으로 느껴진 건 이 때문이었다. 그에게는 따개비의 어디를 관찰하든 변화하고 있는 생명만 보이는 것 같았다.

그는 후커에게 이렇게 써 보냈다. "나는 모든 종의 모든 부분에서 약간씩의 가변성이 존재한다는 점에 충격을 받았다네. 여러 개체에서 동일한 기관을 **엄밀하게** 비교해볼 때면 언제나 약간의 차이를 발견하게 돼. 그러니 미세한 차이들을 가지고 종들을 분류하는 건 언제나 위험한 일이라네. 예전에는 어쨌든 만각류 중에서 같은 종의 같은 부분들은 같은 틀에 넣고 찍어낸 물건들처럼 닮았을 거라고 생각했는데, 실제로는 내 생각만큼 많이 닮지는 않았더군." (강조 표시는 원문에 있던 것이다.)

다른 분류학자들이 변이를 전혀 보지 못했던 것은 아니다. 그들도 보았다. 하지만 다윈 이전의 모든 분류학자가 견지했던 생명에 대한 고정적 관점에서 변이란 굳이 귀찮게 신경 쓸 것도 안 됐다. 변칙적이고 무의미한 혼란이라고 일축해버리면 그만이었다. 그건 그냥 피해 가야 하는 것이었다. 하지만 모든 것을 진화의 렌즈를 통해 보고 있던 다윈은 변이가 전혀 그런 게 아니라는 걸 알고 있었다.

그게 여기 있었어! 그가 찾고 있던, 찾기를 바랐던 변이였다. 생명에 대한 진화의 관점에서 변이는 실제일 뿐 아니라, 본질적이고 결정적이며 정확히 핵심을 가리키는 것이었다. 여기에 다윈의 진화적 변화의 시초가 있었고, 그것은 끝없는 변이라는 형태로 어디에나 존재했다. 그것은 그의 자연선택 이론을 위한 어마어마한 승리였다. 이 뒤죽박죽은 그의 성배였고, 그가 놓치고 있던 암흑물질이었으며, 다른 곳에도 분명 변이가 존재할 거라는 의미였다. 빠른 치타들과 느린 치타들, 서로 다른 독성을 지닌 식물들이 분명 존재할 터였다. 그것은 생명이 정말로 진화한다는, 분명히 진화할 수 있다는 뜻이었다.

그러나 그가 말했듯 이 변이는 "추측가speculatist인 나에게는 즐거운 일"이지만, "계통분류학자systematist인 나에게는 너무 밉살스러운" 것이었다. "이 혼란스러운 변이만 없다면 계통분류학 작업이 쉬워질 텐데…." 이건 19세기 사람다운 절제된 표현이다. 그는 변이가 진화를 이해하는 데 결정적이라는 걸 알고 있었지만, 사실 그것이 그를 완전히 꼼짝 못 하게 만들고 있었다. 생명이 얼마나 가변적인지를, 깔끔한 틀과 범주에 들어가는 걸 얼마나 거부하는지를 분명히 밝혀주는 진실을 알아봄으로써 다윈은 자기도 모르게 분류학을 거의 불가능한 일로 만들어버린 것이다.

일단 진화론자의 눈으로 생명을 보기 시작하여 그 모든 혼란스러운 변이와 진화적 변화의 시초를 알아보기 시작하면 자연스레 종에 대한 시각도 바뀐다. 생명은 단순히 가변적이기만 한 것이 아니다. 생명은 항상 변화하고 있다. 어느 순간이든 우리에게 보이는 건 흐르는 시간 속의 스냅숏 한 컷, 그 계통이 새로운 종들로 갈라지는 방향으로 나아가는 유장한 변화의 흐름 속 한순간일 뿐이다. 이런 일이 일어났다면, 그건 당신이 위대한 진화적 통찰을 얻은 쾌거다. 유일한 문제는 이제부터는 생명의 세계를 분류할 방법을 도저히 알 수 없게 된다는 것이다. 당신은 어떤 것이 한 종을 구성하는지 또는 구성하지 않는지를 어떻게 판단해야 할지 도저히 알 수 없게 된다. 어디서 한 변종이나 종이 끝나고 어디서 다른 변종이나 종이 시작되는지, 도저히 감도 잡을 수 없을 것이다. 그리고 정확히 이것이 다윈이 봉착한 문제였다.

"어떤 종류들을 별개의 종으로 기술한 후, 원고를 찢어버리고 그것들을 다시 하나의 종으로 만들고, 그걸 다시 찢고 다시 별개의 종으로 분리하고, 그런 다음 또다시 하나로 만들고 나니(이게 바로 나에게 일어난 일일세), 나는 이를 갈며 종들을 저주하게 됐고, 내가 무슨 죄를 지었길래 이런 벌을 받는지 자문했다네." 그가 후커에게 보내는 편지에 진저리를 내며 쓴 말이다. 이런 그와 달리 당시의 다른 박물학자들(생명 진화의 개념과 이 개념에 졸졸 따라와 일을 복잡하게 만들 문제들의 부담이 없었던)은 종들의 명확성을 충분히 확신하고 있었으므로, 이를테면 어떤 변종에 대비해 한 종이 정확히 무엇인지 기술하려 시도했다. 당시에는 종에 대한 합의된 정의가 없었다는 걸 고려하면 충분히 논리적인 일이었다. 하지만 다윈은 그것이 얼마나 부질없는 일인지 알았다.

후에 그는 이렇게 썼다. "여러 박물학자가 '종'이라는 말을 쓸 때, 그들의 머릿속에 각자 들어 있는 개념이 서로 얼마나 다른지를 보면 정말 우습다. 나는 그게 다 정의할 수 없는 것을 정의하려는 시도에서 나온 결과라고 생각한다."

가여운 다윈에게는 깔끔하게 정돈된 불변의 종들이 없는 상태에서 분류를 시도한다는 것은 삽도 없이, 어쩌면 손이나 팔도 없이 중국까지 가는 동굴을 파려 하는 일과도 같았다. 그는 이미 생명의 진화라는 새로운 비전으로 향하는 미끄러운 비탈길을 온몸으로 데굴데굴 굴러 내려가는 중이었고, 마침내 바닥까지 내려왔을 때는 분류학에 하나 남은 마지막 핵심 요소를 제거하게 된다. 다시 말해 자연의 질서를 아래위로 안팎으로 뒤집어버리게 될 터였다.

하지만 다윈을 비난해서는 안 된다. 전통적인 분류학적 질서에 가해진 이 최후의 일격은 피할 수 있는 게 아니었다. 왜냐하면 일단 누구나 종들이 불변의 범주가 아니라 오랜 시간에 걸쳐 자연선택에 의해 천천히 만들어진 것임을 알게 되면, 모든 생명은 어떤 단순한 것, 그러니까 태곳적 원시 수프 속에서 살다가 오래전에 사라진 어떤 조상에게서 시작된 게 틀림없다는 필연적인 깨달음에 도달하기 때문이다. 그런 다음 그 생명체는 다양하게 변화하면서 어마어마하게 긴 지질학적 시대들에 걸쳐 여러 새로운 가지를 뻗으며 날쌘 치타와 고착된 미스터 아르트로발라누스처럼 서로 다른 형태의 생물들을, 그리고 우리와 침팬지처럼 서로 비슷한 생물들을 만들어냈을 것이다. 모든 것이 다른 모든 것과 연관되어 있다는 것을, 생명의 근본을 이루는 진정한 구조는 사실상 무성한 가지를 뻗어내는 거대한 진화의 나무임을 이해하게 된다.[15] 그리고 일단 그 사실이 뒤집힐 수 없게 명확히 초점 속으로 들어오고 나면 다른 어떤 일, 전혀 예상하지 못한 어떤 일이 일어난다. 바로 다윈에게 그랬던 것처럼.

"마차를 타고 가다가 해결책이 떠올라 내게 환희를 안겨준 그 순간, 지나고 있던 도로의 정확한 위치까지 기억한다."[16] 다윈은 그 '유레카'의 순간에 대해 이렇게 썼다. 나는 그 순간을 다윈의 마차 에피파니라 부르기를 좋아한다. 다윈이 자연 질서의 근원과 진정한 의미를 깨달은 것이 길 위를 덜컹거리며 달리던 마차 안이었기 때문이다. 그는 "모든 종류의 종들을 속 아래, 속들을 과 아래, 과들을 아목 아래 등등으로 분류할 수 있으려면" 생명의 분기와 조직을 어떻게 설

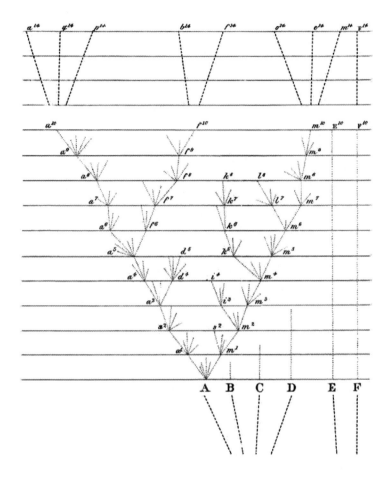

『종의 기원』에 실린 유일한 삽화인 이 도표에서 우리는 다윈이 근원적 자연 질
서로 구상한 것을 볼 수 있다. 바로 진화하는 생명의 나무다. 이 그림에서는 예
컨대 A처럼 종으로 발달하는 나무의 작은 한 부분만 볼 수 있다. 페이지 아래쪽
에서 A는 서서히 별개의 분류군들로 갈라지기 시작하고, 그 분류군들은 시간이
지나며 다시 또 다른 별개의 분류군들로 나뉜다. 그 결과 진화의 나무에서 새 가
지를 치는 여러 후손 종들이 나타나고, 그중 가장 최근에 생겨난 종들은 페이지
의 제일 윗부분에 자리하고 있다.

2장 · 따개비 안에 담긴 기적

명해야 하는가 하는 의문을 품었다. 다시 말해 "어떻게 해야 우리가 자연의 질서라 부르는 분류군 속 분류군들의 계층에 맞도록 생명에 관한 사실을 설명할 수 있을까?" 하는 것이다.

이러한 생명의 배열은 오랫동안 사람들이 생각했던 것과 달리, 신의 뜻을 드러낼 신성한 퍼즐이 아니라는 걸 그는 깨달았다. 생명이 분류군 안에 또 분류군이 있는 식으로 조직된 것은 그냥 어쩌다 보니 그렇게 된 게 아니었다. 얼마 전 일부 사람들이 비난한 것처럼 그냥 이런저런 것들을 한데 모음으로써 사람이 자의적으로 만들어낸 발명품도 아니었다. 오히려 이렇게 무리들 안에 또 무리들이 모여 있는 것은 시간이 흐름에 따라 진화가 만들어낸 산물이었다. 자연의 질서는 바로 진화 때문에 존재했던 것이다.

이건 일단 알아차리고 나면 너무나 명백해 보인다. 아무 분류군이나 한번 생각해보자. 이를테면 귀뚜라미. 귀뚜라미 개체들이 태어나면 각자 서로 약간 다른 변이들을 보인다. 시간이 지나면서 개체군 내에 변이가 축적된다. 자연선택에 따라 생존 경쟁에 가장 잘 적응한, 즉 살아남아서 가장 많이 번식할 수 있는 귀뚜라미들이 가장 많은 자손을 남기고 다른 유형들은 하나둘 죽어 사라진다. 가령 숲에 사는 귀뚜라미들은 어느덧 서늘하고 습한 환경에 적응한다. 반대로 훌쩍 뛰어가 초원에 정착한 귀뚜라미들은 따뜻하고 건조한 환경에 적응한다. 숲 귀뚜라미 중에는 진화하여 썩어가는 낙엽을 먹고 자라도록 적응한 귀뚜라미가 있는가 하면, 균류를 먹고 생존하도록 진화한 귀뚜라미도 있다. 초원 귀뚜라미 중에는 진화하여 죽은 곤충을 먹고 사는 데 특화된 귀뚜라미가 있고, 식물을 먹고 사는 귀뚜라미도 있다.

수천 년을 지나며 귀뚜라미들이 서서히 분기하는 동안 무리 안의 무리라는 익숙한 패턴이 생겨나기 시작한다. 죽은 곤충을 먹는 귀뚜라미들은 식물을 먹는 귀뚜라미들과 가장 비슷하며, 이 두 종류의 초원 귀뚜라미를 뭉뚱그리면 그들과 마지막으로 갈라진 무리인 숲 귀뚜라미와 가장 유사하다. 이런 식으로 계속 이어진다. 서로 다른 삶의 방식에 적응해가는 동안, 천천히 자라나는 생명의 나뭇가지 끝에서는 생존하는 유기체들 사이에, 이를테면 초원 귀뚜라미와 숲 귀뚜라미 사이에, 원숭이와 인간 사이에 분기점이 만들어진다. 그리고 생물은 분기만 하는 것이 아니라 때로는 멸종하기도 하고, 그러면서 가지치기한 자리처럼 나무에 구멍과 빈틈을 남기는데, 그러면 무리들 간의 떨어진 거리는 더욱 두드러지게 된다. 시간이 째깍째깍 흘러가고, 우리가 생명의 계층으로 인지하는 자연의 질서가 어느덧 형태를 갖추기 시작한다. 이 생각은 일단 알고 나면 너무 당연한 생각 같아 보이지만, 그 순간까지는 아무도 생각조차 해본 적 없는 개념이었다.

다윈은 자서전에 이렇게 썼다. "내가 (그 문제와) 그 해결책을 어떻게 몰라보고 지나칠 수 있었는지 너무 놀라울 따름이다."[17] 따개비의 자연 질서를 탐구한 후에야, 그 작은 동물들을 무리들 속의 무리들로 분류하느라 끙끙대며 고생한 수년을 보낸 뒤에야 찾아온 깨달음이 여기 있었다. 따개비들이 다윈에게 주는 이별의 선물로 마지막 하나 남은 진화의 빛나는 진실을, 즉 자연 질서의 기원과 그 진정한 의미를 깨우쳐준 것 같았다.

진화에 관한 그의 다른 모든 명석한 견해도 그렇지만, 따개비가 준 영감으로 얻은 이 통찰도 분류학에 심각한 타격을 입히게 된다. 이제는 자연의 질서가, 특히 그 질서에 대한 인간의 인식이 분류학을 이끄는 기준이 될 수 없었기 때문이다. 다윈은 인간이 인지하는 자연의 질서는 진정한 근원적 구조, 즉 생명 진화의 나무가 만드는 한낱 그림자이자 반영에 지나지 않는다는 것을, 이제는 그 진화의 계통수가 분류학을 인도해야 한다는 것을 밝혀낸 것이다. 그는 분류의 과학이 이제 모든 생명의 계보에 관한 연구가 되어야 한다는 것을 분명히 했다.

다윈의 마차 에피파니가 미칠 영향은 거기서 끝나지 않았다. 그전까지는 늘, 예컨대 『자연의 체계』에서 자연의 질서를 해독하려 한 린나이우스의 시도나 알파벳 순서로 이름을 배열하는 것 같은 정말로 자의적인 분류법이 자연스러운지 부자연스러운지 판가름하는 것은 사람의 감각이자 일종의 직관, 한 사람이 품고 있는 자연 질서의 비전을 기준으로 한 육감적 판단이었다. 우리가 옳다고 판단하는 것은 우리가 옳다고 느낀 것이었다. 알파벳 순서나 크기 순서로 배열하는 것이 부자연스럽다는 걸 우리는 어떻게 알까? 뭐, 그야 그냥 뻔한 것이다. 그건 느낌으로 알 수 있다. 크기에 따른 배열을 상상해보라. 코끼리와 대왕오징어를 한 무리로 묶고 크로커스와 생쥐와 나비를 한 무리로 묶어보면, '아니, 이건 전혀 이치에 맞지 않잖아' 하고 깨닫게 된다. 그건 그냥 말이 안 되는 거다.

하지만 이제는 얘기가 달라졌다. 다윈이 판을 완전히 바꿔놓은 것이다. 사람이 지닌 감각의 힘, 고정된 자연 질서에 대한 그 강력하고 주관적인 비전은 더 이상 지배력을 휘두르지 못한다. 크기에 따른 배열이 부자연스러운 것은 부자연스러워 보이기 때문이 아니라 진화의 계통수에 근거하지 않았기 때문이다. 이제 분류의 정확성 여부를 판가름하는 최종 결정자는 진화적 관계였다. 진화적으로 관계가 매우 먼 종들은 올바른 생명의 분류에서 서로 멀리 떨어뜨려 놓아야 한다. 진화의 역사에서 아주 최근에야 서로 분기한 종들은 같은 속에 속하는 두 종으로 서로 나란히 두어야 한다.

그러는 과정에서 다윈은 과학이 이제 채택해야만 하는 것(진화적 관점으로 생명을 분류하는 것)과 과학이 이제껏 언제나 의존해왔던 것(자연 질서에 대한 우리의 감각)이 서로 부딪힐 수밖에 없는 얼개를 짜놓았다. 또한 진화적 생명 분류와 일반 사람들이 자연의 질서로 인지하는 것 사이의 가장 극단적인 충돌을 초래하고, 물고기를 없애버릴 그 과학자들, 바로 분기학자들이 등장할 토대도 마련해두었다. 그리고 본인은 알 수 없었겠지만, 진화가 승리하고 물고기가 죽을 결말을 미리 정해둔 것 역시 다윈이었다.

다윈의 살아생전에도 그 두 관점이 충돌하리라는 것은 분명해보였다. 진화의 역사가 우리에게 한 무리로 묶어야 한다고 말해주는 것과 한 사람이 자연의 질서에서 한 무리로 묶어야 한다고 인식하는 것이 반드시 일치하지는 않았기 때문이다. 예를 들어 제왕나비와 총독나비는 둘 다 주황색 날개 가장자리에 하얀 점들이 있고 검은 시맥翅脈이 꼼꼼하게 형성되어 있는 모양이 서로 비슷하다.

이렇게 서로 매우 유사해서 우리의 감각으로는 자연의 질서에서 서로 나란히 두어야 마땅할 것처럼 보이지만, 사실 그 둘은 진화적으로 상당히 먼 친척들이라 생명의 나무에서 서로 멀리 떨어뜨려놓아야 한다. 반대로 모습이 서로 매우 다르고 따라서 우리 감각으로는 자연 질서에서 멀리 떨어져 있을 것 같은 두 유기체가 진화적 생명의 나무에서는 가까운 관계일 수 있다. 예컨대 둘 다 갑각류인 따개비와 바닷가재가 그렇다. 자연에는 우리가 자연의 질서로 인식하는 것이 진화적 생명 분류와 완전히 충돌하는 예들이 가득하다. 그리고 지금 다윈은 그런 일이 일어날 때 우리가 진정한 진화적 생명 분류를 따라야 한다고, 우리의 인식과 감각과 현실감각은 깡그리 무시해야 한다고 말하고 있는 것이다.

생명에 대한 과학적 시각과 나머지 우리 모두의 시각이 일치했던 순간(린나이우스가 축하하고 기록했던 그 순간)은 이제 공식적으로 막을 내렸다. 그 많은 조개껍질 수집가와 딱정벌레 사냥꾼, 그 많은 올빼미 관찰자와 식물 덕후에게 크나큰 기쁨을 안겨주었던 생명의 시각, 움벨트의 시각, 인간과 생명 세계 사이의 가장 깊고 심오한 연결이 이제 나가는 문 쪽을 향해 떠밀리고 있었다. 여기서부터는 과학이 칼자루를 넘겨받았고, 과학은 완전히 새로운 어딘가로, 어떤 새로운 비전으로, 우리를 둘러싼 모든 생명을 바라보는 근본적으로 다르며 철저하게 물고기는 존재하지 않는 방식을 향해 가는 자기만의 여정에 올랐다.

그러나 분기학자들의 탄생과 물고기의 죽음은 아직 한참 먼 훗날의 일이었다. 그들이 등장하기 전에 분류학의 다른 세 학파가 등장했다. 처음에는 진화분류학, 다음에는 수리분류학, 마지막으로 분자분류학이 등장했는데, 세 학파 모두 과학적 생명 분류가 부상하고 최종적으로 움벨트를 버리게 되는 과정에서 각자 나름의 역할을 했다. 그런 다음에야 마침내 물고기를 죽일 분기학자들이 등장할 터였다. 그것은 피할 수 있는 일이 아니었다. 다윈의 마차 에피파니에 힘입어 이루어진 진화에 대한 깨달음은 과학을 다시는 돌아올 수 없는 길에 세웠고, 그 길은 우리 모두가 그토록 오래 공유했던 자연의 질서로부터 과학을 점점 더 멀리 이끌어갈 터였다.

　　　　✳　　✳　　✳

　　마차 에피파니가 마무리되면서 다윈의 따개비 시절도 끝을 향해 가고 있었다. 8년을 쏟아붓고 1854년 가을이 되자 다윈은 그 일을 마무리할 준비가 되고도 남은 상태였다. 그는 이렇게 썼다. "나는 이전의 그 어떤 사람도 이토록 미워해본 적 없을 만큼 따개비가 밉다. 느릿느릿 바다를 지나는 선박의 선원조차도 이 정도로 따개비를 미워하지는 않았으리라."

　　다윈은 오랫동안 찾지 못했던 변이를 발견했고, 종의 기만성을 깨달았으며, 오랫동안 사람들이 자연의 질서라고 이해해왔던 것에 막강한 개념적 폭력을 가했다. 게다가 따개비 문제도 해결하며 어마어마한 분량의 분류학 연구 성과를 쌓았고 그걸로 현존하는 따개비와 따개비 화석을 통틀어 모든 따개비에 관한 연구서 4권을 내면서, 그가 그토록 원했던 과학자로서의 존경도 얻어냈다. 따개비 연구로 그는 잉글랜드에서 가장 존경받는 과학자들의 협회인 왕립학회에서 왕실 자연과학 훈장을 받았다.

　　분류학 때문에, 진화에 대한 그 모든 지식 때문에 본인이 그렇게 고생을 했으면서도, 모순적이게도 다윈은 사람들이 진화를 깨닫기만 하면 그때부터는 분류학이 순탄하게 항해할 수 있을 거라고 믿었던 듯하다. 그는 분류학자들이 이제 더는 "이 종류 또는 저 종류가 본질적으로 하나의 종을 구성하는지 그러지 않는지를 두고 끊임없이 모호한 의구심에 시달리지 않을 것"이라고 썼다.[18] 진화를 염두에 둔 채 분류 작업을 하는 동안, 이전의 분류학자들 못지않게 어려워했던(더 어려워한 건 아니었을지 몰라도) 사람이 한 말치고는 아주 황당한 선언이 아닐 수 없다.

개인적으로 보낸 편지에서는 그보다 더 단도직입적으로, 진화는 일단 받아들여지기만 하면 분류학의 "막대한 헛소리들을 깨끗이 제거할 것"이라고 썼다.

정말 많은 것에 관해 옳은 말을 한 걸로 유명한 다윈이지만, 이 말보다 더 틀린 말은 없을 것이다. 분류학의 입장에서 진화에 대한 깨달음은 상황을 명료하게 만들어주는 선물이 아니었다. 오히려 진화는 분류학에 투척된 폭탄 같았다. 다윈이 분류학자들에게 구체적인 목표 하나를 제시한 것은 사실이다. 생명의 계보를 찾아내고 그것을 활용해 생명을 체계적으로 분류하라는 것 말이다. 하지만 어떻게 해야 그럴 수 있는지 아는 사람은 아직 아무도 없었다. 감각을 통해 파악되는 유사성과, 모호하게 정의되었으나 구체적으로 느껴지는 자연의 질서를 찾는 일은 가능했다. 그것은 분류학이 줄곧 해왔던 일이었다. 하지만 어떻게 해야 아주 오래전 과거를 밝혀내고 모든 생명의 계보를 알아낼 수 있을 거라는 기대라도 품어볼 수 있는 걸까?

따개비 연구가 끝나고 5년 후, 그 진실이 세상에 나왔다. 다윈은 1859년에 『종의 기원』을 출간했다. 그 진실, 생명은 불변하는 존재들의 고정적 배열이 아니라 성장하고 변화하며 가지를 떨구고 왕성하게 싹을 틔우며 항상 변화하는 나무라는 진실을 알게 된 후 다윈이 개인적으로 짊어지고 있던 짐은 이제 더 이상 그 혼자만의 문제가 아니게 되었다.

1부·자연의 질서를 찾아 헤매기 시작하다

3장

❦

맨 밑바닥의 모습

온 세상에서 뒤죽박죽된 혼란보다 더 나쁜 건 없어요.

무시무시하게 들려도 죽음과 운명을 직면하는 게 오히려 쉽죠.

내가 돌이켜보며 경악하게 되는 건 나의 혼란들이에요. …

혼란을 조심해요.

E. M. 포스터, 『전망 좋은 방』[1]

1859년에 『종의 기원』이 출간된 후 1950년대까지 거의 100년 동안 많은 일이 있었다. 다윈이 세상을 바꿔놓은 그 책을 쓴 뒤로 생명 연구 분야에서는 엄청나게 많은 혁명이 일어났다. 식물학자들과 동물학자들이 표본을 수집해 컬렉션을 꾸려가던 자연사 분야는 힘을 잃고 저 뒤로 물러났으며, 모든 생물을 과학적으로 연구하며 새롭게 번성하던 생물학 분야가 그 자리를 차지했다.

저돌적으로 진실을 밝히는 일에 뛰어들던 많은 생물학자 가운데는 유전학자들도 있었다. 빅토리아시대의 잘못된 유전이론들(아주 작고 완전한 인간의 형상을 갖춘 호문쿨루스homunculus가 정자 속에 들어 있다는 생각이라든지, '제뮬gemmule'이라는 작은 입자가 혈액 속을 떠다니다가 태아의 구성 요소가 된다는 다윈의 가정이라든지)은 사라진 지 오래였다. 그레고어 멘델이라는 무명의 오스트리아 수도사가 했던 연구의 사실성이 그 모든 것을 대체했다. 1860년대에 발표된 멘델의 연구가 1900년에야 마침내 재발견되고 이해된 결과였다. 그 후로 생물학은 그 연구를 기반으로 계속 발전해나갔다. 새로이 등장한 실험 생물학자들이 어찌나 총명했던지 이 무렵에는 염색체에 줄지어 배열된 유전자라는 요소가 유전을 통제하며, 그 유전자는 DNA로 이루어진다는 것, 그리고 DNA의 형태는 지금도 유명한 이중나선 구조임이 이미 밝혀져 있었다.

하지만 생명에 대한 우리의 이해에 주도적으로 혁명을 일으킨 이들이 유전학자들만은 아니었다. 생물학의 거의 모든 모퉁이에서 기발하고 새로운 연구가 진행되고 있었다. 페니실린이 발견되었고, 과학자들은 새로 발명된 전자현미경을 사용해 전에는 한 번도 본 적 없는 것들을 보고 있었다. 쥐들은 역사상 처음으로 쥐의 능력을 시험하기 위해 정교하게 만들어진 미로 속을 뛰어다녔다. 신경생물학자들은 새로 발명한 패치 클램프를 사용하여 신경세포들 사이에서 발화하는 신호들을 관찰했고, 패치 클램프는 그들의 주된 실험도구 중 하나로 자리 잡았다. 과학자들은 인공 심장도 발명했다.

그들은 매일 장막을 조금씩 더 열어젖혔다. 생명의 세계는 분석되고 조작되었으며, 생물학자들이 최첨단에서 속도를 내며 점점 더 엄격하고 꼼꼼하게 통제된 실험 연구를 수행함에 따라 생명 세계의 신비는 빠른 속도로 줄어들었다. 신사 학자가 잠자리채를 들고 산책하던 시절은 끝났다. 생명 연구는 자금 지원을 두둑하게 받아 첨단기술을 자랑하는 연구소에서 이루어졌다. 이것은 거대하고 거대한 과학이었다.

이 모든 분야 가운데 앞에서 이끄는 게 마땅할 분야가 하나 있다면 그것은 가장 역사 깊은 생물학 분야 중 하나이자 1700년대 중반 린나이우스가 토대를 놓은 후 2세기 중 절반이 넘는 동안 가장 존경받는 과학의 자리를 지켰던 분류학이었다. 분류학 분야는 다윈이 분류학의 변화를 위해 닦아놓은 토대를 최대한 활용하며 한 세기를 보낸 터였다. 분류학자들이 오랫동안 찾고 있던 자연의 질서가 신의 계획이나 어떤 완벽한 파일 정리 시스템이 아니라 오히려 지구 위에서 펼쳐진 생명 진화의 산물임을 밝힘으로써 다윈은 분류학자들이 앞으로 해야 할 일이 순수하고도 단순하게 진화적 계보를 추적하는 것임을 명백히 제시했다. 그 수수께끼가 풀렸으니 다윈의 말마따나 잉글리시 브램블*의 종수가 얼마나 되는지를 두고 입씨름할 일은 이제 더는 없을 터였다. 의미 없는 논쟁과 모호한 주장을 모두 그만둘 수 있는 것이다. 제대로 된 분류 체계에서 한 종이 차지하는 위치가 어디인지 판단하기 위해 이제 그 종이 어떤 모습인지 혹은 어떻게 보이는지에 의지할 필요가 없어졌다. "아하!" 하는 깨달음도, 린나이우스의 신비한 천재적 재능도 필요 없다. 이제 분류학자는 한 유기체의 진화사에 대한 더욱 심층적인 실마리를 찾기만 하면 생명 진화의 계통수에서 그 생물의 올바른 자리를 알아낼 수 있다. 분류학은 생명 세계에 대한 진정으로 진화적이고 완전히 혁명적인 이 새로운 관점을 포용함으로써 미래로 갈 수 있는 것이다.

그렇다면 우리는 다윈이 분류학에 일으킨 어떤 혁명을 목격했

---

* 브램블bramble은 블랙베리, 라즈베리 등 열매를 맺으며 가시가 있는 관목을 가리키나, 장미나 찔레처럼 그냥 가시만 있는 관목을 가리키는 데도 쓰인다. 영국 영어에서는 보통 브램블이라고 하면 블랙베리*Rubus fruticosus*를 가리킨다고 한다.

3장 · 맨 밑바닥의 모습

을까? 끝없는 실랑이가 명료한 하나의 시각으로 변한 혁명? 모호하게 정의된 자연의 질서에 대한 추구가 진화적 관계에 관한 과학으로 바뀐 혁명? 한마디로 말해서 그런 혁명은 전혀 일어나지 않았다. 생명이 진화한다는 발견은 분류학에 핵심적인 발견이 되어야 했음에도 아무런 결과도, 적어도 좋은 결과는 하나도 만들어내지 못한 것 같았다.

생물학의 다른 분야들이 쇄도하듯 발전하던 20세기 전반기에도 분류학은 어째선지 꼼짝도 하지 않고 가만히 멈춰 있었다. 다른 과학자들은 반듯하게 다린 하얀 실험복을 입고 데이터를 수집하고 단순명료한 실험을 설계하고 복잡한 통계 검증을 실시하는 동안, 분류학자들은 늘 해왔던 일을 꾸역꾸역 계속하고 있었다. 다윈의 발견을 기려 자신들을 '진화 분류학자'로 업그레이드했지만, 바뀐 이름 외에 그들에게는 새로운 게 별로 없었다. 그들은 여전히 죽은 표본들(새의 겉가죽, 식물을 눌러 말린 압화, 핀으로 고정해둔 곤충)을 들쑤시고 있었고, 전문가의 감각과 주관적 감식력이라는 민망할 정도로 신비적인 혼합물을 활용해 이를테면 브램블의 종이 몇 가지인지를 판단했고 그걸 두고 왈가왈부했다. 다른 분야의 생물학자들 사이에서, 오래된 똑같은 논쟁 속에서 영원히 허우적대고 있는 것으로 악명높았던 분류학자들은 자신들이 뒤처져 있음을, 왜 그런지 몰라도 진화 과학이란 분야가 생겨난 적도 없는 것처럼 계속 똑같이 가고 있음을 발견했다. 자기들끼리 언성을 높이며 다투고 늘 박물관의 먼지 덮인 방들을 민망한 듯 어슬렁거리며 뒤로 물러나 있던 분류학자들은 그들을 제외하면 다들 생동감 넘치는 새로운 생명과학 분야에서 케케묵은 과거의 유물이 되어 있었다.

하지만 분류학에도 극적인 변화가 하나 있었다. 그건 이제 분류학이 완전히 전문 분류학자들만의 영역이자 그들만의 단독 소유물이 되었다는 점이었다. 아마추어는 딱 그런 존재로, 그러니까 순전한 아마추어로 여겨졌고, 아마추어 분류학자는 희귀하고도 괴상한 존재가 되었다. 특정 생물에 대한 체계적 분류는 이제 점점 더 머릿수가 줄어가는 전문가들의 울타리를 벗어나면 그 누구의 관심도 사로잡지 못하는 것 같았다. 한때 생명의 세계는 모든 이의 영토이자 소유물이었다. 누구든 자연사와 자연의 질서에 매혹을 느낄 수 있었고, 생명의 체계적 분류의 세부사항에 대해 적극적인 호기심을 품을 수 있었다. 그리고 새로운 생명이 점점 더 많이 발견되면서 그 호기심은 고대와 현대를 막론하고 큰부리새부터 거북이까지, 매머드부터 마스토돈까지, 소철부터 사이프러스까지 지구 전체를 차지하는 생물들의 분류 전반을 아우를 정도로 커졌었다. 그런데 한때는 교육받은 엘리트부터 자연사의 정취가 흠뻑 묻어나는 선술집이나 바에 발을 들여본 적 있는 애주가들까지, 아주 많은 사람이 편안히 대화를 나누던 주제였던 것이, 이제는 엄격하고 음울하며 고루한 분류학자들, 박물관에서 홀로 앉아 혹시나 곁을 지나가는 누군가가 열정을 표출하더라도 그 열정을 조용히 가라앉히는 생명의 사서들만의 독점 영역이 되었다.

❊　❊　❊

분류학에는 활력의 시동을 걸어줄 계기가 필요했고, 어쩌면 동기를 불어넣을 따끔한 자극이 있다면 더 좋을지도 몰랐다. 분류학은 악착스럽고 명석한 사람, 동료들의 실수를 지적하는 일도 저어하지 않는 사람, 심지어 그런 일을 즐길 만한 사람을 필요로 했다. 한마디로 분류학에는 에른스트 마이어Ernst Mayr가 필요했다. 놀랍도록 고집 센 독일인 조류학자인 마이어는 뉴욕시에 있는 미국자연사박물관의 조류 큐레이터였다. 그리고 분류학 분야를 소생시키는 일에 완벽한 적임자였다. 이 사람은 자기가 생각을 아무리 여러 번 바꿨더라도 언제나 자기 생각이 옳다고 확신하는 남자였고, 그에게 회색은 단순히 잘못 본 검정이나 하양에 지나지 않았다. 마이어는 한때 인정과 존경을 얻기 위해 투쟁했던 남자였다. 그는 아들 셋인 가족의 둘째 아들로 삶을 시작하여, 작은 키에 과도하게 공격적인 태도로 살아가는 사람이었으며, 지금은 제2차 세계대전이 끝난 직후 뉴욕에서 삶의 토대를 닦으려 애쓰는, 독일어 억양이 강한 남자였다.[2] 싸움에는 일찌감치 적응되어 있었고, 심지어 싸우고 싶어 근질거리는 상태였다.

분류학은 저물지 않을 터였다. 적어도 마이어가 지켜보고 있는 한은. 그는 발뒤꿈치를 바닥에 세게 박고 끝까지 버틸 작정이었다. 분류학이 어리숙한 우표 수집가들을 위한 피난처가 아니라 존경해야 할 직업이라는 것을 생물학자들이 깨달을 때까지. 지칠 줄 모르는 마이어는 100세라는 고령까지 살았고, 그러면서 20세기의 가장 영향력 있는 진화생물학자가 되었다. 그러나 분류학을 존경받는 진화 과학으로 만들려는 시도에서 그는 자신을 가로막고 있는 것이 무엇인지 깨닫지 못한 채 철저히 실패하게 된다. 본인은 몰랐지만, 마이어는 다른 모든 분류학자와 마찬가지로 인류 자체만큼이나 오래된 힘, 바로 움벨트의 비전에 사로잡혀 있었다. 나중에 밝혀지겠지만 움벨트는 너무나 강력한 힘을 지니고 있어서, 마이어의 조력을 받아 분류학의 가장 어둡고 가장 의심 가득한 시절을 불러들이게 된다.

✳   ✳   ✳

　그렇다고 마이어의 사전에 '의심'이라는 단어가 존재했던 것은 아니다. 아무 교육도 받지 않은 청년 시절에도 에른스트는 흘러넘치는, 거의 터무니 없을 정도의 자신감으로 가득했다. 그는 열아홉 살 때 독일의 한 호수에서 너무나도 기이한 오리 한 쌍을 몰래 지켜보았다. 크고 둥근 머리의 그 오리들에게는 귀여운 매력이 있었는데, 무엇보다 흥미로운 점은 뜻밖에도 부리가 진한 주홍색이었다는 것이고, 이는 그로서는 처음 보는 것이었다. 열성적인 야생 조류 관찰자였던 그는 이 오리가 아주 이상한, 완전히 다르고 새로운 것임을 알았다. 아무도 자기 말을 안 믿을까 봐 염려된 그는 메모를 잔뜩 남겼다. 그런 다음 책들을 찾아보고서 그 오리들이 70년 동안 독일에서 자취를 감췄던 붉은부리흰죽지red-crested pochard라는 것을 알아냈다. 붉은부리흰죽지를 목격했다는 건 믿을 수 없는 일이었다. 어찌나 믿기 어려운 일이었던지 마이어가 아무리 그렇다고 말해도 그 말을 믿는 사람이 아무도 없었다. 그 나라에서 붉은부리흰죽지를 마지막으로 본 사람들은 이미 오래전에 죽은 사람들인데, 젊은 학생이 그 오리에 관해 뭘 안다는 말인가? 당시 대부분의 사람들은 자기가 정말 그 오리를 본 적이 있을 가능성에 대해서도 의심했지만, 에른스트는 그런 점은 고려해본 적도 없었다. 오히려 그는 자기 말을 들어주는 사람이면 무조건 붙잡고 자신이 붉은부리흰죽지를 보았노라고 계속 주장했고, 그러다 보니 어느덧 독일의 유명한 조류학자인 에르빈 슈트레제만Erwin Stresemann에게 주장을 펼치고 있었다.

슈트레제만은 이 집요한 젊은이에게 그가 본 것에 관해 질문했고, 그런 다음 자신이 일하던 베를린 박물관에 있는 새 가죽 컬렉션을 가지고 마이어의 조류 동정 실력을 테스트했다. 그런데 슈트레제만은 이 젊은이가 어리석다고 여기기는커녕 마이어가 정말로 붉은부리흰죽지를 본 것이라고 확인해주었다. 깊은 인상을 받은 슈트레제만은 자기와 함께 일하자며 마이어를 초대했고, 결국 그의 멘토가 되어주고 그가 분류학 경력을 시작하게 해주었다. 이리하여 청년 에른스트는 세상에 두 종류의 지식이 존재한다는 것을 일찌감치 알아버렸다. 바로 모든 사람이 사실이라고 말하는 것과 에른스트 마이어가 사실임을 아는 것이었다. 만약 두 지식이 충돌한다면 그중 옳은 게 어느 쪽인지는 보나 마나 뻔했다.

마이어는 베를린대학교에 들어가 슈트레제만 밑에서 16개월 만에 회오리바람처럼 박사과정을 끝내버리며 자신마저 깜짝 놀래켰다. 이어서 그는 야외 연구나 사격, 새 가죽 벗기기 경험도 전혀 없으면서, 희귀종 극락조(눈이 부신 형광색 새로 수컷은 깃털로 만든 정교한 무늬의 망토 혹은 머리 장식이나 어깨 장식을 단 것처럼 보인다)를 찾아 2년 반 동안 뉴기니를 비롯한 야생을 누비고 다니는 원정대를 이끌었다.[3] 이 원정 중에 마이어는 적의를 품은 지역민들에게 살해 위협을 받았고, 몸을 쇠약하게 만드는 여러 병에 걸렸으며, 거의 익사할 뻔한 적도 있었고, 어쩔 수 없이 폭포에서 뛰어내려야 하는 일도 있었으며, 타고 가던 카누가 뒤집히는 일도 경험했다. 그런데도 상처 하나 없이 살아 돌아왔을 뿐 아니라, 환상적인 새들을 수집하여 귀국할 수 있었다. 이 일로 자신에 대한 확신은 더욱 커졌다. 과연 그의 자신감이 더

1부 · 자연의 질서를 찾아 헤매기 시작하다

극락조 중에서도 이 윌슨극락조Wilson's Bird of Paradise[4]처럼
화려한 솜깃털을 자랑하는 수컷들은 암컷의 마음을 얻기 위해
눈에 띄는 멋진 외모와 정교한 구애 행동을 구사한다.

커질 여지가 있었다면 말이지만.

스물여섯의 나이로 맨해튼에 도착한 1931년, 마이어에게 대도
시 뉴욕은 아주 만만했다. 배에서 내린 바로 그날 지하철 노선을 다
파악했고, 미리 임차해뒀던 방을 바로 찾아갔다. 처음으로 온종일을
미국에서 보낸 날인 이튿날에는 이미 새 직장인 미국자연사박물관
에서 유럽의 조류 종들을 분류하는 작업을 하고 있었다. 이 박물관에

서 그가 새의 종들에 관해 쓴 첫 논문은 두 달 뒤에 발표되었다. 들어본 적 없는 엄청난 연구와 출판 속도다. 그해가 끝날 때까지 12편의 새 논문을 발표하여 12가지 새로운 종과 68가지 새로운 아종에 관해 기술했으며, 얼마 지나지 않아 조류의 새로운 종을 현존하는 그 어떤 분류학자보다 더 많이 기술하게 된다. 1950년대에는 유명한 조류학자이자 세계에서 가장 규모가 크고 중요한 조류 컬렉션인 미국자연사박물관의 휘트니-로스차일드 컬렉션의 큐레이터가 되어 있었다. 에른스트에게는 필요한 소질이 있었고 스스로 그 사실을 잘 알았다.

내가 처음 마이어를 실제로 본 것은 대학원생 시절이었다. 그 분야의 대원로인 그가 대학 전체를 대상으로 한 세미나에서 강연을 하러 왔을 때였다. 강당을 가득 메운 청중 앞 연단에 서 있던 그의 모습이 기억난다. 당시 그는 76세였고, 진화분류학계의 스타 정도가 아니라 전설적 인물이었다. 작고 다부진 몸집에 옷을 말쑥하게 차려입은 그는, 곧 자기를 깎아내리려 할 사람들(항상 자신이 옳다고 생각하는 사람에게 틀렸다는 걸 보여주는 일보다 저항할 수 없이 매력적인 일도 없으니 이런 사람들은 언제나 차고 넘쳤다) 앞에서 짜증이 나고 어이가 없는 듯했지만, 동시에 과학 대중을 가르치고 그들의 오류를 바로잡아줄 또 한 번의 기회에 더할 나위 없는 기쁨을 느끼고 있었다. 은퇴 연령이 11년이나 지났음에도 마이어는 마이어인지라 자신이 받는 찬사와 지위를 구석으로 치워둘 마음은 전혀 없었다. 그에게는 해야 할일이, 영원한 목표가 하나 있었고, 그것은 잘못된 생각을 지닌 자들, 특히 진화와 관련된 모든 문제에 관해 잘못된 생각을 고집하는 자들의 생각을 바로잡아주는 것이었다. 그리고 붉은부리흰죽지를 목격한 19세 청년으로든 76세의 진화학자로든 언제든 당신이 에른스트

1부·자연의 질서를 찾아 헤매기 시작하다

를 만났다면 한결같은 사실이 하나 있었다. 그건 바로 에른스트는 옳고, 자신이 옳다는 사실을 상대에게 반드시 알리는 일에서라면 결코 지치는 법이 없다는 것이었다. 면전에서 바로잡아주든, 인쇄된 글로든, 아니면 정신으로든, 그가 영향력을 미치는 방식과 범위는 다양하고 거의 무한한 것 같았다.

마이어의 광범위한 영향력은 그로부터 몇 년 뒤 어느 날 말 그대로 우리 집에 있는 나에게까지 와닿았다. 어느 오후 메릴(나와 결혼한 생물학자다)이 손에 봉투 하나를 들고 어리벙벙해진 얼굴로 연구소에서 돌아왔다. 갓 대학원을 졸업했던 시기로 얼마 전 학위를 받은 초보 박사였고 《진화Evolution》라는 학술지에 나비에 관한 논문 한 편을 막 발표한 참이었다. 그런데 벌써 그 논문에 대한 반응 하나가 당도한 것이었다. 바로 마이어가 보낸 편지였다. "이건 마치," 하고 메릴이 입을 뗐다. "신에게서 편지를 받은 것과 다를 바 없어." 그런데 마이어가 메릴에게 무슨 할 말이 있었던 걸까? 뭐, 평소와 별 다를 바 없었다. 자기가 메릴의 최근 논문을 읽었는데(자기는 모두 다 읽으니까) 메릴이 몇 가지는 맞았지만(그러니까 마이어 학설과 일치했지만) 그가 (마이어의 저작에 더 꼼꼼하게 주의를 기울였더라면) 피할 수도 있었을 실수가 몇 가지 있어 그걸 지적하기 위해 편지를 쓴 것이었다.

마이어가 순전히 까탈스럽기만 한 양반이었던 건 아니다. 신에게서 온 편지 사건이 있고 얼마 후, 《뉴욕 타임스》는 이 92세 진화학자의 사전 부고라는 걸 작성하기 위해 나를 파견했다.[5] 나는 그가 겨울에 머무는 플로리다에 있는 집에서 그를 만났고, 거기서 우리는 산책을 하며 이야기를 나누고 그가 좋아하는 브라질 음식점에서 점심을 먹었다. 대부분의 인터뷰이와 달리 그가 나의 인생과 일, 가족에 관해 물어보아서 나는 깜짝 놀랐다. 내가 생선 스튜를 거의 먹지 않는 것을 보고는 진심으로 걱정하는 것 같았다(메스꺼움을 잘 느끼던 임신 3개월의 나에게는 그 비린 풍미가 좀 견디기 어려웠지만 차마 그런 말은 하지 못했다). 그는 매우 유럽 할아버지다운 방식으로 신사다웠고 심지어 매력적이었다. 하지만 동시에 그는 영락없는 마이어, 억누를 수 없이 흘러넘치는 마이어였으며, 완전히 잊혀가던 분류학을 구해낸다는 거의 불가능해 보이던 과제를 스스로 떠맡은 1950년대의 그와 똑같은 마이어였다.

생각해보면 어떻게 그가 그런 도전적 과제를 지나칠 수 있었겠는가? 그날 점심을 먹으며 내게 했던 말만 봐도 알 수 있다. "나는 내가 할 자격이 없는 일들을 차례로 하나씩 해왔지만, 내가 그 일을 할 수 있다고 확신했고, 정말이지 내게는 그 일을 할 능력이 있었다네."

✳ ✳ ✳

마이어 이전에도 분류학을 되살리고 현대적 과학으로 변모시키려 시도한 다른 사람들이 있었다. 생물학자들이 분류학에 대해 하는 주요하고도 타당한 비판 하나는 분류학 분야가 전혀 실험에 근거하지 않는다는 것이었다. 박물관에 죽치고 있는 그들은 무슨 실험을 하고 있는 걸까? 그 데이터는 어디에 있는 걸까? 그리고 실험의 반복 가능성은 어떻게 된 건가? 1920년대에 몇몇 식물학자가 분류학을 홍보하려는 노골적인 시도로, 생물학의 새로운 성공에 편승하며 실험 분류학이라는 분야를 만들어냈다.[6] 종이 어디서 시작하고 어디서 끝나는지에 관한 지나치게 세세한 논쟁을 끝내기 위해 만들어진 게 분명한 실험분류학은 정직한 실험에서 얻은 계량 가능한 데이터를 모으는 것을 목표로 삼았다. 예를 들어 두 식물이 실제로 얼마나 다른지, 또는 왜 비슷한 식물들이 다른 지역에서 자라면 다른지를 이해하기 위해 이 과학자들은 지금 우리가 '공통 정원 실험common garden experiments'이라 부르는 실험을 했다. 북극 서식지에서 자라는 유난히 작은 형태의 식물과, 그와 비슷하지만 습한 저지대의 숲에서 키 크고 잎이 무성하게 자라는 형태의 식물을 가져와 어느 농장의 동일한 조건에 옮겨 심고 서로 다른 두 형태가 실제로 얼마나 다른지를 알아보는 것이다. 두 식물이 똑같은 조건에서는 각자 고유한 특성을 잃어버리고 똑같이 자란다면, 식물학자들은 전에 보았던 차이들이 단지 환경 차이에서 기인한 결과일 뿐임을 알게 된다. 이 작업의 결과로 실험분류학자들은 식물을 조직하고 분류하는 자신들만의 고유하고 새로운 체계를 개발하기 시작했다. 린나이우스의 식물 범주와는 전혀 다른, 실험 결과만을 근거로 한 분류였다.

결국 이 실험들은 고전이 되었다. 그렇긴 한데 분류학 분야가 아니라 생태학 분야에서 환경이 유기체에 미치는 영향 연구의 고전이 되었다. 이 연구결과는 다른 종류의 식물들 사이에서 나타나는 차이의 성격에 대한 통찰을 제공해주었으므로 계통학자들에게는 유용했고 관심도 끌었지만, 그런 실험을 아무리 많이 해봐도 한 식물이 생명 진화의 계통수에서 차지하는 위치를 밝혀낼 수는 없었다. 식재 정원은 생물학자에게 어떤 식물에 관한 많은 걸 말해줄 수 있지만, 분류학자에게는 어떤 식물들이 서로 가장 가깝거나 먼 관계인지는 결코 말해주지 않는다. 결국 분류학의 운명은 전혀 개선되지 않았고, 그렇게 실험분류학은 분류학을 하는 사람들에게는 아무런 영향도 미치지 못한 채 서서히 사라졌다.

그로부터 얼마 지나지 않아 줄리언 헉슬리(다윈의 맹렬한 옹호자로 유명한 토머스 헨리 헉슬리의 손자다)가 희미하게 쇠퇴해가는 분류학에 새로운 광채를 더해주려는 시도를 감행했다. 그는 『새로운 계통학The New Systematics』이라는 희망을 가득 안겨주는 제목의 책을 펴냈다. 이제 계통학은 생물학의 성장에 대한 열광에 발맞추어, 단순히 유기체의 형태만 살펴보는 원시적이고 케케묵은 방법을 버리고, 당시 번성하던 생물학에 힘입어 한 유기체의 생물학, 생리학, 생태 등등 모든 측면에서 얻은 정보를 활용할 수 있게 되었다. 그래서 헉슬리는 그러한 명백한 현대성을 담아내기 위해 낡고 지루하게 여겨지던 '분류학taxonomy'이라는 용어를 버리고 '계통학'이라는 더 화려한 용어로 대체했다. 그러나 사라진 건 단어 하나만이 아니었다. 이 책에서는 생명의 체계화와 명명이 없어졌다. 헉슬리가 진짜 하고 있었던 일은 분류학을 되살리는 것이 아니라 재정의하는 것이었기 때문이다. 그가 쓴 바에 따르면 분류학자가 할 일은 "작동하고 있는 진화를 감지하는 일"이었다.[7] 헉슬리는 분류학자들이 자연의 질서 체계가 아니라 그 밑바탕이 되는 진화의 과정을 연구하는 것을 보고 싶었다. 그리고 당시 분류학이 처한 상황을 감안한다면 그러면 안 될 이유도 없었다.

윌리엄 토머스 캘먼W. T. Calman이라는 분류학자도 같은 생각이었다. 캘먼은 그 책에 기고한 「박물관 동물학자가 바라본 분류학A Museum Zoologist's View of Taxonomy」이라는 패배주의적인 글에서 이렇게 썼다. "당연히 박물관의 계통학자가 획득하는 종류의 지식은 유전학자, 실험과학자, 생태학자의 집중적인 연구에서 나온 지식에 비하면 피상적인 것이 사실이다."[8] 새로운 계통학의 관점을 따른다면, 큐 레이터인 캘먼 같은 불쌍한 사람들이 할 수 있는 유일하게 적절한 일 은 수치심에 고개를 떨구고, 자신의 존재 자체를 창피해하며 분류학 의 꼬리를 다리 사이로 밀어 넣는 것뿐이기 때문이었다.

하지만 분류학 부흥을 위한 것이라는 이 모든 일, 요컨대 분류학 의 자기학대, 분류학이 현대 과학으로 확립되지 못한 이유에 관해 끝 없이 써 내려간 자성의 말들은 아무 소득 없이 끝났다. 유일하게 한 일이 있다면 이제 수천 명 정도로 수가 줄고 전 세계의 박물관과 대 학에 단단히 뿌리 내린 채 가뜩이나 건드리면 터질 것 같은 상태이던 전통 분류학자들의 심기를 더욱 사납게 만든 일일 것이다. 이 분류학 자들은 '실험분류학'에 그랬던 것처럼 '새로운 계통학'에도 꿈쩍하지 않았고, 한 세기 전 다윈이 분류학을 쇄신해야 한다고 호소했을 때와 마찬가지로 자기들이 일하는 방식을 전혀 바꾸지 않았다. 실험 이야 기도 그렇고, 세포학과 유전학이라는 새로운 분야의 경이로움도 그 렇고 다 좋은 얘기였지만, 그런 것들에는 모든 생명의 질서와 이름을 정하는 노고에 관해, 그러니까 진짜 그들이 일을 해내는 방식에 관해 들려줄 새로운 이야기는 하나도 없었다. 그들도 더 현대적이고 과학 적으로 보이는 분야들의 성공을 함께하고픈 유혹을 느꼈을지도 모르 지만, 변화가 절대적으로 필요하다는 많은 사람의 주장 앞에서도 그 들은 놀라운 저항력을, 심지어 탄력성을 보였다. 대신 그들은 자신들 이 일을 하며 항상 의존했던 것, 바로 움벨트가 주는 선물들에 의존 했다. 마음 깊이 느껴지는 자연의 질서에 대한 그 감각, 생명의 세계 에서 태고부터 감지해왔던 시각, 그리고 살아 있는 모든 것들 사이에 존재하는 경계선들에 대한 "아하!" 하는 무의식적 인식 말이다.

3장 · 맨 밑바닥의 모습

분류학을 과학의 테두리 안으로 가져가는 것이 그들이 언제나 해왔던 분류학의 방식을 버리는 것을 의미한다면, 그리고 아무 소용도 없는 실험을 끌어들이거나 체계화와 명명을 완전히 포기하는 것을 의미한다면, 이 사람들은 그런 일에는 조금도 끼고 싶지 않았다. 그들은 문제가 실험이나 통계분석의 부재가 아니라는 것을 알고 있었다. 분류학자라면 누구나 선뜻 동의했듯이 진짜 문제가 뭔지는 명백했다. 점점 분명히 드러난바 분류학자에는 두 부류가 있었다. 이른바 병합파라 불리는, 생물들을 더 적은 분류군에 모아 넣는 것을 더 좋아하는 이들이 있는가 하면, 더 많은 분류군으로 나누는 것을 더 좋아하는 세분파도 있었다. 두 무리에게 분류학을 망치고 있는 게 누구냐고 물으면 똑같은 답을 듣게 되는데, 바로 '상대편 분류학자'였다.

병합파에 따르면 세분파는 예컨대 덴마크 하늘을 날아가는 참새떼나 남아프리카에서 수집한 압화 다발 같은 관심이 가는 대상들을 볼 때, 색조가 약간 차이 난다거나, 명암이 조금 더 어둡거나 더 밝거나, 좀 더 크거나 작거나, 며느리발톱이 살짝 더 뾰족하거나 잎자루가 표시도 안 날 만큼 아주 조금 더 두꺼운 것처럼 개체 간에 약간의 차이만 있어도 모두 구별하기를 고집하고 하나하나를 새로운 종으로 선포한다. 그럼으로써 생명의 세계를 과도하게 세분할 뿐 아니라 가당치도 않고 쓸모도 없는 이름들을 채워 넣어 분류학 문헌을 숨이 막힐 정도로 복잡하게 만드는데 이게 모두 그들 자신의 에고를 만족시키기 위한 일이라는 것이다.

　　　　　　　　　1부·자연의 질서를 찾아 헤매기 시작하다

그런 일의 만족감은 중독을 부를 만큼 강력할 수 있다. 어떤 대상에게 이름을 붙이고, 풍요로운 생명의 세계에서 그것을 끌어내 자신의 개인적 압인을 찍고 "내가 너를 아무개라 명명하노라"고 말하고, 그럼으로써 그것의 존재와 자연의 질서에서 차지하는 자리를 선포하는 일은 엄청나게 대단한 일이다. 이 경험이 주는 어질어질한 짜릿함을 아주 잘 알았던 사람이 있으니, 바로 가장 유명하고 가장 문학적인 인시류(나비목) 연구자 또는 나비 분류학자이자 세분파로 악명이 높았던 블라디미르 나보코프다. 그는 소설만 쓴 것이 아니라 파란 나비들의 새로운 분류군들에 하나씩 이름을 붙여 나갔고, 특히 중남미의 파란 나비 종들에게 완전히 빠져 있었다. 나비들을 쫓아다니며 잡는 것도 아주 황홀한 일이지만(나보코프는 정말 그 일에서 강한 황홀감을 느꼈다), 자신만의 새로운 분류학적 선언들로 과학자들에게 동요를 일으키는 것이 훨씬 더 짜릿한 일이란 걸 잘 알았기 때문이다. 그가 어느 인터뷰에서 설명했듯이, 나비들을 연구할 때 얻는 크나큰 기쁨 중 하나는 "분류 체계에서 그 나비들이 차지하는 위치를 밝혀내는 것인데, 때로 새로운 발견 하나가 기존 체계를 뒤엎으며 그 체계의 아둔한 옹호자들을 당황하게 만들 때는 눈부신 논쟁의 불꽃놀이가 일어나며 그 체계를 즐겁게 폭파할 수도 있다."[9]

그때까지 한 번도 이름이 없었던 것에 이름을 지어주는 일은 강한 힘을 느끼게 하고 중독성이 있기 때문에 세분파는 도저히 자제하지 못하고 그 일을 계속하는 것이다. 정말이지 세분파보다 더 나쁜 건 없다. 적어도 병합파에 따르면 그렇다.

반면 세분파에게 물어보면 진짜 문제는 병합파라는 걸 알게 된다. 병합파는 체계화와 명명 둘 모두에서 반드시 알아보아야 할 차이들을 부주의하게 간과함으로써 분류학을 망치고 있다. 세분파의 설명에 따르면 병합파는 마치 눈이 멀기라도 한 듯 서로 다른 수많은 종을 뒤죽박죽된 하나의 범주에 몰아넣으면서, 독자적 종에 대한 연구를 혼란에 빠뜨리고, 컬렉션의 조직적 체계를 헷갈리게 만들고, 올바른 생각을 가진 (세분파) 분류학자들에게 일거리를 끝없이 만들어 놓는다.

분류학자들이 사용하는 린나이우스의 계층에서는 비슷한 종들이 모여 속을 이루고, 비슷한 속들은 과를 이루며, 과는 목을, 목은 강을, 강은 문을, 문은 계를 이룬다는 것을 기억할 것이다('필립 왕은 제노바 스페인에서 넘어왔다King Philip Came Over From Genoa Spain'를 거꾸로 말한 것이다). 일반적으로 새들은 하나의 강*으로 구성된다고 여기며, 분류학자들은 그 강 안에서 상당히 뚜렷이 구별되는 새들을 모아 목이라는 커다란 분류군들로 구분한다. 이를테면 모든 올빼미가 하나의 목(올빼미목Strigiformes)이며 모든 비둘기는 또 다른 목(비둘기목Columbiformes)이며, 모든 벌새hummingbirds도 또 다른 목(칼새목 Apodiformes)이다. 하지만 새들의 목을 나누는 명백히 뻔해 보이는(올빼미와 벌새가 다른 것을 누가 모를 수 있겠는가?) 분류도 병합파와 세분파 사이에서는 문제를 일으켰다. 병합파는 겨우 27개의 목을 알아본 반면, 세분파는 무려 48개의 목을 식별했다(다시 말하지만 두 무리 모두 같은 새들을, 즉 세상의 모든 새를 보고서 그렇게 한 것이다). 그런데 또 다른 초병합파 분류학자들은 모든 새가 사실은 훨씬 작은 무리를 이룬다고 주장했다. 심지어 새들은 자기들만의 강은 고사하고 목도 이룰

* 조강Aves.

1부 · 자연의 질서를 찾아 헤매기 시작하다

자격이 없으며, 대신 모든 새를 한 과에 다 몰아넣어 파충류목에 포함시켜야 한다고 주장했다. 그러면 실상은 어느 쪽인 것일까? 새들은 자기들만의 목을 갖출 자격도 없는 걸까, 아니면 스물일곱 가지 혹은 마흔여덟 가지 목으로 이루어진 걸까?

분류학자들이 세계의 여러 새 종들을 속으로 묶으려 했을 때 상황은 더욱 걷잡을 수 없이 치달았다. 병합파는 전부 2,600가지 속을 제시했다. 한편 이른바 초세분파는 바로 그 똑같은 종들을 1만 개가 넘는 속으로 분류했다. 생명의 세계는 분명 그중 하나를 명백히 옳거나 틀린 것으로 만들 방식으로 조직되었을 것이다. 새가 그렇게 분류하기 어려운 것일까? 그러나 특별히 새가 어려운 것은 결코 아니었다. 이런 일은 분류학의 지도 전반에서 일어나고 있었다. 그것은 병합파-세분파 다툼의 본성이었고, 이 불행은 정점으로 치닫고 있었다.

세분파는 북미의 족제비들에게서 서로 다른 22개의 종을 발견한 반면, 병합파는 이 수많은 털뭉치들에게서 겨우 4종만을 보았다. 유라시아 전체의 포유류를 세분파는 수천 종으로 구별했지만, 병합파는 700종이 넘지 않는다고 주장했다. 한 분류학자는 전 세계의 담수에 사는 백어를 약 40종으로 구별했고 또 다른 이는 똑같은 물고기들에게서 겨우 5종만을 보았다.

마이어는 이렇게 썼다. "분류학자가 아닌 이들이 이런 식의 작업을 보고 분류학자들을 낮춰 본다고 해서 우리가 그들을 비난할 수는 없다!" 하지만 마이어 본인도 그 신랄한 논쟁을 초월해 있었던 건 아니다.[10] 알아주는 병합파인 그는 자기가 한 작업에 대해 세분파에게 비난을 받을 만큼 받았다.

그런데 분류학자들은 똑같은 유기체들을 두고서 어찌 그리도 다른 결론에 도달할 수 있는 걸까? 애초에 왜 세분파와 병합파가 존재하는 걸까? 유라시아의 포유류나 세계의 새들에 관해 광범위한 경험이 없는 우리 다수에게 이는 얼핏 짐작도 하기 어려운 일로 보인다. 그러니 세분-병합의 딜레마를 우리가 더 쉽게 공감할 수 있는 방식으로 살펴보자. 우리가 안팎으로 샅샅이 알고 있고, 멀리서도 한눈에 알아볼 수 있으며, 세세히 구별할 수 있고, 놀랍도록 어린 나이에 배우는 것으로 무엇이 있을까? 생물 말고 상품 브랜드 말이다. 가령 우리가 어떤 사람에게 코카콜라와 세븐업, 미스터핍, 시에라미스트, 펩시콜라, 닥터페퍼, 오렌지크러시, A&W 루트비어, 스프라이트, 프레스카를 한 캔씩 주고, 유형에 따라 체계적으로 분류해보라고 요구한다고 하자. 세분화 경향이 있는 우리의 도시인은 이 음료들을 맛보고 곧바로 알아차리고, 명백한 상표까지 살펴본 뒤, 아마 자기가 보기에 너무나 뻔히 구별되는 범주들로 분류할 것이다. 이 사람은 탄산수의 10가지 유형을 제시할지도 모른다. 그런 다음 좀 더 병합적인 사고방식의 사람에게 묻는다고 해보자. 이 사람은 하나하나 조금씩 마셔보고 상표를 살펴본 다음 10가지 음료를 10가지 범주로 나누는 것은 무의미하다고 여기고 4개의 그룹을 제시할지 모른다. 펩시콜라와 코카콜라를 포함하는 콜라 그룹, 시에라미스트와 세븐업, 스프라이트, 프레스카를 포함하는 레몬라임 그룹, 미스터핍과 닥터페퍼, A&W 루트비어를 포함하는 갈색 비콜라 그룹, 그리고 오렌지크러시 하나만 들어가는 오렌지탄산수 그룹이라는 명칭을 만들어낼 수도 있다.

하지만 이 분류를 본 누군가는 이렇게 말할지도 모른다. 잠깐, 시에라미스트와 세븐업, 스프라이트는 셋 다 맛이 같지만 프레스카는 상당히 달라. 프레스카는 따로 떼어서 혼자만의 다섯째 그룹으로 만들어야 한다고. 그러면 또 다른 누군가는, 아니야, 당신은 맛 때문에 완전히 잘못 생각한 거야, 하고 말할 것이다. 핵심적 차이는 색깔이라고. 그러니까 갈색 콜라 그룹에서 갈색 비콜라 그룹을 분리해내는 건 말이 안 돼. 여기엔 갈색 탄산수와 맑은 탄산수, 오렌지 탄산수 세 그룹이 있는 거라고. 이제 유난히 병합파 쪽으로 생각이 치우쳐 있는 또 다른 사람이 와서는 이렇게 말한다. 사실 색깔이나 맛, 상표, 이런 건 다 그냥 탄산수라는 주제의 미묘한 변주들일 뿐이야. 모두 모아 한 범주에 넣어야 하고, 전부 다 그냥 콜라라고 부르는 게 나을 거야. 그렇다면 이 탄산수들은 어느 쪽일까? 한 종류? 열 종류? 셋 또는 넷 또는 다섯 종류? 만약 당신이 곧장 10개의 범주를 만들어냈다면, 모두 다 콜라라고 불러야 한다는 생각은 터무니없게 느껴지고, 어쩌면 몹시 불편한 심경이 될지도 모른다. 그건 당연히 말도 안 되는 소리니까. 하지만 우리의 초병합파 역시 당신의 분류가 틀렸다고 생각할 것이고, 두 사람 다 상대의 탄산수 분류 능력에 그리 감동하지는 않을 것이다. 둘 다 똑같은 생각을 한다. "사람들은 왜 명백히 눈앞에 존재하는 걸 보지 못하는 걸까?"

(아마도 세분파가 주장할) 병합파가 바보라는 설명과 (병합파가 주장할) 세분파가 무능하다는 말로는 제대로 설명이 안 된다. 그보다는 포유류 분류학자이며 미국자연사박물관에서 일한 마이어의 좀 더 철학적인 동료인 조지 게일로드 심슨George Gaylord Simpson이 한 말처럼 "그냥 어떤 사람들에게는 분리하는 게 더 성향에 맞고, 또 어떤 사람들에게는 한데 모으는 게 더 맞는 것이다."[11] 왜냐하면 움벨트의 비전은 아름다운 주관성을 띠고 있어서 사람마다 다를 수 있고 실제로도 다르기 때문이다. 그러니까 코카콜라와 펩시콜라를 분류하든 올빼미

와 벌새를 분류하던 병합파와 세분파는 똑같은 것들도 서로 달리 볼 수 있는데, 그들이 각자 자신의 분류를 그토록 단호하게 확신하는 이유도 이로써 설명된다. 우리는 자신이 보는 것이 현실이라는 굳은 믿음을 갖고 있으며, '백문이 불여일견', '내가 두 눈으로 똑똑히 봤어', '난 미주리 출신이니까 당신이 나한테 보여줘야 할 거야'* 같은 말들이 널리 쓰이는 것도 그 때문이다. 자신이 인지한 것의 사실성에 대한 이러한 믿음은 과학적 문제에 관해서든 아니든 생명의 세계를 바라보는 시각에 대해 특히 강력한 것으로 보인다. 아일랜드의 철학자 조지 버클리 주교가 18세기 초에 쓴 것처럼, "정원사에게 왜 당신은 저기 정원에 있는 저 벚나무가 존재한다고 생각하느냐 물으면, 그는 자기가 그 나무를 보고 느끼기 때문이라고, 한마디로 자신의 감각으로 인지하기 때문이라고 대답할 것이다."[12] 그리고 이것이 바로 린나이우스의 계층에서 위쪽이든 아래쪽이든, 동물들의 강부터 식물들의 종까지, 세분파와 병합파가 자신이 보는 생물 종류의 많고 적음에 관해 의견 일치를 보지 못하는 이유다.

이 모든 차이(상당히 다른 차이가 존재한다고 느끼는 어떤 사람들의 감각과 대체로 비슷하다고 느끼는 어떤 사람들의 감각, 그리고 그 사람들 각자가 자신의 판단에 대해 느끼는 절대적 확신)는 진화가 발견된 것으로는 전혀 해결되지 않는다. 당신이 생물을 바라보는 경향이 어떠하든, 당신은 바로 그런 경향으로 생물을 바라볼 것이다. 생물이 진화한다는 걸 알든 모르든 상관없이 말이다. 다윈이 밝혀낸 진화도 이 부분은 전혀 건드리지 못한다.

---

* 미주리주의 별칭이 'Show Me State'라는 점에서 나온 관용구.

1부 · 자연의 질서를 찾아 헤매기 시작하다

그런데 이렇게 분류학자 각자의 특유한 인지가 영향을 미치는 영역은 세분과 병합의 문제에만 한정되지 않는다. 사실 주관적 의견은 어디서나 가장 큰 힘을 발휘한다. 이 분야의 권위자들조차 바로 린나이우스가 그랬고, 분류학자들이 항상 그랬던 것처럼 분류학의 어떤 측면에 대해 자신이 본 것을 단순히 주장하는 것보다 더 강력한 근거는 전혀 제시하지 못했다.

　　예컨대 마이어는 다양한 새들의 분류에 관한 논문을 계속 써냈지만, 그의 논문에서 우리는 데이터와 측정값과 수량화된 비교가 담긴 도표나 실험 결과는 발견하지 못한다. 사실 그가 판단의 근거로 삼은 정보는 거의 볼 수 없다. 대신 우리가 보게 되는 건 분류군 속의 분류군들로 깔끔하게 정리된 새들의 긴 목록, 그리고 여기에 이 배열을 해석할 방법에 관해 아주 드물게 덧붙여 있는 주석과 설명뿐이다.

　　마이어가 자연사박물관에서 자기 밑으로 거둔 조류학자 딘 애머던Dean Amadon과 함께 현존하는 새들의 과와 목의 분류에 관해 쓴 초기 논문을 살펴보자.[13] 이 논문에서 그들은 많은 새 가운데서도 터라코turaco(부채머리과)라고 알려진 새들의 분류를 서술했다. 작은 까마귀 정도 크기인 이 아프리카 새들은 라임그린부터 윤이 나는 로열 블루까지 다양한 색을 지닌다. 흔히 크고 짙은 눈에 머리 위로는 멋진 관모가 뻗쳐 있는데, 이 두 특징이 더해져 항상 깜짝 놀란 것처럼 보인다. 그렇다면 이 터라코들은 새들의 분류에서 어디에 속할까? "의견 차이가 있다." 이는 터라코를 (뻐꾸기가 포함된) 뻐꾸기목Cuculi에 넣을지 아니면 (칠면조, 꿩 등이 포함된) 닭목Galli에 넣을지, 그리고 이 두 목에서도 어느 위치를 차지하는지에 관해 마이어와 애머던이 한 말이다. 이들은 다양한 의견을 제시한 뒤 터라코를 뻐꾸기목에 넣으면서도 닭목과 가까운 위치에 두고는 이렇게 설명했다. "하지만 우리는 터라코를 잠정적으로 닭목 가까이 두는 것이 최선이라고 생각한다." 그러나 만약 당신이 다양한 의견에도 불구하고 그들이 그 특정한 분류 방식을 최선으로 여기는 이유가 뭔지 알고 싶다면, 그 답을 알 가망은 별로 없다. 그건 마이어와 애머던만 아는 것이며, 논문에서 그들은 아주 짧게 써놓은 추측을 제외하면 그 이유를 밝히지 않았다.

같은 논문의 다른 부분에서 그들은 밭종다리pipit 혹은 풀밭종다리tit-lark라고 알려진 새(탁 트인 초원에서 뛰어다니기를 좋아하는, 눈에 잘 안 띄는 작은 새)를 진짜 종다리들과 함께 묶어두었던 전통적 분류군에서 제거했다. 왜일까? 마이어와 애머던은 우리에게 이렇게 말해

이 아프리카의 새는 터라코라고 알려진 분류군에 속하는 일원이다.
구체적으로 바이올렛 터라코, 또는 무소파가 비올라세아*Musophaga violacea*이다.[14]

1부·자연의 질서를 찾아 헤매기 시작하다

준다. "밭종다리 또는 '풀밭종다리'가 진짜 종다리와 유연관계가 있다고는 이제 아무도 믿지 않는다." 밭종다리의 날개 깃털에 관한 한 문장과, 이 집단의 진화에 관해 추측하는 더 짧은 문장 하나가 그들이 말한 전부다.

그의 논문을 읽는 사람이라면 계속해서 떠올리게 되는 질문(하필 이렇게 배치하고 이렇게 이름 지은 이유는 무엇입니까?)에 답하기 위해, 마이어가 그 근거가 된 어떠한 도해나 데이터나 수치도 제공하지 않은 것은 어쩌다 그렇게 된 것이 아니다. 그것은 의도적인 일이다. 왜냐하면 한 사람이 자연의 질서에 대해 갖는 자신의 감각, 자신의 인지를 수량화할 방법은 존재하지 않기 때문이다. 한 사람이 뻐꾸기들을 보고 또 보고, 종다리들을 보고 또 보고, 그 다양한 형태와 크기의 무수한 특징에 관해 생각해본 뒤 형성되는 그 강력한 질서의 감각, 자신만의 전문적 견해에 도달하게 되는 무의식적인 숙고의 과정을 설명할 방법은 없다. 실제로 분류학자가 말할 수 없는 것, 어쩌면 말하기를 시도해서도 안 되는 어떤 것이 존재한다고 분명히 의견을 밝히는 분류학자들도 일부 있다. 심슨이 분류학자에 관해 쓴 글을 봐도 그렇다. "어쩌면 테니스 선수나 연주자처럼, 분류학자도 자신이 하고 있는 일에 관해 내적으로 너무 깊은 성찰에 빠져들지 않을 때 그 일을 가장 잘할 수 있다."[15]

이 말은 분류학자가 테니스 시합에 나가거나 음악회에서 연주를 하고 있다면 괜찮은 이야기일 것이다. 그러나 마이어와 애머던은 과학자임을 자처하고 있었으니, 바로 이런 모호한 직관, 말로 표현하기가 불가능한 무의식적인 질서의 감각, 린나이우스에게는 너무나 훌륭한 수단이 되어주었던 이 모든 것은 점점 더 그들을 민망하게 만들고, 점점 더 과학적으로 엄격해지는 생물학자들의 집단에 들어가고 싶어 하는 분류학자들의 시도에 계속해서 큰 짐이 되고 있었다. 분류학은 나선을 그리며 추락하는 중이었고 그 무엇도 그 추락을 멈출 수 없어 보였다.

✻　✻　✻

진화가 분류학을 전혀 변화시키지 못했다는 말은 아니다. 다윈이 바랐던 대로 명확히 정리해주는 효과는 아니었을지언정, 진화는 확실히 하나의 결과를 낳았다.

원래 분류학자들의 딜레마는 다음과 같은 것이었다. 다양한 생물, 이를테면 한 무리의 새나 식물이나 메뚜기와 맞닥뜨렸을 때, 사람은 즉각 광범위한 유사점과 차이점에 직면하게 된다. 이 다양한 유사점과 차이점 가운데 유기체들을 종, 속 등등으로 분류할 때 어떤 유사성과 차이에 주목해야 하는지를 어떻게 안단 말인가? 자연의 질서를 판단할 때 종들 사이의 모든 유사점과 차이점이 다 유용하지는 않다는 것은 오래전부터 알려져 있었다. 그러니까 분류학자들은 늘 무엇이 중요하고 무엇이 중요하지 않은지 판단할 때 자신의 감각, 그리고 그 감각이 제공하는 자연의 질서에 대한 비전에 의존해왔다. 그들은 아마도 한 가지 특징을 사용하여, 모든 빨간색의 무엇무엇은 한 그룹에 넣고 모든 초록색은 또 다른 그룹으로 넣는 식으로 분류하다가, 결국 그렇게 해서 나온 분류군들이 다 틀려 보인다는 사실에 봉착하게 되었을 것이다. 그러면 또 다른 특징을 기반으로 분류해보고 이렇게 만든 분류군들이 더 이치에 맞아 보인다는 것을 알게 되었을 것이다.

린나이우스는 식물의 자연 질서를 연구하고 추적한 긴 세월 동안, 이치에 맞는 식물 분류, 다시 말해 인위적인 조직보다는 진짜 자연의 질서에 따른 분류처럼 여겨지는 것을 밝혀내는 데는 잎 모양이나 뿌리의 유사성보다 꽃의 유사성이 훨씬 더 유용하다는 것을 알게 되었다. 이것이 무엇보다 그가 그 월계수속의 위치를 알아내려고 했을 때 꽃을 들여다본 이유였다. 하지만 때로는 어떤 식물의 꽃이 완전히 착각을 유도할 수도 있다는 것 역시 그는 잘 알고 있었다. 모든 분류가 그렇듯, 분류학자가 의존할 수 있는 단 하나의 핵심 특징은 존재하지 않았다. 어떤 한 가지 특징이나 특정 유사성 또는 차이가 언제 유용하고 언제 착각을 유도하는지 절대적 확신을 갖고 말하는 것은 불가능했다. 할 수 있는 건 그저 자연 질서에 대한 자신의 감각이 올바른 길로 안내해주기를 바라는 것뿐이었다.

이런 상황 속으로 다윈의 선물인 진화의 사실이 툭 던져졌을 때도 그 딜레마는 해결되지 않았고 그 혼란도 제거되지 않았다. 진화의 사실은 단순히 그 문제 전체를 들어서 자리를 옮겨놓았을 뿐이다. 이제 분류학자들은 새로운 자연 질서의 비전인 진화의 계통수에서 유기체들이 차지하는 정확한 위치를 찾아 배열하게 해줄 핵심 유사점과 차이점을 찾고 있었다. 이론상으로는 참신한 개념이었지만, 실상 분류학자들은 그들이 출발했던 원점으로, 린나이우스가 떠난 바로 그 지점으로 돌아와 생물들의 무한한 유사점과 차이점에 직면했고, 어느 것이 가장 중요한지 또는 전혀 중요하지 않은지에 대한 명쾌한 판단 기준은 여전히 전무했다.

태즈메이니아주머니늑대Tasmanian wolf가 여기 딱 들어맞는 사례다.[16] 많은 동물이 포유류 중 육식동물이라는 분류군에 들어간다. 늑대, 개, 고양이, 아메리카너구리racoon, 곰, 하이에나를 비롯하여 털로 뒤덮이고 뾰족하고 날카로운 이빨이 있는 동물들이다. 그런가 하면 포유류 중에는 유대류라는 분류군도 있는데, 남반구에 사는 코알라, 캥거루, 웜뱃 등 아직 미숙한 새끼들을 넣어 다니는 주머니가 있는 괴짜 같은 동물들이다. 여기까지는 다 괜찮다. 그런데 문제가 생긴다. 진화분류학자는 이른바 태즈메이니아주머니늑대라는 동물을 어떻게 해야 하는 걸까? 근래에 멸종한* 이 종은 미끈하고 윤이 나는 황갈색에, 눈에 띄게 개와 비슷한 주둥이와 걸음걸이, 하품할 때 드러나는 날카로운 이빨들로 상당히 개와 비슷하며, 게다가 엉덩이 쪽으로 갈수록 줄무늬가 몰려 있어 화려한 멋을 더한다. 만약 이 동물의 신체적 특징을 세세히 꼽아보고 실제로 유사한 점이 몇 가지나 되는지를 따져본다면, 그 증거의 양만으로도 태즈메이니아주머니늑대를 개와 늑대와 함께 육식동물로 분류하게 될 것이다. 그 털과 사냥하는 모습과 먹이를 찢어발기는 모습을 보고 짖는 소리를 들어보면 전형적인 개와 유사한 육식동물을 보는 듯했을 것이다. 그러니까 당신이 태즈메이니아주머니늑대의 위엄을 침범하며 그 암컷의 꼬리 아래를 슬쩍 들여다보기 전까지는 말이다. 왜냐하면 거기서 당신은 캥거루처럼 새끼를 넣고 보살피는 늘어진 주머니 같은 것을 보게 될 것이기 때문이다. 태즈메이니아주머니늑대는 유대류처럼 새끼를 기른다.

결국 이렇게 당신은 그 자리에서 이러지도 저러지도 못하게 된다. 이 동물은 어느 분류군에 속할까? 유대류에 속할까, 육식동물

---

* 1936년 9월에 마지막 남은 한 마리가 사망한 것으로 기록되어 있다.

1부·자연의 질서를 찾아 헤매기 시작하다

태즈메이니아주머니늑대[17]는 캥거루처럼 새끼주머니가 있고
개처럼 짖는 이상한 동물이다. 지금은 멸종한 것으로 여겨진다.
마지막으로 알려진 태즈메이니아주머니늑대는 1930년대 오스트레일리아의
한 동물원에서 사망했다. 그러나 공식적으로 확인된 것은 아니지만
이 동물을 목격했다는 주장들이 오늘날에도 계속되고 있다.

에 속할까? 아, 그런데 여기서 당신은 진화분류학자라는 걸 기억하
자. 그러니까 진화의 가르침을 활용할 수도 있다. 만약 다윈이 옳았
다면 태즈메이니아주머니늑대의 진화를 고려하는 게 도움이 될 것
이다. 그러니까 진화의 관점에서 보면 이 질문은 진화의 생명계통수
에서 태즈메이니아주머니늑대가 나타난 위치가 어디인가, 육식동물
의 가지인가, 유대류의 가지인가 하는 질문이 된다. 태즈메이니아주
머니늑대가 지닌 모든 늑대다운 면모를 보면 육식동물의 가지에 위
치시켜야 한다는 생각이 들 것이다. 그게 거의 완벽하게 들어맞는 것
같다. 이 동물은 늑대와 유사한 조상에게서 진화했다는 것이 완전히

3장 · 맨 밑바닥의 모습

합리적인 설명으로 보인다. 하지만 만약 태즈메이니아주머니늑대가 정말로 늑대에게서 나왔다면, 그 말은 이 동물이 한때는 (태반과 자궁이 있는) 일반적인 늑대 종이었는데 어쩌다가 새끼를 번식하는 완전히 다른 방법(주머니 등)을 갖도록 진화했고, 마침 그 방법이 유대류의 것과 정확히 똑같은 모습과 기능을 갖게 되었다는 뜻이 된다. 진화로써 완전한 유대류의 번식 시스템을 **새로이** 갖춘다는 것은 결코 쉬운 일이 아니다. 그러면 당신은 이렇게 말할지도 모른다. '좋아, 그러면 태즈메이니아주머니늑대는 정말로 유대류에 속하는지도 몰라.' 그러나 만약 유대류의 가지에서 나왔다면, 이 말은 처음에 늑대와는 아주 거리가 먼 유대류의 일종으로 시작했다가 놀랍도록 늑대와 유사한 이목구비와 체형과 행동과 짖는 소리, 으르렁거리는 소리 등을 모두 진화로 갖추게 되었다는 뜻이다. 포유류학자 심슨이 썼듯이 이 헷갈리는 동물은 "충분히 둘 중 하나에 속할 수도, 둘 다에 속할 수도 있다."

그러니까 진화적 사고는 이 사례를 전혀 해결하지 못하며, 어떤 추가의 통찰도 제공하지 않고, 이 분야를 전보다 조금이라도 더 과학적으로 만들지 않는다. 그리고 태즈메이니아주머니늑대의 딜레마는 홀로 동떨어진 이상하고 유일한 딜레마가 아니라 진화분류학이라는 분야가 겪는 전형적인 현상이었다. 어차피 그리 출중한 분야는 아니었더라도 말이다. 한 종의 진화적 유연성이 두 가지 다른 방향으로 똑같은 크기의 힘으로 끌려가는 듯 보이는 유사한 사례들이 꽃 피는 식물, 균류, 곤충들에게서도 수없이 나타났다.

두 발로 쿵쿵 걸어 다니며 날지 못하는 이상한 새 종들, 총칭 '주금류走禽類'라고 하는 이 새들을 생각해보자.[18] 주금류에는 대표적으

　　　　　　　　1부·자연의 질서를 찾아 헤매기 시작하다

로 타조, 에뮤, 키위, 레아, 그리고 멸종했지만 키가 3미터가 넘었던 코끼리새 등이 포함된다. 주금류는 일부는 아프리카에, 또 다른 일부는 오스트레일리아와 뉴질랜드, 중남미 등 지구 곳곳에 흩어져 살았고 또한 살고 있다. 이들은 여러 면에서 서로 유사하지만 또한 각자 독특함도 갖고 있다. 이 날지 못하는 신기한 새들은 하나의 그룹에 모두 함께 속하는 것일까, 아니면 아직 날 수 있는 다양한 새 종들과 가장 가까운 유연관계를 따져 주금류의 여러 다른 무리로 나뉘어 새 범주들 안에서 여기저기 흩어져 있는 걸까?

이번에도 분류학자는 진화적 사고에 의지해 약간의 통찰을 얻어볼 수 있다. 자연선택은 진화의 생명계통수 전체에 걸쳐 여기저기서 따로, 한 번은 아프리카에서, 또 한 번은 뉴질랜드에서 주금류가 생겨나게 했을까? 그러니까 이 새들이 서로 비슷한 것은 단지 자연선택이 수렴진화convergence*라는 과정을 통해 비슷한 모양을 갖도록 만들었기 때문인 걸까? 아니면 이족보행을 하고 날개가 짤막한 이 기이한 동물들이 서로 그렇게 비슷한 것은 이족보행을 하고 날개가 짤막한 어떤 기이한 조상의 직계 자손들이기 때문일까? 마이어는 주금류의 문제가 이미 큰 관심과 약간의 혼동을 일으키고 있던 1951년에 애머던과 함께 그 문제를 고찰했다. 진화분류학의 지도적 인물 중 하나이자 자연 질서를 감지해내는 자신의 능력에 어마어마한 믿음을 갖고 있던 마이어는 조류의 분류에 관한 논문에서 몇 문단만으로 이 복잡한 문제를 제거해버렸다. 마이어와 애머던은 주금류가 문제가 많

---

*   계통적으로 서로 다른 종이 비슷한 환경에 적응하는 과정에서 서로 비슷한 외형이나 생활사를 갖게 되는 것.

3장 · 맨 밑바닥의 모습

은 분류군이라는 점은 인정하면서도, 그 새들이 조류 진화의 나무에서 각자 고립적인 방식으로 생겨났으며 각기 독립적으로 짤막한 날개와 두 발을 갖도록 진화했다고 추정하면서, 다양한 주금류들을 그냥 다 구별하여 다섯 가지 다른 목에 나눠 넣어버렸다. 왜 그랬을까? 우리가 들을 수 있는 말은 그것이 자신들 같은 전문가들의 "현재 합의된 의견"이라는 것이 전부다.

(아무 이유도 제시하지 않았으니 우리로서는 알 길이 없는) 이유가 무엇이든 마이어와 애머던은 그러한 진화의 시나리오에서 너무나 눈에 띄는 결함 하나를 무시해버리기로 했다. 주금류의 가장 기이한 점은 레아든 에뮤든 타조든 모두 다 그 외형과 날지 못한다는 점보다 더욱 보기 드문 특징을 하나 공유한다는 것인데, 바로 알을 품고 둥지와 새끼를 보살피는 일을 암컷이 아니라 수컷이 한다는 사실이다. 그러니까 진화분류학자라면 마이어와 애머던이 그랬듯이, 왜 이 새들은 모양과 형태의 기이한 특징뿐 아니라, 이족보행을 하거나 날지 못하는 것과는 아무 관계도 없어 보이는 이 드물고도 기이한 특징까지 다 공유하는지 물을 수밖에 없을 것이다. 진화분류학자는 모든 주금류가 어떻게 부성 돌봄까지 각자 독립적으로 진화시킬 수 있었는지 물어야만 했다. 주금류는 모두 이족보행을 하며 날지 못하고 수컷이 새끼를 돌보는 어느 기이한 한 종에서 유래했다고 가정하는 것이 더 단순하지 않을까?

"현존하는 모든 주금류가 부화의 의무를 수컷이 도맡는다는 것은 신기한 사실이다"라고 마이어와 애머던은 썼다. 그리고 "아마 이는 단지 놀라운 우연의 일치일 것이다"라고.[19]

지금 만약 당신이 '에이, 그건 우연의 일치가 아닐 수도 있지. 그건 말이 안 되는 것 같은데'라고 생각했다면, 당신은 자연의 질서에서 주금류가 차지하는 위치에 관해 가장 최근에 수정된 내용[20]에 동의하는 셈이다. (신체적 특징 연구와 DNA 연구 모두 이 새들이 공통 조상에서 기원하여 가까운 유연성을 지닌 집단임을 보여준다.) 그리고 바로 이렇게 당신도 무엇이 옳아 보이는지에 대한 자신의 감각과 육감적 본능과 마음 깊이 느껴지는 인식을 활용해 생물의 세계에 질서를 부여하는 저항할 수 없는 게임에 뛰어든 것이다. 진화가 밝혀졌음에도 분류학자들은 사고방식에서 혁명을 경험하지 못했다. 이제 그들은 한 집단이 어떻게 진화했는가를 밝혀내는 새로운 영역에서 벌어지는 추측과 논쟁에까지, 무엇이 옳은지에 대한 무의식적 사고와 수량화할 수 없는 감각을 잡아끌고 들어갔다.

✻　✻　✻

분류학 분야에 절실히 필요했던 것은 이 폭풍우 속에서 의지할 수 있는 일종의 닻이었다. 분류학자들이 가진 것, 처음부터 그들이 가졌던 유일한 것은 자연의 질서에 대한 강력한 감각이 전부였고, 이 자산은 날이 갈수록 점점 덜 쓰이고 점점 더 신뢰가 떨어지는 것 같았다. 그러니 분류학자들이 줄곧 생명의 분류와 명명 방식에 대한 확신은 줄어드는 와중에 과학적 엄밀함에 대한 요구는 점점 더 커지던 이 회의의 시기에, 자신들이 의지할 수 있음을 절대적으로 확신하는 하나에 단단히 매달리게 된 것은 우연이 아닐 것이다. 그 하나는 바로 종이었다.

종이라는 개념은 분류학자의 빵과 버터였고, 그가 (1940년대인

이 시점에는 아직 드물기는 했지만 때로는 그녀가)²¹ 분류하고 묘사하고 무리 짓고 무리를 나누며 나날을 보내던 대상이었다. 그러니 이 혼란한 시기에 가장 결정적인 그 실체의 정의를 (이제야 마침내) 확정함으로서 분류학 분야에 견고한 토대를 만들어주는 것보다 더 그럴듯한 일이 어디 있겠는가?

확실히 종의 정의는 이 분야의 회색 지대였다. 사실 종의 정의는 마이어보다 오래전, 아니 다윈보다 오래전부터 의견의 문제일 뿐이라고 공공연히 인정되어온 터였다. 기본적으로 하나의 종이라는 실체는 분류학자들이 추정하는 바 별개의 한 종이 되기 충분할 만큼 다른 것들과 다르지만, 그러나 새로운 종을 구성해야 할 정도로 기존의 모든 종과 다르지는 않으며, 기존에 알려진 한 종의 단순한 변형으로 간주될 만큼 비슷하지는 않아 보이는 유기체들의 집단이었다. 그것은 이때도 더 과거에도 단순한 지각의 문제로 받아들여졌다.

다윈이 진화의 사실을 깨달았을 때, 이미 대체로 명확히 정의할 수 없는 실체라고 여겨져온 종은 이전보다 훨씬 더 구체성을 잃어버렸다. 일단 종의 불변성이라는 개념이 버려지고 진화가 받아들여지자, 종은 결코 뚜렷이 정의될 수 없다는 것이 분명해졌다. 종이란 단지 끊임없이 자라는 생명계통수의 한 가지 중에서 일시적으로 분별되는 한 부분일 뿐이었다.

그리고 마이어는 분류학을 되살리기 위해 바로 이 움직이는 표적을 깔끔한 정의로 포착해보겠다고 나섰다. 종을 정의한다는 것은 시간의 한순간을, 흐르는 강의 한 부분을, 본성상 항상 변화하며 뚜렷한 시작도 끝도 없는 어떤 것을 말로써 포착하려는 시도라는 사실은 신경 쓰지 말자. 심지어 다윈도 종을 정의하려는 시도는 너무나 명백하고 확연하게 불가능한 일이라 바보나 덤벼드는 헛고생이라 생각했고, 그래서 다른 사람들이 시도했다가 실패하는 모습은 평소 빅토리아풍 예절을 잊지 않는 그마저도 소리 죽여 웃게 했다는 사실도 모르는 척하자. 그런 것들은 하나도 신경 쓸 것 없다.

매일같이 종을 분류하던 진화분류학자들에게는(그리고 이제는 종이 진화한 방식을 연구하는 일에 열성을 보이던 진화생물학자들에게도) 분명 세상을 향해 '이것이 바로 종이 의미하는 바입니다'라고 말할 수 있는 능력이 필요했다. 하지만 그보다 더 중요한 것은, 그들이 감각으로 인지할 수 있는 것, 그러니까 종은 실제로 존재하며 정의할 수 있는 실체라는 것을 정당화할 필요가 있었다. 그들은 어떻게 알았던 걸까? 그들은 종들을 보았고 느꼈고 들었고 경험했다. 버클리의 정원사가 자기 벚나무를 확신하는 것만큼이나 그에 대한 확신이 있었고, 그 무엇도 그들의 생각을 바꿀 수 없었다.

마이어는 아직 젊었던 시절 극락조의 모든 종을 수집하려고 뉴기니에 갔을 때 이미 종은 정의할 수 있는 개념이라고 확신하게 되었다. 어떤 유럽인도 가본 적 없는 장소들을 헤매고 다니며, 자기가 "내 생각에 아주 원시적인 유형의 인류로, 다른 어떤 인종보다 문화적으로 열등하다"[22]라고 묘사한 적대적인 부족민들 사이에서 지내는 동안, 마이어는 놀랍게도 이 이른바 원시인들이 과학자인 자신과 거의 정확히 똑같은 방식으로 종들을 분류하고 이름 짓는다는 사실을 발견하고 깜짝 놀랐다.

그들의 새 분류에 관해 마이어는 이렇게 썼다. "거의 모든 종이 이름을 갖고 있었고, 워낙 비슷해서 일부 계통학자들(분류학자들)마저 다른 종과 헷갈리는 일부 종들까지 구분해두었다." 마이어는 137가지 다른 새 종을 구분했고, 부족민들은 136가지 종을 구분했다. "서구의 과학자가 종으로 부르는 것과 원주민들이 종으로 부르는 것이 이토록 완전히 일치하는 것을 보고 나는 종이란 자연에서 매우 실질적인 것임을 깨달았다."

마이어는 자기가 그렇게 뒤떨어졌다고 여긴 뉴기니 사람들과 자신이 새들의 종에 관해 같은 의견을 가질 수 있다면 종은 실질적인 것일 뿐 아니라, 동료 분류학자들과 그들을 조롱하는 생물학자들까지도 종의 개념을 이해할 희망이 있다고 확신했다. 그리하여 1942년에 마이어는 종에 대한 정의를 발표했다.[23] 이 정의는 어떤 두 개체군이 서로 이종교배가 불가능할 때, 다시 말해서 그 개체군들에 속한 개체들이 서로 간에 짝짓기와 번식을 성공적으로 해낼 수 없을 때, 이 두 개체군은 유전자를 교환할 수 없다는 개념에 근거한 것이었다. 그러므로 두 개체군은 서로 별개의 진화 궤도를 따라가며, 따라서 별개의 종들이 된 것이다. 만약 당신이 생물학 수업을 들은 적이 있고 그때 종의 정의를 암기해야 했다면, 그때 당신이 배운 것은 마이어의 생물학적 종 개념이었을 것이다. "종은 실제로 또는 잠재적으로 서로 짝짓기하는 자연적 개체군의 집단이며, 다른 그러한 집단과는 번식으로 격리되어 있다."

마이어의 정의는 직관적으로 옳다고 느껴진다. 사자는 오직 다른 사자들하고만 짝짓기하며, 치타나 하이에나, 집고양이 또는 쇠똥구리나 장미와는 짝짓기하지 않기 때문이다. 이들은 모두 사자와는 번식으로 격리되어 있다. 그리고 가령 일부 사자들이 아주 다른 형태로 진화해서 일반적인 다른 사자들과 더 이상 짝짓기를 할 수 없거나 하지 않으려 한다면 우리는 이들을 새로운 종으로 부를 것이다.

그러나 질서를 부여하고 혼동을 제거할 의도로 했던 이 일은 또다시 정반대의 결과를 낳고 말았다. 마이어가 시동을 건 이 일은 이후 수십 년 동안 종에 대한 상충하는 수많은 정의와 그에 대한 끝없는 논쟁으로 이어졌으며, 아마 진화의 난제들 가운데 가장 업신여김당하는 문제일 이 문제는 결국 '종 문제'로 불리게(그리고 미움받게) 되었다.

마이어의 정의에 대해서는 처음부터 여러 문제가 제기되었다. 하나는 실질적인 문제였다. 당신이 파나마 우림의 산지에서 딱정벌레 하나를 발견하고, 하와이의 화산 안쪽에서 또 다른 딱정벌레를 발견했다고 해보자. 이 둘이 아주 비슷해 보이는데, 그렇다면 서로 같은 종일까? 마이어의 정의를 사용하려면 이 둘이 성공적으로 짝짓기할 수 있는지 시험해볼 필요가 있다. 하지만 대부분의 생물이 그렇듯 당신의 딱정벌레들도 실험실에서 생명을 유지하기가 쉽지 않을지도 모르고, 그 딱정벌레들이 짝짓기하게 할 딱 적합한 환경을 찾아내지 못할 수도 있다. 만약 페트리접시에서 이 벌레들이 짝짓기하게 하는 데 성공했다고 하더라도, 야생에서도 짝짓기를 할지 안 할지는 전혀 알 수 없을 것이다. 그렇다면 이 딱정벌레들은 정말로 같은 종일까? 그리고 또 박물관의 분류학자들은 어쩌란 말인가? 죽어 있고, 핀으로 고정되어 있거나 납작하게 눌린 표본들의 짝짓기 가능성을 시험한다는 것은 정말이지 엄청나게 어려운 일이다.

훨씬 더 큰 또 다른 문제도 명백히 대두됐다. 요컨대 짝짓기로 번식하지 않는 생물도 많다. 박테리아나 진딧물, 일부 도마뱀, 사시나무, 나비란 등의 유기체는 그냥 자신과 똑같은 복제물(원한다면 클론이라고 표현해도 된다)을 만들어내고, 복제된 작은 암컷 도마뱀 또는 모체 식물에서 떨어져나온 작은 식물 개체는 독립적인 삶을 시작한다. 이 생물들의 경우 짝짓기가 안 되는 것을 어떻게 종을 정의하는 방법으로 쓸 수 있겠는가? 새로 분리된 모든 박테리아는 서로 절대 짝짓기하지 않는데 그렇다면 모두 새로운 종인가?

순식간에 예외들과 난제들이 높이 쌓였다. 하지만 놀랍게도 분류학자들과 진화분류학자들은 여전히 종이 명백히 실재하며 정의될 수 있다는 생각을 버리길 거부했다. 미국자연사박물관에서 마이어의 동료였던 심슨은 원시인이라 불리는 이들과 과학자들 사이의 일치를 보고서 더욱 확신하며 이렇게 말했다. "애매한 사례들과 수많은 까다로운 문제에도 불구하고, 선사시대 과라니족 인디언에게 그랬듯이 현대의 과학자에게도 자연적인 종이 존재한다는 것은 아주 명백한 일이다."[24] 그리하여 심슨은 고생물학자로서 평생 해온 경험을 바탕으로 종에 대한 자신만의 상당히 다른 정의를 내놓았다. 서로 짝짓기할 수 있는지 여부(화석 기록에 남아 있는 죽은 유기체를 연구하는 데는 단순히 어려운 일 이상인)는 무의미했다. 대신 심슨은 자신이 경험하고 감지했던 대로 종을 계보로 묘사했다. 태고부터 퇴적된 암석의 층과 층 사이에 기록으로 남아 있는 대로, 오랜 시간에 걸쳐 나타났다 사라진 개체군들로 묘사한 것이다. '진화적 종 개념'이라고 알려진 심슨의 개념은 하나의 종을 하나의 계보로, 다시 말해 다른 개체군들과 분리되어 따로 진화하며 오랜 세월에 걸쳐 존재했으며 진화에서 맡은 자체의 역할과 경향을 지닌 일련의 개체군들로 정의했다. 심슨 본인이 그렇듯 정의도 더 철학적이었지만, 이 정의 역시 마이어의 정의 못지않게 문제가 많았다. 어떤 화석 또는 어떤 계보가 따로 분리되어 진화했는지 아닌지, 또는 자체의 진화적 역할이나 경향을 획득했는

1부·자연의 질서를 찾아 헤매기 시작하다

지 아닌지 과학자들이 어떻게 알 수 있다는 말인가?

점점 더 많은 과학자가 새롭고 (혹자에 따르면) 개선된 정의를 점점 더 많이 제시했지만(여전히 제시하고 있지만), 그 정의들도 각자의 새로운 복잡한 문제들을 불러왔다. 분류학자들과 생물학자들은 물이 새는 작은 배의 선원들처럼 자기네 배가 영원히 침몰하고 있음을 알았고, 자신이나 다른 누군가가 내놓은 정의 때문에 뚫린 구멍을 보면 끊임없이 그 구멍을 때우려 노력했지만, 그런 노력이 아무 소용도 없다는 데는 모두가 동의했을 것이다.

분류학자들은 거대하고 흉한 혼돈 속에 빠져 있었고, 그 끝은 도통 보이지 않았다. 그들은 세계의 체계를 어떻게 잡아야 하는지, 특정 분류군이 어떻게 진화하여 존재하게 되었는지, 생명의 질서와 이름을 어떻게 결정해야 하는지에 대한 의견의 일치를 보지 못했다. 심지어 종이 **무엇인가**에 대해서도 의견을 모으지 못했다. 분류학자들을 혼란에 빠뜨리고 끝장내버리는 일에 골몰하고 있는 듯한 생명의 세계를 어떻게 다루어야 하는 걸까? 곤충학자 고든 플로이드 페리스 Gordon Floyd Ferris의 표현대로 분류학자가 "과학자Man of Science라는 자랑스러운 명칭"[25]으로 불릴 자격을 유지하는 일이 점점 더 어려워지고 있었다.

과학자들이 분류학에 느끼는 염증이 너무 지독해진 나머지 세계 각지 대학들에서는 이제 한물가서 아무 쓸모도 없는 압화 컬렉션과 개구리나 물고기가 들어 있는 남사스러울 정도로 케케묵은 유리

단지들, 그리고 그 컬렉션을 관리하는 구닥다리들까지 치워버리거나 없애버리자는 말들이 나왔다. 생물학자들은 답이 없기로는 핀 머리 위에서 몇 명의 천사가 춤을 출 수 있는가에 맞먹는 논쟁으로 시간을 보내고 있는 분류학자들이 엄밀한 과학적 연구에 주어져야 할 귀중한 자원을 낭비하고 있다고 주장했다. 이 시기는 1954년에 나온 한 분류학 논문의 제목처럼 "분류학자들에 대한 수렵허가기간The Open Season on Taxonomists"이었다.[26]

그러한 망신스러움을 타파해야만 한다고 느낀 마이어는 분류학 논문을 더 훌륭한 취향으로, 좀 더 전문적으로 쓰는 일에 관한 가르침을 주기로 했다. 마이어와 두 명의 공저자는 분류학자가 자신의 논문에서 배제해야 할 것으로 "첫째, 감정적인 단어 사용. 둘째, 논쟁. 셋째, 인신공격. 넷째, 1인칭의 과다한 사용" 그리고 지나치게 후하게 긍정적으로 볼 수밖에 없는 "자신의 작업에 대한 평가"를 꼽았다.[27]

분류학이 이렇게까지 추락한 줄 알았다면 린나이우스와 다윈은 큰 충격을 받았을 것이다. 심슨이 한탄했듯 진화분류학자들은 "죽은 표본들을 분류하고 … 이름표를 써서 붙인 다음 그 표본들을 서랍 속에 집어넣는 정도"의 무의미한 일이 주요 업무인 "한낱 단순 작업자"로 조롱받고 있었다.[28]

※ ※ ※

다윈이 『종의 기원』을 출간한 지 100년이 지나 있었다. 그는 과학과 철학, 종교, 정치의 토대를 뒤흔들었고, 지구에서 인류가 차지하는 위치에 대한 인류의 관점도 바꿔놓았다. 하지만 어째선지 꽉 찬

한 세기가 지난 후까지도 그의 작업은 분류학의 작동방식에 어떤 의미 있는 영향도 미치지 못했다. 분류학이야말로 그의 발견이 근본적으로 중요한 의미를 갖는 분야인데도 말이다. 생물학에 폭발적인 돌파구를 만들어내고 하루가 다르게 우주에 대한 인류의 비전을 바꿔가며 대대적인 환영을 받은 실험 과학의 혁명조차도 생명의 질서와 이름을 짓는 일을 바꿔놓는 데는 실패했다. 도대체 그 이유가 뭘까?

분류학자에게는 분명 과거를 버릴 이유가 넘쳐났다. 그들은 계층 구조에서 낮은 지위를 차지하는 일에도 진력이 났고, 앞으로 계속될 이 분야의 미래도 걱정됐으며, 경우에 따라 동료들에게 너무 업신여김을 당해서 생계유지 자체를 염려하는 이들도 있었다. 그런데도, 이 모든 압력에도 불구하고 어째선지 분류학자들은 언제나 해왔던 식으로 일하는 것을 그만두지 못하고, 그 질척질척하고 주관적인 마법을 버리고 현대 과학의 세계로 나아가지 못하는 것 같았다.

분명히 분류학자들에게는 문제가 있었고, 더 잘난 이들이 우리에게 기꺼이 알려주려 하는 바에 따르면 그 문제는 이런 것이었다. 분류학자들은 시대에 역행하는 구닥다리 집단이며, 그것만 하려고 단단히 작심한 듯 열심히 하고 있는 근거 없는 카탈로그 만들기에는 적합하지만 더 어려운 일은 아무것도 못 하는 어정쩡한 지력의 소유자들이라는 것이었다. 물론 분류학자들은 그런 문제가 아니라는 걸 알고 있었다. 그들은 과학계에서 가장 훌륭하고 똑똑한 이들 중 일부가 박물관의 뒷방에서 뼈 빠지게 일하고 있다는 걸 알았다.

하지만 비판자들도 한 가지 점에서는 옳았다. 분류학자들에게 문제가 있는 것은 사실이었으니까. 단지 그 문제가 그들로서는 결코 정체를 밝혀낼 수 없는 문제였을 뿐이다. 그 문제가 뭔지 알아내기 위해서는 자랑스러운 과학자로서 그들이 차마 들여다볼 수 없는 것, 바로 자신의 내면을 들여다보아야 하기 때문이었다. 진화분류학자들을 괴롭히고 있었던 것은 인간의 움벨트였다. 그들은 단순히 린나이우스에게서 전해 내려온 전통에 집착하는 것이 아니었다. 단순히 자신들이 받은 교육에, 분류학이 무엇이어야 하며 무엇이 아니어야 하는지에 대해 배워온 개념들에 헌신하고 있는 것이 아니었다. 그들이 현대 과학의 세계로 들어가지 못하게 된 원인은 2세기 동안의 전통보다 훨씬 더 깊은 곳에 뿌리를 두고 있었다. 이 사람들이 전념하고 있었던 것은 인류 자체만큼이나 오래된 전통이었다. 그것은 바로 생명의 세계에 대해 자신이 너무나 분명히 보고, 즉각적으로 느끼고, 듣고, 맛보고, 만져서 얻어냈던 인식을 기반으로 한 생명의 체계화, 바로 그들 자신이 지닌 움벨트의 비전이었다. 바로 이것이 너무나도 인간적인 이 분류학자들이 현대 과학으로 나아가는 것을 막고 있던 것이다. 그리고 그 이유는 움벨트가 생명의 세계를 바라보는, 상상할 수도 없을 만큼 비과학적인 방법이기 때문이었다.

움벨트의 시각이 항상, 모든 경우에, 어떤 사람의 눈을 거치든 과학적이고 진화적인 시각과 상충한다는 말은 아니다. 움벨트의 시각도 때로는 (관찰하는 사람과 관찰되는 대상 생물의 종류에 따라) 생명에 대한 합리적이고 진화적인 분류와 상당히 잘 일치할 때도 있다. 문제는 움벨트가 철저히 주관적인 것이기 때문에 그렇게 일치하지 않을 때가 많다는 것이다. 바로 이 지점에 과학의 관점에서 볼 때 큰 문제 하나가 있다. 그것은 바로 움벨트가 모든 사람에게 정확히 똑같이 보이지 않는다는 문제다. 로봇 같은, 고무도장을 찍는 것 같은, 생명에 대한 똑같은 인식이 아니라는 말이다. 움벨트는 철저히 감각적인 것이라 여러 면에서 대단히 주관적일 수 있다. 병합파와 세분파의 경우처럼 감각뿐 아니라 기질에 따라서도 움벨트가 다르게 느껴질 수 있다. 모두가 탄산음료라는 똑같은 유형의 현실을 보고 관찰할 때도 어떤 사람은 차이점들이 가득한 것으로 인식하는 반면 또 어떤 사람들은 전반적으로 똑같게 보는데, 이런 현상이 과학에 대한 움벨트의 또 다른 큰 문제로 이어진다.

움벨트(생명의 세계 및 그 세계의 질서에 대한 지각)는 우리가 보는 다른 모든 것과 마찬가지로 우리 각자에게 단순하고 객관적인 현실처럼 여겨진다. 너무나 단순명료하게 보이기 때문에 우리는 그냥 그걸 한 번 보는 것만으로도 "아하!" 하고 이해할 수 있다. 명백히 눈에 보이는 것은 어차피 모두가 동의할 것이므로 그걸 이해하기 위해 과학적 실험을 한다는 것은 완전히 요점에서 벗어난 일일 뿐 아니라 불필요한 일로 보인다. 그러니 분류학이 합리적인 과학이 되지 못하고 끝나지 않는 열띤 논쟁 상태로 떨어진 것도 놀라운 일은 아니다. 아등바등하고 있는 분류학이라는 과학의 입장에서 볼 때 가장 파괴적인 사실은 아마도, 여러 변이 가능성에도 불구하고 어떤 면에서 모든 움벨트가 우리에게 보여주는 것은 진화의 발견에서 아무 영향도 받지 않은 생명의 세계라는 점일 것이다. 진화분류학자들이 알고 있는 사실과는 정반대로 그들의 움벨트는 불변하는 생명체들의 세계를 보여주고 있었다. 그 비전이 어찌나 큰 확신을 심어주는지 분류학을 하는 남자들과 여자들은 그 반대임을 증명하는 모든 증거에도 불구하고 항상 변화하는 종조차도 단 한 문장의 정의로 깔끔하고 수월하게 묘사할 수 있다고 계속 믿었던 것이다.

그렇게 오랫동안 분류학자들에게 힘을 주고 안내자 역할을 해왔던 움벨트가 분류학 분야를 파괴할 듯 위협하고 있다는 것은 아주 모순적인 일이었다. 애초에 분류학을 탄생시킨 것은 움벨트와 그것이 우리 모두에게 안겨주는 자연의 질서에 대한 감각이 아니었던가. 모든 사람이 어리둥절해 있을 때 린나이우스가 광대한 생명의 세계에 대한 유난히 빼어난 자신의 감각을 동원하여 자연의 질서를 알아보고 분별하게 해준 것이 바로 움벨트였다. 그리고 따개비 연구를 계속하도록 다윈을 이끌고 언젠가는 자신이 그 문제를 풀 수 있을 거라는 확신을 심어준 것 또한 움벨트와 그것이 불어넣어준, 실제로 생명에는 의미와 논리와 체계가 존재한다는 확신에 찬 감각의 선물이었다. 그런데 이제는 바로 그 똑같은 움벨트가 실험생물학의 등장과 진화의 발견과 더불어 진화분류학자들을 과학계의 고루한 멍청이로 만들고 있었던 것이다.

✳　✳　✳

좋은 소식은(당시엔 아무도 몰랐지만) 생명의 질서에 대한 자기 개인의 관점을 놓지 않은 진화분류학자들의 고집이 그 역시 유효할 뿐 아니라 그들을 또 다른 종류의 영웅으로 만들었다는 것이다. 의도한 건 전혀 아니지만, 그들은 죽어가던 한 관념의 마지막 옹호자들이었다. 그 관념이란 생명의 세계에 대한 지각은 비록 그것이 다른 시각과, 심지어 엄밀한 과학적 시각과도 큰 충돌을 일으킨다 해도, 세계 내에서 타당하고 중요한 위치를 차지한다는 것이다. 바꿔 말하면 분류학자들의 비전뿐 아니라 여러분의 비전, 뉴기니 부족민의 비전, 내가 오래전 유년기의 숲에서 보았던 비전까지 자연의 질서에 대한 모든 개개의 비전들은 단지 지각되었다는 사실만으로도 타당성을 획득한다는 말이다. 그것은 생명을 바라보는 진정으로 고귀하고 진정으로 민주적인 방식이다. 그러나 이 시기에 그 비전들은 쇠퇴하고 있었다. 진화분류학자들은 더 이상 버틸 수 없었다. 생명의 질서를 짓는 일에서 움벨트가 차지하던 지배력은 우리 모두의 큰 희생을 요구하며 이루어질 어떤 과학의 승리를 통해 곧 시한이 다할 터였다.

사실 마이어 역시 수년 전에 그 진실을 목격했지만 그 사실을 깨닫지는 못했다. 그가 인간 사회의 사다리에서 가장 낮은 위치에 자리하고 있다고 믿었던 뉴기니 원주민들이 뉴기니의 야생 조류 종들을 그 자신이 분류한 것과 거의 똑같이 분류했다는 사실을 알았을 때, 그는 움벨트가 분류학뿐 아니라 모든 인류를 지배하고 있는 것을 보았다. 이 충격적이고도 놀라운 유사성에 대해 마이어가 내놓은 설명은 하나의 실체로서 종은 너무나 실질적인 것이어서 그 사람들조차 볼 수 있다는 것이었다. 그렇게 설명하고 넘길 것이 아니라 마이어는 수렵과 채집을 하며 사는 이 뉴기니 원주민들이 어떻게 그토록 정연한 진화분류학을 행할 수 있었는지, 즉 그들이 어떻게 다윈주의의 원리와 합리적 객관성을 자신들의 분류학에 그토록 섬세하게 통합할 수 있었던 것인지 의아해했었어야 했다. 그랬다면 마이어 또한 그 답을 알아차릴 수 있었을지도 모른다. 그들은 그런 일을 한 게 아니라는 것, 그리고 마이어 자신도 그런 일을 한 게 아니라는 것을 말이다. 그들도 자신도 단순히 너무나도 인간적인 행위를 하고 있었던 것임을, 자신들이 목격한 자연의 질서, 한결같이 인간의 눈에 너무나도 뻔히 보이는 생명의 세계에 존재하는 명백한 구조와 계층, 바로 움벨트의 명령을 따라 나아가고 있었을 뿐임을 깨달았을지도 모른다. 그렇다. 그들도 마이어의 새들을 보았다. 그 137종의 새들을 거의 다 보았다. 어떻게 보지 않을 수 있었겠는가? 그 새들이 거기, 그들이 공유하는 생명의 비전, 그들이 감지한 세계, 바로 인간의 움벨트라는 하늘색 팔레트를 가로지르며 너무나도 선명하게 날아다니고 있었는데. 이제 그 인간의 움벨트 이야기를 펼쳐볼 수 있는 때가 왔다.

2부

밝혀진
비전

바벨탑에서 발견한 놀라움

부족의 노래를 짓는 데는 아흔여섯 가지 방법이 있고,

그 하나하나가 모두 옳거니!

러디어드 키플링의 시 1885 - 1918[1]

나는 생명에 대해 인류가 공유하는 비전인 움벨트 이야기를 우연히 알게 됐다. 그런 것이 존재할 수도 있다는 생각, 그러니까 모든 사람이 매일같이 인간종 특유의 감각, 태고부터 내려오는 자연 질서에 대한 인간의 비전이 깊이 뿌리박혀 있는 우리의 고유한 감각에 딱 맞는, 생명의 세계에 대한 매우 특유한 인식을 품고 살고 있으리라는 생각을 나는 한 번도 해본 적이 없었다. 우연히 움벨트라는 개념을 접했을 때 내가 했던 생각은, 과학자가 아닌 다른 사람들도 생명의 세계에 질서와 이름을 짓는 방법을 생각해냈다는 게 과연 가능한 일일까 하는 것뿐이었다.

　그 질문에 대한 답을 찾는 동안 나는 정말로 모든 인류가 생명의 세계를 바라보는 한 가지 방식을 공유하고 있음을 알게 되었다. 다른 종족들의 왕왕 이국적이고 괴상한 분류 속에서 바로 그 공통된 지각의 가장 충만한 표현들을 보았다. 그리고 진화분류학자들(과학사에서 그들이 겪은 안쓰러운 사정에 관해 내가 더 배울 일이 남아 있으리라고는 결코 예상하지 못했던 바로 그들)이 자기 분야를 거의 파괴해버린 이유를 설명할 수 있는 한 가지가 바로 그 움벨트라는 것을 깨달았다. 달리는 설명할 수 없었던 그들의 행동을 움벨트의 존재가, 그리고 움벨트에 대한 그들의 끈덕진 충성이 해명해주었다.

그러나 그보다 더 중요한 깨달음은, 움벨트가 진화분류학자들의 평판에만이 아니라 우리 모두에게도 한 줄기 희망을 비춰준다는 것이었다. 이 움벨트라는 경이로움을 되찾는 것은 우리가 가늠할 수 있는 정도보다 훨씬 더 빠른 속도로 죽어가고 있는 생명의 세계(국제연합이 내놓은 최근의 한 추정치에 따르면 한 시간마다 약 3개의 종이 사라지고 있으며, 연간 총계는 18,000~55,000종에 이른다[2])와 우리 사이의 점점 더 심해지는 단절에서 우리를 구해줄 마지막 최선의 희망이다.

하지만 앞에서 말했듯이 처음에 내가 찾고 있던 건 그런 것이 아니었다. 나는 그저 너무나도 다양한 사람들이 생명의 세계에서 질서를 발견하는 방식, 자기 주변 생물들의 이름을 짓고 체계화하고 개념화하는 방식에 관해 기존에 어떤 사실들이 알려져 있는지 알아보고 싶었을 뿐이다. 처음에는 다른 종족들이 네발 달린 동물이나 숲속의 꽃들을 어떻게 분류하는지 잘 아는 사람이 과연 있을지도 확신할 수 없었다. 게다가 내가 그 일을 어떻게 진행할 것인지에 대해서도 그리 확실한 생각이 없었다. 고백하자면 어떤 면에서 그 전체 과정은 뚜렷이 정의된 탐구라기보다는 종잡을 수 없이 떠돌아다니는 탐닉에 훨씬 더 가까웠다. 나는 오래된 책들과 옛날의 과학저널들을 들쑤시고 다녔고, 이상한 것들, 잊힌 것들, 한 번도 제대로 알려진 적 없는 것들을 발견할 수 있는 어둡고 먼지 쌓인 도서관들을 어슬렁거리며 다니는 게 좋았다. 괴상한 동물과 이국적인 식물, 그리고 그보다 더 기이해서 사람들의 이야깃거리가 되는 것들에 관한 글을 읽을 핑곗거리가 생긴 것이 좋았다. 그렇게 나는 그 일에 착수했다.

괴상한 분류법과 이름들을, 말하자면 '잘못된 분류'들을 보게 될 거라 예상했건만 곧바로 내가 예상한 모든 것을 한참 넘어서는 것들을 보게 되었다. 그것은 아주 즐거운 괴상함이었다. 사실 너무나 많은 것이 이상해서 인류의 대부분이 생명의 세계에 관해 한 말은 내가 보았거나 알았던 생명의 세계와는 우주 하나만큼이나 동떨어진 것이라는 느낌이 들었다.

한 연구자에 따르면 남서부 사막지대에 사는 파파고 인디언은 생물을 "생각하는 것", "사람을 두려워하는 것", "나는 것", "가시가 있는 것" 등 놀랍도록 특이한 범주들로 분류한다고 한다.[3] 식물계 안에 꽃을 피우는 다양한 식물들이 있고 그 안에 다시 장미와 해바라기 등이 들어가는 범주를 만들었던 린나이우스가 이들의 분류를 알았다면 어떤 느낌을 받았을까? 어떤 종류의 세계관, 어떤 종류의 삶의 방식이어야 이렇게 이상한 범주들을 이해하거나 활용할 수 있는 걸까? 왜 모든 생각하는 것들, 혹은 모든 가시 있는 것들을 한 부류로 모아놓은 것일까?

뉴기니의 카람족Karam(수많은 뉴기니 사람들이 그렇듯 빼어난 자연 탐구가들이다)에게는 우리가 동물이라고 부르는 범주를 가리키는 단어가 존재하지 않는 듯한데, 이는 '동물'이라는 범주 자체가 이들에게 존재하지 않음을 의미한다.[4] 하지만 동물이라는 범주 없이 어떻게 생

4장 · 바벨탑에서 발견한 놀라움

명의 세계를 이해하고 생각하는 것이 가능한지 나로서는 어리둥절할 뿐이었다. 동물이라는 범주가 없다면 모든 생물을 어떻게 분류할 수 있을까? 전형적인 영어 사용자들은 동물인가 식물인가로 제일 먼저 나누는데 말이다.

그보다 더 이상한 예는 뉴기니 고지대에 사는 로파이포족Rofaifo 이었는데, 아주 열성적인 사냥꾼인 이들은 카람족 못지않게 자신들이 사냥하는 동물들에 관해 잘 알았다. 그들은 작은 포유류로 구성된 한 분류군을 알아보고 이 동물들을 '후넴베Hunembe'라고 부른다. 후넴베로 보기에 너무 큰 포유류는 모두 그들 말로 더 큰 포유류를 뜻하는 '헤파Hefa'로 간주된다. 그런데 로파이포 사람들은 이 털이 있고 젖꼭지와 자궁이 있는 포유류들 사이에 화식조cassowary라고 알려진, 깃털을 비롯해 새의 특징은 다 가진 거대한 새를 집어넣었다.[5] 자기들 주변의 동물들을 그렇게 잘 아는 이 사람들은 화식조가 새라는 걸 왜 알아보지 못하는 것일까? 그리고 그보다 더 이상한 건, 왜 다른 부족들도 똑같이 그러는 걸까? 모든 새와 박쥐를 한 범주에 몰아넣은 카람족 역시 화식조만은 그 범주에서 빼놓았다. 그들이 자기네가 사냥하고, 먹고, 잡고, 그보다 훨씬 많이 관찰하여 상세하게 분류한 그 모든 생물을 아주 잘 안다는 사실을 고려하면 특히 더 이상한 일이었다. 뉴기니에서 수년간 연구한 인류학자 랠프 벌머Ralph Bulmer가 쓴 유명한 논문의 제목도 이렇게 묻고 있다. "왜 화식조가 새가 아니라는 것일까?"

분명 화식조는 우리가 아는, 날개를 퍼덕이는 오색방울새나 까악까악 울어대는 까마귀 같은 전형적인 새와는 다르다. 사실 화식조는 주금류走禽類라는 날지 못하는 이상한 새들의 무리에 속한다. 분류에 대한 큰 논쟁이 있었지만 마이어가 너무나 간단하게 그 문제를 정리해 치워버렸던 바로 그 주금류다. 하지만 분류가 아무리 어렵다고 해도, 주금류를 직립하는 새 외에 다른 것이라고 주장한 조류학자는 아무도 없었다. 그래도 이 새들이 괴상한 건 사실이다. 때로는 키가 2미터까지도 자라는 화식조는 궁지에 몰리면 상대의 눈알도 뽑아버릴 것 같은 발톱과 까맣고 거대한 대걸레 같은 몸, 깜짝 놀랄 만큼 밝은 파랑인 작은 머리, 육중한 몸과 쿵쿵 소리를 내며 걸어 다니는 다리와 발을 갖고 있다. 악의를 품은 듯 만만치 않은 인상에 빵빵하게 부푼 커다란 새를, 어째선지 포유류로 간주되는 섬뜩한 모습의 깃털 달린 이 동물을 상상해보라. 이 새는 날지 못한다. 사실상 날개가 없으며 날개가 퇴화하고 남은 짤막한 흔적에는 깃털도 거의 없다. 이 새들은 어쩌면 우리 인간보다 더 땅에만 붙어사는 동물인지도 모른다. 화식조는 나는 모습을 볼 수 없을 뿐 아니라 심지어 나무 위에 앉아 있는 모습도 결코 볼 수 없다. 이 지역의 다른 어떤 새보다 크며, 사실상 외딴 뉴기니에서 인간들과 돼지들이 사는 곳 바로 뒤 산지에서 가장 큰 동물이다. 그리고 대부분의 새들이 속이 비어 가벼운 뼈를 갖고 있는 것과 달리 화식조의 다리뼈는 무겁고 튼튼하다. 그러나 동시에 이들이 깃털과 부리가 있고 알을 낳는 새라는 점도 부인할 수 없다.

랠프 벌머가 알아낸바, 화식조가 새가 아닌 이유는 사람으로 간주되기 때문이었다. 그 지역의 신화에 따르면 화식조는 인류의 사촌이다. 벌머는 카람족이 화식조를 사냥하거나 죽였을 때 그 행위를 사냥이 아닌 살인으로 표현하는 의식을 거행한다는 걸 알게 됐다. 화식조를 사냥할 때 카람족은 화살이나 창 같은 날카로운 무기 말고, 가

까운 친족과 싸워야만 할 때 그래야 하듯이 피를 내지 않는 둔기만을
사용한다. 살해 후에 살해자는 희생자의 심장을 먹는 제의를 올려야
하는데, 돼지를 죽이면 돼지가 죽자마자 가능하면 빨리 그 돼지의 심
장을 먹는 식이다. 이와 유사하게 화식조를 죽인 사냥꾼은 글자 그대
로 화식조의 심장을 먹어야만 한다. 화식조를 죽인 사람은 벌머의 표
현을 빌리면 (살인을 저지른 사람처럼) "제의적으로 위험한 상태"이기
때문에, 예컨대 토란을 기르는 밭처럼 성스럽게 여겨지는 장소에는
가면 안 된다.

　이 설명은 의문을 풀어주기보다 카람족을 훨씬 더 남다른 사람
들로 여겨지게 할 뿐이었다. 최소한 그들이 새와 사람을 바라보는
관점은 나의 관점과는 거의 또는 전혀 무관하다는 생각이 들었다.

대체로 큰 새라고들 하는 화식조를
일부 뉴기니 사람들은 포유류로 여긴다.[6]

　　　　　　　　　　　　　　　　　　　　　2부 · 밝혀진 비전

세계 각지의 사람들이 기이하게 범주를 나누는 것이 동물만은 아니었다. 예를 들어 필리핀의 일롱곳족Ilongot은 아직 문자를 사용하지 않으며 한때 헤드헌팅을 하던 사람들인데, 눈부시게 아름다운 야생 난초들의 이름을 사람의 신체 부위 명칭으로 짓는다.[7] 이것은 허벅지고, 저것은 손톱, 바로 저 너머에는 팔꿈치와 엄지가 있다. 그런데 이들은 왜 이렇게 이상한 짓을 하는 걸까? 일롱곳 사람들을 연구한 미셸 짐발리스트 로살도Michelle Zimbalist Rosaldo는 이 사람들이 사별의 슬픔이나 곤란을 겪을 때 또는 불확실한 상황에 처할 때 주문과 함께 특정 식물들을 사용한다는 걸 알게 됐다. "붉은 즙이 나오는 식물은 피가 섞인 설사를 치료하기 위해 선택되는 것 같고, '추격', '이빨 없음', '엄지', '손가락' 같은 이름의 식물들은 각각의 경우 자기들을 괴롭히는 영령을 불러내거나 겁을 주기 위해 모아오는 듯하다. 그런 다음 치료사는 혼자서 또는 환자와 함께 그 마법의 재료를 두드리거나 문지르거나 찌거나 연기로 그을린다."

이번에도 수수께끼가 풀렸지만, 오히려 생명에 대한 다른 사람들의 관점이 나의 관점과는 더 거리가 멀다는 생각만 안겨줬다. 질병과 신체 부위는 열대의 난초를 생각할 때 우리 대부분이 떠올리는 것과는 한참 거리가 먼 것이니 말이다.

세상 사람들이 주변의 생명에 대한 상당히 기이한 개념들을 가지고 상당히 기이한 일을 하고 있다는 건 분명했다. 인류의 모든 문화가 하늘에 있는 별들을 보고 각자 창의적으로 별자리들을 상상해낸 것처럼, 모든 민족이 각자의 개별적 취향에 맞게 주변 생물들을 너무나도 다양한 방식으로 개념화하고 분류하고 이름 짓는 것 같았다. 그 최종 결과는 생물들과 이름들과 개념들의 혼란, 다른 분류 체계들과는 명확한 관련이 전혀 없는 분류 체계였다. 이로써 내가 뭔가 알아낸 게 있다면, 그건 사람들이 생명을 바라보는 각각의 시각이 내가 상상했던 것보다 더 많이 다르고 서로 더 많이 단절되어 있다는 것이었다.

✻　✻　✻

그래도 이게 이야기의 전부는 아닐지도 모른다고 생각하게 한 이유도 몇 가지 있었다. 내가 금세 분명히 알게 된 것은 민속 분류학에 대한 연구가 말도 못 하게 어려운 작업이라는 것이었다. 이런 종류의 정보를 수집하는 데는 큰 난관들이 따랐다. 표면적으로는 간단해 보인다. 어떤 식물이나 동물을 붙잡고 이렇게 물어보는 것이다. 당신들은 이걸 뭐라고 불러요? 또 다른 것을 붙잡고, 이건 같은 건가요? 왜 같지 않다는 거죠? 그런 다음 그들의 답을 받아적는 것이다. 그러나 이 연구자들이 실제로 하고 있던 일은 개념과 범주와 어휘를 수집하는 일이었는데 이는 (비록 날아가버리거나 물지는 않았지만) 각각이 지시하는 생물들보다 훨씬 더 붙잡기 어려운 것일 수도 있다. 생각해보면 한 생물을 발견하고 그것을 병이나 주머니에 집어넣는 일에는 진정한 이해가 거의 요구되지 않는다. 하지만 누군가의 생물 분류를 수집하는 일에는 그 분류 체계 안에 들어 있는 생물들의 집단뿐 아니라, 그 생물들의 이름, 그에 대한 다양한 묘사, 그리고 그 이름과 묘사가 속해 있는 복잡한 언어와 개념의 전체 그물망에 대한 정확하고 철저한 이해가 필요하다. 방금 말한 그 용어가 모든 포유류를 뜻하는 건가, 아니면 작은 포유류만을 뜻하는 건가? 그건 모든 종류의 식물을 의미하는 걸까, 아니면 그냥 초본류 또는 숲에서 자라는 초본류, 아니면 그 특정 종류의 초본 식물을 말하는 걸까?

우선 존재하는 식물이나 동물의 이름 목록을 만드는 일만도 어려운 도전일 수 있는 것이, 이럴 때 연구 대상이 되는 사람들은 많은 경우, 사전도 관용어구집도 참고서도 없는 언어를 사용하기 때문이다. 그리고 언어에 대한 지식이 없는 것은 엄청나게 큰 장벽이 될 수 있다. 마다가스카르섬을 탐험한 초창기 프랑스 박물학자 피에르 소네라Pierre Sonnerat의 경험이 그 증거다.[8] 소네라와 동행하던 마다가스카르섬 사람 한 명이 여우원숭이를 보더니 손으로 가리키며 "인드리!" 하고 소리쳤다. 소네라는 아주 합리적으로 자기가 방금 그 여우원숭이를 가리키는 토착어를 알게 된 거라고 믿었다. 사실 **인드리**는 마다가스카르어로 "봐요!"라는 말이다. 그런데 소네라의 이 실수는 민망하게도 인드리 인드리*Indri indri*라는 그 여우원숭이의 학명으로 계속 살아남아 기억되고 있다. 이와 유사한 실수로, 초창기에 아메리카를 탐험한 네덜란드인들은 아라와크족Arawak의 이상하게 긴 식물명으로 여겨지는 말을 식물 목록에 받아적으며 토착 언어에 대한 모자란 이해력을 드러냈다. 그들이 식물명이라 여긴 그 말을 옮기면 "이건 나도 모르니까 우리 삼촌한테 물어봐야 해요"라는 뜻이다. 뜻하지 않은 오해가 생기는 데서만 그치지 않는다. 인류학자들은 토착 언어에 능숙하지 못한 탓에, 자기들이 단순한 연구 대상으로만 여기는 사람들에게 종종 골려먹기의 대상이 되기도 한다. 일례로 수리남 사람들은 한 연구자에게 어떤 식물의 이름을 카카브로코에kakabrokoe라고 가르쳐주었다. 알고 보니 그 이름은 "당신 바지 속 똥"[9]이라는 뜻이었다. 그 식물에 변비를 치료하는 강력한 효과가 있는 것이거나 아니면 그 식물학자가 깜빡 속아 넘어간 것일 테다.

때때로 인류학자들은 그 지역 사람들이 자기와 전혀 말을 섞지 않으려 하는 상황에도 맞닥뜨렸다. 다수의 열성적인 남성 연구자들은 원주민 여성들에게 다양한 생물의 이름을 알아내려다 곤경에 처하곤 했다. 민족식물학자 마크 플롯킨Mark Plotkin이 여러 약용 식물에 관해 더 배우고 싶어 아마존 인디언의 한 추장에게 약초에 관해 잘 아는 마을 할머니와 함께 식물을 채집하러 숲에 갔다 와도 되겠느냐고 물었을 때, 그 답으로 충격에 빠진 침묵이 돌아왔다.

"… 추장은 나의 요청에 아연실색한 얼굴이 되었다"고 플롯킨은 회상했다. "내가 뭘 어쨌다고 그런 것일까? 코이타는 내 쪽으로 몸을 기울이더니 내가 추장에게 그 할머니와 성관계를 갖게 해달라고 부탁한 것이라고 부드럽게 설명했다."[10] 플롯킨 못지않게 지적인 답답함에 빠진 또 한 명의 연구사는 "남자가 여자와 숲속에 가는 진짜 이유가 뭔지 모르는 사람은 아무도 없다"라는 말로 누차 경고를 받았다고 한다.

그리고 때로는 사람들이 그냥 귀찮아서 자신들의 생물 분류법을 말해주지 않을 때도 있다. 재레드 다이아몬드는 3년 동안 포레족Fore이라는 뉴기니 사람들과 새의 이름에 관해 인터뷰하며 보냈다(『총, 균, 쇠』의 저자로 가장 잘 알려진 다이아몬드는 오랫동안 뉴기니의 새들을 연구한 대단히 존경받는 생물학자이기도 하다). 그 시기에 그는 자기가 잘 모르는 생물 집단인 버섯들을 비롯해 새 외에 다른 유기체들에 관해서도 질문했다. 그 지역의 자연사에 관한 그들의 풍부한 지식에 비추어볼 때 놀랍게도 포레족은 자신들에게 서로 다른 버섯 종들을 가리키는 이름이 없다고 말했다. 그러다 나중에 숲에서 야영하며 지낼 때

2부·밝혀진 비전

식량이 떨어져가자 다이아몬드와 동행한 포레족 사람들은 숲으로 가서 버섯을 두 자루 가득 채취해왔다. 다이아몬드는 걱정스러워졌다.

"포레족은 저 버섯들이 먹을 수 있는 종류인지 어떻게 확신하는 걸까?"[11] 나중에 다이아몬드와 한 동료는 이렇게 썼다. "그러자 그 포레 사람은 자신들이 구별하고 이름 지은 수십 가지 버섯 종들과 각각의 버섯이 어디서 자라며 먹을 수 있는 건지 아닌지에 관해 장장 한 시간에 걸쳐 설교했다." 다이아몬드가 왜 전에는 버섯 이름이 없다고 했느냐고 묻자 그들은 버섯에 관해 아무것도 모르는 그에게 버섯 이야기를 하느라 시간 낭비를 하는 건 쓸데없는 일이기 때문이었다고 설명했다.

이렇게 민속 분류학 연구는 확실히 슬렁슬렁 할 수 있는 일은 아니다. 에어컨이 돌아가는 쾌적한 사무실, 시원한 아이스티 한 잔, 안락한 거실, 멋지게 장정된 책들로 가득한 도서관으로부터 수천 마일 떨어진 곳에서 일하는 이 연구자들은 존경받아 마땅하다. 거기서 그들은 매캐한 모닥불 주변에 둘러앉아 시간을 보내고, 어쩌면 그들의 배 속은 낯선 장내 박테리아 때문에 요동치고 있을지도 모르며, 주변에는 묘한 언어로 말하는 묘한 사람들, 지루해하고 짜증 내고 심지어 적대적인 사람들, 그리고 대개 이 연구자들이 이제 그만 공책들과 끝없는 질문들을 다 챙겨서 집으로 돌아가기만을 학수고대하는 사람들에게 둘러싸여 있다. 하지만 다행히도 충분히 많은 수의 이 용감한 영혼들은 처음에 분류와 이름의 완전한 혼돈으로 보였던 것이 상당히 다른 무언가로 바뀔 때까지 계속 질문하고 답변을 해독하며 버텨냈다. 무수한 낯선 분류들이 혼란스러울 정도로 다양하며, 구조나 패턴도 없고, 우리의 분류와는 전혀 맞아떨어지지 않는다고 보았던 나

4장 · 바벨탑에서 발견한 놀라움

의 첫인상은 사실 불완전했을 뿐 아니라 완전히 틀린 것이었다. 인류
학자들은 마침내 민속 분류학들 사이에서 명확하지만 전혀 예상하지
못했던 일관성을 발견했다.

인류학 기록들을 뒤지며 돌아다니던 나는 마침내 1960년대에
시작된 다음 연구들 앞에 이르렀다. 1960년대는 상황이 겉보기처럼
그렇게 불일치와 바벨 같은 난맥상만은 아닐지도 모른다는 걸 몇몇
연구자들이 깨닫기 시작한 시기였다. 여러 민족 간 생명 분류법과 명
명법에서 나타나는 다름에 초점을 맞추며 수년을 보낸 끝에 마침내
무언가 변화가 일어났는데, 이는 과학에서만 그런 것은 아니었다. 때
는 바야흐로 민권과 사회적 해방과 더 민주적인 사유의 시대였다. 오
랫동안 억압받아온 이들(여자, 그리고 연구 대상이 된 원주민을 포함해
어두운 피부색을 지닌 모든 부류의 사람)이 조금은 더 존중받기 시작한
때였다. 세계 각지의 야생에서 살아가는 야만인들을 그들과 함께 일
하는 인류학자들이 조금 더 인간답게 바라보기 시작했다. 학계 자체
에서도 경이적인 혁신이 일어났다. 이를테면 인간의 정신(겉으로 아
무리 문명화되어 보이건 야만적으로 보이건 모든 인간의 정신)에는 인간의
언어에 대한 보편문법이 존재한다는 노엄 촘스키의 가설이 있었다.
그리고 바로 이런 들끓는 변화의 한가운데서 인류학자들의 마음에는
뒤죽박죽인 민속 분류학에서 보이는 것이 차이만은 아니라는, 우리
모두를 가르는 것이 아니라 통일시키는 무엇이 있을지도 모른다는
가능성이 떠오르기 시작했다. 물론 사용되는 이름, 묘사된 생물들, 갖

취진 질서에는 엄청난 다양성이 존재했다. 그러나 또한 일부 인류학자들은 생명 세계의 질서 짓기와 이름 짓기에서 뉴기니부터 뉴욕까지, 중국부터 칠레까지 모든 사람이 공유하는 뿌리 깊고 심오하고 근본적인 유사성을 알아보기 시작했다. 이 인류학자들이 그 정신 없는 혼란 속에서 무엇이든 발견했다는 것만도 정말 놀라운 일이다. 그런데 그들은 그걸 해냈다. 지구 위 생명의 질서에 대한 인류의 비전이 세계 각지에서 표현된 양상들을, 여태껏 보아온 인간의 움벨트에 대한 것 중 가장 풍부한 표현과 가장 완전한 그림을 찾아낸 것이다.

민속 분류학에서 인류학자들이 알아챈 가장 놀라운 일치 중 하나는 이 민속 분류학 저 민속 분류학 할 것 없이 어디서나 동일한 분류군들이 계속 나타난다는 것이었다. 사실 이건 눈치 못 채고 지나치기 쉽다. 예를 들어 어떤 사람들의 집단이든 한결같이 '물고기'라는 분류군을 가리키는 단어가 있기 마련이다. 이건 너무나 기본적이고 뻔한 일로 보여서(사실상 필연적인 일로 보인다) 처음에는 그걸 알아차리지도 못한다. 오히려 물고기를 가리키는 수많은 단어들에 관심을 빼앗길 가능성이 크다. 몇 가지만 열거하자면 언어에 따라 물고기는 **푸아송**poisson부터 **바이**vai, **피시**fish, **아젠**a-jen, **퓨스**pyus, **마마야크**mamayak, **이이**yi, **후후**huhu, **사카나**sakana 등 다양하게 불린다. 하지만 이 다양한 이름들 속에서 길을 잃으면 진짜 요점을 놓치게 된다. 바로 모든 언어에 실제로 물고기를 가리키는 이름이 존재한다는 요점 말이다. 보편성은 구체적인 이름들이 아니라, 물에 젖어 있고 비늘이 있으며 헤엄을 치는 그 존재들을 알아보았다는 데 있었다. '물고기'라는 집단은 다시 또다시, 그리고 또다시 체계화되고 분류되고 목격되고 인지되었다.

하지만 당신은 물고기에게 이름이 없을 이유가 뭐냐고 물을지도 모른다. 물론 물고기에게는 이름이 있을 것이다. 물고기는 어디에나 있으니까. 물고기는 맛도 좋다. 물속에서 뛰어오르고 반짝거린다. 물고기는 너무나 명백해서 못 보고 넘어가기가 불가능하다. 그래도 모든 인간 사회가 물고기들에게 반드시 하나의 집단으로서 이름을 붙여야 할 이유는 없다. 각각의 개별적인 물고기 종들에는 이름을 붙이지만 물고기들을 하나의 전체로서는 이름 짓지 않을 수도 있고, 물고기들을 나머지 다른 동물들과 한꺼번에 무리 짓고 하나의 무리로 따로 구분하지 않을 수도 있다. 혹은 그냥 물고기에게 이름 붙이지 않거나 어떤 식으로든 그 존재를 인지하지 않는 일도 이론상으로는 가능하다. 물고기를 중요하게 여기지 않는 문화나 대체로 물고기가 존재하지 않는 사막에서 사는 사람들은 왜 물고기를 무시해버리지 않는 걸까? '물고기'나 그에 상당하는 단어가 없는 세계에서도 삶은 계속될 수 있다. 그런데도 어째선지 그렇지가 않다. 어째선지 사람들은 물속에서 퍼덕이며 빛나는 은빛을 보면 그것을 알아보고 그것들에 관해 생각하고, 분류하고 이름을 지어주고 그 이름을 기억한다. 물고기들은 인간의 움벨트에서 한결같이 존재하며 무시하기가 불가능한 요소인 것이다.

무시하는 게 불가능한 것은 물고기 하나만이 아니다. 다른 집단들도 모든 곳의 사람들이 거듭 계속해서 알아본다. 새, 뱀, 포유동물, 그리고 인류학자들이 '웍스wugs'라고 부르는 웃기는 범주도 있는데, 이는 연충worms과 벌레bugs를 뜻하는 말로 기본적으로 우리가 기어다니는 징그러운 것들이라 부르는 것이다. 이들은 인류학자들이 생물형태라고 부르는, 인간이 나눈 생물의 표준 범주에 속한다.[12] 188개의 언어로 된 민속 분류학을 연구한 세실 브라운은 이 동물 형태들이 계속해서 등장하는 것을 보았을 뿐 아니라, 나무, 덩굴, 초본, 관목 등등 동일한 일련의 식물 형태들도 서로 다른 인간 집단들이 계속해서 분류하고 명명했음을 발견했다. 모든 언어에 모든 범주를 나타내는 단어가 항상 존재한다는 건 아니다. 아주 엄격하고 간소한 언어에서는 자신들의 취향에 맞게 생략하는 것도 있다. 브라운이 발견한 것은 필수적인 일련의 세목들이 아니라 생물 형태에 대한 인간의 표준적인 메뉴판 같은 것이었고, 우리 인간이 도저히 알아차리지 않을 수 없는 것으로 보이는 생물 범주들은 그 메뉴판에서 고를 수 있는 메뉴들이었다. 이 분야의 지도적 사상가 중 한 명인 브렌트 벌린Brent Berlin이 지적했듯이 어떤 분류군들은 "생물학적 현실의 풍경에서 비유하자면 활활 타오르는 봉화처럼 우뚝 솟은 채 명명해달라고 외치고 있다."[13] 나무를 알아보지 않기는 어렵고, 물고기도 그렇다.

　사람들이 한결같이 분류하고 명명하는 것만 있는 게 아니라 한결같이 알아보지 못하는 것들도 있다. 그러니까 사람들은 특정 생물의 형태를 항상 알아보는 것처럼 어떤 생물 집단은 항상 알아보지 못한다. 항상 부재하는 것들, 다시 말해 우리 움벨트의 레이더 스크린에 한결같이 잡히지 않는 것들에는 결정적인 일관성이 있다. 인간은 우리 기준에서 아주 작은 것들에게는 마음을 잘 주지 않는다. 몇 밀리미터 길이의 기생벌, 눈에 보이지 않는 박테리아, 목숨을 빼앗는 바이러스 같은 것들 말이다. 이런 것들도 생물에 속하며 잠재적으로 인간의 생명에 극도로 중요하지만, 민속 분류학에서는 공통적으로 **찾아볼 수 없다.** 이 외에도 우리가 한결같이 알아보지 못하는 생물이 많다. 각각을 구별해주는 결정적인 차이점이 인간의 감각에는 너무

　　　　　　　　　　　　　　　4장·바벨탑에서 발견한 놀라움

미약하거나 너무 정교하거나 너무 수수께끼 같은 유기체들, 예컨대 우리가 맡을 수 없는 냄새로 차이가 나는 꽃들, 우리의 모자란 귀로는 구별할 수 없는 노래로 구분되는 새 종들이 그렇다. 그리고 우리는 지난 세월 내내 인간이 닿을 수 없었던 수많은 종류의 생명에 관해서는 전혀 모르고, 전혀 기록하지 않았다. 빛이 닿지 않는 해저에 사는 생물, 남극의 위태로운 빙산을 가로지르며 기어다니는 날지 못하는 곤충, 또는 지구의 분화구에서 뜨거운 증기를 뿜으며 부글부글 끓는 물 속에서 헤엄치는 엄청나게 뜨거운 생물에 관해서는 민속 분류학에서 어떤 언어적 기록도 발견하지 못할 것이다. 우리는 수많은 알아보기 불가능한 생물들 대신 우리가 항상 봐오고 알아왔던 것, 인류가 언제나 거주해왔던 세계, 생명에 대한 우리의 시야를 가로지르며 헤엄치는, **알아차리지 않기가 불가능한** 그 모든 물고기를 반드시 분류하고 명명한다.

여기서 이렇게 우리의 움벨트, 우리가 공유하는 생명에 대한 시각이 처음으로 모습을 드러냈다. 모든 민속 분류학에서 보이는 바로 그것, 우리가 실제라고 당연히 받아들이는 것이야말로 바로 우리의 공통된 비전이기 때문이다. 반복적으로 한결같이 발견되는 이름들과 분류들이 명확하고 깔끔하게 그려낸 것, 그것은 바로 인간의 움벨트 자체를 그린 그림이다. 그것은 눈으로 본 세계이며, 물고기와 새, 뱀, 포유동물, 연충과 벌레, 나무, 덩굴, 관목, 초본들로 가득한 세계다. 그 세계는 명백한 현실처럼 보이지만 결코 그리 단순하지만은 않다. 그것은 생명에 대한 매우 특정적이며 특유한 인식이다. 관목과 나무만 생각해봐도 알 수 있다. 왜 우리는 나무와 관목을 구분해서 인식할까? 둘 다 목질의 식물이며, 두 단계를 다 거쳐가므로 둘 중 하나로 범주화하기가 몹시 어려운 식물도 많다. 한 스펙트럼의 두 부분이라는 말이다. 그런데도 우리는 그 둘을 항상 분명히 구분되는 두 범주로 인식한다.

왜일까? 왜냐하면 그것들은 우리의 움벨트, 우리 인간이 매일 살아가고 있는, 우리가 감지한 세계의 풍경에서 높이 솟아 불타고 있는 봉화들이기 때문이다. 우리가 전형적인 인간의 눈으로 그 세계를 바라볼 때, 키 작은 관목들은 높이 솟은 나무들과 상당히 다른 존재로 우리 눈에 그냥 확 들어온다. 마찬가지로 우리는 새들을 알아보지 못하는 일이 결코 없고 박테리아를 알아보는 일도 결코 없다. 우리는 꽃을 보지만 벌들에게는 너무나 선명하고 분명하게 보이는 꽃들의 자외선 무늬는 결코 보지 못한다. 전형적인 인간의 코로 우리는 장미의 달콤한 향기는 맡지만 개들이 즉각 감지할 수 있는 다른 많은 냄새는 맡지 못한다. 그리고 이건 다른 모든 종도 마찬가지다. 모든 종류의 감각에 대해 서로 다르고 각자 고유한 움벨트가 존재한다. 그리고 다른 모든 종의 움벨트가 그러하듯 우리의 움벨트는 매우 특유한 장소다. 물고기가 헤엄치고 새가 날아다니는 움벨트, 우리의 감각에 특화된 움벨트, 우리가 감지할 수 있고 우리가 알아차리는 경향이 있으며, 봉화처럼 활활 타오르는 움벨트.

✳ ✳ ✳

이러한 인식의 일관성이 보편적 움벨트가 존재함을 보여주는 유일한 표지는 아니다. 민속 분류학에서 나타나는 가장 기본적인 일관성은 모든 사회가 민속 분류학을 갖고 있다는 점이다. 이 분야의 또 한 명의 지도적인 인물인 스콧 애트런Scott Atran은 민속 분류학의 뿌리 깊은 특성 및 민속 분류학과 과학적 분류학의 관련성에 대한 설득력 있는 주장을 펼쳤다. "어느 인간 사회에서든 사람들은 똑같은 특수한 방식으로 식물과 동물에 관해 생각한다."[14] 다시 말해서 인간은 항상 자기들 주변의 생물들을 분류하고 명명하며, 주로 외양과 느낌, 우리가 인식한 바를 기반으로 집단이 모여 더 큰 집단을 이루는 식의 계층 구조로 체계화한다는 말이다.

물고기가 어디에나 존재한다는 것처럼 분류학이 어디에나 존재한다는 사실도 처음에는 너무 당연한 일로 여겨져 별로 주목할 가치가 없어 보인다. 하지만 그것은 주목할 가치가 있다. 분류학이 꼭 존재해야만 하는 건 아니기 때문이다. 우리는 분명 이런 식의 분류와 명명 체계 없이도 잘 살아갈 수 있고, 사람들은 자기 뜻대로 사용할 수 있는 별도의 분류 체계를 갖고 있는 경우도 있다. 예를 들어 자신들이 감각으로 인지한 유사성이나 차이점이 아니라, 자기네 삶에서 음식이나 적이나 친구로서 맡은 역할을 기준으로 생물을 분류하는 체계가 있는 문화들도 있다. 어떤 사회는 생물을 위험한 것과 위험하지 않은 것으로 나누는 체계를 갖고 있을 수도 있고, 또는 식용 동물을 사회 내의 특정한 사람들이 먹는 것과 또 다른 사람들이 먹는 것으로, 혹은 한 해의 특정 시기에 먹는 것으로 나누는 체계, 아니면 집안에서 살 수 있는 동물과 집 밖 숲에서 사는 동물로 나누는 체계를 갖추고 있을 수 있다. 영어에도 바로 그런 추가적 체계가 있어서, 동물을 반려동물과 가축, 야생동물로 나누며, 버섯은 먹을 수 있는 것과 못 먹는 것으로 나눈다. 생각해보면 우리는 이렇게 효용을 기반으로 한 추가적 분류만 가지고도 잘 살 수 있을 것 같다. 하지만 우리는 그러지 못한다.

무슨 뜻이냐면, 우리는 모두 생명의 세계와 그 세계 속 질서에 대한 인식(다윈이 기술했던 분류군 내의 분류군, 린나이우스가 오랫동안 찾고자 했던 자연의 질서)을 공유하기만 하는 것이 아니라, 그 비전이 너무나 강력하고 설득력 있고 생생해서 도저히 무시하지 못한다는 말이다. 우리는 그냥 생명 세계를 분류하고 명명하는 일을 안 하고는 못 배기며 저절로 그 일을 하고 있다. 인간 집단들은 생명에 대한 자신들의 비전을 사랑하는 경향이 있으며, 그래서 연구된 모든 언어에는 특정 동물들과 식물들을 가리키는 이름들이 포함되어 있다. 우리 인간이 반드시 할 거라고 여겨지는 몇 가지 일이 있다. 숨 쉬고, 먹고, 걷고, 생물들을 알아보고, 그 생물들을 계층적 분류 체계로 정리해넣는 일. 바로 린나이우스가 그랬던 것처럼, 다윈이 그랬던 것처럼, 자연을 깊이 들여다본 적 있는 모든 사람이 그랬던 것처럼. 린나이우스의 계층적 분류는 옳다는 느낌이 들고, 우리는 그 분류를 타당하다고 받아들이며, 제시된 지 200년이 넘게 지났는데도 과학자들은 여전히 그 분류를 사용한다. 우리는 왜 그걸 계속 사용하며 그건 왜 계속 옳다는 느낌이 드는 걸까? 이는 마치 린나이우스가 그것을 발명한 것처럼 여겨지는 그때 이후 내내 가르쳐져 왔다는 사실에서 기인하는 단순한 주입의 문제가 아니다. 중요한 건 우리 인간이 그 생명의 계층 구조를, 분류군들 안에 또 분류군들이 이치에 맞게 들어가 있는 그 구조를 태곳적부터 사용해왔다는 것이다. 우리는 세계를 다른 그 어떤 방식으로도 바라볼 수 없다. 그냥 움벨트가 우리를 그러게 두지 않는다. 이것이 오늘날 세상에서 사용되는 3,000~6,000가지로 추정되는 언어 중 지금까지 연구된 많은 언어가 모두 바로 이런 유형의

4장 · 바벨탑에서 발견한 놀라움

생명 분류 및 명명 체계를 사용한다고 알려진 이유다.

✳ ✳ ✳

    민속 분류학들에서 나타나는 일관성은 우리가 생명에 관해 말할 때 사용하는 단어들로까지 확장된다. 우리 인간은 서로 같은 생물들을 한결같이 보고 분류하고 이름 지을 뿐 아니라, 그런 것들에 관해 이야기할 때도 상당히 비슷한 방식으로 말한다.

    매우 두드러지는 예 하나는 어느 곳의 사람들이든 모두 인간의 친족 관계를 표현하는 언어(사촌, 아버지, 가족 등)를 사용해 나머지 생물들의 닮음이나 닮지 않음을 묘사한다는 사실이다.[15] 비슷하게 보이거나 행동하거나 비슷한 냄새를 풍기는 생물들을 감지할 때 사람들은 보편적으로 인간의 가족 집단에서 나타나는 유사성을 떠올린다. 그래서 연구자들은 지구상의 다양한 언어와 문화 전반에 걸쳐 사람들이 비슷한 생물들을 친족으로 칭하는 것을 발견했다. 한 종류의 동물을 또 다른 종류의 '아버지'라 부르고, 비슷한 생물들의 집단을 한 가계의 구성원들이라 부르는 것 등이 그 예다. 마야의 첼탈족Tzeltal은 자기네가 비슷하다고 여기는 식물들을 '형제' 또는 '한 가족'이라고 부른다. 구어체 영어에서도 어떤 동물을 땅돼지의 '사촌'이라 부르기도 하고, 어떤 식물은 '고사리 집안fern family'에 속한다고 말하기도 한다. 과학자들 역시 린나이우스 계층 구조의 한 단계로서 '과family'라는 용어를 사용하며, 서로 유난히 가까운 관계인 두 종을 가리킬 때는 바로 '자매 종'이라고 부른다. 다른 생물들 간의 유사성을 묘사할 때 인간의 친족 용어를 사용하는 것이 합리적이기는 하지만, 이런 일

2부·밝혀진 비전

이 보편적이어야 할 필요는 없다. 그런데도 그런 일은 보편적으로 일어난다.

　사실 그러한 분류와 명명법에서는 종종 유기체와 유기체들의 무리를 글자 그대로 사람들로 간주하기도 하는데, 이런 경우는 과학적 명명의 아버지에게서 특히 명백하게 보인다. 린나이우스는 실제로 식물들의 형제회brotehrhood와 사회를 구상하기까지 했으며 거기 속하는 식물들의 이름을 특정 인물들의 이름을 따서 지었는데, 다른 과학자들도 계속 그렇게 해왔다. 고약한 잡초인 시에게스벡키아 오리엔탈리스*Siegesbeckia orientalis*(제주진득찰)의 이름은 자신을 가장 호되게 비판하던 식물학자 요한 지게스벡Johann Siegesbeck의 이름을 따서 지었고, "키가 크고 고상한" 식물인 루드베키아Rudbeckia는 자신의 귀한 후원자의 이름을 따서 지은 것이 바로 그런 예다. 린나이우스는 심지어 자기 자신도 식물학적 관점에서 이해했다. 자신의 결혼식에서 그는 수술이 하나만 있는 꽃인 '모난드리안 릴리monandrian lily'에 관한 이야기가 나오는 시를 낭송하게 하여, (더 자유분방하고 다양하게 짝짓기를 하는 꽃들 및 결혼생활과는 달리) 자신은 "일부일처로" 꽃 피우고 살아갈 거라는 뜻을 표현했다.[16]

　인류학자들은 또 우리가 유기체의 이름을 짓는 방식도 다양한 사람 집단에 걸쳐 일치한다는 것을 발견했다. 특히 사람들은 특정 유기체를 지칭하는 데 두 부분으로 된 이름을 사용하며 이는 이명二名, binomial이라고도 한다. 영어에서도 이런 일이 잦고 상당히 자연스럽게 이루어진다. 예를 들어 일반적인 배와 달리 새로운 종류의 배를 부를 때 우리는 한국 배 또는 동양 배라고 부른다. 이는 사람들이 생물들 사이에 구분을 지을 때 전형적으로 사용하는 방식이다. 스콧 애트런이 묘사했듯이, 마야인들은 오래전부터 야생멧돼지 비슷한 페커리peccary라는 동물을 익히 알고 있었다. 그래서 스페인 사람들이 자기네 페커리와 유사한 길든 돼지를 들여왔을 때 마야인들은 돼지를 '마을 페커리village peccary'라고 불렀다.[17] 그리고 카스티야에서 온 스페인 정복자들이 밀을 들여왔을 때, 마야인들에게 밀은 자신들의 옥수수와 가장 비슷하게 보였으므로 밀에 '카스티야 옥수수Castilian maize'라는 이름을 붙였다. 이런 일은 양방향으로 일어났다. 스페인 사람들은 마야의 빵나무breadfruit tree가 자신들의 무화과와 비슷하다고 여겨 '인디언 무화과'라고 불렀다.

어느 곳에서나 사람들은 다양한 차이를 품고 있는 큰 집단 안에서 두드러지는 차이를 보이는 일부를 구별할 때 이명을 사용한다. 심지어 사람은 자기들 이름도 이런 식으로 짓는다. 스미스 중에서 우리는 밥 스미스, 조 스미스, 샐리 스미스 등등 온갖 스미스들을 구별한다. 리들 중에도 리 웬, 리 지아, 리 지 등이 있다. 그리고 과학에서도 린나이우스가 명한 대로 더 일반적인 속 안에 속하는 특정 종들을 칭하는 데 이명을 사용한다. 그는 모든 종을 고유하게 두 부분으로 된 이름으로 지칭해야 하며(여전히 그렇게 하고 있다), 첫 부분은 속을 나타내고 둘째 부분은 종을 나타내야 한다고(호모 사피엔스) 말했다. 이 역시 꼭 이래야만 하는 것은 아니다. 이론상 하나의 이름 속에서 정보를 조직하는 방식은 무수히 많을 수 있다. 그런데도 어디서나 민속분류학에서 생물의 이름을 지을 때 사람들이 항상 도달하게 되는 지점은 바로 두 단어로 된 이름들인 것으로 밝혀졌다. 린나이우스 이래로 이는 과학적 분류학에서도 하나의 법칙으로 자리 잡았다. 린나이우스가 발명한 것으로 여겨졌던 것이 사실은 움벨트의 법칙을 그가 훌륭하게 명문화한 것, 우리 모두에게 가장 타당하게 보이는 생명의 명명법을 잘 정리해낸 것이기 때문이었다. 이유는 밝혀지지 않았지만 어째선지 우리가 움벨트에서 생명 세계의 질서를 감지하는 어떤 방식 때문에, 이명법이 우리에게는 가장 잘 맞는 **느낌**을 준다.

✳ ✳ ✳

생명의 세계를 묘사하는 언어 사용법에서 나타나는 일관성은 어떤 생물을 지칭하는 데 사용하는 구체적인 실제 이름으로까지 확장될 수 있다. 무슨 말이냐면, 우리 인간은 어떤 언어를 사용하든 상관없이, 특정 종류의 생물에 대해 어떤 특정 이름(특정 단어)이 더 잘 어울리는지에 관해 의견이 일치하는 경향이 있다는 증거가 존재한다. 어떤 모국어를 쓰든 간에, 한 이름이 주는 울림만으로도 그 동물이나 식물의 종류를 떠올리게 하거나 그러지 못하는지가 판가름 날 수 있다. 이건 이고르라는 이름의 사람을 만났을 때 속으로 그 이름이 그 사람과 완벽하게 어울린다고 생각하거나, 카멜리타라는 사람을 만났을 때 이름이 그 사람과 정말 안 어울린다고 생각하는 일과도 다르지 않다. 소리에 대한 우리의 무의식적 반응을 연구하는 이 분야를 '소리 상징주의'라고 한다.

이것이 어떻게 작동하는지 알아보려면 다음 그림을 한 번 보라. 만약 내가 그중 하나는 **타케테**takete이고 또 하나는 **말루마**maluma라고 한다면, 여러분은 어느 게 어느 거라고 말하겠는가? 이렇게 의미 없는 단어들을 곁들인 이런 그림은 원래 1929년에 볼프강 쾰러 Wolfgang Köhler가 발표한 실험 논문에 실렸던 것으로, 그 실험에서 실

이 도형들 중
어느 것이 타케테이고
어느 것이 말루마라고 생각하는가?

험 참가자들은 내가 방금 여러분에게 한 것과 같은 일을 하도록 요청받았다.

여러분은 날카롭고 뾰족한 도형에 **타케테**라는 이름을 붙이고 둥글둥글하고 흐물흐물해 보이는 도형에 **말루마**라는 이름을 붙였는가? 아마 거의 확실히 그랬을 것이다. 그냥 그게 사람들이 하는 선택이다. 결과가 너무 한결같아서인지 쾰러는 수치를 제시하는 일조차 하지 않고 단순히 "대부분의 사람이 망설임 없이 대답했다"라고만 말했다. 더 최근의 연구에서는 비슷한 단어들과 그림들(예컨대 보우바 대 키키 또는 타케테 대 울루모)을 사용하여 영어 사용자인 성인의 95퍼센트가 예상되는 방식으로 짝을 지었다고 보고했다. 그림과 단어 쌍의 명백함은 너무 강력해서 나이와 문화, 언어도 뛰어넘는 것으로 보인다. 연구자들은 영어를 쓰는 아이들이건 스와힐리어나 키통웨어의 반투 방언을 쓰는 아이들이건 어린이들에게서도 비슷한 결과를 얻었다. 심지어 두 살밖에 안 된 어린아이들도 60~80퍼센트는 예상대로

2부 · 밝혀진 비전

선택하는 모습을 보였다.[18]

우리는 왜 이러는 걸까? **타케테**의 'ㅌ'과 'ㅋ' 소리는 왜 그렇게 명백히 날카롭고 뾰족한 도형을 나타내는 것 같고, **말루마**의 'ㅁ'과 'ㄹ' 소리는 왜 둥글둥글한 도형을 나타내는 것 같을까? 연구자들도 아직 뾰족한 답을 얻지 못했다. 어쩐지 그건 당연한 동시에 설명하기가 불가능한 일 같은데, 그게 그렇다는 것 역시 너무나 명백하다. 그리고 사람들은 뾰족하거나 둥글둥글한 그림에 대해 그렇듯이 생명의 세계(크고 우락부락하고 으르렁거리며 털이 북슬북슬한 것들 대 지저귀고 짹짹대는 자그마한 것들)도 특정 종류의 이름이 적절하게 어울리는 것으로 지각한다.

브렌트 벌린은 연구자들이 유난히 좋아하는 실험 대상인 학부생을 대상으로 한 연구에서 캘리포니아대학교 버클리 캠퍼스의 제자들에게 자기가 50쌍의 동물 이름을 큰소리로 읽을 테니 들어보라고 했다.[19] 각 이름 쌍은 페루 우림의 후암비사족Huambisa이 쓰는 언어의 물고기 이름 하나와 새 이름 하나로 이루어졌다. 벌린은 100명의 학생에게 그 이름들을 듣고 물고기 이름이 아니라 새 이름이라고 여겨지는 것을 고르게 했다. 일반적인 미국의 대학생답게 이들은 후암비사어에 대한 사전지식도 그 언어를 들어본 적도 없었다. 이는 곧 무작위로 답을 고를 경우 한 쌍마다 정확한 답을 맞힐 확률이 동전을 한 번 던질 때 앞면이 나올 확률과 같은 50퍼센트일 거라는 뜻이다. 100명의 학생이 각자 새 이름과 물고기 이름 50쌍에 대해 답을 내는 것이니 이는 곧 5,000번의 결정이 내려진다는 말이고, 각 결정마다 답을 맞출 확률은 50퍼센트이다. 표본 크기가 이렇게 크니(5,000번의 선택) 정답률은 약 50퍼센트가 나와야 한다. 뭐, 50.1퍼센트나 49.9퍼센트 정답률 정도는 나올 수도 있겠지만, 어쨌든 그 차이는 정말 정말 근소할 것이다.

그렇지만 결과를 도표로 정리해본 벌린은 학생들이 새 이름을 58퍼센트 비율로 정확히 맞췄음을 알게 됐다. 지나치게 높은 비율이었다. 비교를 위해 동전을 두 번 던진다고 상상해보자. 알다시피 한 번 던질 때마다 앞면이 나올 확률은 50 대 50이다. 그리고 겨우 두 번 던질 때는 무슨 일이든 일어날 수 있다. 앞면이 두 번 나올 수도 있고 뒷면이 두 번 나올 수도 있으며 앞면과 뒷면이 각각 한 번씩 나올 수도 있다. 하지만 동전을 10번 던진다면 앞면과 뒷면이 나오는 비율이 50 대 50에 가까워질 가능성이 좀 더 높아진다. 만약 5,000번을 던진다면, 앞면이 약 2,500번 나올 것이 거의 확실하고 뒷면이 나올 횟수도 거의 비슷할 것이다. 그렇지 않다면, 그러니까 가령 58퍼센트가 앞면이 나왔다면 다른 뭔가가 결과에 작용하고 있다는 뜻이니 동전을 확인해보는 게 좋다.

이 학생들의 경우가 그랬다. 5,000번 어림짐작을 했는데, 50퍼센트보다 상당히 높은 정답률을 낸 것이다. 무슨 일이 벌어지고 있었던 걸까? 이 학생들은 어떤 이름에 담긴 '새스러움' 혹은 '물고기스러움'을 직관으로 알 수 있었다. 이는 사람들이 어떤 그림의 **타케테스러움** 또는 **말루마**스러움을 느낄 수 있는 것과 똑같은 일이다. 그리고 그 이유는(절대로 버클리의 학부생들을 무시해서 하는 말이 아니라) 그게 실제로 이상할 정도로 쉬운 일이기 때문이다.

이런 일에 얼마나 천부적으로 능숙한지 알아보기 위해, 일종의 '당신 내면의 박물학자 찾기' 실습이랄 수 있는 다음의 축소판 벌린 실험을 해보자. 다음 표의 A열과 B열에 각각 하나씩 쌍을 이룬 이름

들이 열거되어 있다.[20] 벌린의 실험에 사용되었던 물고기 이름 하나
와 새 이름 하나씩이다. 한 쌍의 단어를 몇 번씩 큰 소리로 읽고 어느
쪽 소리가 물고기 이름처럼 들리고 어느 쪽이 새 이름처럼 들리는지
생각해본 다음, 더 새 이름 같다고 생각되는 이름에 동그라미를 쳐보
라. 우리 중 아무도 전에 후암비사어를 들어본 적이 없으므로 내가 괄
호 속에 대략적인 발음 기호를 써놓았다. 스페인어 사용자라면 'e'가
'list'의 'i'처럼 발음되는 것을 제외하고 나머지 모음들이 스페인어처
럼 발음된다는 걸 알 수 있을 것이다. 악센트 부호가 있거나 발음 기
호에 대문자가 보이면 그 음절에 강세를 줘서 읽으라. 서두르지 말고
천천히 해보라. 그리고 나를 믿어라. 여러분은 정말 잘 해낼 것이다.

	A	B
1	chunchuíkit (choon-chew-EE-kit) 춘추이킷	máuts (MAW-oots) 마우츠
2	chichikía (chee-chee-KEE-ah) 치치키아	katán (kah-TAHN) 카탄
3	terés (tih-RISS) 티리스	takáikit (tah-KA-ee-keet) 타카이킷
4	yawarách (yah-wah-RAHTCH) 아와라치	tuíkcha (too-EEK-cha) 투익차
5	waíkia (wa-EE-kee-ah) 와이키아	kanúskin (kah-NOOS-kin) 카누스킨

　　여러분이 맞히기를 시도해본 다섯 쌍의 이름 중 실제 새 이름은
춘추이킷, 치치키아, 타카이킷, 투익차, 와이키아이다. 여러분은 원래
실험에서 나왔던 58퍼센트 정답률보다 더 나은 점수를 받았을 가능

　　　　　　　　　　　　　　　　4장 · 바벨탑에서 발견한 놀라움

성이 크다. 왜냐하면 이 다섯 쌍의 이름은 벌린의 학생들이 새 이름을 가장 일관되게 식별해낸 쌍들이기 때문이다. 무슨 이유에선지 하나는 새 이름이고 하나는 물고기 이름이란 게 유난히 분명해 보인 쌍들이라는 말이다. 하지만 맞힌 수보다 더 중요한 것은 그 소리를 들었을 때 당신이 경험한 것이다. 어떤 것은 안 그런데 또 어떤 것은 유독 새 이름 같이 느껴지지 않았는가? 또한 어떤 것은 그냥 더 물고기 이름처럼 들리지 않았는가? **타케테**와 **말루마**가 그랬듯이, 이 새와 물고기의 이름들은 글자 그대로 우리에게 말을 건다.

그렇지만 우리가 한 번도 들어본 적 없는 언어의 단어들에 관해 아는 일이 도대체 어떻게 가능한 것일까? 어떤 소리는 우리에게 '물고기'라는 개념을 암시하는 것처럼 들리고 또 어떤 소리는 '새'를 떠올리게 한다는 걸 우리는 어떻게 설명할 수 있을까? 어떤 이름들은 더 물고기 같다. 그러니까 더 크고 더 퍼덕거리고 비늘로 덮인 느낌이 더 들고 더 물에 젖어 있는 것 같고 덜 매력적이다. 다른 이름들은 좀 더 새 같고, 벌린의 동료가 한 말을 빌리면 "새 이름은 '지저귀는' 이름들이다".[21] 앞서 시험해본 다섯 쌍의 이름들을 다시 보면 새 이름은 정말 더 명랑하게 지저귀는 소리처럼 들린다. 이것이 정말로 의미하는 바는 단순히 새들이 '지저귄다'라는 사실이 아니다. 그건 이미 우리 모두가 아는 사실이다. 어떤 단어가 새 이름처럼 들리는 현상은 인간이 보편적으로 유사한 방식으로 새들을 인지한다는 것을 말해준다. 인간의 각 문화 간 차이들(새들이 우리에게, 우리의 식사 습관에, 우리의 종교적 관습에 끼치거나 끼치지 못하는 의미들)에도 불구하고, 이 이름들과 우리 자신의 다양한 언어에 속한 다른 단어들 간의 유사성에도 불구하고, 새의 비행과 깃털의 명백함에도 불구하고, 모든 곳의 움벨트를 날아다니는 새들이 우리 인간에게 가장 눈에 띄는 점 하나는 그것들이 '지저귄다'는 사실이다. 무슨 이유에선지 동물이 내는 소리는 그 동물의 정체에서 가장 핵심적인 특징이며, 따라서 모든 문화와 지역과 시대를 통틀어 인간은 동물이 내는 소리를 글자 그대로 가져와 그 동물의 이름으로 삼는 일이 많다. 영어에서 치카디(미국박새) chickadee는 이 새들이 종일 내는 "치카디, 치카디, 치카디 - 디 - 디" 하는 소리 때문에 그런 이름이 붙었다. 딱새의 일종인 피위새peewee bird는 '피 - 위 -'하고 운다. 까옥까옥 또는 깍깍 하고 우는 까마귀의 이름이 아주 그럴싸하게 들리는 것도 그 때문일 것이며, 여러분이나 나나 또 다른 누구라도 후암비사어의 새 이름을 해독할 수 있는 이유이기도 할 것이다. 만약 과학적인 종의 이름들, 도저히 해독할 수 없을 것 같아 보이는 그 라틴어 이름들마저 물고기나 새나 어떤 통통하고 까만 딱정벌레를 가리키는 것처럼 들리게 하는 바로 그 감각에서 자유롭지 않은 것으로 밝혀진다면 무척 흥미로울 것이다. 그럴 가능성도 충분하다. 버클리의 학부생들이 보여주었듯이 우리의 움벨트, 그러니까 생명의 세계가 무엇이고 무엇이 아닌지, 무엇일 것 같고 무엇이 아닐 것 같은지에 대한 우리의 감각은 전혀 들어본 적 없는 언어로 된 이름에서도 새스러움과 물고기스러움을 느낌으로 구분할 수 있을 정도로 너무나 명확하고 뚜렷한 것이기 때문이다.

※　※　※

이 인류학자들은 자기들이 그러고 있다는 걸 알지도 못한 채, 이렇게 한 조각 한 조각씩, 한 번에 통합적 원칙 하나씩, 생명에 대한 보편적 시각의 형태를 밝혀내고 있었다. 자신의 움벨트를 한껏 향유하는 모든 사람이 모든 생물을 정확히 똑같이 인지하고 분류하고 명명한다는 말은 아니다. 화식조를 포유류로, 난초를 발가락으로 보는 시각, 병합파와 세분파의 다양한 시각이 이미 충분한 증거다. 우리가 아는 물고기의 종류가 몇 종인지, 두 종 사이에 비슷한 점이 더 많은지 다른 점이 더 많은지, 어느 물고기 종이 너무 특별해서 완전히 다른 무엇으로 불러야 하는지 마는지를 두고 티격태격할 수는 있겠지만, 그래도 물고기가 존재하며 우리가 반드시 그것들의 존재를 알아보고 분류하고 명명하리라는 데는 분명 모두가 동의할 것이다. 그러니 분류학자들과 인류학자들이 그렇게 오랫동안 이 규칙들의 존재를 알아차리지 못했다는 것도 놀라운 일은 아니다. 자신의 준거틀을 알아보는 것보다 더 어려운 것은 없다. 지금까지 기술한 규칙들은 단순히 사람이 그렇게 하지 않을 수 없는 일처럼 보이고, 실제로 정확히 그러하다.

※　※　※

하지만 생명 세계에 대한 인간 시각의 전체 형태를 이루는 요소는 그게 다가 아니다. 인간의 움벨트는 그것이 우리에게 보여주는 것, 우리에게 그 세계를 조직화해 보여주는 방식이 미리 정해진 규범 같은 성격을 강하게 띠기 때문에, 마치 사람들이 실질적인 양적 규칙에 따라 생명 세계를 조직하는 것처럼 보인다.

민속 분류학에서는 속이라는 분류군에서 사람들이 전형적으로 명명할 수 있는 수에 한계가, 즉 일종의 상한선이 있다는 증거가 있

　　　　　　　　　　　　　　　　　　　　　2부 · 밝혀진 비전

으며, 그 수는 대략 600가지다.[22] 린나이우스의 체계와 마찬가지로 민속 분류학에도 계층 구조가 존재한다. 린나이우스의 계층 구조에서는 여러 변종이 모여 종을 이루고, 종들은 모여 속을 이룬다. 민속 분류학에서도 민속 변종들이 민속 종 안에 모이고, 민속 종들은 민속 속 안에 모인다. 그리고 과학에서 종이나 더 높은 단계인 과가 아니라 속에 들어가야 하는 게 정확히 무엇인지에 관한 논쟁이 있는 것처럼, 민속 분류학에서도 민속 속을 구성하는 것이 정확히 무엇인지에 관한 논쟁이 있다. 어쨌든 이 역시 분류학이니 말이다. 하지만 그 계층이 어떻게 형성되는지에 관해서는 얼마간의 합의가 있다. 민속 분류학의 속은 일반적으로 한눈에 쉽게 식별할 수 있는 것 중 이름이 붙은 가장 작은 분류군으로 본다.[23] 이와 대조적으로 다양한 종들은 더 주의 깊고 정밀한 검토가 필요한 것으로 여겨지는데, 이는 한 속에 속한 종은 같은 속에 속한 다른 종들과 미묘하게 다른 세부로 구별되기 때문이다. 그리고 변종들은 그보다 더 면밀한 조사가 필요하다고 본다.

이 문제는 민속 속이 흔히 표준적으로 통용되는 식별 기준으로 여겨진다는 점, 다시 말해 사람들이 생물을 묘사할 때 가장 자주 사용하는 용어라는 점을 들어 생각해볼 수도 있다. 이 말이 무슨 뜻인지 대강 파악해보기 위해, 당신이 다른 나라에서 온 손님과 함께 길을 걷고 있다고 상상해보라. 그 사람이 나무 한 그루를 가리키며 "저건 뭐예요?" 하고 묻는다. 이때 당신은 "식물이에요"라고 말하겠는가? 아니, 그건 너무 일반적이고 계층 구조에서 너무 높은 위치이다. 그건 계를 특정하는 말이기 때문이다. 그렇다면 "핀참나무pin oak예요"라고 말할 것인가? 아니, 그건 너무 구체적이고 계층 구조에서 너

4장 · 바벨탑에서 발견한 놀라움

무 낮은 위치로, 그런 답은 과녁을 살짝 빗나가서 종을 식별한 것이다. 아마 당신은 "그건 참나무예요"라고 대답할 가능성이 가장 크다. 이는 민속 속으로 간주되는 것(참나무oak)을 알려주는 말인 동시에, 이 경우에는 라틴명이 퀘르쿠스*Quercus*(참나무속)인 과학적 속을 알려주는 것이기도 하다.

그런데 분류되고 명명된 민속 속의 수에 왜 제한이 있는 것일까? 뭐, 이론상으로는 제한이 있을 필요가 없다. 전 세계에 동식물의 수와 종류가 대단히 다양하며, 짐작건대 사람들은 서로 상당히 다른 방식으로 그 동식물들을 바라볼 것이라는 점을 고려하면, 분류되고 명명된 속의 수에 그 어떤 제한이라도 있을 거라고 생각할 이유는 없다. 그런데 이번에도 벌린이 그 증거를 찾아냈다. 그는 다양한 민속 분류학들에 걸쳐 분류되고 명명된 민속 속의 총 수가 600 미만에서 멈추는 경향이 있음을 알아냈다.

캐나다의 릴루엣족Lillooet은 137가지 식물 속을 식별하고, 나바호족은 201가지, 세리족은 310가지, 필리핀의 타우부이드족Taubuid은 무려 598가지를 식별한다. 이 조사에서 벌린은 식물의 상세한 목록을 알아낼 수 있었던 24개 부족들에게서 이름이 붙은 모든 속의 평균 수가 520임을 알아냈다. 그리고 동물 이름의 믿을 만한 목록에 대한 비슷한 조사에서도 비슷한 결과를 얻었는데, 모든 부족의 동물 속 수는 186에서 606 사이였고 평균은 390이었다. 그의 연구에서 상한선을 초과한 두 집단이 있었다. 인도네시아의 토벨로족Tobelo과 필리핀의 하누누족Hanunóo이 각각 689가지와 956가지로 규칙을 깼다. 하지만 누구든 특정한 상한선 아래에 머물러야 할 이유가 대체 어디 있단 말인가? 더 흥미로운 것은 전 지구적인 생명 대탐험이 벌어졌던 린나이우스의 시대 이전에 생물을 명명했던 다른 사람들에게서도 동일한 상한선이 존재했던 것처럼 보인다는 점이다. 린나이우스의 지적 선배 중 한 사람인 테오프라스토스는 저서에서 총 550종가량의 식물에 관해 논했다. 또 한 명의 그리스 자연사학자인 디오스코리데스Dioscorides는 600종가량의 식물에 관해 기술했다. 18세기 프랑스 식물학자 투르네포르Tournefort는 617종을 식별했다. 그리고 아리스토텔레스는 동물과 동물의 분류에 관한 저작에서 약 500종을 다루었다. 이 분류학자들은 모두 600가지 속 근처에 다가가면 슬그머니 작업을 마무리했다.

인간의 움벨트에 의해 결정되는 민속 분류학에서는 왜 동물이나 식물이 600종 또는 그 미만으로 제한되는 것일까? 명백한 답으로 보이는 것 하나는 린나이우스 시대 이전에는 사람들이 평생 살면서 600종이 넘는 식물이나 동물을 볼 일이 별로 없었다는 것이다. 한 지역에서 형태나 크기로 식별되거나 과학적으로 식별되는 식물과 동물 유형의 절대적인 수가 그 지역 사람들이 명명하는 속의 수를 제한하는 것일지도 모른다. 이 주장은 논리적으로 보이지만, 세상에는 600가지 속으로는 그곳에 존재하는 것들을 도저히 다 포함하지 못하는 지역도 많다. 자연은 사람들에게 600에서 멈추라고 강요하지 않는다. 오히려 사람들이 자기네 주변의 다양한 식물이나 동물을 모두 다 다뤘든 아니든 간에 600가지 속에 도달하면 분류를 멈춘다.

일부 과학자들은 600이라는 수 자체에 생명의 세계와 무관한 뭔가가 있을 거라는 의견을 제시했다. 어쩌면 대부분의 사람에게 인간의 기억 역량이, 즉 머릿속에 담아두는 한 대상의 목록이 600가지에 채 이르지 못하고서 고갈되는지도 모른다. 어쩌면 누군가 600가지를 한참 넘도록(이를테면 700가지나 1,000 또는 3,000가지로) 분류를 시도해본다면, 그 식물의 목록은 초록색 흐릿한 번짐이 될 것이고 동물의 목록은 털과 깃털이 뒤죽박죽된 난장판이 될 것이다. 아마도 이것이 초기 식물학자들이 총 항목을 600가지 이하로 유지한 이유를 설명해줄지 모른다. 그들이 명명된 분류군의 수를 기억으로 처리할 수 있는 수준으로 유지해야 한다는 점에 대한 염려를 자주 표현한 걸 보면 말이다.

벌린은 그런 이유라면 어쩌면 현대의 생물학자들에게도 유사한 종류의 기억력 상한선이 있을 것이라고 추측했다. 그 말을 읽으며 나는 친구들과 가족에게 실험해봄으로써 그 생각을 검증할 수 있겠다는 생각이 들었다. 그래서 나는 남편 메릴을 앉혀놓고 이렇게 말했다. "당신이 생각해낼 수 있는 모든 동물의 속을 말해줘." 메릴은 직업이 생물학자이며 특히 곤충학자라 실험 대상으로 완벽했다. 나는 그가 600 상한선을 뚫어버릴 거라고 확신에 가깝게 예상했다. 메릴이 동물 속을 600가지가 훨씬 넘게 알고 있음을 나는 알고 있었다. 게다가 그는 경쟁심도 무척 강하다. 그런 그가 왜 600에서 멈추겠는가? 그래서 우리는 앉아서 그가 이름을 부르면 나는 받아적었고, 그렇게 3시간이 지나자 메릴은 자기 기억 저장고의 바닥을 더 이상 긁어낼 수 없을 것 같다고 말했다. 시작한 후로 이름을 대는 속도가 무척 떨어졌고, 자기가 놓친 게 많다는 걸 알고는 있었지만 결국 "그게 다야. 이제 더 이상 떠올릴 수 없을 것 같아" 하고 말했다. 자기가 몇 가지나 댔는지 전혀 몰랐고, 민속 분류학의 600가지 속의 상한선에 관해서도 아는 게 없었다. 그런데도 내게는 (그에게도) 너무나 놀랍게도, 그 목록을 다 세어보니 마치 그 규칙이 예언이라도 한 듯 575가지로 추

　　　　　　　　　　　　　　　　　2부 · 밝혀진 비전

려졌다.

흥미가 한층 더 동한 나는 또 한 명의 자연사 덕후인 친구 앨런을 불렀다. 앨런의 전문분야는 뱀과 도마뱀이다. 내가 동물 속을 아는 대로 다 대보라고 하자 자기가 아는 동물 속이 얼마나 많은지 잘 아는 그는 "농담해?"라며 메릴이 그랬듯 잠시 망설였다. 어쨌든 우리는 시작했고 4시간 10분이 지나자 앨런도 마침내 멈췄다. 그는 메릴과는 꽤 다른 목록을 만들어냈으며 자기가 총 몇 가지나 댔는지도, 메릴 역시 같은 시험을 치렀다는 것도, 600가지 속 상한선에 대해서도 전혀 몰랐다. 앨런의 합계는? 591이었다. 메릴의 합계와 감질나게 근접했고, 둘 다 600에 조금 못 미쳤다. 여기서 무슨 일이 일어나고 있는 걸까?

이건 딱히 논문으로 출판할 수 있는 데이터는 아니지만, 이 두 실험 대상 다 각자 따로, 자기는 더 이상 기억할 수 없다고 솔직히 말했다(나중에 메릴은 도롱뇽을 완전히 잊어버렸던 자신을 질책했다. 둘 다 해양 생물은 거의 대지 않았다. 그리고 며칠이 지나 앨런은 "잠깐, 속 하나 더 생각났어"라는 메일을 계속 보내왔다). 그들은 둘 다 며칠에 걸쳐, 심지어 몇 주에 걸쳐서도 훨씬 더 느려지는 속도지만 더 많은 속명을 댈 수 있다는 걸 잘 알았다. 그냥 그때는 더 이상 기억해낼 수 없을 것 같았을 뿐이다. 정신의 우물이 말라버린 것이었다. 아마도 그것이 핵심일 것이다. 어쩌면 600은 우리가 머릿속에 쉽게 담아 다닐 수 있거나 특정 시점에 그 기억에 접근할 수 있는 대략적인 최댓값인지도 모른다. 어쩌면 그것은, 매우 구체적이고 시각적으로 식별 가능하며 서로 관련된 대상들의 집합과 결부된 이름들의 집합 중 우리가 작업할 수 있는 한계인지도 모른다. 애초에 기억 상한선이 이렇게 600 미만이 된 이유는 표준적 인간 부족으로 여겨지는 집단에서 한 사람이 모든 사람을 알기 위해 기억해야 하는 얼굴의 수라고 말하는 가설이 있다.[24] 이 가설을 따른다면 600 미만의 기억 역량은 그렇게 설정되어서 현재 동물과 식물에 대한 우리의 기억력에서도 발현되고 있는 건지도 모른다. 이유가 무엇이든, 비록 이상하고 예상 밖이기는 하지만 우리 머릿속에는 이런 기억의 수량적 한계가 존재하는 것으로 보이며, 그것은 우리의 움벨트에 대한 상한선, 움벨트를 에워싸는 틀, 생명의 세계를 개념화하고 인지하는 우리 역량의 한계다.

✳ ✳ ✳

속은 움벨트에서 수치적 규칙에 지배되는 유일한 분류군이 아니다. 종들 역시 그렇다. 민속 분류학과 과학적 분류학 둘 다에서 각 속 안에 들어가는 종들의 수도 유사하게 무의식적으로 따르는 규칙이 있다. 지금 당신 앞에 500가지 딱정벌레 종이 있다고 해보자. 이제 당신은 이 벌레들을 유사한 종들의 무리로, 그러니까 속으로 분류해야 한다. 우림의 풍부함부터 북극의 빈약함까지 생물들의 어마어마한 다양성을 고려하면, 당신은 분명 종들(모두 각자만의 독특한 방식으로 진화한)을 모아 속을 구성하는 방식에 어떤 패턴이 존재한다고는 예상하지 않을 것이다. 하지만 이번에도 그런 패턴은 존재한다. 생존을 위해 농사짓는 마야의 농부든 뉴욕시 박물관에서 일하는 직업적 분류학자든, 한결같이 사람들은 한 가지 특징적 방식으로 종들을 속들 속으로 나눠 넣는다.

이런 식이다. 생물을 분류할 때 사람들은 대부분의 속이 단 하나

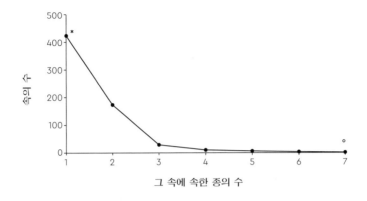

다양한 여러 생물 집단에서 종들을 속으로 조직하는 것은 위의 윌리스의 우묵한 곡선[25]을 따른다. 다시 말해 대부분의 속은 하나 또는 몇 개의 종들만 포함하며, 많은 종을 포함하는 속은 매우 드물다는 말이다. 과학적 분류학과 민속 분류학 양자 모두의 분류와 명명에서 이런 패턴이 보인다.

의 종만을 포함하고 두 종을 포함하는 속은 비교적 적으며, 세 종이나 네 종 등을 포함하는 속은 더 드물도록 조직한다. 이 패턴을 보는 가 장 쉬운 방법은 위의 그림 같은 그래프로 그려보는 것이다.

가로축(x축)에는 하나의 속에 포함된 종 수가 표시되어 있고, 세 로축(y축)에는 그 수의 종을 포함하는 속들의 수가 표시되어 있다. 이 예에서 그래프 왼쪽 끝에 첫째로 표시된 점(별표 옆)을 보면, 단 하나 의 종만을 포함하는 속이 400개가 넘는다는 것을 알 수 있다. 2개의 종을 포함한 속들은 200개에 조금 못 미친다. 3개의 종을 포함하고 있는 속은 20개에 가깝고, 이렇게 이어지다가 (열린 원 바로 옆에 있는) 마지막 점까지 가면 7개의 종을 포함하는 속은 거의 없음을 분명히 알 수 있다. 보시다시피 데이터는 왼쪽이 높고 오른쪽으로 갈수록 바 닥에 깔리는 가파른 곡선을 그린다.

4장 · 바벨탑에서 발견한 놀라움

이 곡선은 모양 때문에 우묵한 곡선hollow curve이라고 불리며, 특히 이 우묵한 곡선에는 이름이 있다. 이것은 윌리스의 우묵한 곡선 Willis's hollow curve이다. 이름이 따로 있는 이유는 이 문제가 거의 한 세기 가깝게 논의되어 왔기 때문이다. 이 경우에 논의한 이들은 인류학자들이 아니라, 자신들이 일부러 그러려고 하는 것도 아닌데 왜 계속 속들 속에 종들을 이렇게 배치하는지 그 이유를 알지 못했던 전문 분류학자들이었다. 그들은 왜 자꾸만 이렇게 하는 것이며, 민속 분류학을 하는 일반 사람들도 왜 똑같이 하는 것일까? 내가 보기에 그것을 가장 잘 설명해줄 것은 움벨트이다. 움벨트는 우리에게 종들이 매우 특정한 방식으로, 상당히 윌리스의 우묵한 곡선을 닮은 방식으로 속들을 채우는 세계를 보여주는 것 같다. 우리가 그런 그래프를 본 적이 있든 없든 말이다. 그리고 분류학자들은 다른 모든 사람과 마찬가지로, 자신의 지각이 알려주는 것에 좌우되는 움벨트의 포로들이다.

✳   ✳   ✳

마침내 부인할 수 없는 진실이 밝혀졌다. 그것은 생명에 대한 보편적 비전이라는 진실이다. 사람들은 단지 자기가 **호모 사피엔스**라는 사실만으로 드넓은 지구 전역과 어마어마하게 긴 시간에 걸쳐, 고온다습한 숲과 바짝 마른 사막에서, 드높은 산과 낮게 깔린 계곡에서, 어떤 생물을 보든 어떤 문화나 언어를 갖고 있든 동일한 생명의 세계를 알아보며 엄격한 분류학적 명령을 반드시 따르게 되어 있다. 이는 과학자들이 쓰는 린나이우스의 계층 구조 꼭대기부터 바닥까지 적용되며, 때로는 사람들이 종들을 분류하는 방식을, 또 때로는 속들을,

나아가 대략적으로 목phylum과 맞먹는 연충과 벌레류wugs를 분류하는 방식까지 통제하는 규칙이다. 인간 문화의 광대한 전 범위에 걸쳐 나타나는 생명 분류와 명명의 혼돈으로 보였던 것이 사실은 그 정신 없음 뒤에 숨어 있는 다음의 엄격한 규칙을 보여주고 있었던 것이다. 항상 표준적 생명 형태의 메뉴판에서 봉화처럼 두드러지는 무리들을 알아보라. 항상 어느 정도의 동물들과 식물들을 분류하고 명명하라. 비슷한 생물들은 형제들로 여겨라. 그 생물을 나타내는 것처럼 들리는 단어를 사용해 생물의 이름을 지어라. 민속 속의 이름은 600개 미만으로 지어라. 윌리스의 우묵한 곡선 그래프를 따라라.

인간의 행동은 유동적이고 창조적이며 예측할 수 없지만, 우리가 생명의 세계를 인지하고 이해하려 노력하는 동안 우리의 움벨트는 근본적인 면에서 변함없는 상태로 남아 있다. 움벨트는 우리 존재의 확실한 한 부분이기 때문에 움벨트를 무시하는 일은 거의 불가능하지만, 움벨트에 따라 사는 것은 그것이 우리가 들어본 적도 없는 규칙을 따르는 일일망정 침대에서 굴러나오는 것만큼이나 쉽다. 뉴기니의 수렵인부터 마야의 농부를 거쳐 독일의 분류학자까지, 이 시각이 반투어나 표준 중국어로 표현되든, 브라질의 마샤칼리어 혹은 라틴어 학명으로 표현되든 모든 사람이 심층적인 면에서는 아주 유사한 방식으로 생명을 머릿속으로 그린다.

이 비전은 사람들에게 다윈이 보았던 분류군 속의 분류군, 린나이우스가 찾던 자연의 질서를 포착하게 하고 현실로 인지하지 않을 수 없게 한다. 또한 자기네 지역의 산과 계곡을 모두 다 탐험한 뒤 지구의 나머지 지역에 사는 생물을 탐사하려는 열망을 품은 박물학자들 때문에 수백 척의 범선이 출항하게 한다. 인간의 움벨트는 심지어 인간의 깊은 욕망을 부추김으로써 분류학이라는 온전한 과학 분야 하나를 탄생시켰다. 이 과학의 가장 사랑받는 전통은 단순히 학문적 유산만도 아니요, 이 분야의 아버지인 린나이우스가 발명한 규칙들과 체계들만도 아니다. 그것은 훨씬 더 깊은 무엇이며, 인류 자체만큼이나 오래된 애호와 전통이다.

나는 인류학의 세계에 뛰어들어 보고서야 이 강력하고 보편적인 생명의 비전이 또렷하게 그려진 모습을 목격할 수 있었다. 하지만 움벨트가 지닌 진짜 중요성을 이해하기 위해서는 기이한 심리학의 세계로 풍덩 뛰어들어야만 할 터였다. 그 세계에서 자신의 움벨트를 완전히 도둑맞은 희한한 사람들에 관해 알게 되었기 때문이다. 그리고 나는 어떤 비극적인 진실도 보게 된다. 이 사람들이, 다른 어떤 사람이라도 그렇겠지만, 움벨트를 잃어버림으로써 정말로 길을 잃었다는 사실을.

5장

아기와 뇌손상 환자의 움벨트

새로운 별 하나가, 아니 그보다는 태양이, 정신의 지평선 위로 떠올랐다.
이 태양은 과학적 확실성의 손가락으로 모든 정신적 능력을 하나씩 짚어주고 …
그 무엇도 어둠이나 의혹 속에 남겨두지 않으며,
다만 진정한 정신의 과학을 발달시킬 뿐이다.

O. S.와 L. N. 파울러
『삽화가 들어간 골상학 및 생리학 자습서』[1]

민속 분류학 작업이 만들어낸 방대한 단어들의 모음 속에, 중국의 동물 이름 목록과 브라질 인디언의 식물 용어 사전 속에 오랫동안 숨어 있던 비밀이 드러났다. 인류학자들은 생명의 세계에 대해 우리 인간이 공유하는 비전의 존재를, 모두가 그 안에서 나날의 삶을 영위하는 움벨트에 대한 글자 그대로의 묘사를 찾아낸 것이다.

그런데 나는 우리가 공유하는 이 비전이 너무나 놀랍고 아름답다고 느끼기는 했지만 아직 그 중요성은, 그런 것이 애초에 존재하는 진짜 이유는 이해하지 못했다. 확실히 내게는 움벨트가 우리 삶의 일부로 남아 있든 말든 우리가 그걸 신경 써야 할 이유가 딱히 보이지 않았다. 생물들, 특히나 이 지구의 야생생물들이 아주 작은 역할만 하는 것처럼 보이는 오늘날의 우리에게, 분류학에 시각적 도움이 되는 것 외에 움벨트는 과연 무슨 쓸모가 있을까?

당시 내게 움벨트는 쓸모가 없어진 지 한참 지난 상태로 여겨졌다. 매력적인 비전이기는 했지만(그렇지 않았다면 진화분류학자들이 아마도 지니고 있을 모든 과학적 성향을 거슬러 가면서까지 끝까지 그것을 붙잡고 있었겠는가?) 그만큼 결점도 있었다. 무엇보다 움벨트는 생명이 진화한다는 사실조차 알아보지 못한다. 오히려 일상적 경험(변함없는 지빠귀, 다람쥐, 사람)에서 접하는 대로 종은 늘 고정되어 있다는 시각을 포함하여 과학이 사실임을 증명한 모든 것에 어긋나는, 시대에 뒤떨어진 관점을 고집했다. 내게 그것은 붙잡고 있기에는 너무 시대에 뒤떨어진다고 여겨지는 비전이었고, 과학의 규범적 교정이 필요한 비전이었다. 물론 그 비전은 사랑스럽다. 예쁘다는 것도 두말할 나위 없다. 무엇보다 확실한 건 아주 설득력이 있다는 거다. 하지만 동시에 케케묵었으며 결정적으로 틀렸다. 나는 움벨트가 물러나야 한다는 확신을 갖고 계속 책을 써나갔다.

하지만 계속 자료를 읽어나가다가 생각이 바뀌기 시작했다. 특정한 부류의 뇌 손상 환자들의 이야기를 접하니 움벨트가 지닌 더욱 심층적인 중요성이 명확히 드러났다. 인지심리학자들이 과학 학술지에서 누차 보고한 이 사람들은 생물을 알아보고 그 이름을 아는 능력을, 그러니까 생명 세계를 분류하는 능력을 잃어버린 사람들이었다. 이 희한한 연구는 움벨트가 단순히 분류 수단만이 아니라는 사실을 드러내준다. 움벨트는 우리가 매일 세상 속에서 자신 있게, 분별 있게, 행복하게 삶을 꾸려갈 수 있게 해준다. 우리가 기능할 수 있게 해주는 것은 움벨트와 그 안에서 우리가 보는 질서이다. 식별하는 능력, 그러니까 생명을 알아보고 체계화하고 명명하는 능력이 없으면 우리는 그냥 우리의 세상 속에서 살아갈 방법도 알지 못하고 그 세상을 이해하지도 못한다. 그렇게 되면 우리는 당근과 고양이를 구별하지 못할 것이다. 어떤 걸 채칼로 썰고 어떤 걸 귀여워해주지? 칠면조와 호랑이도 마찬가지로 구별하지 못할 거다. 어떤 것을 굽고 어떤 걸 보고 달아나야 할까? 그리고 이런 생존에 기본적인 사항을 넘어, 우리에게는 가장 심층적인 점들을 이해하는 능력도 전혀 없을 것이다. 이를테면 우리는 누구인가 하는 것부터. 사람? 남자? 여자? 생명의 질서를 알아보는 능력을 잃는다는 것, 자신의 움벨트를 잃는다는 것(나는 이런 일이 아무에게도 일어나지 않기를 바란다)은 완전히 길을 잃는 일이다.

❋　❋　❋

처음에 나는 생물들, 오직 생물만을 분류하고 인지하고 명명하는 능력을 잃어버리는 증상이 있는 정신적 질환이 존재한다는 것을 믿을 수 없었다. 여기저기서 산발적으로 나타나던 일화적인 초기 보고서들의 성격이 그 기괴함을 더욱 강화했다.

그런 증상이 발견된 초창기 환자 중 한 명은 '플로라 D Flora D'인데, 본명은 아니고 의사들이 신상 보호를 위해 붙여준 반어적인 가명이다.[2] 플로라 D는 겉보기에 모든 면에서 완벽히 기능하는 정상적인 중년 여성이었다. 마흔여섯이었던 그는 1940년대에 로스앤젤레스에서 속기사로 직장 생활을 하고 있었다. 그러나 어느 가을에 플로라 D는 병에 걸렸다. 한 달 동안 독감처럼 보이는 병을 앓았다. 오한이 들고 열이 났으며 기침과 구토 증상이 있었다. 증세가 더 안 좋아지자 주치의는 그를 큰 병원으로 보냈다. 그 병원에서도 증세는 더욱 악화되어 산소를 주입받는데도 숨쉬기가 몹시 힘들어져 온몸이 무섭도록 파랗게 변한 상태가 거의 하루 동안 지속되었다. 의사들은 뇌 손상을 우려해 플로라 D에게 표준 신경학 검사를 받게 했다. 그러자 플로라 D는 일련의 기이한 반응을 보이기 시작했다.

플로라 D는 왼팔을 움직일 수 없는데도 자기 팔이 멀쩡하다고 우겼다. 왼팔을 움직이고 싶을 때는 오른팔로 왼팔을 잡고 이리저리 끌어당기면서도 말이다. 이상한 점은 그게 다가 아니었다. 의사가 플로라 D 앞에서 손가락 두 개를 들고서 몇 개가 보이냐고 물으면 "두 개요" 하고 대답했다. 그러나 의사가 손가락을 세 개나 네 개 들었을 때도 플로라 D는 계속 "두 개요"라고 말했다. 앞에 손이 없을 때도 거기 분명 두 손가락이 있다며 생각을 굽히지 않았다.

플로라 D가 겪는 가장 이상한 문제는 무엇이든 살아 있는 것을 보여주면 그 정체를 알아보지 못한다는 것이었다. 이 문제가 특히 더 이상한 것은 무생물인 대상을 알아보고 이름을 말하는 데는 아무런 어려움도 없었기 때문이다. 접는 칼이나 시계, 연필은 쉽게 알아보고 이름을 말할 수 있었지만 무엇이든 살아 있는 것을 들이밀면 플로라 D는 당황해 어쩔 줄 몰랐다.

플로라 D는 뇌에 생명의 세계를 전담하는 부분이 있을지도 모른다고 암시하는 작고도 희미한 실마리였다. 이 희한한 환자에게 시험해보아야 할 것들이 아직 많이 남아 있었다. 하지만 플로라 D는 자기를 실험하는 사람들을 따돌리고 겨우 2주 만에 사망했다. 그는 수수께끼로 남은 채 세상을 떠났다.

그런 환자들이 더 나타나기 시작했다. 아니, 더 정확히는 그들이 겪는 특별한 형태의 고통이 알려지기 시작했다. 1980년에 런던에 사

2부 · 밝혀진 비전

는 23세의 'J. B. R.'이 런던의 국립 신경과 및 신경외과 병원에 입원했다. 전자공학을 공부하는 대학생인 그는 1월의 어느 추운 날 온몸의 근육이 격렬하고 통제할 수 없을 정도로 수축했다. 그것은 전신발작이었고, 이로 인해 J. B. R.은 몸을 전혀 움직일 수 없는 막막한 상태가 됐다. 발작이 지나가자 근육이 이완되며 평소 상태로 돌아왔지만 몸의 나머지 부분은 그렇지 못했다. 졸음이 점점 더 심해졌다. 이틀 후 그는 병원 침대에 누워 점점 심해지는 혼미와 혼란 상태로 빠져들었다. 고열에 시달렸고 목이 아프고 뻣뻣했다. 또 하나 기이한 증상이 있었다. 의사들은 이 젊은이가 다리를 들면 다리가 완전히 쫙 펴지지 않는다는 것을 발견했다. 넓적다리 뒤쪽의 햄스트링 근육이 너무 단단히 뭉쳐 있어서 다리가 완전히 펴지지 않았다. 의사들은 즉각 이게 무엇을 의미하는지 알았다. J. B. R.의 뇌와 척수 주변 조직에 염증이 생겼고, 뇌 자체는 붓고 감염되어 있었다. 그는 아주 흔한 성병인 헤르페스에 의해 초래된 매우 드문 뇌염을 앓고 있었던 것이다.

뒤이은 몇 주에 걸쳐 서서히 회복하기 시작하면서 깊은 탈진에서도 조금씩 벗어났다. 기운을 차리면서 주변 환경에 대한 의식도 되살아났다. 그러나 병원 사람들은 그에게 주의를 기울이고 있어야 했다. J. B. R.이 이상한 짓을 할 수도 있었기 때문이다. 예를 들어 어느 날에는 음식이든 아니든, 먹을 수 있는 것이든 아니든 닥치는 대로 아무거나 먹거나 마셔서 사람들을 아연실색하게 했다. 샴푸와 꽃병에 든 물을 마셨고, 비누와 종이와 침대시트와 담요를 먹으려고 했다. 무엇이 음식이고 무엇이 음식이 아닌지 알아보는 능력이 전혀 없는 것 같았다. 그는 바닥청소용 세제와 스펀지를 아무렇지 않게 우유와 샌드위치처럼 꿀꺽해버릴 수도 있었다. 그에게는 그게 전부 똑같앉는데, 이는 앞으로 그가 겪게 될 문제의 전조 증상이었다. 먹을 수 있는 것과 먹을 수 없는 것을 구분하는 (유일한 차이는 분명 아니지만) 근본적인 차이는 생물과 무생물의 차이이기 때문이다.

그러나 J. B. R.은 이 극단적이고 위험한 단계에서는 곧 빠져나왔고, 평소처럼 진지한 제정신을 회복하기 시작했다. 발작이 일어나고 여덟 달이 지나 늦여름이 되었을 때는 기운을 되찾았을 뿐 아니라 (그리고 더 이상 담배를 먹거나 로션을 마실 위험도 없었다), 표준적인 지능검사에서 평균적인 성적을 낼 수 있었다. 상황이 정상으로 돌아오기 시작한 것 같았다. 의사들이 특정한 한 영역에서는 J. B. R.이 완전히 꼼짝없이 그대로라는 사실을 발견할 때까지는 말이다. J. B. R.은 플로라 D와 마찬가지로 생물을 알아보거나 이름을 대지 못했다.

의사들은 플로라 D와는 해볼 수 없었던 실험을 이제 젊은 J. B. R.과 함께 하기 시작했다. 그들은 그에게 주전자, 카누, 지갑, 세발자전거 사진을 보여주었다. 식은 죽 먹기였다. J. B. R.은 수월하게 그것들의 정체를 알아봤다. 의사들이 무생물의 이름을 말하기만 해도 그는 그게 무엇인지 간단히 묘사했다. 의사들이 "플래시"라고 말하면 J. B. R.은 "손전등"이라고 말했다. "나침반"이라고 하면 "방위를 알려주는 도구"라고 설명했다.

그러나 의사들이 한 테스트가 많아질수록 생물은 완전히 다른 이야기라는 게 더욱 명백해졌다. 그들은 캥거루, 미나리아재비, 낙타, 버섯의 사진을 보여주었다. 단순한 것들이었고, 대학생은 말할 것도 없고 어린아이도 누구나 쉽게 뭔지 알아볼 수 있는 것들이었다. 그러나 J. B. R.은 쩔쩔맸다. 그는 뚫어지게 보고 또 봤고, 자기 눈앞에 있는 걸 분명히 볼 수 있었고 그 그림의 부분들을 하나하나 뜯어볼 수 있었지만, 그 전체의 의미를 파악하지는 못했다. 그에게 생명의 세계는(다른 모든 건 괜찮은데) 의미와 뜻을 완전히 상실했다. 이상하게도 사진뿐 아니라 생물의 이름들 역시 의미를 떠올리게 하는 데 실패했다. '앵무새'라는 단어가 무엇을 가리키는지 물었을 때 그는 완전히 당황했다. "몰라요" 하고 당황한 그가 대답했다. 타조는? "범상치 않네요." 그렇게 계속 질문과 답이 이어졌다. 다른 면에서는 아주 정상적으로 보이는 이 청년의 정신에 아주 이상하고 커다란 구멍이 뚫린 것 같았다. 예전에는 다른 모든 사람과 마찬가지로 데이지나 개가 무엇인지 말할 수 있었던 한때 건강했던 이 청년은 이제 그렇게 익숙한 생물들 앞에서도 뭐가 뭔지 전혀 몰라 말문이 막혔다. 그가 걸렸던 뇌염은 각종 능력에 놀랍도록 정밀한 칼질을 해서, 나머지 모두는 멀쩡하게 남겨둔 채 생물을 분류하고 명명하는 능력만 제거해버린 것 같았다.

J. B. R.이 겪은 이 일은 현재 심리학자들이 '생물에 대한 범주 특수적 결손'이라 부르는 것이다. 그리고 의사들은 이 청년과 비슷한 사람들이 많다는 것도 알게 됐다. 그중에는 끔찍한 사고를 당한 뒤 바로 그와 똑같은 이상한 장소에 도달한 환자들도 있었지만, 대부분은 헤르페스의 피해자들로 밝혀졌다.

48세의 영국인 해양공학자 'S. B. Y.'는 고열이 치솟고 극심한 혼란 상태에 빠진 뒤 홍콩의 한 개인 병원에 입원했고, 병원에 있는 동안 상태가 악화되며 뇌사에 빠졌다. 그가 받은 진단은 헤르페스로 인한 뇌염이었다. 마침내 깨어났고 세 달 만에 신경학적으로는 훌륭하게 회복했다. 그는 아주 정상적으로 마차와 수건, 우산을 식별할 수 있었다. 그러나 S. B. Y.는 생물에 관한 질문을 받으면 특이한 반응을 보였다. '크로커스'가 무엇을 의미하냐고 물으면 '쓰레기 물질'이라고 말했다. 호랑가시나무가 뭔지 말해보라고 하자 '당신이 마시는 것'이라고 답했다. 거미는? "뭔가를 찾고 있는 사람. 그는 한 국가 또는 나라를 위한 거미였어요." 말벌은 "나는 새"이며, 개구리는 "훈련 안 된 동물"이라고 설명했다.

수천 마일 떨어진 이탈리아에서는 'L. A.'라고 알려진 56세의 주부가 끔찍한 두통과 구토, 현기증에 시달렸다. 그다음에는 열이 높이 올랐고 자기가 있는 곳이 어딘지 주변에서 무슨 일이 일어나고 있는지에 관해 극심한 혼란에 빠졌다. 결국에는 로마에 있는 가톨릭 대학 병원의 중환자실에 입원했고, 거기서 뇌사에 빠졌다. 뇌사에서 깨어났을 때, 과거에 생물학을 공부했다는 이 여인은 신경학적 검사에서 특이한 소견을 보였다. 귀뚜라미를 보여주자 사자라고 했다. 고양이는 개라고 불렀고, 물고기는 새, 돼지는 개, 두꺼비는 작은 사자라고 불렀다.

55세의 이탈리아인 주부 줄리에타는 뇌염에서 회복한 뒤 벌이 뭐냐는 질문에 이렇게 대답했다. "그건 20센티미터 정도 크기예요. 잔디와 같은 색이고요. 발이 두 개 있고 이빨이 있어요." 펭귄은? "그건 닭처럼 생겼고… 다리 네 개 달린 동물이에요." 또한 보여주는 거의 모든 동물에 대해 "그게 뭔지 도저히 모르겠어요"라는 요지의 대답만 요리조리 돌려 했던 'E. W.'도 있다.

질병 또는 외상에 의해 생명의 세계를 이해하는 능력을 잃어버린 것으로 보이는 환자들이 계속해서 등장했다. 그리고 실제로 이들이 겪은 상실의 아주 엄밀한 성격(생물을 알아보지 못하는 것)은 J. B. R.의 딜레마와 정반대의 문제를 겪는 사람들의 존재로 더욱 명확히 두드러질 뿐이었다. 생물을 분류하는 일은 지극히 수월하게 해내는 이 사람들은 모든 무생물 앞에서 말문이 막혔다. 그중 가장 초기 사례에 해당하는 이는 파리에서 남쪽으로 160킬로미터 거리에 있는 오세르에서 페인트칠을 하며 살던 뤼시앙 씨로 1955년에 생물은 잘 알아보지만 무생물의 정체는 알지 못하는 문제를 보였다. 뤼시앙 씨는 코끼리와 사자는 뭔지 정확히 식별했지만 소형 비행선이나 비행기, 집은 무엇인지 정확히 말하지 못했다. 숟가락을 연필이라고 부르고, 책은 상자라고 부르는 식이었다. 1988년에는 41세의 은행원 'C. W.'가 말문이 닫히고 아무 반응도 하지 않게 된 후로 잉글랜드 켄트주의 퀸메리 병원에 입원했다. 의사들은 회복한 후 그가 다람쥐, 소, 사슴, 여우, 토끼, 얼룩말, 호랑이, 낙타, 오리, 벌은 정확히 이름을 맞추며 동물 이름 대기에서 20점 만점을 받은 반면, 사람이 만든 물건들 앞에서는 주춤거린다는 걸 알게 됐다. 그는 플루트를 리코더라고 부르는 티가 잘 안 나는 실수도 했지만, 카누를 천막오두막이라고 부르는 더 큰 실수도 했다.

미국의 한 연구팀은 유난히 단순명료한 실험을 통해 이 두 종류 장애(생물을 식별하지 못하는 것과 무생물을 식별하지 못하는 것)의 뚜렷한 차이를 보여주었다. 45세의 도급업자인 'P. S.'와 기업체 중역으로 일하다 은퇴한 67세의 'J. J.'라는 두 남자를 대상으로 한 연구였다. 과학자들은 두 사람에게 똑같은 방법을 사용해 똑같은 질문을 하고 똑같은 그림을 보여줌으로써 두 사람이 서로 완전히 다르지만 전적으로 상보적인 결손, 그러니까 서로의 능력에 대한 거울상 같은 결손을 지니고 있음을 보여줄 수 있었다. 헤르페스에 걸리지는 않았지만 심한 두부 손상을 입은 P. S.는 무생물은 거의 전부 다 정확히 이름을 댈 수 있었다. 그러나 예전에는 야생동물에 관한 자연 다큐멘터리를 즐겨 보았고, 재미로 사냥을 하고 야생동물보호지역을 찾아다녔다는 이 사람은 동물들의 이름을 계속 틀리게 댔다. 바다코끼리를 대합조개라고 했고 돌고래를 펠리컨이라고 했으며 왜가리를 물고기라고 했다. 반대로 J. J.는 똑같은 사진과 목록으로 테스트했을 때 동물은 거의 항상 정확하게 맞혔다. 사자에 대해서는 이렇게 말했다. "몸집이 큰 동물로 키가 122센티미터쯤 되는데 어깨 쪽이 더 키가 큰 것 같고, 몸이 길고 발은 아주 크며 네 발로 서 있어요. 괴물 같은 머리로 으르렁거리고요. 그리고 숱이 많은 머리카락 같은 갈기가 있어요. 아프리카에 살고요." 하지만 무생물에 대해서는 P. S.가 생물에 대해 그랬던 것처럼 전혀 감을 잡지 못했고, 이런 환자들이 종종 그러는 것처럼 지푸라기라도 잡는 심정으로 아무 답이나 막 던졌다. 서랍drawer이 뭐냐고 묻자 "뭔가 그려져야 하는 거, 그림"이라고 말했다.

두 사람은 각각 생물 또는 무생물을 알아보고 명명하는 능력을 깡그리, 깔끔히 잃었고, 어째선지 그들의 정신에서 이 두 종류의 정보와 능력은 서로 따로 분리되어 있었다. 생각해보면 우리의 정신이 생물의 세계와 인간이 만든 세계를 서로 상당히 다르게 처리한다는 것이 분명해진다.

먼저 생물의 세계를 생각해보자. 당신은 어떤 생물이 거위나 다람쥐나 진달래가 아니라 사자라는 것을 어떻게 판단하는가? 사자를 식별하려 한다고 상상해보자. 이건 쉬운 일일 것이다. 당신은 그것이 크고 황갈색을 띠고 있으며 당당한 갈기가 있고 크고 뾰족한 이빨이 있으며 주둥이에도 털이 나 있다는 등의 이유로 사자라는 것을 알 것이다. 다시 말해 크기와 형태와 색깔만으로, 기본적으로 그것을 바라봄으로써 아는 것이다. 가령 이 동물에게 거위의 머리가 있다면 당신은 그게 무엇인지 모를 것이다. 또는 발에 발굽이 있거나, 털 대신 잎이 돋아 있다면 당신은 그 정체가 무엇인지 완전히 혼란에 빠질 것이다.

그런데 가령 당신이 스크루드라이버나 픽업트럭처럼 인간이 만든 것을 바라볼 때는 상황이 놀랍도록 달라진다. 그 무언가가 이것 또는 저것인지 당신은 어떻게 알아보는가? 이것들이 무엇인지 아는 것은 어떻게 생겼는지보다는 무엇을 하는 물건인지를 보고서 아는 것이다. 여기서는 기능과 용도가 핵심이다. 스크루드라이버는 한쪽 끝은 손잡이이고 다른 끝은 나사를 박도록 만들어진 부분이다. 픽업트럭은 이동을 위한 바퀴 네 개가 있고 들어가 앉을 수 있는 운전석이 있으며 뒤쪽에 물건을 실을 수 있는 짐칸이 있다. 그런데 스크루드라이버 모양인 어떤 물건이 트럭만큼 크고 네 개의 바퀴가 있으며 들어가 운전할 수 있는 운전석이 있고 뒤에는 짐칸이 있는 것을 보았다고 상상해보자. 이것은 스크루드라이버의 모양을 하고 있더라도 스크루드라이버가 아니라 픽업트럭일 것이다. 인간이 만든 물건을 정의할 때는 기능이 아주 중요하기 때문에 우리는 실제로 기능을 바꿈으로써 한 물건을 다른 물건으로 바꿀 수 있다. 헛간은 집으로 바뀔 수 있고, 은 한 덩어리는 은화로 바뀔 수 있으며, 양말은 인형으로 바뀔 수 있다. 반면 그 무엇도 사자를 거위로 바꾸지는 못 한다.

그렇다면 뇌에는 모양과 크기, 색깔, 전체적인 외양을 보고서 생물을 알아보고 물건을 알아보는 기능이 별도로 존재할지도 모른다고 쉽게 상상할 수 있다. 지금 우리가 상품 포장과 브랜드를 알아보는 것도 똑같은 방식이다. 이 상상에서 출발해 뇌에는 이 기능이 자리한 물리적 위치가 실제로 존재할 수도 있다고 상상하는 것은 그리 심한 비약이 아니다. 그리고 실제로 일부 과학자들은 바로 이런 생각을 하기 시작했다. 심리학자들은 인간의 정신에 애초부터 존재하는 기능적 실체가 있다고 보고 이를 '영역domain'이라 부르는데, 이 경우에 이 과학자들은 생물의 범주와 이름을 머릿속으로 처리하는 일에 특화된 영역이 존재할 거라는 가설을 세웠다. 하지만 과학자들이 더 이상 생물을 알아보지 못하는 환자들의 뇌를 들여다보면서 이른바 민속 분류학 영역이라는 것을 실제로 찾아낼 수 있을까? 생물을 알아보는 우리 능력의 위치를 알아내고 뇌 속에서 움벨트의 자리를 정확히 찾아낼 수 있을까?

뇌에 민속 분류학을 담당하는 영역이 있을 수 있다는 생각은 처음엔 좀 믿기 어렵게 느껴진다. 이런 반응에는 어쩌면 한때 정신의 지도 만들기가 지금은 돌팔이의 헛소리로 치부되는 골상학의 한 분야였다는 점도 어느 정도 작용할 것이다. 그러나 1860년대에 골상학자들은 인간 정신에서 각 기능의 위치를 찾아내려고 노력했던 꽤 존경받는 과학자들이었다. 그들은 뇌가 따로 분리된, 지금은 웃기게 들리는 특화된 기관들, 요컨대 음악 기관, 자비심 기관, 우정 기관, 자존감 기관 등등으로 가득 차 있다는 의견을 제시했다. 예컨대 음악 기관이 잘 발달하면 그 기관이 위치한 부분의 두개골이 불룩 튀어나오며 그 부분이 푹 꺼진 것은 음치인 경향을 암시한다는 것이었다. 그리고 다른 정신적 기관들의 크기도 이런 식으로 이야기되었다. 골상학자는 사람의 얼굴과 두개골 모양을 살펴봄으로써 뇌의 다양한 부분들의 크기를 알아낼 수 있으며, 그럼으로써 마치 책을 읽듯이 그 사람의 기질과 재능, 본성을 읽어낼 수 있다는 주장이었다. 그리고 바로 이 지점에서 돌팔이 짓이 끼어든다. 양심 없는 사업가들이 골상 보는 가게를 열기 시작한 것이다. 사람들은 손금을 보러 가거나 별점을 보러 가는 것처럼 거기에 자기 머리를 읽으러 갈 수 있었다(골상학의 여러 열렬한 신봉자 중 한 사람으로, 다윈과 함께 항해한 HMS 비글호의 함장 로버트 피츠로이를 꼽을 수 있다. 골상학에 대한 믿음이 워낙 강했던 그는 그 배의 박물학자 자리를 두고 다윈에게 퇴짜를 놓을 뻔했다. 다윈의 코 모양이 나태함을 암시한다는 이유였다).[3] 골상학이 크나큰 인기를 누

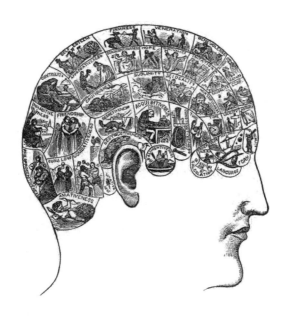

19세기에 만들어진 이 인간 정신의 지도는
자비심, 비밀스러움, 음악적 재능 같은 것들을 관장하는
다양한 기관에 관한 골상학자들의 생각을 표현하고 있다.[4]

223   5장 · 아기와 뇌손상 환자의 움벨트

리며 들뜬 반응을 얻고 있는 동안, 일부 과학자들 사이에서는 사람의 기능과 뇌의 해부학적 구조 사이의 관계를 다루는 골상학 이론의 견실성에 대한 의심이 점점 커져갔다. 이내 논쟁의 초점은 뇌에서 특정 기능의 위치를 찾는 일이 정말로 가능한지에 맞춰졌다.

점점 더 뜨거워지던 이 논쟁에 뛰어든 사람 중에 에르네스트 오베르탱Ernest Aubertin이라는 프랑스 의사가 있었다. 오베르탱은 말하기 능력을 잃은 여러 환자의 뇌를 검토한 뒤 말하기가 이마 뒤에 있는 뇌의 전두엽에 자리 잡고 있다고 믿게 되었다. 그래서 어느 밤 파리에서 열린 인류학회에서 그는 도전장을 내밀었다. 말하기 능력을 잃었는데 전두엽이 손상되지 않은 환자가 있으면 누구든 한번 찾아보라는 것이었다. 그는 만약 그런 환자가 발견된다면 인간 뇌에서 기능들이 국재화되어 있다는 확신을 버리겠노라고 말했다.

피에르 폴 브로카Pierre-Paul Broca라는 프랑스의 외과 의사는 오베르탱의 말을 듣고 흥미가 동했다. 오베르탱의 주장을 뒷받침할 일화적 증거들은 분명 존재했다. 전두엽이 손상된 후 다른 결손들과 더불어 말하기 기능도 손상된 환자들이 있었다. 어쨌든 오베르탱의 도전은 일종의 실험을 해볼 기회를 제공했다. 브로카는 한 주가 채 지나지 않아 그가 '탄Tan'이라고 이름 붙인 환자를 만났다.[5] 이 불행한 남자가 이렇게 불린 이유는 (극도로 화가 난 드문 경우에 사용하는 욕설 하나를 제외하고) 그가 말하는 유일한 단어가 '탄'이었기 때문이다. 그에게 무엇을 묻든, 무슨 말을 하든, 어떤 경험을 시키든, 그의 반응은 항상 똑같았다. 복잡한 손짓, 발짓과 함께 "탄, 탄, 탄…"이라는 소리만 내뱉는 것이었다.

탄은 그를 심술궂은 싸움꾼이나 도둑놈이라고 생각하는 병원 사람들에게 멸시를 받았지만, 뇌과학의 역사에서는 꽤 높은 자리를 차지할 운명이었다. 적어도 그의 뇌는 그랬다. 닷새 뒤 탄이 사망하자 닥터 브로카가 그의 뇌를 검사했기 때문이다. 결과는 어땠을까. 탄은 정확히 예측된 자리에 손상이 일어나 있었다. 탄의 뇌에서 예측과 결과가 정확히 일치하자 과학자들은 깊은 인상을 받았고, 그러자 골상학에 유리한 쪽으로 흐름이 바뀌었다. 과학자들은 말하기라는 중요하고 복잡한 기능의 위치를 찾는 것이 가능함을 깨달았고, 이제 막 그 방법까지 보았다. 눈에 띄는 특정 결손이 있는 환자, 즉 말하기가 안 되는 환자를 찾고, 그 결손을 실질적인 물리적 손상과 연관 지음으로써 과학자들은 이제 뇌 자체의 기능의 지도를 그릴 수 있음을 알게 된 것이다. 이 물리적 증거가 당시 얼마나 중요하게 여겨졌던지 탄의 뇌는 이후 내내 보존되었고 지금도 프랑스에서 어떤 유리단지 안에 담겨 둥둥 떠 있다.

탄의 뇌는 문 하나를 활짝 열어젖혔다. 골상 보는 가게와 자비심 기관 같은 개념은 결국 시야에서 사라졌지만, 과학자들은 뇌의 특정 위치에 여러 개별적 기능의 지도를 그릴 수 있게 되었다. 색깔을 보는 능력, 분노를 느끼는 능력, 의식 자체의 위치가 각각 우리 정신이라는 복잡한 소용돌이 속 구체적인 주소지 안에 살고 있다는 것이 발견되었다. 이와 유사하게 생물을 분류하고 알아보는 능력을 잃은 환자들도 관심을 받기 시작하면서, 과학자들은 생명의 세계에 대한 우리의 시각 역시 뇌 안에 국재화되어 있을 거라는 증거를 찾기 시작했다.

5장 · 아기와 뇌손상 환자의 움벨트

탄의 뇌와 마찬가지로 생명의 세계를 처리하는 소중한 정신적 기능을 잃어버린 사람들의 뇌도, 이 끔찍한 문제를 겪는 사람들에게 일관적으로 손상되어 있는 영역을 찾아내려는 과학자들에게 검토의 대상이 되었다. 그리고 처음부터 연구자들은 명백하게 반복적으로 나타나는 손상의 패턴을 발견했다.

움벨트가 자리하고 있다고 여겨지는 위치를 시각적으로 떠올려보려면, 먼저 뇌를 간단히 둘러보는 것이 도움이 되겠다. 여러분이 보는 방향에서 왼쪽으로 얼굴을 향하고 있는 사람의 옆모습을 보고 있다고 상상해보라. 그 사람의 두개골 안에 커다란 콜리플라워처럼 생긴 사람의 뇌가 들어 있는 모습을 그려보라. 이 각도에서 여러분은 그 사람의 좌뇌를 보고 있는 것인데, 좌뇌와 우뇌 각각 서로 다른 크기의 네 부분으로 나뉘어 있다. 여러분이 바라보고 있는 방향에서 볼 때 그 네 부분 중 상단 왼쪽 끝에 있는 것, 즉 그 사람의 이마 바로 뒤에 있는 부분이 전두엽으로 의식적 사고, 판단, 감정, 자발적 동작 같은 활동의 자리다. 불행히도 뇌엽절제술을 받은 사람들에게서 상실되는 것이 바로 이 부분이다. 그다음 바로 오른쪽에 붙어 있는 부분으로 전두엽이 끝나는 부분부터 뒤통수까지 이어지는 위쪽 사분면은 두정엽이라고 하며 미각, 촉각, 온도, 소리, 통증 등이 처리되는 감각중추다. 그 바로 밑으로 뒤통수 아래쪽에 들어가 있는 세 번째 부분은 후두엽으로, 시각 정보 처리를 포함한 활동을 하는 중요한 영역이다. 마지막 네 번째 부분은 전두엽 아래에 있으면서 여러분이 보는 방향에서 후두엽의 왼쪽에 있는 것이 관자놀이 바로 뒤에 위치한 측두엽이다. 그리고 J. B. R.과 S. B. Y., L. A.를 비롯한 모든 이가 바로 이 측두엽에 명백한 뇌 손상이 일어나 있었다. 생물을 알아보는 능력을 상실한 사람들이 나타날 때마다 과학자들은 바로 이 뇌 영역에서 어떤 문제(활동 약화의 증거나 때로는 크고 뚜렷한 병변)를 발견했다. 이 환자들 중 일부에게는 다른 곳에도 병변이나 약화가 보였지만, 공통 요소는 측두엽에 일어난 손상이었다.

이 발견은 출발점으로는 괜찮지만 그래도 뇌는 아주 큰 장소다. 측두엽을 손가락으로 가리키며 "여기에 생물 대상을 구별하는 장소가 있다"라고 말하는 것은 "그 범죄의 용의자는 북미 안에 있다"라고 말하는 것 정도밖에 알려주지 못한다. 아쉽게도 질병과 사고로 인한 자연적 실험으로는 그보다 더 세밀한 위치를 찾아내기 어렵다.

이 때문에 뇌 영상의 등장 이후 건강한 개인들을 대상으로 한 연구에서 더욱 세밀한 뇌 지도 만들기가 가능해지자 특별한 관심이 쏠렸다.[6] 연구자들은 실험에 참가한 사람들에게 생물과 무생물 모두를 구별하고 묘사하고 이름을 대보라고 요청하면서 영상에서 불이 켜지는 부분을 관찰하여 뇌의 어느 부위가 활동을 일으키는지 알아냈다. 이 현대적 연구는 측두엽 내에서도 더욱 특정한 영역을 짚어내기 시작했다. 지금까지는 측두엽의 풍경에서 상측두고랑superior temporal sulcus이라는 크레바스 하나와 외측방추이랑lateral fusiform gyrus이라는 능선 하나가 생물의 식별과 명명이 행해질 때 활동을 일으키는 두 관련 핵심 부분이라는 의견이 유력하다. 한편 무생물은 측두엽의 또 다른 부분인 중간측두이랑middle temporal gyrus과 내측방추이랑medial fusiform gyrus이라는 두 개의 능선을 활성화하는 것으로 보인다. 지금까지 나온 결과는 감질나게 하면서도 답답할 정도로 불완전하다. 우리의 움벨트가 만들어지는 곳 또는 그 근처에는 다른 어떤 기능들이 있을까? 이 영역들은 다른 영역들과 협력하여 어떤 역할을 함으로써 우리의 움벨트를 곧바로 만들어내는 것일까?

한 가지는 분명해 보인다. 사람이 토마토를 보거나 '검치호랑이 saber-tooth tiger'라는 단어를 들을 때마다 우리 측두엽에서는 뭔가 특별하고 뚜렷하며 정형화된 일이 일어난다는 것이다. 상측두고랑의 허공을 가로지르며 신호들이 발사되거나, 외측방추이랑의 비탈 위로 뇌우가 쏟아져 내리거나, 우리 두개골 속 커다랗고 물렁물렁한 호두처럼 생긴 덩어리 안 특정 협곡 안에서 또 다른 신경 네트워킹이 복잡한 조합을 일으키는지도 모른다. 그리고 이것이 바로 J. B. R.이 낙타를 보면서도 낙타를 알아보지 못할 때 제대로 작동되지 않은 그 활동이다. 그의 좌뇌 측두엽이 도와주지 않으면, 코끝이 통통하고 목이 뱀처럼 길고 구불구불하며, 몸은 털로 뒤덮이고 등에는 불룩한 혹이 있는 이 동물이 '낙타'라는 것을 도저히 알아볼 수 없는 것이다. 한때 자연 다큐멘터리를 좋아했던 P. S.가 왜가리를 바라보며 그것이 물고기라고 확신할 때도 비슷하게 뭔가 잘못된 발화가 일어나거나 발생해야 할 어떤 정신적 번개가 전혀 일어나지 않으며, 이것이 병든 그의 뇌로 하여금 깃털로 덮이고 키가 크며 부리가 큰 그 새가 미끌거리고 비늘이 있으며 물속에서 숨을 쉬는 동물들만으로 가득 찼어야 할 머릿속 범주에 속한다고 믿어버리게 하는 것이다. 우리가 개 한 마리를 보고서 그것이 바로 개임을 즉각 알아볼 때, 고양이나 비슷한 늑대나 전혀 다른 독수리가 아니라 바로 한 마리 개라는 걸 알아볼 때, 아마도 우리의 방추이랑과 상측두고랑 어디에선가 불꽃이 튈 것이다. 또 날개를 펄럭임에 따라 무지갯빛으로 색깔이 변하는 아름다운 나비를 경이로움에 차 바라볼 때도 윙 하는 소리를 내며 기어가 돌아가기 시작할 것이다.

그러니까 거기가 그 결정적인 회색질, 당신의 생명에 대한 비전, 당신의 움벨트를 만들어낼 수 있는 소용돌이와 똬리가 자리한 곳인 듯하다. 당신의 왼쪽 관자놀이에서 그리 멀지 않은 어딘가가. 만약 그곳이 손상된다면 당신은 거위를 보고 당황하고 단풍나무를 보며 완전히 혼란에 빠질 것이다. 하지만 그 결정적인 회색질이 멀쩡하고 건강하게 남아 있다면 당신은 움벨트가 지닌 온전하고 완전한 힘을 누릴 것이다.

✻　✻　✻

생각해보면 정말이지 이건 대단히 장엄한 일이다. 그토록 분명하고 명백하고 그토록 사랑받는 어떤 것(자연 질서 안에서 분명히 구별되는 수많은 생명 형태들과 그것들이 거주하는 움벨트)을 골라내 거기에 손을 대는, 아니면 적어도 그 근처에 손가락 끝을 갖다 대는 일 말이다. 그런데 정확히 그것이 이 심리학자들이, 인간의 정신, 우리 뇌의 어두운 모퉁이들을 탐험하는 그 남자들과 여자들이 해낸 일로 보인다. 그보다 더 경이로운 일은 이 연구자들이 움벨트에 손상을 입은 사람들을 연구함으로써 정말로 움벨트가 지닌 가장 심층적이고도 심오한 중요성이 무엇인지 밝혀냈다는 점이다. 그들은 무작위적 현실로부터 질서 정연한 움벨트를 뽑아낼 수 있도록 생물을 분류하고 명명하는 뇌 영역을 지닌 채 태어난다는 것이 분류학자들에게 그리고 우리 모두에게 어떤 의미인지를 알아낸 것이다.

움벨트가 지닌 진짜 중요한 의미는 난해한 분류학을 행할 수 있게 하는 것이 아니다. 그것은 우리가 이해할 수 있는 세계에서 살아가는 일과 관련이 있다. 지독한 열병이나 바이러스로 인한 손상 또는 교통사고로 뇌의 연약한 조직에 상처를 입어 움벨트를 빼앗긴 사람들은 세계의 커다란 한 부분이, 그러니까 생명이 있는 모든 것이 도무지 알 수 없는 수수께끼가 되어버린 경악스러운 사태에 맞닥뜨린다. 통통하고 분홍색이며 진흙탕에서 행복하게 뒹굴며 꿀꿀거리는 존재가 무엇인지 알아볼 수가 없다. 혹시 사막쥐였던가? 새? 발렌타인데이에 우아한 흰 상자에 담겨 배달된, 긴 초록 막대 위에 달린 벨벳 같은 질감의 빨간 것 열두 개는, 뭐였더라? 그리고 그것은 걱정스러운 일, 심지어 몹시 불안한 일이기도 한 것이, 생명의 세계를 이해할 수 없다는 것은 단순한 불편함의 문제로 그치지 않기 때문이다. 그것은 완전히 치명적일 수도 있다.

이 사람들 중 적어도 한 명 이상은 음식을 구분하는 능력을 상실했다.[7] 물을 제외하면 우리가 먹는 거의 모든 것이 생명의 세계에서 온 것이니 놀라운 일도 아니다. 먹을 수 있는 것과 먹을 수 없는 것을 구분할 줄 알고 그것에 관해 의사소통할 수 있는 능력이 그 사람과 그 자손의 건강과 안전, 생존에 중요한 일이라면 (J. B. R.이 자기 병원 담요를 먹으려 하는 모습을 목격한 사람이라면 누구나, 눈을 떼지 않고 감시하는 간호사들이 없을 경우 그가 오래 목숨을 부지하지 못하리라고 생각했을 것이다) 인간의 뇌에 음식을 포함한 생물들의 인지와 분류와 명명을 담당하는 어떤 처리 센터가 존재하리라는 것이 그리 크게 놀라운 일은 아닐 것이다. 나아가 우리는 홍합이나 사과나 버섯처럼 완전히 또는 대체로 원래 생물의 상태를 유지하고 있는 음식들이 이 환자들에게 문제를 일으킬 거라는 것도 예상할 수 있다. 그리고 실제로 이 사람들에게는 바로 이런 것들이 크로커스나 독수리만큼이나 수수께

2부·밝혀진 비전

끼같이 느껴지는 경우가 많았다. 그러나 놀랍게도 생물 분류와 음식 분류 사이에는 그보다 더 깊은 관계가 있는 것으로 보인다.

연구자들은 생물로서 또는 생물의 일부로서 원래 지녔던 상태에서 상당히 변형된 결과, 무생물의 범주에 넣는 게 가장 어울릴 법한 음식들마저 생명의 분류를 수수께끼로 여기는 사람들을 곤혹스럽게 만들었던 사례들을 보고했다. 물건이나 무생물을 알아보는 데는 아무 문제가 없지만 생물은 알아보지 못해서 귀뚜라미를 사자로 착각했던 이탈리아의 주부 L. A.는 음식도 제대로 분류하지 못했다. 이를테면 그는 오믈렛을 케이크라고, 빵을 과일이라고 했다. 생물과 무생물을 구별하는 데 애를 먹는 19세의 영국인 미용사 S. B.도 음식 앞에서 비슷하게 혼란에 빠졌는데, 역시 생물의 모습이 명백한 음식들만 어리둥절해하는 것이 아니었다. 그에게는 콘플레이크, 꿀, 마말레이드, 수프도 알 수 없는 수수께끼였다. 우리의 정신 안에서 생물과 음식 사이에, 늑대와 고사리와 오이와 구아바와 땅콩버터와 키슈 같은 깃들 사이의 경계선(뚜렷한 경계선이 정말로 존재한다면)이 정확히 어디에 있는지는 연구자들이 풀어내야 할 문제로 남아 있다. 하지만 모든 걸 고려해볼 때 인간의 정신에서 생물을 담당하는 영역은 정말로 먹는 것(우리가 먹을 수 있는 것들과 우리를 먹을 수 있는 것들 모두)과 깊이 연관된 것으로 보인다.

우리가 생물의 영역에 속할 거라고 생각하는 것 중 일부가 거기서 발견되지 않는 이유는 이 영역의 메뉴판 같은 양상을 들어 설명할 수 있을지 모른다. 그중 하나가 사람의 신체 부위로 이는 민속 분류학 영역 어디서도 볼 수 없다. 생물 가운데서도 이런 것들을 인지하는 일은 인간의 정신에서 완전히 별개의 영역이 담당한다.

5장 · 아기와 뇌손상 환자의 움벨트

사실 가장 잘 이해되고 가장 놀라울 정도로 특수화된 영역 하나는 인간의 특정 신체 부위, 바로 인간의 얼굴을 알아보는 영역이다. 생물을 알아보는 일에서도 그렇지만 어떤 사람을 알아보는 일("아하!")에서도 뭐라 설명하기 어려운 게슈탈트Gestalt*가 관여한다. 우리가 한순간 만에 '어, 저기 후안이 있네' 혹은 '저건 프리야가 아니야'라고 알 수 있게 해주는 것이 과연 무엇인지 우리는 분명히 말하지 못한다. 또는 여러 해가 지나 나이를 먹고 얼굴의 세세한 부분들이 변한 사람을 다시 만날 때도 어떻게 우리가 보자마자 한눈에 '어이, 저기 앨리스잖아' 하며 알아보는지도. 그런데 사람들에게 중요한 모든 것은 사회적 상호작용(안전, 음식, 섹스, 성공적인 자녀 양육 등)에 달려 있고 항상 그래 왔으니, 그 무엇이 얼굴을 기억하는 것보다 더 중요하겠는가? 발견된 모든 영역의 경우와 마찬가지로 인간의 얼굴을 인식하는 영역 역시 그 기능을 수행하는 정신의 부분이 어떤 식으로인지 제거되어 완전한 혼란에 빠진 환자들에게서 발견되었다.

1955년에 한 연구자는 그러한 뇌 손상을 입은 어떤 환자가 담당 의사들을 흰 의사 가운을 보아야만 알아볼 수 있었고, 의사가 말을 하기 전에는 그중 어느 의사인지 전혀 알지 못했던 사례를 보고했다. 아내가 병실로 들어올 때는 수년을 함께한 아내임에도 세상의 다른 여자들과 전혀 구별하지 못했다. 그런데 이 보고서는 그보다 더 기이해졌다.

---

* 게슈탈트란 형태를 뜻하는 독일어 단어인데, 게슈탈트 심리학에서는 이를 패턴이나 구성, 배열이라는 의미로 쓰며, 생물은 개별 구성 요소가 아니라 전체 패턴이나 구성으로 대상을 인지한다는 점을 강조한다. 요컨대 게슈탈트란 '전체는 부분의 합이상'이라고 할 때 그 전체에 해당한다.

2부 · 밝혀진 비전

"클럽에서 어떤 이상한 사람이 나를 응시하고 있는 걸 보고 웨이터에게 그가 누구인지 물었어요." 그가 말했다. "선생님은 나를 비웃을 거예요. 나는 거울 속 내 모습을 보고 있었던 겁니다."[8] 각각의 사람 얼굴을 알아보는 능력은 다른 사람들뿐 아니라 자신도 알아보게 해주는 극도로 중요한 기술임이 분명하다.

생물을 알아보는 능력도 그와 상당히 비슷한 방식으로 기능한다. 당신 주변의 세상을 인지하는 것은 당신이 어디에 있고 당신이 누구이며 당신 주변 세상이 정말로 어떤 세상인지를 인지하는 일이다. 살아 있는 것들을 인지하는 능력을 빼앗기는 것은 (앞에서 말한 환자가 얼굴을 인지하는 능력을 상실한 것처럼) 글자 그대로 한 사람을 자기 인생에서 이방인으로 만든다. 그것은 한 사람의 인간으로서 자기 자리를 알고 있던 익숙한 세상을 아주 이상한 세상, 어쩌면 초현실적인 세상으로 바꿔놓는다. 그리고 한때 온갖 깃털과 장식의 다양한 새 종들을 즐겁게 관찰했으나 이제는 "모두 똑같이 보인다"라고 말한 새 관찰자처럼 어떤 사람들에게는 인생을 늘 변함없는 불행으로 바꿔놓을 수도 있다.

그리고 **이것이** 바로 우리가 분류를 하는 이유다. 분류학 자체의 기원에 대한 설명이 바로 여기에 있었다. 더 중요한 것은, 이것이 생명을 분류하기 위해서뿐 아니라, 단지 식별하고 알고 이름을 부르기 위해서뿐 아니라, 우리가 이 세계에 닻을 내리기 위해 필요한 것, 바로 우리의 움벨트를 설명해준다는 것이다. 생존(돌은 먹지 않고 음식을 먹는 것)만 하는 게 아니라 번성할 수 있을 만큼 현실의 핵심 요소들을 충분히 잘 알기 위해 우리에게는 움벨트가 필요하다. 자신의 움벨트에 닻을 내리는 것은 분명 이 세계에서 앞으로 나아가는 법을 배우는 출발점이며, 아기들이 이 활동에 지독히 막무가내로 집착하는 이유도 결국 이로써 설명된다.

✳   ✳   ✳

우리가 매일 움벨트의 렌즈를 통해 생명을 바라보고 있음을 깨닫고 나면 얼마 뒤 이상한 일이 벌어지기 시작한다. 눈 닿는 모든 곳에서 움벨트가 미치는 효과와 힘과 영향이 보이는 것이다. 처음에 나는 이 보편적인 생명의 비전이 존재한다는 사실과 그것이 얼마나 강력한지를 점차 이해하기 시작했는데, 이때 나는 꼭 움벨트에 사로잡힌 여자 같았다. 매일같이 나는 책을 읽다가 혹은 장을 보다가 문득 이렇게 중얼거렸다. "이야! 저기 그게 또 있네! 또 움벨트잖아!" 다음 날 또 다른 상황에서는 메릴을 쿡쿡 찌르며 "당신 저것 좀 봐! 저것도 움벨트야!" 하고 말했다. 일부러 움벨트에 대해서는 생각하지 않으려고 적극적으로 노력하면서 아이들과 놀고 있을 때조차(어쩌면 그럴 때 특히 더), 나는 움벨트를 발견하는 걸 멈출 수 없었다. 왜냐하면 자신의 움벨트를 가장 활발하게 가장 생동적으로 사랑하는 존재들이 바로 아이들, 이 세상 어디에나 존재하는 경이로운 아이들이기 때문이다. 움벨트의 힘이 작동하는 모습을 목격하려고 뉴기니의 야생으로 탐험을 떠나거나 지도에도 없는 멕시코 고원지대로 트레킹 여행을 떠날 필요는 없다. 아이들이 있는 곳이면 어디서나 그 모습을 볼 수 있다. 왜냐하면 어린아이들, 특히 아직 너무 어려서 생명의 세계에서 인간이 만든 것들의 세계로 주의를 완전히 빼앗기기 전의 아이들은 생명이 있는 것들에게 자연스럽고 억누를 수 없이 매혹되는 모습을 보이기 때문이다. 그들은 자기 움벨트의 세계에 깊이 그리고 한결같이 관심을 집중하고 있다.

우리 아들 에릭이 집중적인 공룡 시기(무수한 아이들이 거쳐 가는 바로 그 시기)를 지나고 있던 당시 나는, 에릭의 어린이 버전 움벨트가 맹렬한 속도로 돌아가기 시작하는 광경을 목격하고 있으면서도 그걸 전혀 의식하지 못했다. 사실 그 일에 관한 생각은 아주 조금밖에 하지 않았고, 그냥 흐뭇하게 지켜보며 공룡의 분류학을 배워가는 아이의 능력에 전형적으로 감탄하는 정도가 다였다. 아이들이 공룡에 집착하는 일은 워낙 통상적인 통과의례가 되었기 때문에 우리 대부분은 무슨 일이 일어나고 있는지 제대로 지각하지 못한다. 이 작은 사람들이 오래전에 멸종한 거대한 파충류의 분류학을 배우는 일에 그토록 푹 빠진다는 게 좀 이상하지 않은가? 경이롭지만 너무 짧게 지나가는 이 시기에, 숨어 있는 계층 구조(공룡들의 자연적 질서)를 지각하여 찾아내고자 하는 아이들에게서 우리가 목격하는 것은 활짝 열린 움벨트가 작동하고 있는 광경이다. 공룡에 푹 빠진 아이를 본 적 있는 사람이라면 누구나 알겠지만, 그것은 공룡의 모든 것에 대한 포괄적인 관심이 아니다. 공룡 시기를 지나는 어린이라고 해서 이를테면 공룡 주인공이 등장하는 이야기에 꼭 관심이 있는 것은 아니다. 그보다 이 아이들은 공룡의 형태와 행동, 이름을 공부하는 일에 집중하는데 그 목적은 공룡들을 분류하고 공룡의 특정 종이나 속을 알아보는 법을 배우는 것이다. 만약 에릭이 더 야생적인 세계에서 수렵채집인의 아이로 태어났더라면, 그런 아이들이 대개 그렇듯 에릭 역시 주변 모든 생물의 분류법과 명명법을 능숙하게 익혔을 것이다. 하지만 에릭은 미국의 도시 아이로 태어나고 자랐으므로, 필사적으로 자신의 움벨트 안에서 살아가고자 하는 수많은 아이가 그렇듯, 에릭 역시 주기적으로 마주치는, 가장 폭넓은 다양함을 자랑하는 일련의 생물들, 바로 공룡들에게 초점을 맞추었다.

아이들은 유사생물에 대한 집착을 보이기도 하는데 그럴 때도 아주 필사적으로 분류를 한다. 많은 아이가 그랬듯 에릭은 포켓몬 시기도 거쳐 갔다. 일본의 닌텐도가 만들어낸 유사생물인 포켓몬의 이름은 주머니에 넣을 수 있을 만큼 작은 볼 안에서 살 수 있는 작은 존재들인 "포켓몬스터"라는 뜻이다. 영화, 피규어, 인형, 카드 등 세상에 나와 있는 포켓몬 상품들이 얼마나 광범위한지 정말 대단하다고 느꼈던 기억이 난다. 하지만 그보다 더 깊은 인상을 준 것은 그 상품들 대부분의 진짜 목적이 아이들이 한눈에 포켓몬들을 알아보고 분류하고 이름을 익히도록 돕는 것이라는 점이었다. 포켓몬 트레이딩 카드는 본질적으로 포켓몬들과 그 특징을 공부하기 위한 암기용 카드다. TV 애니메이션에서는 포켓몬의 실루엣을 보여주고 "저 포켓몬은 누구지?" 하고 물어보는 식으로 식별 기술을 갈고닦는 것을 목적으로 한 퀴즈가 사이사이 등장한다. 포켓몬 분류도가 들어간 포스터도 살 수 있고(우리도 샀다), 아이들은 그걸 보고 포켓몬의 범주와 유형을 익힐 수 있다. 아이들은 포켓몬 분류를 암기하고 자랑스러워하는데, 이때 아이들이 뿌듯해하는 건 포켓몬을 사용해 게임을 하는 능력이 아니라 포켓몬들의 정체를 식별할 줄 아는 능력, 그러니까 그들이 어느 그룹에 속하며, 무엇과 가장 비슷하고, 이름이 무엇인지를 아는 능력이다. 포켓몬 상품을 만드는 사람들은 분류학에 대한 아이들의 갈망을 어찌나 영리하게 활용했는지, 실제로 이 상품들은 (그만큼 훌륭한 마케팅팀을 갖지 못한) 진짜 생물의 세계를 매력으로 훨씬 앞질러버렸다. 영국의 초등학생을 대상으로 한 어느 연구[9]에서는 전형적인 8세 어린이들이 연구자가 보여준 포켓몬 중 거의 80퍼센트의 정체를 맞히며 능숙한 포켓몬 식별 능력을 보여주었다. 반면 이 아이들은 실제 영국의 흔한 생물들에 관해서는 아는 게 훨씬 적었고, 오소리와 참나무, 토끼 등의 사진을 보고는 뭐라고 해야 할지 몰라 당황하는 경우가 훨씬 많았다.

공룡 시기와 포켓몬 시기도 무척 강력한 집중의 시기일 수는 있지만, 사실 그것이 움벨트에 대한 아이들의 관심이 가장 집중적으로 표현되는 일은 아니다. 오히려 대부분의 아이들이 가장 움벨트를 중심으로 돌아가는 시기는 걷기나 말하기를 배우기도 전에 시작된다. 생명 세계의 질서를 이해하는 일에 어린 공룡 애호가들보다 더 열중하는 존재들은 바로 유아들이다.

어쩌면 우리는 의식적으로 인지하지는 않더라도 이미 아기들의 이런 점을 알고 있을지도 모른다. 잘 꾸며진 아기방을 대충 둘러보기만 해도 곰과 새끼고양이, 토끼, 조랑말, 꽃, 강아지 등의 그림이 붙어 있는 것을 볼 수 있는데, 이런 장식은 아기들이 생명 있는 존재들에게 관심을 보이리라는 무의식적 예상으로 가득 차 있다. 우리는 보통 아기들에게 동물 인형을 가지고 놀라고 주지, 우리가 더 관심 있고 우리 삶에 더 긴요한 인공물들의 모형, 그러니까 솜을 채워 넣은 휴대폰 모형이나 평면TV 모형을 주지는 않는다.『곰돌이 푸』,『피터 래빗』,『코끼리 왕 바바』,『착한 개 칼Carl the Dog』,『모자 쓴 고양이Cat in the Hat』처럼 아동문학계를 장악하고 있는 동물 주인공이 등장하는 이야기들을 읽어주고 아이들은 그 이야기들을 들으며 즐거워한다. 심지어 우리는 아기들에게 동물 그림이 그려진 옷까지 입힌다.

우리는 왜 이러는 걸까? 유아원에 있는 테디베어가 귀엽다거나 아기 방에 있는 꽃 그림이 예뻐 보인다고 말할 수도 있겠다. 그러나 어쩌면 그보다 더 심층적인 이유가 있을지도 모른다. 어쩌면 우리는 과학자들이 계속 발견하고 있던 사실, 그러니까 아기들이 생물들에게 친밀감을 느낀다는 점을 어떻게 해서인지 이미 알고 있었던 건지도 모른다.

연구자들은 아기들이 무엇을 얼마나 오랫동안 뚫어지게 쳐다보는지, 무엇을 즉각 무시해버리는지 관찰하며 많은 시간을 보냈다. 이 연구자들이 발견한 사실은 아기들이 생물의 세계에 즉각적이고도 강력하게 매료된다는 것이다. 생후 3개월 된 아기들을 연구하는 심리학자들은 이 어린 아기들이 생명이 있는 것들을 감지해내는 일에 너무나 주파수가 맞춰져 있어서 실제로 살아 있는 생물의 움직임과 예컨대 태엽을 감는 장난감 같은 기계의 움직임도 구별할 수 있다는 걸 알아냈다. 아기들은 심지어 동물이 그렇듯 스스로 움직이는 것과 무생물이 그렇듯 다른 무언가에 의해 움직이는 것의 움직임 차이도 구별할 수 있다. 이 모든 능력은 아기들이 일찌감치 그리고 재빨리(말하기나 걷기 심지어 앉기를 배우기도 전에) 생명의 세계에 초점을 맞추게 해준다.

아기들은 생물들에게 눈의 초점을 맞추자마자 마음의 초점도 그들에게 맞춘다. 또한 생물의 분류를, 이를테면 무엇이 개이고 무엇이 개가 아닌지, 무엇이 고양이이고 무엇이 고양이가 아닌지 등 범주와 관계들을 배우는 데 상당한 에너지를 쏟는다. 그 결과 아기들이 제일 먼저 말하는 단어 중에는 당연히 생물들의 이름이 많다. "구우우", "가아아" 하는 옹알거림 사이 사이로 오리와 개, 새와 예쁜 꽃, 새끼 고양이와 물고기, 남자와 여자 등을 나타내는 아기식 발음들을 쏟아낸다.

우리 딸 에미코가 제일 처음 말한 단어는 생물 이름이었다. 그 중요한 날은 1995년 3월 3일이었다. 에미코는 거실 바닥에 앉아 활짝 미소를 짓고 있었다. 그때 딱히 누구에게랄 것도 없이 "키키"라고 말했다. 자기 손에 쥔 10센티미터짜리 쿠키몬스터 인형을 들여다보면서('키키'는 쿠키를 뜻했다). 에미코가 처음으로 말을 하게 한 것은 그 아이의 세계 전체에서 다른 무엇도 아닌, 털북숭이에 눈이 튀어나온 이 작은 야수였던 것이다. 쿠키몬스터는 에미코가 제일 좋아하는 장난감도 아니었다. 자기 생명에 필수적인 것과도 전혀 무관했다. 에미코의 첫 단어는 긴급한 욕구(주스!)나 욕망(안아줘요!)이나 편안함(기저귀!)에 관한 것이 아니었다. 생후 8개월에 그 아이가 말한 첫 단어는 생물의 이름이었다. 상상의 생물이긴 하지만 그래도 생물인 건 사실이다. 당시 나는 충격을 받았다. 너무나 엉뚱한 선택처럼 보였기 때문이다.

에미코가 계속 더 많고 다양한 말을 하는 동안 우리는 아이가 말한 단어를 꼼꼼하게 기록해 목록을 만들었고, 그 목록이 계속 생물(물고기, 소, 새, 개구리, 개, 벌) 또는 생물의 부분(코, 꽃, 무릎, 귀 등)들로 채워지는 것을 지켜봤다. 첫 생일(정확히 1995년 7월 3일)을 몇 주 앞둔 즈음 에미코가 쓰던 어휘는 그야말로 동물 전시회 같아서, 발음한 50개의 단어 중 절반 이상이 생물이나 생물의 일부를 지칭하는 말이었다. 아직 걷지도 못하고 변기도 쓸 줄 모르며 완전한 문장 하나 말하지 못하는 이 아기에게 자기 인생에서 만난 생물들의 이름을 말하지 않고는 못 배기는 강력한 충동이 있었던 모양이다.

에미코는 자신의 아기 움벨트에 집착하는 유일한 아이가 결코 아니었다. 아기 8명이 처음으로 배운 단어 25개를 꼼꼼히 추적 관찰한 연구에서 그 25개 중 평균 5개 단어는 사람을 제외한 동물들만을 가리키는 단어였다.[10] 사람도 동물에 (우리도 분명 동물이니까) 포함하면 평균적으로 아기가 말하는 첫 25개 단어 중 동물만을 가리키는 단어는 10개 이상이 된다. 그리고 우리가 먹는 모든 것이 생물의 세계에서 온 것이니, 일단 음식을 가리키는 단어들(바나나, 사과, 배 등)도 집어넣으면 아기의 첫 25개 단어 중 13개 단어를 파악하게 된다. 이는 즉 아기가 배운 명사 다수가 어떤 형태로든 생물을 가리키는 것이라는 말이다. 누구도 아기를 동물학자나 식물학자로 만들려고 노력한 건 아닌데도 아기들은 재빨리 그리고 수월하게 그 역할을 떠맡는다. 마치 정확히 그런 일을 하도록 만들어진 존재인 것처럼. 그런데 알고 보니 실제로 그랬다. 이런 연구들이 매우 희소하기는 하지만, 이 연구에서 대상으로 삼은 아기들, 그러니까 인디애나주 블루밍턴에서 태어난 미국 아기들이 세계 다른 어느 곳의 아기들보다 생물의 이름을 배우는 경향이 더 강한 거라고 생각할 이유는 전혀 없다. 나는 노르웨이와 베트남, 호주, 남아공의 아기들도 적어도 그 블루밍턴 아기들과 비슷한 정도로는, 처음 말한 단어들을 가지고 말로 된 작은 동물원과 정원을 꾸렸을 것이라는 데 기꺼이 판돈을 걸겠다.

그러나 아기들이 하는 것은 생물의 이름을 재빨리 터득하는 것만이 아니다. 그들은 생물의 범주, 분류 체계, 경계선도 놀랍도록 신속하게 배운다. 예를 들어 아기들은 '개'가 의미하는 바를 아주 수월하게, 거의 순간적으로 인지하는 것처럼 보이며, 개라는 범주에 포함되는 것과 포함되지 않는 것이 무엇인지도 이해하는데, 이 과정은 세

　　　　　　　　　　　　　　　2부 · 밝혀진 비전

계의 수많은 개들 중 필연적으로 매우 제한적일 수밖에 없는 표본들만 보고서 이루어진다. 이것은 도저히 쉽게 설명할 수 없는 능력이다. 겨우 몇 마리의 개를 본 것만으로 어떻게 치와와부터 그레이트 피레니스까지 포함하는 광범위한 견종들을 '개'의 범주에 들어가는 것으로 (때로는 완벽하게) 추정할 수 있는 것일까? 다리가 넷인 다른 것들, 이를테면 고양이, 테이블, 기는 자세를 한 사람은 왜 개로 착각하지 않을까? 아기들은 '개'라는 말이 개가 내는 소리를 의미하지 않는다는 것을, 또는 어떤 사람이 손가락으로 개를 가리킬 때 그 개가 있는 특정 장소 또는 개들을 보았던 장소를 의미하지 않는다는 것을 어떻게 아는 걸까? 아이들은 역시나 털이 있고 역시나 친근하며 역시나 다리가 넷인 소는 개가 아니라는 것을 어떻게 알까? 예컨대 다리를 넷 다 잃은 개 혹은 꼬리가 잘린 개라도 여전히 개라는 것을 아이들은 어째서 자연스럽게 이해하는 걸까? 오랫동안 심사숙고의 대상이었던 이 질문은 노엄 촘스키가 '플라톤의 딜레마'라고 부른 것으로, 기본적으로는 우리가 세상에 대해 본 것이 아주 적은데도 어떻게 그렇게 많이 알 수 있는가 하는 문제다. 또는 버트런드 러셀의 표현으로는 "인간은 세상과의 접촉이 짧고 사적이며 제한적인데도 어째서 그렇게 많은 걸 알 수 있는가?" 하는 질문이다.[11]

우리는 정말이지 생명의 세계에 대한 분류와 범주를 직관적으로 파악하는 걸 말이 안 될 정도로 너무 잘, 너무 능숙하게 해낸다. 우리는 다른 사람들이 알아보는 것과 동일한 자연의 분류군들을 거의 자동반사적으로 민첩하게 알아보며, 우리의 이런 숙달된 능력은 설명하기가 불가능해 보인다. 그런데 여기서 움벨트가, 혹은 심리학자들의 민속 분류학 영역이 다시 한번 등장한다. 과학자들은 어린이가,

아니 그 누구라도 생명을 그렇게 탁월하게 이해하는 일이 가능한 것은 오직 폭넓은 다양성을 지닌 생물의 범주화와 체계화에 대한, 적응 이전에 갖춰진 능력을 지니고 있기 때문이라고 말한다. 그들의 말로는 한 유형의 생물과 또 다른 유형의 생물 사이 경계선이 어디서 시작되고 어디서 끝나는지를 우리처럼 그렇게 쉽게 직관적으로 파악하는 일, 우리처럼 그렇게 신속하게 자연의 질서를 감지하는 일에 다른 수란 결코 존재하지 않는다. 그것은 오직 민속 분류학 영역이 지닌 힘, 바로 우리 움벨트의 비전이 지닌 힘이 있기에 가능하다는 말이다.

✳ ✳ ✳

그러니까 움벨트는 자연탐구가나 분류학자가 생물의 질서를 이해하는 일만 돕는 것이 아니다. 움벨트는 우리 모두에게 강력하며 탁월한 쓸모를 지닌, 절대적으로 필요한 안내자이며, 그것이 없다면 낯설고 불확실해질 세계에서 우리가 현실에 굳건히 발붙이게 해주는 닻이다. 아이들은 이를 알고 있다. 심지어 아기들도 이를 잘 알아서, 기저귀를 차고 앉은 완전히 무력한 상태로도 생명 세계의 질서를 가능한 한 잘, 가능한 한 신속히 파악하려고 엄청난 노력을 기울이는 것이다. 우리도 모두 한때는 그것을 알고 있었지만 이제 다 잊어버리고 말았다. 움벨트를 갖는다는 건 세계 안에서 자신의 자리를 안다는 것이고, 주변의 모든 살아 있는 것들을 이해할 수 있다는 것이다. 그러니 분류학자들이 움벨트가 주는 비전에 그토록 필사적으로 매달리는 것도, 우리가 우리 움벨트의 비전을 그토록 필사적으로 되찾고자 하는 것도 놀라운 일이 아니다. 움벨트는 우리 인간이 그 누구도 언제부터라고 말할 수 없는 오래전부터 함께 살아왔고, 누려왔고, 덕을 봐왔고, 의존해왔던 것이기 때문이다.

6장

워그의 유산

세계사의 가장 오래된 시기부터 유기적 존재들은
아래 단계로 내려올수록 점점 더 서로 비슷해지는 모습을 보였으며,
이에 따라 이들을 분류군 아래의 분류군들로 분류할 수 있다.

찰스 다윈, 『종의 기원』[1]

인류학자들의 민속 분류학 연구는 움벨트라는 생명의 그림을 드러내
주었다. 심리학자들은 우리가 지금도 그 비전에 신경을 써야 하는 이
유를 밝혀주었다. 하지만 움벨트의 존재와 중요성의 근원에는 아직
질문 하나가 더 남아 있다. 그것은 움벨트 자체가 어떻게 진화했는가
하는 질문이다. 움벨트의 진화 이야기는 누가 들려줄 수 있을까? 그
래서 나는 세상에 알려지지는 않았지만 전문적인 두 정보원에게 도
움을 청했다. 이제부터 내가 '워그Wog'와 '고그Gog'라고 부를 이 두 사
람은 움벨트가 기원한 머나먼 과거에 살았던 우리의 태곳적 조상들
을 대표한다.

기나긴 세월을 되짚어 인류 역사의 출발점에서 아주 가까운 과
거를 돌아보면 오랫동안 잊혀 있던, 땅에 닿을 듯 긴 팔을 끌며 어슬
렁거리는 털북숭이 둘의 모습이 눈에 들어온다. 저기 길을 따라 어기
적어기적 걸어가는 고그가 보인다. 어깨를 구부정하게 말고 커다란

자기 발에 시선을 고정한 고그는 어딘지 느슨해 보이고 자기 주변 생명의 세계에는 무관심해 보인다. 그는 블랙베리와 벨라도나도 구별하지 못하며, 그런 일에는 아예 신경을 쓰지 않는다. 사냥할 때 형제자매들이 이런저런 말을 주고받지만, 그들이 나누는 이야기는 전혀 고그의 관심을 끌지 못한다. 그들이 찾는 게 뇌조인지 가터뱀인지 구스베리인지도 고그는 전혀 모른다. 그는 찰싹 때리거나 발길질을 해 쫓아버릴 때만 빼면 주변 생명에 대해 거의 주의를 기울이지 않는다. 다른 이들이 털 난 동물이나 열매에 관해 이야기하는 말을 듣고 있을 때조차, 고그는 동료 사냥꾼들이 말하는 세상이 자기 눈으로 보는 세상과는 다르다고 느낀다. 그들이 하는 말은 통 이해가 되지 않는다. 형제자매들과 달리 고그는 방금 잡은 쥐 두 마리에서 어디가 차이가 난다는 건지 아무래도 모르겠다. 또 그들이 어떤 나무 밑에 어떤 식물이 있는 것을 보고 왜 그리 놀라는지도 도저히 알 수가 없다. 그로서는 동물과 식물을 두고 왜 저리도 난리법석을 떠는지 좀체 이해가 안 된다. 백합, 사자… 뭐가 다르단 거야?

저기, 고그보다 조금 뒤, 저쪽 나무 옆에 고그의 이웃 워그가 있다. 가지에 앉아 노래하는, 깃털로 덮인 작은 생물의 소리를 들으려 지금 막 살금살금 나무 곁으로 다가선 참이다. 고그와는 대조적으로 워그는 생물들을 보면 항상 흥분한다. 특히 새들에게 매료되어 있다. 새 소리가 들리면 고개를 돌려 그 소리에 귀 기울인다. 물에 떠 있는 새가 보이면 더 잘 보이는 곳으로 다가가야만 한다. 워그는 도저히 새들을 무시할 수 없는 것 같다. 자기가 그러길 원한다고 해도 말이다. 게다가 일부러 그러려는 것도 아닌데 어느새 새에 관해 생각하고 있다. 이때 개별적인 새들을 한 마리 한 마리 생각하는 게 아니라 무리로, 같은 종류들의 묶음으로 생각한다. 땅 위를 뛰어다니는, 꽤 맛이 좋은 뚱뚱한 새들이 몇 종류 있고, 높은 나뭇가지 위에만 머물며 노래하는 작은 새들도 제법 있으며, 종일 연못 위에 떠 있는 종류들도 있다. 워그는 어떤 질서를 감지했고, 자기 마음속 비전과 잘 맞게끔 낱낱의 새들을 그 질서 안에 배치하며 깊은 만족을 느낀다. 워그는 모든 것을 각자의 적합한 자리에 위치시켰다.

이런 워그이다 보니, 어느 날 평소 즐겨 하던 대로 더 나이 많은 사냥꾼들의 말을 열심히 귀 기울여 듣다가, 이 남자들과 여자들에게는 자신이 알아보았던 것과 똑같은 바로 그 새들의 무리를 가리키는 이름이 있다는 것, 그리고 다양한 종류의 새들이 언제 어디에 (때로 맛있는 알들로 가득한) 둥지를 트는지 그들이 알고 있음을 알아챘을 때 너무도 기뻤다. 워그는 계속 그들의 이야기에 귀 기울이며 버섯에 관해서도, 고사리와 열매, 그리고 얼마 전 자기 삼촌을 거의 죽일 뻔했던 그 덩치 크고 무서운 동물에 관해서도 더 많은 걸 배운다. 매일 밤 워그는 검치호랑이 모피로 만든 이불을 덮고 누워 그날 본 생물들, 특히 새들에 관해 곰곰이 생각하며, 그들을 궁금해하고, 지었던 무리를 흩었다가 다시 다르게 지어보다가, 다시 깊이 생각해보고, 몇 가지 꽃과 나무에 관해서도 잠시 생각해보다가 마침내 졸음이 몰려오면 털이 복슬복슬한 등을 긁적거리며 돌아누워 잠에 빠져들고 이내 하늘을 날쌔게 가로지르는 깃털 덮인 친구들의 꿈을 꾼다.

워그와 고그는 동물 가죽을 입고 고기를 구워 먹으며 불을 좋아하는 것 등 여러 면에서 아주 비슷하지만, 생명의 세계에 대한 태도와 이해 면에서는 극과 극이다. 그렇다면 이 두 친구 중 누가 여러분의 증조의 증조의 증조의… 증조부모 중 한 명의 아버지가 되었을 가

2부 · 밝혀진 비전

능성이 클 거라고 생각하는가? 나라면 워그 쪽에 내기를 걸겠다. 야생에 살면서 생물들의 분류와 이름을 잘 알지 못하고, 그에 관한 이야기를 잘 나누지 못하며, 어떤 생물이 어떤 생물인지를 잘 기억하지 못하는 이, 그러니까 혈거인穴居人의 분류학에 능숙하지 않은 이는 상당히 더 고되고 아마도 더 짧은 삶을 살았을 가능성이 크다. 오늘날에는 사냥이나 채집을 하거나 자기가 먹을 식량을 직접 재배하는 사람들은 극소수지만, 인간 종의 역사를 이룬 길고도 고된 영겁 같은 시간 동안, 편리한 마트와 쇼핑몰, 테이크아웃 중국 음식과 인터넷 쇼핑이 등장하기 전까지 수천, 수만 년 동안 사람들은 생물들의 세계에서 방향을 찾아가고 그 세계의 질서를 알아보고 기억할 줄 알아야만 했다. 최소한 죽음을 피하기 위해서는 어떤 생물이 먹기에 좋으며 어떤 생물은 독이 있는지, 또 어떤 생물이 항상 자기를 먹으려 호시탐탐 노리고 있는지를 알아야 했을 것이다. 그뿐 아니라 단순히 살아남는 것과 정말로 번성하며 살아가는 것의 차이 역시 생명의 세계에 정통한 정도에 따라 큰 영향을 받았을 것이다. 고그 및 고그와 비슷한 사람들의 생물 명명력 결핍증이 있는 후손들은 (후손이 조금이라도 있었다면 말이지만) 훨씬 적게 살아남았을 것이고, 눈썹뼈가 툭 튀어나온 분류학자 워그와 정신적 성향이 워그와 비슷한 사람들의 후손은 더욱 번성했을 가능성이 크다.

이제 이런 자연선택이 대략 몇만 년 동안 이어진 상태를 상상해보자. 사람들은 진화를 통해 생명의 세계에 대한 특정한 시각과 그세계를 인지하는 방식, 특정한 것들을 알아차리는 것에 대한 선호, 생물의 엄청난 다양성 속에서 일종의 질서를 감지하는 요령을 장착한 뇌를, 그러니까 오늘날 당신과 나, 그리고 다른 모든 사람의 두개골 안에 있는 것과 아주 비슷한 뇌를 갖추게 되었을 것이다. 우리가 감지하는 것과 자연스럽게 우리의 주의가 쏠리는 곳(우리가 주의를 기울이지 않고는 못 배기는 나무들, 그리고 아, 너무나도 확연한 물고기들) 그리고 우리가 그 안에서 감지하는 자연의 질서는 단순히 외부 세계에만 존재하는 것이 아니다. 오히려 우리가 그것들을 알아보도록 진화한 것이다. 우리는 온갖 찬란한 혼란으로 가득한 세계를 있는 그대로 지각하지 않는다. 우리는 그럴 수 없으며, 그 모든 것을 그대로 받아들이지 않는다. 우리는 우리를 둘러싼 모든 것 가운데 매우 특정한 부분집합을 감지하며, 그것도 유독 인간에게 특유한 방식으로, 다시 말해 늘 배가 고프고 털이 많으며 사냥을 하던 워그의 후손들에게 유리한 방식으로 인지하게끔 진화가 우리에게 갖춰준 그 시각으로 그것을 바라본다. 이것이 우리의 과거가 남겨준 유산이다.

✳   ✳   ✳

생명 세계의 질서를 파악하는 능력이 인류에게 그렇게나 중요하다면, 그 능력은 아무리 크든 작든 간에 모든 동물에게 똑같이 중요하지 않을까? 조지 게일로드 심슨은 그렇다는 의견을 제시하면서 "분류는… 존재하거나 생명을 유지하기 위한 절대적인 최소한의 필수요건"이라고 단언했다.[2] 그리고 심슨은 저 낮은 단계에 있는 아메바의 분류학적 능력까지도 묘사하고 있으니, 저 말은 실로 생명이 있는 모든 존재에게 해당한다. "아메바의 반응을 보면 그 조직 속의 무언가가 일반화를 행하고 있다는 것이 지극히 명백하다. 예컨대 아메바는 낱낱의 먹이 조각에 대해 모두 고유한 대상인 것처럼 반응하지

아메바라는 이 흘러다니는 흐물흐물한 덩어리를
단세포 분류학자로 간주할 수 있을까?[3]

는 않지만, 어떻게 해서인지 먹이라는 부류에 속하는 서로 다른 무수한 대상을 먹이로 (분류라는 단어의 어떤 의미에서는) **분류한다.**" (강조는 원문을 따른 것이다.)

다른 동물들도 정말 일종의 동물 분류학을 행하는 것일까? 놀라운 일도 아니지만 이 질문을 검토한 연구가 많지는 않다. 그래도 그걸 검토한 연구들은 놀라운 결과를 얻었다. 동물들은 매우 뛰어난 식별 및 분류 행동을 활용하여 생명의 질서를 파악하는 대단히 유능한 분류학자들일 수 있다는 것이다.

예를 들어 아프리카의 버빗원숭이Vervet monkey를 연구한 과학자들은 이 동물이 다른 종들 사이의 차이를 인지하고 분류할 수 있을 뿐 아니라 다른 종들에 관해 서로 의사소통도 할 수 있음을 발견했다.[4] 일종의 유인원 분류학을 한다고 할까? 아프리카 버빗원숭이 무리가 느릿느릿 돌아다니고 있을 때, 때때로 그중 한 마리가 앞다리를 들고 선 채 비명을 지르기 시작한다. 그 소리가 들리는 범위에 있는 다른 모든 버빗원숭이도 즉각 두 다리로 서서 불안하게 주변을 훑어

6장·워그의 유산

보는데, 이는 방금 들린 그 비명이 버빗원숭이가 뱀을 보았을 때 지르는 소리이기 때문이다. 또 버빗원숭이 한 마리가 크게 짖는 소리를 내어 표범을 보았다는 신호를 보낼 때면, 모든 원숭이는 표범 같은 큰 고양잇과 동물이 감히 올라갈 수 없는 가느다란 나뭇가지 위로 올라간다. 버빗원숭이가 굶주린 듯 머리 위를 선회하는 마셜독수리를 보았다면, 이 원숭이는 두 음절로 된 기침 소리를 내 모든 버빗원숭이에게 독수리는 절대 비집고 들어갈 수 없이 빽빽한 덤불로 들어가라는 신호를 보낸다.

또 다른 연구자들은 다이애너원숭이Diana monkey라는 종이 비슷한 레퍼토리의 기침과 새된 소리로 포식자의 존재를 알리는 모습을 관찰했다.[5] 잠재적 암살범들에 대한 이 원숭이들의 분류가 얼마나 믿음직하고 정확한지, 코뿔새hornbill라는 크고 영리한 새들은 실제로 이 원숭이들의 분류학적 대화를 엿듣는다. 코뿔새는 자신들에게도 위협이 되는 포식자가 주변에 있다는 원숭이들의 음성 신호를 들으면 예방조치를 취한다. 그러나 원숭이가 코뿔새들은 괴롭히지 않는 포식자에 관해 시끄러운 소리를 질러대고 있다면 이런 신호는 그냥 무시해버린다.

버빗원숭이처럼 미국박새Chickadee도 위험한 동물들을 알아볼 뿐 아니라 "치카디디 - 디"라는 울음소리로 그 동물들에 관한 정보를 전달한다. 미국박새가 지각하는 자연의 질서는 어떤 것일까? 적어도 포식자에 관한 한 미국박새들이 가장 뚜렷하게 지각하는 것은 인간이 알아차릴 만한 색깔이나 크기, 모양 같은 전반적인 시각적 유사성이 아니라, 크기라는 단순한 기준인 것으로 보인다. 미국박새들은 더 작고 더 민첩한 포식자들을 쉽게 따돌릴 수 없기 때문에 이들에게는

다이애너원숭이[6]는 분명히 구별되는 소리를 사용해 각기 다른
포식자들의 존재를 나타낸다. 위험한 동물들에 대한 이들의 분류와
명명이 어쩌나 믿을 만한지, 코뿔새라는 새들은 그 정보를 활용하기 위해
다이애너원숭이들이 내는 소리를 엿듣는다.

덩치 큰 포식자들보다 작고 민첩한 포식자가 더 위험하다. 그래서 매
나 올빼미 같은 큰 포식자가 보이면 "치카디-디-디"라는 울음소리
에 비교적 느긋하고 길게 "디-디" 소리를 몇 번 덧붙인다. 그러나 포
식자의 크기가 더 작을수록 이들은 "디"를 더 많이 붙이고, 그 "디" 소
리는 훨씬 급박하고 초조해진다. 언젠가 과학자들은 공포에 사로잡
힌 어느 미국박새가 작지만 사나운 참새올빼미northern pygmy owl가 근
처에 있다고 동료들에게 경고할 때, 공포가 서린 '디' 소리를 다급하게
스물한 번이나 덧붙여 그 상황을 묘사하는 것을 들었다.[7] 다이애너원
숭이들처럼 미국박새들의 포식자 분류도 다른 동물들이 엿들을 정도
로 아주 확실하다. 동고비nuthatch라는 또다른 작은 새는 미국박새의
치카디 소리에 귀 기울이고 있다가 근처에 큰 포식자가 있다거나 위
험한 작은 포식자가 있다는 정보에 따라 알맞게 대처한다.

심지어 (도시 거리를 걸어본 사람이라면 누구나 알듯 알을 깨고 나오는 존재들 가운데 그리 똑똑한 편이라 할 수 없는) 비둘기도 생물을 분류할 수 있다. 게다가 비둘기는 즉각적으로 필요한 게 아닌 것도 분류할 수 있다. 나무를 보면 쪼도록 비둘기를 훈련하고(그대로 하면 맛있는 먹이를 주었다) 다른 것들을 보면 쪼지 않도록 훈련한 연구에서, 비둘기는 완전히 새로운 종류의 나무를 보여주었을 때도 열심히 쪼아댐으로써 나무란 게 어떤 것인지 비둘기만의 방식으로 인지할 수 있음을 보여주었다. 비둘기는 예를 들어 단풍나무와 참나무 같은 서로 다른 나무 종들의 잎 차이도 구별할 수 있다. 비슷한 유형의 또 다른 연구들에서 비둘기는 물고기를 보여주면 항상 열심히 쪼아대고 물고기가 보이지 않으면 항상 쪼지 않음으로써, 자기네 움벨트의 힘으로 물고기를 알아볼 수 있음을 보여주었다.[8] 내가 알기로 비둘기가 물고기를 쫓아 물속으로 다이빙하거나, 자기를 잡아먹으려는 물고기를 피해 재빨리 헤엄쳐 달아났다는 이야기는 그 누구에게도 들어본 적 없는데 말이다. 그렇다면 비둘기는 왜 이러는 것일까? 이건 그만큼 생물들이 자기 주변 생명을 인지하는 능력이 강력하고 뿌리 깊기 때문이다.

이 모든 건 좀 이상하지만 흥미로운 의문을 갖게 한다. 다른 동물들의 분류학은 어떤 것일까? 이를테면 의사소통을 상당히 잘하며 수명도 아주 긴 사냥꾼들인 고래의 분류학은 어떨까? 개구리의 분류학은? 아니면, 예컨대 개미의 분류학은 어떤 모습일까? 개미는 화학적 신호에 강력하게 반응하는데, 이는 개미에게는 후각과 미각에 맞먹는 것이므로 개미의 생물 분류 방식을 지배하는 감각일 가능성이 크다. 틀림없이 개미의 분류학에서는 인간의 관점에서 볼 때 중요하고 두드러진 것들이 누락되어 있을 것이다. 우리가 에른스트 마이어의 뉴기니 원정을 따라갔다고 치고 뉴기니의 개미를 상상해보자. 이 개미의 움벨트에서는 마이어와 뉴기니 사람들이 본 136~137가지 종의 새들이 똑같이 중요하게 부각되지 않을 수도 있다. 냄새와 맛에 초점이 맞춰진 이 작은 생물들은 그들과는 완전히 다른 세상을 '볼' 것이다. 날아다니는 새들은 개미의 시야에도 마음에도 들어오지 않으니 극락조를 구분하는 일 따위는 전혀 관심도 의미도 없을 테다. 그리고 개미의 아주 작은 크기를 고려한다면, 예컨대 나무의 분류가 개미에게 중요해봐야 얼마나 중요할 수 있을까? 나무가 개미에게, 관목이나 울타리나 건물이나 풀과 마찬가지로 수직과 수평의 표면들로 이루어진 조합 외에 달리 무엇을 의미할 수 있겠는가? 특정 종의 나무(개미가 먹는 벌레들을 품고 있는 나무나, 개미를 먹는 벌레들을 품고 있는 나무)는 관심 대상일 수 있겠지만, 나무들 전체(우리는 무척이나 사랑하는 나무들)는 개미들에게 중요한 범주가 아닌 것은 물론 그들의 레이더에 걸릴 가능성도 전혀 없을 것이다.

분류학의 기원은 인간의 기원을 지나고 영장류의 기원도 지나 생명 역사의 머나먼 과거까지, 그리고 (단세포 아메바도 분류를 한다는 심슨의 말을 믿는다면) 어쩌면 생명 자체의 기원으로까지 거슬러 올라가는지도 모른다. 어쩌면 분류학은 생명이 지구에 나타나 꿈틀거리며 다니기 시작하자마자 태동했을지도 모르고, 모든 유기체와 그 후손은 아무리 제한적이고 우리와 아무리 다르더라도 생명에 대한 자신들만의 지각을 지니고 있으며, 우리의 움벨트를 포함해 모든 움벨트는 각자가 생존을 위한 몸부림으로 채워가는 고된 삶을 통해 만들어졌을 것이다.

✳ ✳ ✳

인간의 움벨트는 먼 옛날의 수렵채집인들을 돕도록 진화했지만, 우리 현대인의 두개골 안에도 말 그대로 박혀 있어 우리가 매일같이 품고 살아가는 유산이다. 우리는 모든 생물이 그러하듯 우리 과거의 산물이며, 따라서 우리의 움벨트를 아주 오래전의 힘겨운 분투가 남긴 유산으로 이해하면 생명의 세계에 대한 이 비전이 지닌 이상하거나 불가해한 많은 부분을 설명하는 데 도움이 된다.

예컨대 태고부터 내려오는 유산으로서 움벨트는 인류학자들이 여러 민속 분류학들에서 일관성을 발견하는 이유를, 오늘날까지도 지구상 어디서나 사람들이, 때로는 극도로 엄격한 분류와 명명의 보편법칙처럼 보이는 것을 따르고 있는 이유를 설명해준다. 인간 종의 역사 초기에 생명의 세계에 대한 가장 성공적인 비전은 수렵채집인 대부분은 아니라도 다수가 공유했던 비전이었다. 우리처럼 의사소통하는 걸 아주 좋아하고 사회적인 종에게는 움벨트(공통의 움벨트)에 관한 정보를 주고받고 이야기하는 것이 대단히 유리한 일이었을 것이다. 생명에 대한 비전이 더 널리 공유될수록 그것에 관해 다른 사람들과 더 쉽게 논의하고 더 쉽게 이해시킬 수 있으며, 그 비전을 지닌 사람은 지금 우리가 적자생존이라고 부르는 그 투쟁에서 생존하고 번성하고 후손을 남기는 과업을 더 잘 해낼 가능성이 컸다.

우리가 머릿속에 그려보고 있는 혈거인 조상이 다른 누구도 보지 않는 질서, 다른 누구도 이해하거나 지각하지 못하는 질서(아무리 정보가 가득하거나 그를 보호해주거나 막강한 질서라 해도)를 보는 뇌를 지녔다면, 그건 우리의 움벨트를 보는 뇌만큼 도움이 되지는 않았을

2부·밝혀진 비전

것이다. 워그와 고그에게 또다른 이웃 슬로그Slog가 있다고 해보자. 슬로그는 워그처럼 생명의 세계에 대한 예리한 지각을 지녔고, 워그처럼 자신이 보는 질서에 매료되었다. 그러나 슬로그는 다른 모든 혈거인과 달리 시력이 엄청나게 나빠서 그가 보는 세상은 거대하고 몽실몽실하게 뒤죽박죽된 덩어리였다. 그에게 가장 명백하고 흥미롭고 생생한 것은 세상의 모습이 아니라 세상에서 나는 소리와 냄새였다. 그래서 슬로그는 그런 방식으로 세계의 질서를 조직했고, 자기가 냄새를 잘 맡을 수 있는 것들 또는 크거나 지속적인 소리를 내는 것들에서 어떤 자연의 질서를 발견했다. 아무도 슬로그가 무슨 얘기를 하는지 몰랐을 것이고, 슬로그에게는 생명에 대한 다른 사람들의 묘사가 전혀 이해되지 않았을 것이다.

한편 다른 모두의 방식과 많이 다르지만, 잠재적으로 세상을 지각하는 데 대단히 유리할 수도 있는 방식조차 사실상 불리함으로 작용했을 것이다. 슬로그 말고 오그Og라는 경이로운 존재도 상상해보자. 오그는 사방에서 달려드는 무지무지 작은 바이러스와 박테리아를 볼 수 있는 시력을 갖고 있다. 오그에게 검치호랑이는 바글바글하는 아주 작은 유기체들로 뒤덮인, 한낱 커다란 존재일 뿐이고, 선인장은 호랑이보다는 한자리에 머물러 있기는 해도 역시나 그런 유기체들로 뒤덮인 또 하나의 존재일 뿐이다. 이런 감각 정보는 잠재적으로 매우 유용할 수 있지만, 그래도 경이로운 오그는 불리한 처지였다. 자기와 유사한 다른 괴짜 혈거인들과 마찬가지로, 그는 결국 남들과는 다른 언어로 생명에 관해 이야기했을 것이다. 나머지 동료 인간들과 사실상 다른 세계에서 살았으니, 오그도 안타까운 고그만큼이나 곤란한 처지였을 것이다. 왜냐하면 불운한 슬로그나 경이로운 오그처럼 생명에 대한 시각이 다른 모든 이와 다른 사람, 자연의 질서에 대한 일탈적 감각을 지닌 사람이라면 누구나 다른 사람은 아무도 볼 수 없는 세계에 살면서 재빠르고도 가혹하게 도태되었을 것이기 때문이다. 이런 세상에서는 생명에 대한 보편적인 시각이 재빨리 생겨날 뿐 아니라 온전히 유지되었을 것이다. 왜냐하면 통념에서 벗어난 것, 너무 이상하거나 독특해서 제대로 기능할 수 없는 모든 것은 아마도 신속히 도태되었을 테니 말이다. 이 모든 것이 우리가 물려받은 움벨트로 이어졌고, 인류의 생명에 대한 이러한 인류의 공통적 지각이 일관적인 민속 분류학들로 가득한 세계를 낳았다.

움벨트를 머나먼 과거부터 물려받아온 것으로 이해하면, 또한 이 비전이 그렇게 오랫동안 박물학자들에게 훌륭한 조력자 역할을 해왔는데도 전 지구의 생명에 대한 위대한 탐험의 시대가 도래하자 바로 실패하기 시작한 이유도 이해할 수 있다. 태곳적 우리 조상들에게는 이 세계의 광대한 생물권 가운데 아주 작은 조각만 처리할 수 있는 움벨트면 충분했다. 지구를 여행하려 한 이는 단 한 사람도 없었을 것이고, 북극의 새와 열대의 나무, 심해의 물고기를 볼 기회는 아무에게도 없었을 것이다. 600가지 식물과 600가지 동물만 분류하고 기억할 수 있는 능력이면 충분했을 것이다. 이렇게 자기가 사는 동네의 동식물을 처리할 수 있는 움벨트는 커다란 이점을 제공했겠지만, 수천 가지 식물이나 동물에게서 질서를 찾아낼 수 있는 움벨트는 우리 조상들의 생존과 번식을 위한 투쟁에는 아무 쓸모가 없었을 것이다.

그렇다면 우리가 배와 비행기와 기차를 멀리하고 어떤 식으로든 엄청나게 먼 거리를 여행하는 일만 피한다면, 세계의 질서에 대한 우리의 시각은 단순명쾌하고 아무 흔들림이 없을 것이며, 우리 뇌가 예상하고 처리할 수 있는 것과도 잘 맞아떨어지는 게 전혀 놀라운 일이 아닐 것이다. 하지만 린나이우스의 동시대인들이 그랬고 다윈의 동시대인들은 더욱 그랬듯이, 만약 우리가 집을 떠나 머나먼 야생을 탐험한다면, 우리와 움벨트 사이에 분명 문제가 생길 것임을 예상할 수 있다. 그리고 정확히 바로 이 문제가 폭발적으로 증가하는 범주, 무너지는 종간 경계선, 최종적으로 움벨트에 대한 가장 거대한 타격인 진화적 변화에 대한 깨달음의 형태로 우리에게 닥친 난관이었다.

물론 우리의 태곳적 조상들은 진화적 변화에 대처해야 할 필요가 전혀 없었을 것이다. 그들에게는 변화하는 종들을 상대해야 할 일이 전혀 없었다. 인간은 그 누구도 수백, 수천 년을 살지 않는다. 가젤이 달리는 속도, 어떤 거북이 종의 크기, 돌고래의 형태에 천천히 일어나는 변화를 목격할 정도로 오래 살았던 사람은 아무도 없다. 오히려 그들에게 생명은 절대로 변하지 않는 것으로 보였을 것이다. 워그는 매일 그 거북이가 정확히 똑같다고 여겼을 것이다. 그는 가젤을 뒤쫓아 달렸을 것이고, 가젤들은 해가 가고 또 가도 더 빨라지지도 더 느려지지도 않는 것처럼 보였을 것이다. 세상이 여러 지질 시대를 거치며 지독히도 느릿느릿 진화하는 모습을 바라봄으로써 워그가 얻을 수 있는 이점은 없었다. 워그의 뇌는 생명이 변화하지 않는다고, 각각의 생물 무리는 자기가 만든 범주들로 깔끔하고 정연하게 잘 구분된다고 절대적으로 확신하고 있을 때 그를 가장 잘 도울 수 있었을 것이다.

다윈을 자기 따개비들과 그토록 힘겹게 씨름하게 만든 것은 바

257

로 이런 진화적 관점의 철저한 결여였다. 그는 세계 각지에서 온, 광범위한 지질학적 연대에 흩어져 있는 따개비 표본들에서 변이를, 그냥 한마디로 "진화!"라고 외치는 증거를 볼 수 있었다. 하지만 태고부터 진화해온 그의 움벨트는 눈에 빤히 보이는 아름답고 고정된 자연의 질서에 대한 시각, 손쉽게 나뉘는 범주의 시각을 도저히 포기할 수 없었다. 다윈이 따개비 앞에서 그토록 깊이 좌절했던 것도 놀라운 일이 아니다.

움벨트의 진화는 또한, 진화분류학자들이 더 제대로 된 진화적 방식으로 사유하고, 더 현대 과학적인 방식으로 세상을 분류하려 노력해야 할 이유가 차고 넘쳤음에도 불구하고 도저히 그럴 수 없었던 이유도 설명해준다. 그들의 움벨트가 그러도록 허용하지 않았던 것이다. 생명의 질서에 대한, 태고부터 진화해온 우리의 지각은 무시하기에는 너무 강력한 것이기 때문이다.

진화의 진실을 보는 능력이 없는 움벨트는 또한 진화생물학에서 가장 멸시받는 논쟁, 끝없이 토론했으나 끝까지 해결되지 않은 '종 문제'를 일으키는 주범일 가능성도 크다. 그것은 총명한 진화생물학자들이 종이 좀처럼 포착되지 않는다는 걸 잘 알면서도 종에 대한 빈틈 없고 어디서나 통용되는 정의를 내리려고 수십 년간 계속 시도해온 이유이기도 하다. 생물학자들이 지금까지 해온 모든 일(특히 바로 이 과제에 대한 아주 높이 쌓여 있는 실패한 시도들의 더미까지 포함해)에서 얻었을 정보를 고려하면, 그들은 다윈이 아주 오래전에 인정했던 대로 그것이 현실적으로 헛된 시도임을 진작 깨달았어야 했다.

어쩌면 우리는 진화분류학자들이 변화하거나 개선하지 못하는 것은 말할 것도 없고, 자기네가 쓰는 방법을 합리적으로 검토해보

2부 · 밝혀진 비전

지도 못하는 명백한 무능력에 대해서도 움벨트를 탓할 수 있을 것이다. 린나이우스도 그랬듯 그들은 자신들의 방법이 무엇인지조차 설명하지 못한다. 말로 명확히 설명할 수도 없는 무언가를, 의식적으로 인지하지도 못한 무언가를, 무한히 긴 세월 동안 인간의 의식에 박혀 있었던 무언가를 어떻게 바로잡을 수 있겠는가? 당신의 감각이 진짜라고 말하는 것을 어떻게 신뢰하지 않을 수 있겠는가? 어쩌면 움벨트의 비전이 그토록 강력한 힘을 발휘하는 정확한 이유는, 무언가가 이해되었다는 것조차 깨닫지 못한 채, 노력하지 않고도 이해되는 것이기 때문일 것이다.

내 생각에 이를테면 병합파와 세분파 사이의 이견, 그밖에도 진화분류학자들에게 오명을 안긴 수많은 논쟁에 대해서도 태고부터 진화해온 우리의 움벨트를 탓하는 게 무리한 일이 아닐 것 같다. 우리 움벨트의 시각이 지닌 보편성에도 불구하고 각각의 모든 개인이 무한히 많은 세부에 대해서까지 정확히 똑같은 질서를 감지하는 것은 아니니 말이다. 다윈이 깨달았듯 변이는 생명 세계의 엄연한 사실이며, 움벨트에도 예외는 아니다. 움벨트를 떠받치는 보편적 특성들에도 불구하고, 움벨트는 항상 똑같이 울리고 있는 주제를 가지고 곧잘 즐겁고 특이한 변주곡을 연주하는 경향이 있다. 우리는 모두 물고기를 보겠지만 물고기의 종류가 정확히 몇 가지인지에 대해서는 의견의 일치를 보지 못할 것이다. 새들은 언제나 존재하겠지만, 때로는 그중에 화식조라는 날지 못하는 커다란 새가 존재할 수도 있으며 어떤 사람들은 이 새들을 포유류라고 볼 것이다. 만물에서 차이를 보는 세분파와 압도적인 동일함을 감지하는 병합파가 존재할 것이다. 그리고 지각에 나타나는 이 모든 경이로운 다름은 싸움을 일으키기에 아주 좋은 출발점이다.

심지어 꼭 전문적인 분류학자여야만 그 싸움에 뛰어들 수 있는 것도 아니다. 지구에서 아직도 필요한 모든 걸 야생의 세계에서 직접 얻어내는 소수의 사람들, 그러니까 현대의 수렵채집인들은 생명의 분류에 관해 진화분류학자들과 거의 똑같은 주장을 하며 똑같은 방식으로 분류한다. 그들은 진화분류학자들과 똑같은 딜레마를 두고 어김없이 언쟁을 벌이므로, 인류학자들은 어쩌면 그러한 언쟁을 분류학의 또 한 가지 보편적 특징으로 인식했을 수도 있다.

한 인류학자는 다음과 같은 상당히 전형적인 대화의 일부를 기록했는데, 필리핀의 수렵채집인 부부 사이의 대화로 움벨트 충돌의 흔한 예를 잘 보여준다. 분류학자들 사이에서 분류의 세세한 내용을 두고 자주 의견이 갈리는 이유는 동일한 유기체를 각자 다른 방식으로 지각하며, 관찰자 개개인에 따라 서로 다른 특징을 가장 중요한 것으로 보기 때문이다. 이 부부는 밤반bamban[9] 또는 도낙스 칸니포르미스Donax cannaeformis라는 식물의 특징 중 이 식물의 정체를 정확히 판단하는 데 가장 중요한 특징이 무엇인지를 두고 언쟁을 벌이고 있다. 아내는 막 이 관목이 "줄기가 단단하기" 때문에 나무라고 선언한 참이다.

남편: 그건 풀이야.
아내: 그러면 왜 똑바로 서 있는 건데?
남편: 서 있기는 하지. 하지만 키가 작고 줄기가 유연하잖아.
아내: 뭐, 대나무도 유연한데 그래도 나무라고 하잖아.

2부 · 밝혀진 비전

"그래, 그렇긴 해도…" 하고 남편이 맞받아치는 소리가 거의 귓가에 들릴 듯하다. 이 부부는 전문 분류학자들처럼 다음에는 카사바의 이름에 관해, 이어서 느타리버섯의 이름에 관해 계속 언쟁을 벌인다.

✳ ✳ ✳

그러니 가여운 진화분류학자들을 측은히 여기자. 그들 이전과 이후의 모든 사람과 마찬가지로 그들도 자기 움벨트의 렌즈를 통해 보고 있는 것일 뿐이니 말이다. 모든 인간, 살아가는 모든 존재와 마찬가지로 진화분류학자들도 과거의 산물로서, 쓸데없는 맹장과 불편하게 튀어나온 꼬리뼈, 그리고 움벨트가 묵직하게 들어앉은 뇌라는 짐을 물려받았다. 그들은 헤아릴 수 없이 긴 세월 동안 수렵과 채집을 하던 조상들의 성공을 바탕으로 구축된 뇌가 만들어낸 질서를 본다. 그런데 그런다고 해서 호된 비난과 조롱을 받는 것은 그들뿐이다. 세계에 대한 우리의 자연스러운 감각과 과학의 이 충돌은 알고 보니 바로 분류학만의 고유한 특징이기 때문이다.

현대의 다른 과학들(생물학의 다른 분야라든가 화학, 물리학)과 달리 분류학은 학문적 노력과 지적인 추구로서가 아니라 인간의 한 기호로서, 인간 존재에 미리 장착되어 있는 영원한 전통으로서 탄생했다. 이와 달리 우리에게는 화학과 마찰을 빚는 내면의 움벨트는 없다. 연금술사들은 납을 황금으로 바꿀 수 있기를 바랐고 또 그럴 수 있다고 믿었지만, 오늘날 우리 중에 그럴 수 없음을 받아들이지 못한 이들은 극소수뿐이다. 물리학 역시 (적어도 뉴턴 물리학은) 우리가 문제 삼을 만한 어떤 주장도 하지 않는다. 우리에게는 공간 속에서 만물이 움직이는 방식에 대한 감각이 있으며, 뉴턴이 그려낸 그 방식은 우리의 그 감각과 잘 들어맞는다. 아인슈타인을 비롯한 어떤 사람들이 우리의 골머리를 아프게 만드는 개념들을 만지작거리기 시작한 뒤로 우리는 그 개념들까지도 받아들일 수 있다. 양자역학과 아원자 입자의 행동도 비직관적이기는 하지만, 우리에게는 그걸 직관적으로 알거나 이해할 수 있다는 기대도, 아원자 입자가 어떻게 행동해야 한다는 감각도 없으므로 그 학자들의 연구와 충돌을 빚지 않는다.

다른 모든 과학자들에게는 철저히 현대적이고 논리적이며 합리적인 방식으로 실험하고 가설을 세울 자유가 있다. 진화분류학자들 역시 그저 자신들의 연구를 하며 전문가로서 생계를 꾸리고 물리학과 유전학의 거물들과 어깨를 나란히 하며 자신들의 능력을 증명하려 노력할 뿐인데도, 강력한 움벨트(지구상의 불변하는 무수한 생명의 작은 한 조각을 즉각적으로 이해하기 위해 구축된, 자기 취향에 맞게 생명을 분류하고 명명할 만반의 태세를 갖춘 뇌의 회색질)가 짐처럼 그들을 내리누르고 있다.

우리가 진화분류학자들을 가엾게 여겨야 할 이유는 그뿐이 아닌지도 모른다. 그들 자신은 인지하지 못했겠지만, 사실 그들은 이전까지 한 번도 행해진 적 없는 일을 하라는 요구를 받았다. 그것은 바로 태고부터 인류가 추구해온 일, 즉 우리의 움벨트를 사용해 우리 주변의 자연 질서를 명확히 표현하려는 일을 그만두라는 요구다.

✳ ✳ ✳

이런 사실을 깨달은 뒤 나는 움벨트 이야기의 희한한 부분들, 그러니까 필리핀의 난초, 뇌손상 환자, 분류하는 아기, 그리고 워그에 얽힌 기이함에 대해 곰곰이 생각했다. 그리고 분류학이라는 과학과 린나이우스와 다윈과 진화분류학자들에 관해 내가 알고 있다고 생각했던 것들을 다시 깊이 생각했다.

생명 분류의 과학, 분류학의 전체 영역, 그리고 그 긴 역사는 겉보기와는 완전히 달랐다. 움벨트는 가장 오래된(아메바만큼이나 오래된?) 이른바 과학에 대한 나의 이해를 완전히 뒤엎어놓았다. 린나이우스는 현대적인 의미의 명철한 과학자가 아니었다. 실질적인 과학, 실험, 가설 검증 중 그가 한 게 무엇인가? 대신 그는 움벨트가 가장 활기를 띠었고 가장 강력하게 작동하던 시대, 움벨트가 아주 정교하게 다듬어져 이전 그 어떤 인간의 움벨트도 목격한 적 없던 광범위한 생물들을 분류해낼 수 있었던 시대의 총아였다. 다윈의 기여도 재해석할 필요가 있었다. 다윈이 진화를 밝혀냄으로써 해낸 일은 그와 다른 이들이 오랫동안 생각해왔던 대로 마침내 분류학의 배를 바로잡은 일이 아니기 때문이다. 오히려 그는 분류학자들과 전 인류가 생명을 분류하는 데 처음부터 항상 사용해왔던 것(움벨트의 고정된 시각)을 앗아가 그것을 틀린 것으로 만들어버렸다. 다윈은 진화적인 생명의 분류를, 모든 인간의 뇌가 열렬히 거부하는 그 일을 하도록 고집스레 주장했고, 그럼으로써 분류학의 배를 거의 폭파하고 말았다.

움벨트는 진화분류학자들에 대한 나의 관점까지 바꿔놓았다. 그들은 늘 과학계의 고루한 멍청이들로 묘사되었고 젊은 학생 시절 나는 그들의 작업을 비웃었다. 이제 나는 오히려 그들을 영웅으로 볼 수도 있음을 깨달았다. 정량적 과학의 엄밀함이 그들을 바짝 뒤쫓으며 물어뜯고 있을 때도, 진화분류학자들은 완강히 그 자리에 버티며,

짧은 시간이나마 생명 세계에 대한 인류의 타고난 지각을 지켜냈으니 말이다. 그들이 영웅이었던 이유는 자신이 본 바를 그대로 말하는 것을, 자신의 감각을 귀하게 여기는 일을 두려워하지 않고 "내게는 이렇게 보이니 이러한 것이다. 토 달지 말라"라고 말했기 때문이다. 그것은 내가 항상 가치를 두도록 교육받아온 탄탄한 과학은 아니었지만, 어쩌면 그보다 더 나은 무엇(그들로서는 존재하는지도 몰랐던 움벨트의 가치)에 환한 빛을 비춰준, 고귀한 최후의 저항이었는지도 모른다.

그러나 가장 중요한 것은, 내가 진화분류학자들의 악착스러운 싸움 속에 움벨트의 진짜 중요성이, 생명의 분류와 명명이 지닌 더 커다란 의미가 들어 있음을 깨달았다는 것이다. 왜냐하면, 분류학의 투쟁들은 단순히 작은 정보 꾸러미들을 더 작거나 더 큰 파일 속에 정리해넣는 가장 좋은 방법에 관한 싸움처럼 보일지 몰라도, 사실은 훨씬 더 심오한 무엇에 관한 것이기 때문이다.

분류학의 투쟁은 과거에도 지금도 생명의 세계를 정의하는 일에 관한 싸움이었다. 그것은 무엇이 무엇이며 무엇이 아닌지, 무엇이 존재하며 무엇이 존재하지 않는지, 그리고 무엇이라 불리는지 말하는 일에 관한 것이다. 분류하고 명명하는 것은 별 생각 없이 하는 업무나 불가사의한 과학이 아니다. 그것은 우리를 둘러싼 세상이 무엇이며 그 세상 안에서 우리의 자리는 어디인지를 판단하고 선언하는 일이다. 생명이 있는 것들(음식, 포식자, 친구, 숲의 구조, 초원의 감각)을 보고 인지하는 일은 당신의 토대를 탄탄히 하는 일이며, 현실을 인지하는 일이다. 그리고 우리 움벨트의 비전이 이끌어왔으며, 인간 종의 역사 대부분에 걸쳐 우리 종의 나날의 생존에 필수적이었던 이 일은 아득한 오랜 세월 동안 인류가 추구해온 일이었다.

자신의 움벨트를 놓아버리기를 거부하고, 인간이 태고부터 이어온 여정의 마지막 자취를 꼭 붙든 채 그 추구를 마지막까지 놓지 않은 이들, 그들이 바로 그 강경하고 까다로운 사람들, 바로 진화분류학자들이었다. 이 괴팍하고 고루한 표본 관리자들은 눈에 보이는 대로 말할 인간의 권리를 위해 자기들만의 방식으로 싸우고 있었던 것이다. 그들은 자연의 질서를 해독하는 일에는 수량 데이터나 실험이 필요 없다고 주장했다. 그들은 (분명 그럴 의도는 아니었을 것이고, 또한 비과학적인 일이었을지는 몰라도) 그 어떤 질서든 단순히 누군가 그것이 타당하다고 생각했다는 이유만으로 타당하다고 선언하고 있었다. 바꿔 말해서 생명의 세계는 그 세계를 지각할 수 있는 모두에게 속한 것이었다. 그것은 우리 모두에게, 아마추어 박물학자, 어떤 새를 포유류라고 보는 뉴기니 사람들, 정말로 진실로 물고기 같은 것이 존재한다고 생각하는 조나 제인, 밍이나 마세고, 그리고 워그까지, 또 숲속을 돌아다니며 아무 말 없이 자기 주변 자연의 질서를 감지했던 모든 아이에게 속한 것이다.

이 모든 결론에 도달하자 이 소중한 움벨트가 심각한 곤경에 처해 있는 것도 충분히 그럴 만하다는 깨달음이 바로 뒤를 이었다. 우리는 생명의 세계를 분류하는 일을 오랫동안 과학자들에게, 전문 분류학자들에게 맡겨온 터였고, 앞에서 보았듯이 1950년대에 이르러서는 과학계의 움벨트 수호자인 진화분류학자들도 분명히 후퇴하는 추세였다.

1960년대는 환한 조명이 밝혀진 연구실에서 윙윙 소리를 내며 돌아가는 거대한 컴퓨터와 함께 현대적 사고에 걸맞은 분류와 명명의 새로운 시대를 불러왔다. 이제 곧 수치 계산을 하는 분류학자들이 마침내 분류학 작업에 수고스러운 엄정함을 도입할 방법을, 그것도 아주 기이한 방법을 찾아내고 기이한 분류학을 만들어내기 시작할 참이었다.

　분류학은 분류와 명명의 영역에서 인간의 움벨트를 점점 옆으로 밀어내는 첫걸음을 내디딜 터였다. 이 분야는 엄격하고도 객관적이며 진정으로 현대적인 과학이 될 것이다. 하지만 거기에는 의도하지 않은 결과들도 따를 터였다. 이제 곧 과학자들은 인간 감각의 구속에서 벗어나기 시작하고, 움벨트의 보편성을 하나하나 차례로 뒤로 남기고 떠날 참이었다. 그들은 마침내 태고부터 이어온 질서의 추구를 버리고 자신들만의 새롭고 이상한 여정에 나서기 시작하고, 그러면서 전혀 의식하지 못하고 있는 우리까지 그 여정으로 함께 이끌고 갈 터였다.

3부

어떤 과학의
탄생

숫자로 하는 분류학

수적 정밀성이야말로 과학의 영혼이다.

다시 웬트워스 톰슨 경 Sir D'arcy Wentworth Thompson
『성장과 형태에 관하여』[1]

분류학의 다음번 큰 희망(이자 인간의 움벨트에 대한 최초의 만만치 않은 타격)은 옥스퍼드나 케임브리지나 뉴헤이븐에 있는 세상에서 가장 높은 평가를 받는 어느 대학에서 등장하지 않았다. 런던이나 뉴욕에 있는 세계적으로 유명한 자연사박물관에서 나온 것도 아니다. 변화의 바람이 제일 먼저 불어오기 시작한 곳은 오히려 이 우주의 먼지 투성이 외딴 구석, 바로 캔자스라 불리는 옥수수로 뒤덮인 땅이었다. 거기 농장들과 곡물 저장탑들이 가득한 곳에 캔자스에도 분류학에도 외부자인 로버트 소칼Robert Sokal이라는 안경 쓴 키 큰 오스트리아인이 도착했다.[2] 속 편하게도 생명의 세계에 대해서는 아는 것이 거의 없는 이 경솔한 젊은이는 맥주 여섯 캔을 얻고자 장난스럽게 벌떼에 몰두하기 시작하면서 생명의 분류를 진짜 과학으로 바꾸는 첫걸음을 내디뎠다. 대담하게도 소칼은 분류학의 유서 깊은 전통에서 벗어나 수학과 통계학을 도구로 휘두르며 생명의 분류를 최대한 객관적으로 만들었고 이는 이후 수리분류학이라고 알려진 근본적으로 새로운 학파를 형성했다.

이 학파는 데이터 수집과 분석이라는 새로운 기법에 기반한 것이기는 하지만, 스스로 수리분류학자를 자처한 남자들과 여자들은 자신들의 위치를 새로운 방법론의 실행자가 아니라 위대한 지적 발효를 이끄는 지도자들로 그렸다.

"오늘날 분류학이 처한 국면은 예사롭지 않다." 식물 분류학자 버넌 헤이우드Vernon Heywood가 그 시절에 관해 쓴 말이다. "그것은 혁명을 일으킬 채비를 마치고 혁명의 … 가장자리에 서 있다."[3]

❊　❊　❊

생물학자인 소칼이 캔자스주 로런스에 간 것은 봉급을 주는 직장이 필요해서였다. 그에게 그곳은 길게 돌아가는 여정 중 최근에 멈춰 선 정류장이었다. 소칼은 오스트리아에서 태어났고 그의 가족은 나치 병합 시기에 그 나라를 탈출했다. 소칼 가족은 중국으로 가게 되었고, 거기서 유능한 청년 로버트는 어찌어찌해서 학사 학위를 받았다. 그는 다시 한번 나라를 옮겨 이번에는 시카고대학교 생물학과의 대학원생이 되었다. 4년이 지나자 학교에서 받은 돈이 다 떨어졌고, 그래서 다시 자리를 옮긴 곳이 로런스인데 여기서는 캔자스대학교의 유명한 벌 분류학자인 찰스 던컨 미치너Charles Duncan Michener 교수의 연구조교 자리를 얻었다.

소칼에게 분류학자가 되려는 의도가 있었던 것은 아니다. 그와는 거리가 한참 멀었다. 캔자스 분류학자들의 주간 오찬 모임에서 아주 분명히 밝혔듯이, 그는 전통적 분류학의 방법론에 속속들이 반대했다. 그 전통적 방법의 지도적 실행자가 바로 그의 상사였는데도 말이다. 그 방에 있던 다른 모든 사람이 당연한 것으로 받아들이고 있던 것(주관적 판단과 직관의 사용)에 강하고도 빈번하게 반대하면서, 그저 점심을 먹으며 생각 맞는 분류학자들과 담소를 나누고 싶어 하는 다른 사람들의 신경을 항상 긁어댔다.

문제는 소칼이 그들과 전혀 생각이 맞지 않았다는 점이다. 우선 그에게는 분류학적 배경도 없었고 수년간 표본을 수집하고 연구하고 수집물을 샅샅이 살피며 얻게 되는 자연 질서에 대한 깊은 감각도 없었다. 소칼의 움벨트는 잘 쳐주면 발달이 부실한 움벨트였다. 그러나 그의 경우 자연 질서에 대한 감각 부족은 단순히 경험이 없어서만은 아닐지도 몰랐다. 역사학자 데이비드 헐David Hull이 소칼에 관해 쓴 말처럼 "그에게는 복잡한 관계에서 패턴을 알아보는 직관적 능력이 없었다." 한마디로 그는 린나이우스가 아니었다.

소칼이 그 오찬 모임 나머지 참석자들과 또 하나 달랐던 것은 (진짜 충실한 분류학자들은 전혀 관심이 없는) 숫자와 수학, 통계학에 푹 빠져 있었다는 점이다. 당시 생물학자 중에 수학에 매력을 느낀 이는 별로 없었다. 그러나 소칼은 마침 대학원 시절을 교직원들이 유달리 수학자 위주였던 시카고대학교에서 보낸 터였다. 더 중요한 점은 소칼이 거기서 클라이드 스트라우드Clyde Stroud라는 또 한 명의 학생을 만난 것이다. 스트라우드는 그야말로 희귀한 인물로, 생물학적 문제에 대한 답을 찾는 데 숫자(수학과 통계학)를 사용하는 일에 철두철미하고 열정적으로 몰두하는 사람이었다. 게다가 스트라우드는 그 접근법의 가치를 혼자서만 인정하고 넘어가지 않았다. 그는 수학적 접근법의 영광과 구원을 전도하는 것이 자기 의무라고 느꼈다.

처음에 소칼은 스트라우드의 설교에 별로 깊은 인상을 받지 못했고, 어쩌면 계속 그런 상태였을 수도 있었다. 그러나 어쩌다 보니 스트라우드는 소칼과 같은 연구실에서 일하고 있었다. 두 사람은 심지어 사무실도 함께 쓰게 되었다. 스트라우드는 소칼이 가는 곳이면 어디에나 있었다. 좋든 싫든 소칼은 생물학적 진실을 밝혀내는 일에서 숫자가 발휘하는 힘과 그 일에 뭐든 다른 방법을 쓰는 일의 어리석음에 관해 날이면 날마다 귀에 못이 박히도록 들었다. 이윽고 소칼도 스트라우드가 하는 말을 믿게 되면서 객관적 측정과 반복가능성, 깔끔한 계산, 복잡한 통계학의 제단에 예배를 올리기 시작했다. 시카고대학교 시절이 끝나갈 무렵 소칼은 완전한 개종자가 되어서 자기 동창생이자 구원자만큼이나 끈질기게 수학적으로 사고했다. 개종자가 대개 그렇듯 소칼도 좀 광신도라고 할 수 있었다. 여태껏 분류학에 수학이나 통계학이 필요했던 적도 쓰였던 적도 없다는 사실 따위는 신경 쓰지 않았다. 소칼은 빛을 보았고 그 빛이 숫자들 안에 있었을 뿐이다.

그래서 긴 오찬 모임이 있던 어느 날, 함께 식사하는 동료들을 자신의 사고방식으로 개종시키는 일에서 또다시 한 치의 진척도 이뤄내지 못하자, 후에 회상하며 스스로 한 표현대로 "좀 경솔한 호언장담"을 하고 말았다. 소칼은 자신이 통계학적 방법을 쓰면 케케묵은 직관적 접근법보다 생물 분류를 더 잘 해낼 수 있다고 단언했다. 숙련된 전문적 분류학자들 사이에 앉아서, 경험이라곤 하나도 없는 자신이 세계적으로 인정받는 전문가보다 분류학을 더 잘 해낼 수 있다고 주장한 것이다. 그에게 필요한 건 자 하나와 연필 한 자루, 그리고 당시 컴퓨터로 계산을 하는 데 필요한 천공카드 한 묶음뿐이라고 했다.

지식인들의 모임에서 새로운 아이디어는, 비록 말도 안 되는 아이디어라 해도 환영받는 법이다. 적어도 가끔가다가 한 번은 그렇다. 그러나 소칼이 한 것처럼 똑같은 아이디어를 수도 없이 반복할 때, 게다가 그 아이디어가 전혀 입증되지 않은 것인 데다 그것도 성급하고 오만한 태도로 말한다면 아무리 관대한 사람이라도 당연히 신경에 거슬릴 것이다. 소칼이 통계학으로 분류학을 할 수 있을 뿐 아니라, 오랜 세월 분류학을 해온 그 방에 있던 사람들보다 더 잘할 수 있다고 배짱 좋게 주장했을 때, 마침내 그들의 인내도 한계에 달했다. 그 방에 있는 다른 모든 사람처럼 그런 일이 불가능하다고 확신한 얼크로스Earle Cross라는 대학원생이 소칼에게 그렇게 수도 없이 말만 하지 말고 실제로 증명해보라고 도발했다. 그는 소칼이 통계학적 방법으로 결코 더 나은 분류학을 할 수 없으리라는 데 내기를 걸었다. 판돈은 캔맥주 여섯 개짜리 한 팩. 항상 빈털터리에 배고프고 목마른 대학원생 겸 연구조교에게는 작지 않은 보상이었다. 소칼은 도전을 받아들였다. 이 일은 오스트리아 젊은이에게 창피함을 안겨줄 게 분명했다. 전통 분류학자들은 이해하지도 못하는 데이터를 입력받은 컴퓨터, 생명의 세계에서 질서를 감지하는 능력이 전혀 없는 컴퓨터는 쓰레기처럼 아무 쓸모없는 결과만 뱉어낼 수 있을 뿐, 그보다 나은 건 절대 내놓지 못하리라는 걸 그들은 너무나 잘 알았다. 아마도 크로스는 이미 입안에서 맥주 맛이 느껴지는 듯했을 것이다.

그러나 소칼에게 강력한 움벨트가 없다는 점부터 숫자에 대한 그의 집착까지 분류학을 행하는 데 불리한 조건이었어야 할 그 요인들이 결국에는 그에게 유리하게 작용했다. 소칼이 막 시작하려던 그 급진적인 (또는 어떤 사람들에게는 정신 나간) 작업을 위해서는 다른 어

7장 · 숫자로 하는 분류학

떤 계통학자도 할 수 없는 어떤 일을 해야 할 터였다. 그는 분류학의 모든 표준적 도구를 옆으로 치워두고, 자연의 질서에 대해 지각하고 인지한 모든 것, 이 세상 생물 유형들의 무리 짓기와 묘사에 관한 모든 직관을 버리고, 대신 수학이라는 대단히 비분류학적인 세계를 받아들일 참이었다. 그의 접근법에 적대감을 가장 덜 보인 미치너 교수는 자진해서 소칼에게 벌들에 대한 자신의 데이터를 사용하게 해주었다. 그렇게 소칼은 작업에 착수했다.

✳   ✳   ✳

소칼이 옥수수밭 가운데서 자기가 분류학 혁명의 씨앗을 뿌리고 있음을 전혀 모르는 채로 숫자 더미와 씨름하고 있을 때, 거기서 수천 마일 떨어진 밀 힐이라는 우아한 런던 교외 지역에서는 막 불빛이 깜박이기 시작했다. 거기서는 피터 스니스Peter Sneath라는 젊은 의사가 소칼과는 완전히 다른 경로를 거쳐 정확히 똑같은 결론에 이르게 될 작업을 막 시작하고 있었다.

최근 스니스는 미국의 국립보건원에 해당하는 영국의 국립의학연구소에서 연구 과학자 직책을 맡은 참이었다. 얼마 전까지는 말레이시아 주둔 왕립육군의무군단에서 병리학자로 복무했다. 거기서 스니스는 비교적 양성으로 끝났어야 할 감염이 목숨을 위협하는 상태로 변하는 것을 목격한 뒤 크로모박테리움Chromobacterium속의 특이한 박테리아에게 관심을 갖게 됐다. 그래서 몇몇 균주들을 수집했는데, 이제 귀국도 했으니 거의 알려진 게 없는 그 말레이시아의 병균을 연구할 계획이었다. 잘 모르는 개체군을 연구하기 시작할 때는 누구나

3부 · 어떤 과학의 탄생

그렇듯이, 스니스에게 제일 먼저 필요한 것은 분류학의 기본기를 갖추는 일이었다. 그는 이 개체군이 박테리아의 과학적 분류도에서 어디에 위치하는지 알아내야 했다.

스니스가 가진 크로모박테리움 균주는 38가지였고, 이 정도 사실은 그도 알았다. 이 균주들은 어쩐지 두 무리로 나뉘는 것 같았다. 그는 자기가 보고 있는 균주들이 별개의 두 종인지 궁금했지만, 그 답을 어떻게 알아내야 하는지도 몰랐다. 그래서 스니스는 독학으로 분류학 연구를 시작했다.

그는 자기가 가진 박테리아들을 분류할 수 있도록 다른 사람들이 박테리아 종들을 어떻게 분류하는지 알아보기 시작했는데, 금세 박테리아 분류에 표준 방식이 존재하지 않는다는 사실을 알게 됐다. 하지만 적어도 박테리아에게는 아주 중요하고도 결정적인 특징이 하나 있었다. 그것은 이 단세포생물들이 흔히 지니고 있으며 몸을 앞으로 추진하는 데 사용하는, 채찍을 닮은 작은 꼬리 같은 구조물로, 박테리아에게는 일종의 외장 모터 같은 것이다. 세균학자들은 이런 편모flagellum에는 두 종류가 있음을 알고 있었다. 하나는 견고한 외피에 감싸인 더 두껍고 강한 꼬리인 극편모polar flagellum이며, 다른 하나는 더 가늘고 외피가 없는 측면편모lateral flagellum다. 이 작은 편모들이 워낙 중요하다 보니 박테리아는 오직 극편모를 가졌는지 측면편모를 가졌는지만을 기준으로 한 속 또는 다른 속으로 분류되는 일이 많았다.

충분히 합당한 일인 것 같았다. 스니스가 크로모박테리아의 편모를 자세히 관찰하던 중, 박테리아는 사실 한 종류의 편모를 가진 것에서 다른 종류의 편모를 가진 것으로, 그것도 상당히 빨리 바뀔 수 있

7장 · 숫자로 하는 분류학

음을 깨닫기 전까지는 말이다. 편모의 형태를 분류의 기준으로 삼는 것은, 얼마든지 변덕스러워질 수 있는 한 유기체의 기분 변화를 분류학의 기준으로 삼는 것이나 다름없었다.

들여다볼수록 더 많은 문제가 보였다. 박테리아의 어떤 특징이 박테리아를 종과 속으로 분류하는 데 가장 유용한지에 대해 모든 세균학자가 다른 생각을 갖고 있는 것 같았다. 그런데도 자신들이 어떤 특징을 선택한 데 대한 논리적 근거를 정당화하는 것은 고사하고 근거를 대는 수고를 하는 이조차 거의 없었다.

문제는 세균학자들만이 아니었다. 박테리아 자체들도 문제였다. 다른 거의 모든 유기체와 비교할 때 박테리아는 분류할 수 있는 단서를 거의 주지 않는다. 포유류나 꽃을 피우는 식물의 분류를 생각해보자. 이런 개체군들은 분류학자에게 순식간에 아주 강렬한 자연적 질서의 감각을, 그러니까 어떻게 무리를 지어야 하고 어떻게 무리 지어서는 안 되는지에 대한 감각을 일깨운다. 코끼리와 생쥐라는 두 동물을 보라. 이들이 결정적으로 확실히 서로 다르다는 데 의혹이 있을 수 있겠는가? 하지만 박테리아 무리 속의 코끼리와 생쥐는 어떻게 구별할 것인가? 인간의 움벨트를 좀처럼 촉발하지 않는 유기체가 있다면 그것이 바로 박테리아다. 맨눈으로 볼 수 없는 데 그치지 않고 박테리아는 (현미경으로 볼 때조차) 유별날 정도로 별 특징이 없다.

움벨트가 뾰족한 경향성을 제공하지 않으니 세균학자들은 다음 번 최악을 감행했다. 그냥 자기들에게 보이는 특징 중 아무거나 마음대로 골라 여기저기서 닥치는 대로 박테리아를 분류한 것이다. 어떤 부류의 박테리아를 연구해도 거기서 무수한 방식의 결과가 나올 수 있었고, 이는 사실상 자의적인 분류학이었다. 한 개체군 진화의 역사를 추론함으로써 그 개체군의 분류를 시도하는, 다시 말해 어떤 유기체들이 어떤 다른 계통에서 진화했는지 판독하려는 진화분류학자들의 방법을 적용하는 것도 똑같이 헛수고였다. 진화분류학적 접근법은 분류학자들이 이미 자신들의 강력한 감각과 성향을 적용하고 있는 생물들, 그래서 생물학적 사실이 아주 잘 밝혀져 있는 생물들에게조차 극도로 적용하기가 어려웠으며, 미생물들에게는 한마디로 쓸모가 없었다.

스니스는 편모에 대한 발견을 논문으로 발표했고, 박테리아 분류학의 과학 문헌에 존재하는 어마어마한 혼란에 대한 발견도 발표했다. 그렇지만 그에게 정말로 필요한 것은 혼동과 의문을 부각하는 일이 아니라, 이 무수한 유기체들을 체계적으로 정리할 신뢰할 만한 방법이었다. 그에게는 자기 앞에 놓인 정보를 분석하고 이해할 논리적인 방법이 필요했다. 사실 그에게 정말로 필요했던 것은 캔자스로 가는 비행기 표였다. 왜냐하면 그 머나먼 도로시와 토토의 땅에서 소칼이 이미 그 문제를 풀었기 때문이다.

❊ ❊ ❊

스니스가 박테리아의 꼬리를 관찰하고 있을 때 소칼은 벌들에 관한 계산을 하고 있었다. 미치너는 통틀어 호플리티스 콤플렉스 *Hoplitis* complex라고 알려진 4가지 속 97가지 종에 관한 데이터를 소칼에게 넘겨주었다.[4] 작고 눈에 잘 띄지 않는 이 종들은 우리에게 익숙한 꿀벌과는 다르다. 꿀벌은 여왕벌이 벌집 전체를 감독하며, 벌집에는 절대 번식하지 않는 딸벌들이 가득하다. 이와 달리 호플리티스 벌

이 벌들은 호플리티스속에 속하며, 소칼이 사용해 내기에서 이긴
호플리티스 콤플렉스 종들의 일부이다.[5]

들은 그보다 더 단순하게 살아가며 여기저기 작은 구멍이 나 있는 훨씬 소박한 보금자리를 짓고 사는데, 그 내벽에는 씹어서 자른 잎 조각들이나 돌조각들을 붙여둔다. 미치너는 이 종들의 분류 작업을 통해 종간의 유사점과 차이점 수천 가지를 기록해두었다. 소칼은 그중 97개 종 전체에 걸쳐 차이가 나타나며 97개 종 모두에서 발견되는 122가지 특징(분류학자들은 이를 '형질'이라고 한다)을 사용했다. 그 형질들이란 예컨대 곤충학자들이 두순솔clypeal brush이라 부르는 것(벌의 얼굴 앞쪽 특정 지점에서 시작해 구기口器, mouthparts 전체를 따라 나 있는 작은 털 다발)이 있는지 여부와 그 크기부터 시작해 온갖 종류의 신체적 특징들(상세한 형태와 크기와 색깔)이다.

소칼은 이 각 형질의 특성을 숫자로 부호화했다. 예를 들어 한 형질은 몸통 뒤쪽에 있는 끝이 통통한 엉덩이 부분의 색깔인데, 이는 전체가 검정일(숫자 1로 부호화) 수도 있고, 검정에 빨간 마디가 둘 있을(2) 수도 있으며, 검정에 빨간 마디가 서너 마디 있거나(3), 전체가 빨간색일(4) 수도 있다. 이런 식으로 소칼과 그의 작업을 돕는 사람들은 깨무는 구기의 길이부터 선호하는 서식지까지 벌에 관한 모든 것을 숫자로 부호화했다.

만약 효과가 있다면 이는 어떤 유기체의 어떤 특징에도 사용할 수 있는 방법이었다. 어떤 새 종들의 무리를 분류한다면 벌 대신 새들의 모든 특징에 같은 부호화 방법을 사용할 수 있다. 색깔 형질에 대해서는, 몸과 날개 전체가 검은색이면 (1), 몸은 검고 날개에 빨간 줄이 있으면 (2), 몸은 검고 날개 전체가 빨간색이면 (3), 몸과 날개 전체가 빨간색이면 (4)로 부호화할 수 있다. 꽃 피는 식물의 분류라면 꽃잎의 수를 부호화할 수 있을 것이다. 꽃잎이 10장 이상이면 (1), 8~9장이면 (2), 6~7장이면 (3), 4~5장이면 (4) 등등. 숫자로 요약하지 못할 것은 아무것도 없었다.

지금까지 숫자로 부호화하는 것을 제외하면 소칼이 하고 있던 일은 분류학자들이 늘 해온 일과 그리 다르지 않다. 그냥 자신이 분류하려는 모든 유기체에 관한 정보를 모으는 것이다. 그러나 작업이 이 시점에 도달하면 진화분류학자의 강력한 직관, 그러니까 움벨트의 부름이 치고 들어왔을 것이다. 오랜 시간 정보를 모으며 이 생물들에 관해 생각하다 보면 어렴풋이 무언가가, 단순히 비슷하거나 다른 형질의 수를 세는 것을 넘어 무리 짓기나 구분, 벌들 사이의 유연성有緣性이나 관계에 대한 암시 같은 것이 느껴지기 시작했을 것이다. 진기한 수집물 진열장을 들여다보는 사람이 그랬듯, 자신의 압화 다발 앞에 선 린나이우스가 그랬듯, 진화분류학자는 그 유기체들 사이의 질서를 감지하기 시작했을 것이다.

진화분류학자라면 예컨대 어떤 세 부류의 벌들이 희한한 모양의 더듬이, 구름처럼 뿌연 색이 들어가 있는 날개의 한 부분, 이상할 정도로 작은 구기라는 공통적 특징을 갖고 있음을 알아차렸을 수 있다. 만약 그가 벌들을 연구하며 살아온 경험에 비춰볼 때 이런 각각의 형질이 극히 희귀하다는 사실을 알았다면, 이 세 개체군이 이렇게 희귀한 형질을 공유하는 것은 서로 가까운 친척이기 때문일 가능성이 매우 크다고 느낄 것이다. 왜냐하면 그 세 형질이 그렇게 드문 것이라면, 서로 종이 다른 벌들이 그 세 형질 모두를 각자 독립적으로 진화시켰을 가능성은 매우 작을 테니 말이다. 그보다는 세 종의 벌이 세 형질을 공유하는 것은 그들이 모두 특정 조상에게서, 요컨대 하악골이 작고 뿌연 날개가 있으며 더듬이가 웃기게 생겼던 최초의 벌종에게서 그 형질들을 물려받았기 때문일 가능성이 훨씬 크다. 그런데 반대로 만약 그 진화분류학자가 진화로 그 형질들을 갖추는 일이 아주 쉽다거나, 그 세 형질은 함께 있을 때 유리하게 작용하는 적응적 형질이어서 한 묶음으로 계속 진화해왔을 가능성이 크다고 생각할 근거를 알고 있다면, 그 형질들은 진화적 유연성을 알려주는 지표로 적합하지 않으니 분류 작업에서 세 형질을 모두 무시해버릴 수도 있다. 그래서 그는 종들을 이렇게 무리 지어봤다가 다시 저렇게 무리 지어 보고, 각각의 새로운 분류가 요구하는 진화의 시나리오를 상상하고 또 달리 상상해보며 각 시나리오가 얼마나 실제와 가까울지 판단하려 노력하고, 어떤 종들이 가장 가까운 관계라는 느낌이 드는지, 관계를 판단하는 데 어떤 형질이 가장 중요하고 어떤 것이 완전히 잘못된 방향으로 이끄는지 감을 잡아보려 애쓴다.

이것이 '가중치 조정weighting'이라는 과정이다. 자신의 판단력을 사용하여 누가 누구와 가장 가까운 관계인지, 어떤 것이 다른 어떤 것과 진짜 유연성이 있고 어떤 것과는 그렇지 않은지를 분별하는

데 가장 유용한 형질이 무엇일지 식별하는 기술인 셈이다. 가중치 조정은 진화분류학에서 새롭게 등장한 것이 아니다. 그것은 생명의 분류 자체만큼 오래된 과정이다. 린나이우스만 해도 그냥 그런 용어를 쓰지 않았을 뿐이지 가중치 조정의 전문가였다. 그가 월계수속을 한눈에 알아보았던 것을 기억하는가? 그가 그렇게 기적처럼 식별할 수 있었던 이유는 (하나의 꽃이란 한눈에 봐도 한 사람이 평생 보아온 세상의 다른 무수한 꽃들과 수많은 유사점과 차이점을 지니고 있는데) 꽃을 들여다볼 때, 자기가 주의를 기울여야 하는 유사성이 어떤 것인지, 다시 말해 진짜 중요한 유연성으로 자신을 인도해줄 거라 믿어야 하는 유사성이 어떤 것인지 판단하는 감각이 탁월했기 때문이다. 꽃의 색이나 꽃잎 수, 크기는 무시하고, 생식기관의 아주 특이한 배열이나 꽃받침의 형태에 세심한 주의를 기울였을지도 모른다. 이것이 작은 신탁 신관의 힘이었다. 한마디로 그는 아늑하고 편안한 자기 움벨트 안에서, 눈 깜짝할 사이에 모든 형질의 가중치를 조정한 것이다.

가중치 조정은 사실 분류학의 중심에 자리하고 있다. 앞서 언급했던 필리핀 부부에게 물어보라. 그들은 각자 밤반이 무엇인지를 판단하는 데 각자 다른 형질(똑바로 설 수 있는 능력, 줄기의 유연함)에 가중치를 두길 원했다. 어떤 식물이든 무수한 양의 정보를 담고 있다. 모양, 크기, 잎의 배치, 몸체가 나무처럼 단단한지 풀처럼 유연한지, 성장 높이, 선호하는 토양, 꽃의 수, 꽃의 배열, 꽃잎의 수, 꽃 속 생식기관의 배열 방식 등등. 우리 눈에 보이는 모든 유기체가 다 그렇다. 그리고 뒤죽박죽 섞인 이 어마어마한 정보 속에서 분류학이 그나마 앞으로 나아갈 수 있었던 것은 오직 태고부터 내려오는 이 가중치 조정 과정 덕분이었다.

7장·숫자로 하는 분류학

그런데 소칼이 반대한 것은 무엇보다도 바로 이 가중치 조정 과정이었다. 그는 벌에 관해 아무것도 몰랐고 아무것도 알고 싶지 않았으며, 이 행복한 무지 속에서, 직관이 장악한 이 단계를 아주 즐거운 마음으로 건너뛸 수 있었다. 소칼에게 가장 중요한 것은 숫자들이었고, 97개 종 각각에서 122가지 형질을 단 하나의 숫자로 기술한 이 수는 무려 총 11,834개의 데이터 포인트로 이루어진 거대한 행렬을 구성했다. 이 분류학적 구성에서 모든 형질은 똑같은 크기의 영향력을 지닌다. 각 형질이 얼마나 중요한지 혹은 중요하지 않다고 인식되든 상관없이, 가장 많은 수의 유사성을 공유한 종들은 함께 모여 동일한 속에 들어갈 터였다. 두 종이 공유하는 유사성이 적을수록 이 분류에서 그 종들은 더 먼 거리에 배치될 것이었다. 계산이 진행되는 동안 모든 형질에게 완전히 평평한 운동장이 펼쳐질 것이고, 그 결과로 어떤 나무가 만들어지든 그것은 더도 말고 덜도 말고 전반적인 유사성만을 기반으로 한 나무일 터였다.

소칼과 조수들은 몇 달 동안 매일 천공카드에 구멍을 뚫으며 상세한 분석의 과정을 고되고 따분하게 반복하여 결국 마무리했다. 소칼 앞에는 호플리티스 콤플렉스 종들의 4개 속 각각에 대해 순전히 숫자만을 기반으로 한 나무들이 놓여 있었다. 자기가 장담했던 그대로 해낸 것이다.

흥미롭게도 소칼이 새로 만든 나무는 미치너가 전문 지식과 직관, 자신의 강력한 움벨트를 사용해 추론한 진화의 나무와 신기할 정도로 비슷했다. 하지만 똑같지는 않았다. 그 차이는 곧바로 두 가지 질문을 제기했다. 이 차이들은 계산상의 착오인가? 아니면 컴퓨터가 미치너가 놓쳤던 뭔가를 포착한 것인가? 미치너 본인도 소칼의 발견에 깊은 흥미를 느껴 두 사람은 함께 그 주제에 관한 논문을 쓰기 시작했다. 여기에는 싸구려 맥주 여섯 캔보다 훨씬 많은 게 걸려 있었다. 이것은 중요한 발견의 외양을 띠고 있었고, 생명 분류를 객관적으로 수량화할 수 있는 방법의 가능성, 전문 분류학자의 직관에 맞먹을 정도의, 아니 어쩌면 그보다 더 나을 수도 있는 잠재력을 보여줄 가능성을 지니고 있었다.

소칼과 미치너는 논문에서, 미치너가 이전에 만든 나무와 있는 그대로의 데이터 매트릭스가 만들어낸 나무 사이의 차이점들을 언급했다.[6] 어떤 차이들은 그냥 미치너가 이 벌들에 관해 알고 있다고 느꼈던 것들과 맞지 않았다. 하지만 또 어떤 차이들은 미치너에게 놀랍도록 훌륭한 정보를 제공하는 것처럼 느껴졌다. 그런 사례들은 소칼의 나무가 묘사한 벌 종들 사이의 관계가 전문가인 미치너의 눈에 아주 이치에 맞게 보이지만 이전까지 미치너 본인은 추론하지 못했던 경우였다. 이 연구 논문을 쓸 때 두 사람은 결론에서 좀 머뭇거렸다. 자신들의 방법이 허술하고 전체 프로젝트는 일종의 예비 연구라고 묘사하면서 소심한, 심지어 좀 움츠러든 모습까지 보였다. 이는 자신들이 뭔가 유별난 일을 하고 있음을 알았기 때문일 테지만, 이 당시에도 그들은 이제 막 자신들이 앞으로 수리분류학이라 불릴 완전히 새로운 학문 분야 하나를 창조했다는 사실은 인지하지 못했던 게 분명하다.

이 내기의 의도는 소칼이 입을 다물게 하려는 것이었지만 오히려 정반대의 결과를 만들어냈다. 소칼은 자기가 정말로 진실을 말하고 있었음을, 통계분석을 사용해 분류학을 창조할 수 있음을 알게 됐다. 그보다 더 놀라운 일은, 그렇게 만들어진 분류학이 미치너가 동일한 데이터를 가지고 전통적인 직관적 방법으로 만들어낸 분류학과 충격적일 정도로 유사하다는 점이었다. 어떤 면에서는 더 나았다. 컴퓨터가 세상에서 가장 존경받는 분류학자 한 사람과 같은 수준의 능력을 지니고 있음을 증명한 것이다.

그것은 실로 엄청나게 멋진 일이었다. 단지 아주 많은 양의 숫자 계산으로만 보일지도 모르지만, 여기에는 엄청난 비약적 발전이 있었다. 200년 동안 직관의 안내를 따라왔던 분류학이 이제 정량적 과학이 된 것이다. 분류학은 이제 더 이상 설명할 수 없는 판단과 지시의 문제가 아니었다. 오히려 소칼과 미치너는 설명의 책임을 스스로 떠안았고, 관료들이 좋아하는 방식으로 말하자면 자신들의 절차를 '투명하게' 만들었다. 실제로 두 사람은 자신들이 형질들을 정확히 어떻게 선별했으며, 그 형질들을 정확히 어떻게 부호화했고, 데이터를 정확히 어떻게 분석하여 결과를 얻었는지를 설명할 수 있었다. 거기에 신비란 전혀 없었고, 격렬한 논쟁도 필요 없었다. 이제 수수께끼 같은 종들도 원하기만 한다면 순수하게 수치로서 정의할 수 있게 됐다. 차이를 나타내는 특정 수준의 수치로는 두 생물을 별개의 종으로 지정할 수 있고, 더 높은 정도의 차이는 그 생물들을 별개의 속으로 만들며, 그보다 더 높은 정도의 차이는 새로운 과를 정의하게 되는 문턱이 될 수 있었으며, 이런 식으로 계속되면서 직관은 완전히 제거되었다. 이것은 진보의 길이었고, 완전히 새로운 방법이었으며, 마침내 주관성의 늪에서 탈출할 방법이었다.

✳ ✳ ✳

소칼과 미치너의 연구는 방법론의 도약 그 이상이었다. 대담한 움직임이었고, 너무 예상치 못한 것이어서 방심하고 있던 전통적 분류학자들 혹은 우리의 영웅인 진화분류학자들의 뒷통수를 쳤다. 아니, 그보다 더 나빴다. 분류학의 팬티를 끌어내려 그들의 치부를 노출해버린 것이다. 왜냐하면 숫자를 기반으로 한 이 생명의 나무가 일단 모든 사람이 볼 수 있게 공개되자 과학으로서, 이성적이고 합리적인 기획으로서 진화분류학의 작동 방식을 옹호하기가 무척 어려워졌고 결국에는 불가능해졌기 때문이다.

이제 우리 움벨트가 은신할 곳은 하나도 남지 않았다. 주관성, 그리고 생명의 질서에 대한 감각과 직관, 그러니까 움벨트가 준 모든 선물이 과학으로서 분류학을 행하는 일에 문제가 많다고 생각되었고 심지어 명백히 틀린 일이라고 여겨졌다. 태고부터 항상 인류를 생명의 세계에 굳건히 뿌리내리게 해주었던 우리 움벨트에 관한 모든 것이 공개적인 과학적 검증의, 심지어 조롱의 대상이 되고 있었다. 소칼의 작업은 여기에 바로 범인이 있다고, 죄인이 여기 숨어 있었다고 말하는 것 같았다. 진화분류학자들이 비록 인지하지는 못했지만 그래도 그들의 가장 소중한 친구였고 가장 강력한 도구였던 움벨트에게는 상황이 불리해 보였고, 진화분류학자들과 움벨트 둘 다에 대한 반대가 점점 커지고 있었다. 스니스가 곧 소칼에게 합류할 참이었다.

스니스는 대체로 별 특징이 없는 박테리아를 가지고 작업했기 때문에, 분류학자가 아닌 소칼이 맞닥뜨렸던 움벨트 같은 성가신 것이 전혀 없는 기이한 공백 속에서 생명 분류의 방법을 찾고 있었다. 그래서 소칼이 벌들의 숫자를 계산하고 있을 때, 그만큼이나 얽매인 데가 없던 스니스도 소칼과 똑같은 아이디어를 떠올리기 시작했다.

7장 · 숫자로 하는 분류학

그는 각 박테리아의 수많은 특징을 무엇에도 가중치를 두지 않고 살펴본다면 주관성과 혼란을 모두 피해 갈 수 있음을 깨달았고, 객관적인 통계적 방법에서는 그 특징들 모두가 결과에 똑같이 중요했다. 스니스의 회상에 따르면 이 급진적인 새로운 아이디어를 옹호하는 첫 논문을 발표하고 그리 오래 지나지 않아, 한 동료가 그의 연구실로 들어오더니 얼마 전 소칼이 어느 과학 모임에서 한 강연에 관한 내용을 보여주면서 다음과 같이 말했다고 한다. "수학으로 분류학을 할 수 있다고 생각하는 미친 사람이 여기 한 명 더 있네."[7]

✻　✻　✻

함께할 운명인 연인들처럼 스니스와 소칼(당시 세상에서 이 괴상한 새로운 기법을 옹호하던 단 두 명)은 1959년에 마침내 캔자스에서 만났고, 얼마 후 런던에서 다시 만났다. 이 두 번째 만남에서 그들은 논문 하나를 함께 쓰기 시작했고, 이는 이 분야를 이끄는 안내서가 된 『수리분류학 원리Principles of Numerical Taxonomy』라는 책의 싹이 되었다. 나중에 스니스는 겸손 따위 다 내던지고 자기 입으로 수리분류학을 "린나이우스 이후… 가장 큰 진보"라고 표현했다.[8]

　수리분류학이 내세우는 원칙은 단순명료했다. 객관성, 반복 가능성, 수량화, 그리고 명시적이고 설명 가능한 방법. 가중치 조정은 금지다. 어떤 특징도 따로 뽑아내 무의미하다거나 착각을 유도한다거나 특별히 유용하다고 구별하지 않는다. 오히려 모든 걸 다 던져 넣고 섞어버린다. 모든 형질은 일종의 다수결 시스템 안에서 동등한 표를 행사한다. 사용되는 형질이 많을수록 더 좋다. 그래야 분석이 다른 종들 사이 유사성을 제대로 평가하는 데 더 가까이 다가가기 때문이다. 최종 결과는 진실을 깔끔하게 밝혀주는 분류가 될 터였다.

그것은 오랫동안 진화분류학자들의 마술적이고 직관적인 작업 과정이 거슬렸던 사람들에게 완벽한 해결책이었다. 알고 보니 수리 분류학(끝없는 계산을 해야 한다는 점이 그 실행 가능성의 가장 큰 걸림돌이었던)의 탄생은 컴퓨터의 확산과 동시에 일어났다. 수리분류학이 날아오르기 시작한 1960년대에 주요 대학교들은 대체로 튼튼한 컴퓨터 한 대씩은 다 갖추고 있었고, 이러한 발전은 곧 소칼 무리가 했던 작업에 들어가는 시간을 몇 달에서 몇 주로, 다시 며칠로, 결국에는 1분도 안 되는 시간으로 줄여주었다. 소칼의 벌 나무는 점점 늘어난 수리분류학자들이 전반적 유사성의 진실을 찾아 편집되지도 가공되지도 않은 날 데이터를 자기네 컴퓨터에 꽉꽉 집어넣어 만들어낸 무수히 많은 나무 중 첫째 나무가 되었다.

수리분류학자들은 정말로 자신들이 '과학하는 사람'이라는 자랑스러운 칭호를 누릴 수 있다고 느꼈다. 그리고 소칼과 스니스의 『수리분류학 원리』에 실린 첫 삽화는 바로 그 사람을 묘사하고 있으며, 이는 수리분류학자가 실행하는 완벽하게 현대적인 분류학의 비전이었다. 그림의 제목은 '수리분류학의 순서도'이다. 이 그림에서는 그 과학자(머리를 짧게 깎고 실험복을 입은, 로봇처럼 딱딱해 보이는 백인 남자)가 표본을 선별하고(실험용 쥐들이 책상 위에 가지런히 놓여 있다) 이어서 그 표본들을 측정한(편리한 현미경과 자가 옆에 있다) 다음 초현대적이고 효율적인 천공기를 사용해 형질들을 부호화하고, 그걸 괴물처럼 거대한 컴퓨터에 입력하는 모습이 보인다. 저 신비로운 오픈 릴 테이프가 돌아가는 소리가 들리고 번쩍이는 불빛이 깜박거리는

수리분류학의 순서도

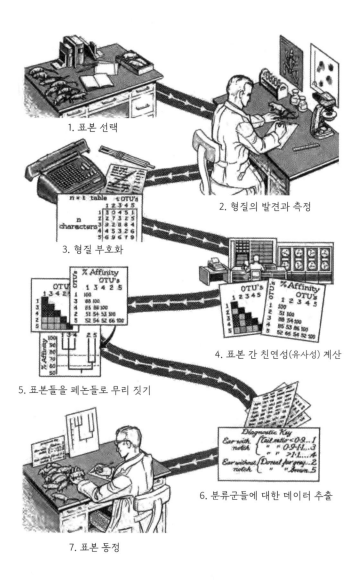

1. 표본 선택

2. 형질의 발견과 측정

3. 형질 부호화

4. 표본 간 친연성(유사성) 계산

5. 표본들을 페논들로 무리 짓기

6. 분류군들에 대한 데이터 추출

7. 표본 동정

소칼과 스니스의 책에 실린 이 삽화는
린나이우스의 감각적인 왕성함과는 완전히 다른 세계인
현대적 분류학의 모습을 보여준다.[9]

모습이 눈에 보일 듯하다. 마지막 단계에서 우리는 이 모든 일이 안경을 쓰고 연필을 휘두르는 (이번에도 실험복을 입은, 흠잡을 데 없이 깔끔해 보이는) 남자가 분류도와 관계도를 작성하는 것으로 마무리되는 걸 볼 수 있다. 이는 메마르고 영혼 없는 1960년대 초 방식으로 완벽하게 현대적이며, 흐릿한 것, 미심쩍은 것, 부적절한 것은 하나도 없이 오직 깨끗하디깨끗한 숫자밖에 없는 무균 분류학을 위한 공중보건 캠페인처럼 보인다.

린나이우스가 생명에 대해, 자신과 자신의 일에 대해 갖고 있던 풍성하고 감각적인 관점과 얼마나 대조적인가. 실험복을 입은 저 남자가 석양에 지저귀는 종달새 소리에 환희를 느낄 리 없고, 분류학 지식을 활용하여 자신을 꽃의 한 부분으로 비유하는 결혼식 축시를 쓸 리 만무하다. 이 남자의 관심은 오직 안전유리를 통해 들여다보는 완벽한 대칭으로 배열한 쥐들에게만 쏠려 있다. 수리분류학의 도래로 단순히 숫자들만 들이닥친 건 아니었다. 분류학자와 생명 세계 사이의 상호작용과 이해도 바뀌었다. 더 이상 생명이 있는 것들에 대한 몰두도, 감각의 향연도 아니었다. 그것은 (팔을 쭉 뻗어 거리를 둔 채) 겸자로 생명의 꼬리를 붙잡고 플라스틱 렌즈 너머로 그 생명을 철저히 조사하는 일이었다.

분류학이 생명 세계와 맺는 관계가 여러모로 변하기 시작했을 때 다른 모든 사람과 생명의 관계도 변했던 것은 우연의 일치가 아닌지도 모른다. 생명 세계의 광경과 냄새와 소리에 탐닉하던 일에서 멀어지고 있던 것은 과학자들만이 아니었다. 우리 나머지도 그랬다. 확실히 1960년대는 조개껍질이나 나비를 모으며 주말을 보내던 시절은 아니었다. 한때 당연했던 매력이 아주 이해되지 않는 일로 변하며 순수한 자연사 탐구가 쇠퇴한 것을 한참 넘어서, 다른 요인들도 우리가 생명의 세계와 상호작용할 기회를 줄이는 데 공모하고 있었다. 사람들이 자연과 정기적이고 친밀하게 접촉하게 하던 임금 노동(소규모 농업, 수렵, 어업)도 감소하면서, 비효율적 개인이 훨씬 더 효율적인 산업적 규모의 기계로 대체되고 있었다.

여가도 바뀌어갔다. 종일 낚시를 하거나 꽃 핀 들판을 들쑤시고 다닐 가능성은 훨씬 줄어들었고, 하루를 아파트에서, 혹은 스플릿 레벨split-level 하우스*에서, 혹은 모험적이기는 하나 환상적인 막다른 길의 주택cul-de-sac**에서 멋진 실내의 경이를 즐기며 보낼 가능성이 훨씬 커졌다. 사람들이 자신들 외에는 다른 아무 종도 없는 밝은 새 집을 사러 몰려가면서 교외가 급속도로 성장한 것도 어쩌면 우연이 아닐 것이다. 때는 전국 동네방네에서 DDT 살충제를 뿌리던 최전성기였으니, 심지어 집 마당도 살균되었을 것이다. 이런 집에서는 뽀드득 소리가 날 정도로 깨끗이 닦은 유리창을 통해 (텔레비전 보듯이) 자연을 볼 수 있었다. 자연은 예쁜 장식적 배경 역할만을 했다. 당신은 거기에 손을 댈 필요도 없었다. 그 사실을 인지하지는 못했지만, 우리는 살아 있는 모든 것으로부터, 움벨트 자체로부터 후퇴한 채 살고 있었다.

---

* 바닥 레벨(높이)이 엇갈리도록 지은 집으로, 집의 메인 레벨이 상층과 하층 사이 중간에 있으며, 짧은 계단으로 연결된다.

** 집으로 이어지는 진입로는 있지만 집 뒤로는 길이 없어 조용하고 사적인 생활을 누릴 수 있는 주택 형태.

3부 · 어떤 과학의 탄생

* * *

이는 과학과 분류학 둘 다의 역사에서 결정적 순간이었다. 분류학은 자연의 질서를 바라보는 완전히 새로운 방식의 탄생을, 진정한 과학의 영역으로서, 현대적이고 엄정하며 객관적인 추구의 영역으로서 새 출발을 경험하고 있었다. 그러면 전 세계의 나머지 분류학자들은 수리분류학을, 이 객관성의 최초의 밝은 빛을, 몇 세기 동안의 끈덕짐과 야단법석과 옥신각신 끝에 실질적 진보를 이뤄낸 이 순간을 어떻게 생각했을까?

점잖은 사람들은 그 작업이 비과학적이며 비생물학적이고 "무익"하며 "헛된 짓"이라고 보았다. 그러나 아마 가장 혹독하게 솔직한 평가는 지금까지 본 것 중 "가장 거대한 헛소리 더미"라는 표현일 것이다.[10] 이는 전문 과학자들이 한 말치고는 극단적인 반응이다. 하지만 그건 당신이 누군가의 여린 움벨트를 정곡으로 찔렀을 때(비록 당신은 그들에게 그런 것이 있다는 사실조차 몰랐더라도) 맞닥뜨리게 되는 반응이다. 현실에 대한 인식 자체에 도전을 받을 때 사람들은 그렇게 반응한다. 분류학자들의 대다수가 이 혁명에 관여하는 걸 전혀 원치 않았던 것도 놀라운 일은 아니다.

다른 분류학자들의 저항이 클수록 수리분류학자들은 더 거세고 공격적으로 밀고 나갔다. 데이비드 헐에 따르면 동료 분류학자들의 수리분류학 거부에 화가 난 소칼은 "그 '개자식들'에게 본때를 보여 주"기로 결심했다.[11] 헐은 또 한 명의 초기 수리분류학자로 이후 보전생물학자이자 『인구 폭탄Population Bomb』의 저자로 유명해진 폴 에얼릭Paul Ehrlich의 전술을 이야기한다. 어느 모임에서 한 보수적인 학자가 "당신, 지금 내게 컴퓨터가 분류학자들을 대체할 수 있다고 말하려는 게요?"라며 도전을 걸어왔을 때, 에얼릭은 "아니오, 여러분 중 일부는 주판으로도 대체할 수 있습니다"라고 대답했다.[12] 헐의 표현에 따르면 "에얼릭은 논문 발표 후 주고받은 논의에서 자기가 적어도 분류학자 한 명에게서도 눈물을 뽑아내지 못했다면 그 논의가 진정으로 성공적이라고 여기지 않았다." 이런 상황은 진화분류학자 조지 게일로드 심슨이 수리분류학자들의 거의 유사종교적인 행태를 비난하게 만드는 지경까지 갔고, 심슨은 미국에서 가장 존경받는 과학 학술지 《사이언스》 지면에서 그들의 "광신적 열광"에 대한 불만을 토로했다.[13] 진화분류학의 비공식적 대변인인 에른스트 마이어는 수리분류학이 "후진적 이념"에 기초했으며, 잘못된 생각으로 가득하고, "생물학적–진화론적 분류학의 원리들을 이해하지 못한" 결과 위에 세워졌다고 일축했다.[14]

전통 분류학자들이 수리분류학의 시류에 편승하는 일을 미심쩍어한 것도 충분히 이해가 된다. 우선 첫째로, 야생화들 사이의 유연성이나 생쥐 종들의 가장 좋은 분류법에 관해 조용히 숙고하며 수년을 보냈으며, 광범위하고 다양한 생물들에 대한 감각을 발휘하는 일이 전문적 능력인 이 연구자들에게는 복잡한 수학이라는 완전히 새로운 세계로 뛰어드는 일이 소망 목록에서 그리 높은 자리를 차지하지 않았다.

어떤 꽃의 색깔이 있는 꽃받침 수를 세는 대신, 다음과 같은 명령을 처리해야 한다고 상상해보라. 다음의 등식은 수리분류학자들이 간편하게 사용하는 여러 도구 중 하나로, r 값이라는 상관계수를 구하는 데 쓴다.[15] 여기서 r은 두 가지의 것, 이 경우에는 두 유기체 분류군

$$r_{jk} = \frac{\sum_{i=1}^{n} \left\{ x_{ij} - \overline{x}_j \right\} \left\{ x_{ik} - \overline{x}_k \right\}}{\sqrt{\sum_{i=1}^{n} \left\{ x_{ij} - \overline{x}_j \right\}^2 \sum_{i=1}^{n} \left\{ x_{ik} - \overline{x}_k \right\}^2}}$$

이 서로 얼마나 비슷한지에 대한 통계적 측정치다. 바꿔 말하면 두 분류군 사이 유연성 또는 비유연성을 하나의 숫자로 치환한 것으로, 요컨대 두 분류군이 분류학자가 연구 대상으로 선별하여 숫자로 부호화한 모든 형질에 걸쳐 얼마나 유사한지를 전반적으로 요약한 점수라 할 수 있다. 큰 양의 r 값은 두 유기체 분류군이 전반적으로 상당히 비슷함을 나타내고, 큰 음의 r 값은 서로 매우 다름을 나타낸다. 무엇이 이보다 더 유용할 수 있을까?

분류학자는 이렇게 경이로운 수치를 어떻게 얻을까? 해야 할 일은 공식이 요구하는 수치를 집어넣는 것이다. 그러려면 서로 다른 두 분류군의 수많은 형질을 식별해내고, 그 형질들을 수치화하고 부호화하며(이 값이 x로 표시된다), 형질들의 평균값(방정식에서 위에 바 표시가 된 x)을 계산하고, 그 모두를 입력하는 것이다. 그렇게 $i = 1$부터 $i = n$(n은 형질의 총 수)까지 공식을 돌리며 수학 계산을 잔뜩 하면, **짜잔** 하고 r 값이 나온다. 아, 그야 그렇지, 하고 자기가 받은 마지막 수학 수업에서는 계산자를 사용했던 진화분류학자는 생각한다. '별거 아니네.'

진화분류학자가 수리분류학을 완전히 받아들이는 일을 가로막는 건 수학만이 아니다. 수리분류학에는 근본적인 단점이 몇 가지 있었다. 가장 큰 단점 중에는 수리분류학이 만들어낸 분류 체계가, 정확히 그들이 홍보했던 대로, 대체적인 전반적 유사성을 근거로 한 분

7장 · 숫자로 하는 분류학

류라는 사실이었다. 수리분류학자들이 만들어낸 생명의 나무들은 애초에 컴퓨터에 집어넣은 것만을 반영했다. 그러니까 분류군들 사이의 전반적 유사성과 차이를 나타내는 도표인 셈이었다. 그 나무들은 다윈의 요구에 전혀 부응하지 않았고, 그런다고 주장하지도 않았다. 다시 말해서 수리분류학자들이 만든 나무에는 분류학자들이 자신들의 궁극적 목적으로 여기는 기저의 진화적 관계가 반영되지 않았다. 수리분류학자들도 인정했듯이 진화의 역사를 다루려면 좀 더 마술사의 손재주 같은 뭔가가 필요했다. 즉, 오랫동안 해왔던 바로 그 주관적 판단, 다른 전문 지식에 기반한 추론이 필요하다는 것이다. 그러려면 깔끔한 나무를 만드는 수리분류학자들로서는 갈 마음이 전혀 없는 장소들로 가야 할 터였다. 그리고 진화분류학자들이 요란하고 빈번하게 주장했듯이, 수리분류학이 객관적이고 반복 가능한 분류를 만들어내는지는 몰라도, 그것은 어찌 보면 알파벳 순서대로 분류하거나 크기에 따라 분류하는 것만큼이나 쓸데없는 일이며, 생명 진화의 나무와도 아무런 관계가 없다는 것을 의미했다.

다른 심각한 문제들도 있었는데, 그 방법이 내세우는 주요 자랑거리인 객관성도 무시할 수 없었다. 분류학자라면 누구나 잘 알고 있듯이 형질을 선별한다는 것, 벌이 지닌 수많은 특징 중 엉덩이의 색깔 패턴을 부호화할 대상 중 하나로 골라내는 것은 그 자체로 주관적인 일이었다. 아무리 수치화되었다고 해도 형질의 선택은 연구자의 눈에 가장 명백히 들어오는 것에 의해 상당히 편향된다. 파악하기가 너무 어렵거나 생각하기가 너무 힘들거나 보기가 불가능하다는 이유로 분류학적 분석의 대상이 되지 못하는 형질들도 아주 많았다. 아무리 통계학적으로 처리되었다 해도 그 과정 전체는 어떤 형질을 사용하겠다는 순수하게 주관적인 지각과 판단에 기반한 것이었다. 더 나쁜 것은, 형질의 부호화, 이를테면 4~10개의 꽃잎이 있는 꽃을 4개의 형질 부호로 나누겠다고 결정하는 일은 순수하게 객관적인 것처럼 포장되었지만 오히려 극도의 주관성이 작용하는 순수한 판단의 행위였다. 이는 데이터는 없고 논쟁은 풍부하던 진화분류학의 시절에 비해 개선된 일이었을까? 물론이다. 하지만 완벽한 객관성은 결코 아니었다.

하지만 이 혐의 중 그 무엇도 수리분류학의 진짜 죄는 아니었다. 수리분류학이 분류학에 저지른 진짜 잘못은 완전히 다른 무엇, 결코 발설된 적은 없지만 가장 험악한 공격의 근원에 자리한, 심지어 가장 작은 반대의 근원에도 자리한 무엇이었다. 컴퓨터(정신도 감각도 없으며 차갑게 계산만 하는)가 분류학자의 일을, 예술과 과학이 미묘하고 섬세하게 혼합된 그 일을 한다는 생각 전체가 그냥 한마디로 모욕적이었던 것이다.

수리분류학은 천공카드와 숫자 도표들을 가지고 분류학자들이 가장 가치 있게 여기는 바로 그것, 그들 개개인의 전문적인 능력, 무엇이 종이고 무엇이 종이 아닌지에 대해 그들이 예리하게 벼려온 감각을 비난했고, 그것을 쓰레기통에 던져 넣었다. 자신이 자동피아노로 대체될 것이며, 그래도 청중들로서는 잃을 게 아무것도 없다는 말을 들은 콘서트 피아니스트처럼, 대부분의 분류학자는 거대한 계산기가 자신들의 일을 할 수 있다는 소칼과 미치너의 주장을 잘 봐줘도 황당한 소리 정도로 여겼다. 컴퓨터가 제아무리 많은 천공카드를 한꺼번에 처리할 수 있다 해도, 진실한 자연의 질서를 보고 인지할 수 없으며, 무수한 유사성과 차이점 가운데서 어느 것이 정말로 중요한 형질인지를 판독할 수는 없다.

　대부분의 분류학자가 보기에 수리분류학은 정확히 반대 방향으로 일하고 있었다. 정확히 전문 분류학자가 필요한 바로 그 순간에, 모든 관찰이 이뤄지고 모든 비교가 행해진 다음, 전체 과정 중에서 진짜 분류학자가 자신의 지성과 지식, 기술을 활용하고 직관과 질서에 대한 감각을 사용할 무대가 갖춰진 바로 그때, 그 모든 정보를 한낱 기계에게 넘긴 것이다.

　관계를 밝혀내는 데 모든 특징이 똑같이 유용한 것은 아니며, 일부 특징만이 분류군들 사이의 진정한 유연성을 짚어내며 다른 특징들은 사실상 잘못된 판단을 유도한다는 사실은 모두가 알고 있었다. 두 유기체가 하나의 특징을 공유하는 것은 공동의 조상으로부터 물려받았기 때문일 수 있고, 그렇다면 이 유사성은 공통의 진화적 유래를 나타내는 표지일 것이다. 이를테면 침팬지와 인간이 공유하는 마주 볼 수 있는 엄지가 그렇다. 이와 대조적으로 판다의 마주 볼 수 있는 엄지는 인간과 유사한 점이지만 이론상 착각을 유도할 수 있는 것이, 판다와 인간이 이 특징을 공유하기는 해도 가까운 친척은 아니기 때문이다. 안타깝게도 유사성(유용한 것이든 오도하는 것이든)이 지닌 성질은 대체로 그리 명백하게 드러나지 않는다. 특정 유사성이 유용한지 여부에 대해서는 합의가 이뤄진 경우보다 이뤄지지 않은 경우가 더 많다. 그렇다고 해도 확실히 속임수를 부리는 것으로 알려져 있는 일부 특징들에 관한 사실이 달라지는 것은 아니라고 진화분류학자들은 주장했다. 그런데 왜 모든 특징이 똑같이 중요한 정보를 제공하는 것처럼 군단 말인가? 왜 그 모두를 거대한 한 묶음으로 둘둘 말아 기계에 던져 넣는단 말인가? 그것은 다른 이들도 인정했듯이,

반복이 가능하고 깔끔할 수는 있겠지만 의미 없는 일이기도 했다. 만약 그것이 우리가 생명 세계의 질서를 (아무것도 판단하지 않는 채로) 판단하는 방법이라면, 어떤 바보라도 분류학을 할 수 있을 터였고, 어쩌면 지금 딱 바보들이 분류학을 하고 있는지도 모르는 일이었다.

✳ ✳ ✳

1960년대가 끝나갈 무렵 수리분류학에도 그만의 열광적인 지지자들이 제법 생겨났지만, 전반적으로 열의가 느껴지지 않는다는 사실은 무시하기 어려웠다. 수리분류학은 폭풍처럼 분류학의 세계를 휩쓰는 데 실패했다. 그렇지만 계속 불평을 듣는 와중에도 수리분류학은 제 할 일을 해냈다. 수리분류학자들이 어떤 모욕을 흡수했든 그들은 전체를 위해 그 모욕을 감수했다. 왜냐하면 그들은 진정한 현대 과학으로서 분류학의 탄생을 향한 결정적이고도 필수적인 첫걸음을 내디뎠기 때문이었다. 수리분류학은 객관성을 다른 무엇보다 우선시했고, 그러는 동안 어두운 곳들에 빛을 비춰주었다. 완벽한 객관성이라는 목표 자체에는 도달하지 못했더라도, 수백 년 동안 분류학 분야를 지배해왔던 사적인 숙고와 직관이 더 이상 과학의 일부로 받아들여질 수 없음을 분명히 했다. 소칼과 스니스는 자신들의 주장을 명확히 보여주었다. 주관성(움벨트의 심장이자 영혼)은 서서히, 점점 더 많은 영역에서 금지의 대상이 되어갔다. 분류학자들은 사적으로는 생명에 대한 자신의 주관적 비전을 계속 믿고 있었지만, 그 비전을 현대 과학의 일부로서 공개적이고 합리적으로 옹호하기는 점점 어려워지고 있음을 알았다. 수리분류학은 객관성의 씨앗을 심었고, 앞으로 그 씨앗은 계속 더 자라기만 할 터였다.

한때 활발히 과학을 행했고 여전히 과학을 숭배하는 한 사람으로서 이 거대한 진보에 갈채를 보내는 것 외에 다른 짓을 한다는 건 잘못된 일일 듯하다. 나는 갈채를 보낸다. 정말이다. 분류학은 어둠에서 벗어나 진보의 한 걸음을 내디뎠고, 인류의 오래된 관습을 따르던 데서 벗어나 급진적으로 새로운 일 쪽으로 옮겨갔다. 수리분류학자들은 결국 분류학자들이 진짜 과학(객관적인 과학, 그리고 다윈이 아주 오래전에 간청했듯 진화적인 과학)을 하도록 이끌게 될 과정에 시동을 걸었다. 이 모든 것은 부인할 수 없이 좋은 일이다. 적어도 과학자들에게는 말이다.

하지만 분류학의 이야기는 지금 우리가 알다시피 단순히 분투하는 과학의 이야기가 아니다. 합리성과 이성의 승리에 관한 이야기만은 아니다. 그것은 인류가 무심코, 그리고 현명하지 못하게 인간의 움벨트를 저버린 이야기이기도 하다. 분류학과 인간의 움벨트는 한때 긴밀히 얽혀 있었고, 둘의 운명은 서로 똑같았다. 하지만 이제 둘은 정반대로 대립하고 있었다. 분류학은 현대 과학의 지위를 향한 행진을 시작했고, 한 걸음 나아갈 때마다 인류가 항상 생명의 세계를 분류하고 명명하고 이해했던 방식에서 점점 더 멀어지고 있었다.

생명에 대한 진화적 관점의 기이한 점들이나 점점 커지는 과학의 힘이 보통 사람들의 마음속에 생명을 이해하거나 분류하는 자신의 능력에 대한 의혹의 불씨를 붙였다면, 이 거대하고 위압적인 컴퓨터와 통계적 분석과 r 값의 성공은 그 작은 불씨에 부채질을 해 활활 타오르는 불길로 키워놓았다. 수리분류학은 지금껏 보아온 가장 비인간적인 분류학이었다. 더할 수 없이 낯설고, 일반 대중에게 더할

　　　　　　　　　　　　　3부·어떤 과학의 탄생

수 없이 냉담하게 등을 돌리며, 더할 수 없이 비감각적인 활동이었다. 이는 수리분류학이 움벨트와 그 세계관을 더없이 야멸차게 뿌리치고 있었기 때문이다. 실내에 머물며 텔레비전을 보거나 쇼핑몰이라는 더 쉽게 이해할 수 있는 세상 속을 어슬렁거리며, 거대한 야생의 생명 세계는 전문가들에게 맡겨두는 것이 최선이었다. 생명은 새로운 영역 아래로 들어가고 있었고, 보통 사람이 닿을 수 있는 거리 너머로 재빠르게 이동하고 있었다. 이제 생명은 순수하게 과학적이지만 그리 엄청나게 매력적이라고는 할 수 없는, 실험복을 입고 실험 쥐를 다루는 그 남자의 영역이었다.

7장 · 숫자로 하는 분류학

8장

❧

화학을 통한 더 나은 분류학

진실하고 강인하며 건전한 정신은 거대한 것과 작은 것을
똑같이 포용할 수 있는 정신이다.

제임스 보스웰, 『존슨의 생애 Life of Johnson**』**[1]

전통 분류학자의 관점에서 보면 수리분류학자들은 숫자와 통계를 다
루는 기묘한 일을 행하고 있었다. 하지만 그 모든 통계학적 현란함의
근저에는 분류학자들이 항상 사용해온 것과 똑같은 종류의 정보가
있었다. 희한한 방법을 쓰기는 했지만, 그들도 분류학자들이 항상 작
업해왔던 똑같은 것, 이를테면 새 부리의 길이나 꽃의 수술 수 같은
것을 가지고 계속 작업했다. 소칼조차 벌에 관해 미치너와 함께 쓴
최초의 논문에서 벌의 엉덩이 색깔 같은 아주 전통적인 정보를 사용
해 형질을 부호화했다. 그다음으로 분류학을 장악할 과학자들 무리
는 벌의 엉덩이 같은 무시무시하게 거대한 것은 조금도 중요하게 쳐
주지 않을 터였다. 그들은 화학자들이었다. 곧 분자생물학자라고 불
리게 된 이 과학자들은 분류학의 감각적 토대 자체에 공격을 가하기
시작한다.

　이 화학자들의 초점은 무한히 작은 것들, 맨눈에는 보이지도 않
는 것들에게 맞춰져 있었다. DNA 가닥 하나나 단백질 하나 같은 개

별 분자들에 사로잡혀 있던 이들은 곧 모든 유기체가 지니는 이 분자들을 연구하면 그 유기체 자체를 완전히 새로운 방식으로 이해할 수 있다는 것을 깨달았다. 분자생물학자들은 (오직 분자만을 기반으로) 생명에 대한 새로운 비전을 향한 길을 닦아나가고 있었고, 그 비전은 분류학 분야를 변모시키고 생명 진화의 나무에 관한 엄청난 새로운 진실들을 폭로하며, 그럼으로써 인간 움벨트의 주요 작동들을 무력화했다.

분류학이 이 지점에 이르는 것, 우리가 생명을 보는 방식에서 분자가 중심을 차지하게 되는 것은 불가피한 일이었다. 그러나 그 작업의 기원은 어울리지 않는 이상한 곳, 1950년대 말의 핵폭탄에 대한 공포에서 시작된다.

✳ ✳ ✳

이는 노벨상을 수상한 오리건 태생 과학자로, 많은 사람에게 비타민 C 대량 투여의 건강에 대한 가치를 옹호하는 괴짜 같은 말로 잘 알려진 라이너스 폴링Linus Pauling과 함께 시작되었다. 그는 자기 생각을 큰소리로 알리며 강경한 태도를 굽히지 않는 사람이었고, 당시에는 핵폭탄이 인류에게 가하는 위협에 대해 심각한 우려를 품고 있었다. 캘리포니아공과대학교의 화학자인 폴링은 유명한 실험실 과학자에서 모든 전쟁에, 특히 핵폭탄 실험에 기탄없이 반대하는 반전주의자가 되었다. 그는 자신의 주장을 펼치는 데 과학을 활용하여, 자연방사선과 인공방사선 둘 다가 유기체의 DNA에 변이를 초래할 가능성을 지적했다.[2] 하지만 '수소폭탄의 아버지'라고 알려진 핵물리학자 에드워드 텔러Edward Teller가 텔레비전에 나와 폴링과 함께 논쟁을 벌이던 중에 사람이 방사선에 노출될 때 "손상이 있을 가능성도 있다. 그런데 내 생각에는 아무 손상이 없는 것도 가능한 일이며, 나아가 아주 적은 양의 방사능은 도움이 될 가능성도 있다"라는 식으로 말했을 때, 폴링은 자기에게 할 일이 더 있다는 걸 알았다. 텔러의 말은 사람이 약간 변이를 일으키는 것이 좋을지도 모르지 않느냐는 것이었다. 폴링은 이런 생각을 논박하기 위해서는 자연선택과 진화가 돌연변이를 어떻게 처리하는지 이해해야 하며, 유전물질에 약간의 변이가 일어나는 것조차 왜 거의 항상 나쁜 일인지 설명할 수 있어야 한다는 걸 깨달았다.

이렇게 분자와 진화에 관한 생각을 품은 채, 오랜 시간에 걸쳐 우리 DNA에 일어난 변화에 관해 숙고하던 폴링은 분자의 진화가 생명 세계의 분류라는 또 다른, 완전히 다른 모험에도 실제로 유용할 수 있으리라는 생각에 이르렀다. 그리하여 그는 폴링답게 또 하나의 전위적인 계획을 세웠다. 바로 분자의 진화를 연구하겠다는 계획(당시에는 아주 이상하고 완전히 새로운 아이디어였다)으로, 그는 즉각 명석하고 젊은 오스트리아 출신 과학자 에밀 주커칸들Emile Zuckerkandl에게 그 연구를 지시했다.[3]

그러나 주커칸들은 분자의 진화는 고사하고 그 무엇의 진화도 연구하고 싶지 않았다. 그것은 위험한 모험이 분명했다. 당시에는 분자에 관해 알려진 게 별로 없었고, 사실 DNA 분자의 이중나선 구조도 이제 막 발견된 참이었다. 이 경이로운 비비 꼬인 사다리가 마치 지퍼가 열리듯 별개의 두 가닥으로 나뉘는 과정도 정확히 어떻게 일어나는지 아직 이해하지 못한 때였다. 과학자들은 유전부호를 정확히 어떻게 읽어야 하는지도 아직 알아내지 못했다. 그들이 알고 있던 것은 이중나선의 각 나선 가닥이 '염기'라는 개별 단위들로 이루어진다는 것이었고, 이 염기들은 각 이름의 첫 글자를 따서 아데닌은 A, 티민은 T, 구아닌은 G, 시토신은 C로 불렸다. 세포는 세 개의 염기가 연달아 있는 단위를 유전부호genetic code*를 통해 읽어낸다. 세 염기로 이루어진 모든 조합은 유전부호에 따라 각자 특정한 아미노산을 나타내거나 불러내며, 아미노산은 단백질을 이루는 개별 구성단위다. 그러니까 세포핵 안의 기구가 유전자 전체를 읽어냈을 때, 다시 말해서 염기들로 이루어진 긴 가닥을 염기 세 개 단위로 읽어내고 나면, 그 가닥들은 이제 긴 아미노산 가닥으로 번역되고, 이 아미노산들이 연결되어 단백질을 만든다. 그러나 유전부호는 아직 완전히 다 해독되지 않은 상태였다. 과학자들은 일부 3염기 조합들이 어느 아미노산을 구체적으로 지정하는지 알고 있었지만, 모두 다 아는 건 아니었다. 이와 유사하게 대부분의 단백질에 대한 연구도 아직 제대로 시작되지 않은 상태였다. 기본조차 제대로 이해하지 못한 이런 분자들의 진화를 연구한다는 것은 헛수고가 될 공산이 컸다.

어쨌든 주커칸들은 폴링에게 왔을 때 자기가 생각한 계획이 있었다. 그의 관심은 아직 알려진 것이 거의 없지만 자기가 느끼기에 발견의 가능성이 무르익은 특정 단백질들의 화학을 연구하는 데 있었다. 하지만 실험 과학의 문화에서는, 특히 그 시기에는 윗사람이 하라는 것을 해야 했다. 폴링은 주커칸들에게 산소를 실어나르는 헤모글

* 살아 있는 세포가 유전물질에 부호화되어 있는 정보를 단백질로 번역할 때 사용하는 규칙을 말한다.

　　　　　　　　　　　　8장 · 화학을 통한 더 나은 분류학

고릴라와 인간이 정말로 하나의 연속적 개체군의
구성원들일 수 있을까?[4]

로빈이라는 혈액 단백질을 연구하게 했는데, 젊은 주커칸들은 이에
크게 실망했다. 화학자의 관점에서 보면 그보다 더 흥미를 일으키지
못하는 분자도 없었다. 헤모글로빈 단백질들은 정말로 잘 연구되고
잘 알려진 소수에 속했다. 그 특징이 워낙 잘 규명되어 있던 터라, 아
주 세세한 내용을 제외하면 더 이상 연구할 게 남지 않은 것 같았다.
설상가상으로 폴링은 주커칸들이 다른 생물들의 헤모글로빈을 연구
하기를 원했다. 헤모글로빈 분자로 하는 것이긴 하지만 고릴라와 침
팬지, 오랑우탄부터 시작하는 케케묵은 자연사 연구를 하라는 것이

　　　　　　　　3부 · 어떤 과학의 탄생

나 다름없었다. 이 오스트리아 젊은이에게는 아주 불만스러운 일이었다. 자신과 폴링이 무슨 일을 벌이고 있는 건지 깨닫기 전까지는 말이다. 그들은 완전히 새로운 분야를 만들고 있었다. 화학의 힘을 사용해 이전 누구도 해본 적 없는 방식으로 진화의 깊은 과거를 들여다보기 시작하며, 분자분류학 혹은 '분자계통학' 분야를 창조한 것이다.

얼마 안 가 그들은 헤모글로빈이 인간 종 진화의 역사와 우리의 영장류 조상들에 관한 새롭고도 놀라운 이야기를 들려준다는 것을 알아차렸다. 헤모글로빈에는 알파, 베타 등으로 지정된 여러 형태가 있었다. 주커칸들과 폴링은 고릴라의 베타헤모글로빈 단백질이 인간의 베타헤모글로빈과 아미노산 하나만 다르고 거의 똑같다는 사실을 발견했다. 이는 충격적인 수준의 유사성이었다. 어찌나 충격적이었던지 1963년에 주커칸들은 "고릴라가 비정상적인 인간이거나, 인간이 비정상적인 고릴라이거나 둘 중 하나이며, 두 종은 실제로 하나의 연속적인 개체군을 형성하는 것으로 보인다"라고 대담하게 선언했다.[5]

❊ ❊ ❊

분류학자들을 화나게 만드는 확실한 방법이 하나 있다면, 그것은 그들의 분류가 틀렸다고 말하는 것이다. 그 분류가 그들의 움벨트의 비전을 거의 그대로 반영한 것일 때는 특히 더 그런데 사실 이런 때는 거의 대부분의 시기에 해당했다. 그리고 만약 끝장을 보는 격렬한 싸움을 원한다면, 그들 자신이 속한 종에 대한 분류, 그들이 자신들을 분류한 방식이 틀렸다고 말하면 된다. 인간의 움벨트가 확신하

8장 · 화학을 통한 더 나은 분류학

는 하나가 있다면, 그것은 거대한 생명의 그림 속에서 인류가 차지하는 위치(그 드높은 위치)이다. 진화분류학자들 모두 다 지구가 태양 주위를 돌며, 인간이 다른 영장류에게서 유래했다는 것을 알지만, 그래도 여전히 궁극적으로 인간이 좀 특별한 존재라는 것을 (모든 인간이 그렇듯 마음 깊이) 알고 있었다. 그런데 여기, 하고많은 부류 중 하필 화학자란 자가 나타나 자기네 헤모글로빈 연구에 따르면 인간이 그저 '비정상적인 고릴라'라는 소리를 모든 사람에게 떠벌리고 있는 게 아닌가.

심슨은 고릴라와 인간에 관한 주커칸들의 주장을 보고서 이렇게 응수했다. "그것은 당연히 헛소리다. 그 비교가 정말로 암시하는 바는 헤모글로빈이 잘못된 선택이어서 속성들에 관해 아무것도 말해주지 않는다는 것, 혹은 실제로 거짓을 말하고 있다는 것이다."[6]

분류학자들은 그 화학자들이 어둠 속에서 아무 데나 총질을 해대고 있는 거라고 주장했다. 그들은 아직 단백질 서열들의 유사성이나 차이점이 뭔가를 의미하는지 아닌지조차 전혀 모르고 있지 않은가. 그리고 만약 주커칸들의 결론이 뭐라도 알려주는 바가 있다면, 그것은 단백질들이 그리 엄청나게 유망해 보이지 않는다는 사실이었다. 시험관으로 하는 분류학이라니, 그것은 허섭스레기이며, 찻잎을 보고서 생물의 전생을 읽어내려는 것보다 나을 게 없다는 게 많은 이들의 생각이었다.

그러나 이 화학자들은 굴하지 않았다. 그들이 보기에 자신들이 발견한 것은 말도 안 되는 허튼소리가 아니라, 분류학을 하는 완전히 새로운 방식일지도 몰랐다. 이때까지 주커칸들과 폴링은 영장류만을 살펴보았다. 다른 동물들의 동일한 단백질을 연구해본다면 그 동물들의 진화의 나무에서 외딴 가지들과 중심 가지들을 아우르는 광대한 범위를 화학적으로 해석할 수 있을지도 모른다는 생각이 들었다. 어떤 두 동물 종이 단백질들이 거의 똑같으니 아주 가까운 관계이거나, 단백질들이 아주 달라서 매우 동떨어진 관계라는 것을 알아낼 수 있을지도 몰랐다.

주커칸들과 폴링은 온갖 동물들의 헤모글로빈을 연구하기 시작했다.[7] 소, 돼지, 상어, 심지어 '양머리돔sheephead'이라고 알려진 괴상한 물고기, 그리고 물고기를 포함한 '식객들'과 함께 한 구덩이 안에 살아서 '뚱뚱한 여인숙 주인fat innkeeper'이라고 불리는 두루뭉술한 소시지 모양의 개불까지. 이때까지 단백질들이 그들에게 말해준 것은 분류학적으로 상당히 타당해 보였다. 부정적인 소리를 하는 사람들이 있었어도, 주커칸들과 폴링은 어떤 종류의 생물에게서나 단백질을 연구하는 일이 실제로 가능함을 알게 됐고, 이 방법은 시간이 갈수록 더 훌륭하게 보였다.

분자들을 비교하면 (한 유기체의 다른 어떤 특징과도 달리) 바다에 사는 의충동물螠蟲動物과 돼지처럼 전혀 다른 동물들을 포함해 어떤 두 생물도 비교 연구할 수 있었다. 눈에 보이지 않는 분자인 단백질은 영장류나 다양한 동물뿐 아니라 모든 생물에서 발견할 수 있었다. 그때까지 분류학자들은 자신들이 비교할 수 있는 부분이 있는 유기체들의 분류학 연구에만 한정되어 있었다. 예를 들어 한 무리의 야생화들에서 자연적 질서를 찾아내기 위해서는 꽃의 구조와 잎의 특징 등을 비교하고 대조한다. 그러나 야생화 한 종을 말코손바닥사슴과 어떤 박테리아와 비교할 방법은 한마디로 존재하지 않았다. 기껏해야 그것들이 상당히 거리가 먼 관계로 보인다는 주장을 하는 정도

8장 · 화학을 통한 더 나은 분류학

가 다였다. 비교할 만한 부분이나 조각, 토막이 전혀 없었고, 명백히 유사하거나 다른 점도 없어서, 그것들 사이 관계의 세부적인 사항은 수수께끼로 남아 있었다. 그런데 모든 유기체에 공통으로 존재하는 단백질들을 가지고 작업함으로써 이 화학자들은 모든 생물의 질서를 한꺼번에 들여다볼 수 있는 문을 열어놓았다.

그러자 이번에는 에마뉘엘 마골리아시Emanuel Margoliash와 월터 피치Walter Fitch라는 다른 두 연구자가 1967년에 《사이언스》에 발표한 논문으로 세상을 충격에 빠뜨렸다.[8] 논문에서 두 사람은 사이토크롬 C라는 단백질을 사용해 그 단백질을 만들어내는 엄청나게 광범위한 유기체들을 망라하는 진화계통수를 만들어냈는데, 그 생물들 중에는 이전까지 비교가 불가능했던 것들도 있었다. 인간, 개, 말, 토끼, 캥거루, 비둘기, 오리, 거북이, 뱀, 나방, 빵곰팡이, 효모까지.

게다가 단백질은 아미노산들이 선형적으로 길게 배열된 구조라서 직접 비교하기도 쉽다. 특정 사이토크롬 C(예컨대 비둘기의 사이토크롬 C)의 아미노산 서열이 일단 밝혀지면, 이 새 사이토크롬 C를 기존에 알려져 있던 다른 모든 것과 나란히 놓아보기만 하면 됐다. 약간의 차이만 있는 비슷한 문장들이 한 페이지에 걸쳐 한 줄씩 적혀 있는 것처럼, 다른 사이토크롬 C들 위에 새 사이토크롬 C를 하나씩 쌓아보면 유연성과 차이가 상당히 빠른 속도로 드러났다. 한번 훑어보기만 해도 그 단백질의 특정 부분에서 어떤 아미노산들이 동일하며 어떤 아미노산들이 다른지 알 수 있다. 그들은 보편적으로 존재하는 이 단순한 선형적 분자를 비교함으로써, 당신의 빵에 피어 있는 녹색의 몽실몽실한 물질, 그러니까 단순한 곰팡이와 오리의 관계, 심지어 곰팡이와 당신의 관계도 해독할 수 있었다.

분류학에게 이는 거대한 전진의 한 걸음이자, 미지의 세계를 향한 도약이었다. 이 과학자들은 움벨트의 경계선을 넘어 보이지 않는 세계로 들어갔다. 그러는 동안 그들은 인간 감각의 한계를 벗어나버렸다. 실제로 두 유기체가 물리적으로 서로 유사성이 전혀 없다는 것은 이제 더 이상 문제가 아니었다. 그 유기체들이 움벨트가 붙잡고 파악하여 차이와 유사성을 발견할 수 있고, 그리하여 자연의 질서를 판별할 수 있는 특징들을 전혀 보이지 않는다는 사실도 중요하지 않았다. 이제 모든 것이 공정한 게임이었다. 인간이든 참나무든 애벌레든 박테리아든 살아 있는 것이면 무엇이든 이 보편적 특징을 공유할 터였고, 모두에게 존재하는 이 분자들은 그 유기체가 나머지 생명의 세계와 갖는 유연성을 드러내줄 터였다.

하지만 무엇보다 과학자들을 놀라게 한 것은 분자에 기초해 최초로 만들어진 이 진화계통수의 여러 부분이 한결같이 전통 분류학자들의 작업을 재현해낸다는 사실이었다. 많은 분류학자가 분류학에 분자를 사용하는 이런 딴짓거리가 보기 좋게 무산될 것이며, 뒤죽박죽된 혼란밖에 내놓지 못할 거라고 자신 있게 예언한 터였다. 하지만 분자들은 효모와 곰팡이가 서로 가까운 관계이며 모든 동물과는 거리가 멀다는 것을 보여주었다. 전통 분류학이 짐작했던 그대로 말이다. 오리의 사이토크롬 C 단백질은 비둘기와 다른 새들의 그것과 상당히 유사했다. 포유류의 사이토크롬 C 단백질들은 모두 아주 비슷했고, 그 안에서도 영장류의 사이토크롬 C들은 한층 더 비슷했다. 사이토크롬 C의 차이와 유사성은 상당히 타당한 것 같았고, 가장 기본적이고 논쟁의 여지가 없는 분류학 일부가 수년에 걸쳐 이미 확립해둔 분류의 방향을 가리키는 것 같았다. 완전한 헛소리가 전혀 아니었다.

아직은 좀 자신이 없었던 분자생물학자들이 자기네 작업의 정당성을 입증하고 싶은 간절한 마음에 제일 먼저 지적했던 것이 바로 이 전통 분류학과의 유사성이었다. "봤어요?" 하고 그들은 말했다. "우리의 나무가 분류학자들이 동물의 아랫니나 식물의 씨앗 구조 같은 전통적 형질들을 연구하며 해독해낸 나무와 얼마나 비슷한지 봤죠?"

더 많은 분자를 연구하고 더 많은 화학자가 분류학에 손을 대면서 피할 수 없는 충돌이 찾아왔다. 때때로 분자들은 생명의 분류에 관해 이전에 생물의 형태, 크기, 외양이 우리에게 들려주었던 것과는 딴판인 이야기를 들려주기도 했다. 분류학자들은 (이 성가신 침입자들을 쫓아낼 방법이 생겨서 행복해진) 곧장 이것이 분자를 분류학에 사용하는 일의 약점의 증거라며 공격에 나섰다. 하지만 처음에는 분자분류학의 문제로 보였던 것이 때로는 정반대의 것으로 밝혀지기도 했다. 분자들이 특이하거나 놀라운 진화의 나무를 내놓았을 때, 더 자세히 들여다보면 그 나무가 정확한 것으로 드러나는 때도 있었다. 분자들이 실제로 전통 분류학이 놓친 진실을 밝혀낼 능력을 지닌 듯 보였다.

수리분류학이 벌들을 대상으로 한 최초의 시도에서부터 벌의 대가인 미치너가 아직 발견하지 못했던 새로운 관계를 발견해냈던 것처럼, 분자생물학자들도 자신들의 기개를 증명하고 있었다. 이는 아무리 기이하게 들리는 선언을 하더라도 (뭐라고? 월계수? 말도 안돼!) 많은 경우 결국 그 말이 옳은 것으로 밝혀졌던 작은 신탁 신관 린나이우스와도 다르지 않았다.

상황은 분류학자들의 마음에 들지 않게 전개되고 있었다. 처음에는 수리분류학자들이 자신들의 목구멍으로 숫자들과 등식들을 쑤셔 넣기 시작하더니, 이번에는 시험관이니, 괴상한 첨단 장치들, 얼린 효소, 고무장갑, 고가의 서열분석 장비니 하는 화학적 헛소리들이 최첨단이랍시고 등장했다. 나는 그중에서 특히 PCR 또는 중합효소연쇄반응polymerase chain reaction이라는 혁명적 신기술이 처음 등장했던 때를 기억한다. 많은 사람이 O. J. 심슨 살인사건 재판 기간에 다른 DNA 기술들과 함께 이 기술에 대해 처음 들어보았을 것이다. 하지만 그 재판이 있기 오래전에 PCR은 DNA 연구 방식에 혁명을 일으켰다. 연구자가 선택한 DNA 염기서열의 복제본을 몇 시간 안에 수십억 개나 만들 수 있게 해주는 기술이기 때문이다. 이 작업을 위해 당신이 해야 할 일은 당신이 선택한 DNA에 이것 약간, 저것 조금을 첨가한 다음 그것을 어떤 특별한 기계에 넣고 스위치를 켜는 것뿐이다. 갑자기 과학자들은 관심이 가는 DNA를 대량으로 얻을 수 있게 됐고, 그전까지 고통스러울 정도로 어렵고 시간을 많이 잡아먹었으며 때로는 심지어 불가능했던 연구가 순식간에 아주 쉽게 할 수 있는 일이 되었다.

바로 이즈음 나는 어느 진화생물학 학회에 참석했는데, 사람들은 대화 중에 PCR을 언급하거나 복도에서 흥분해서 PCR에 관해 토론했고 학회장은 온통 PCR 이야기로 웅성거리고 있었다. 내가 신기술이란 게 더 전통적이고 더 노숙한 과학자들에게 얼마나 거슬리는 것인지 느꼈던 게 바로 이때였다. 높은 존경을 받는, 당시 70대이던 어느 진화생물학자가 학회에 참석한 더 젊은 과학자에게 이렇게 물었다. "다들 떠들어대는 저 PCP 얘기는 대체 뭔가?" 갑작스럽게 몰

8장·화학을 통한 더 나은 분류학

아닥친 약자들의 습격에 노학자가 혼동한 것도 충분히 이해가 됐다. 새로운 분자 기술인 PCR에 대한 열광을 천사의 가루라 불리는 길거리 마약 PCP와 혼동할 정도로 말이다. 그의 관점에서는 둘이 다를 게 없어 보였다. 분명 둘 다 (분자생물학 전체가 전통 분류학자들에게 그랬듯) 기이한 신세계의 설명할 수 없이 괴상한 것들로 보였을 것이다.

그중 무엇보다 분류학자들을 낙담하게 한 것은, 모든 종류의 과학자들 사이에서 분자생물학자라는 이 신출내기들이 생명 분류라는 거대한 수수께끼를 풀고 마침내 분류학을 제대로 하는 법을 알아냈다는 생각이 퍼지고 있었다는 점이었을 것이다. 200년 전 분류의 거장 린나이우스의 손에서 분류의 과학이 탄생한 이래 소칼과 스니스의 작업에 이르기까지 내내 분류학은 눈에 분명히 보이는 것에 의지해왔다. 생명의 분류는 생물들의 외양, 그러니까 새의 부리 길이부터 생쥐의 털 색과 꽃잎의 수, 열매의 유형에 이르기까지 겉으로 보이는 모든 측면의 유사성과 차이점을 기반으로 행해졌다. 분류학은 처음부터 항상 외양에 기반한 것이었다. 그러나 분자생물학자들의 성공으로 과학자들은 사실상 분류학자들에게 생물의 외양은 무시해도 되며 오히려 무시하는 게 좋겠다고, 이제 중요한 것은 보이지 않는 단백질과 DNA뿐이라고 제안하고 있었다. 나머지 과학자 공동체의 다수가 분자생물학자들이 마침내 생명을 분류하는 이상적인 방법을 찾아낸 것인지도 모른다고 열광하고 있었다.

아아, 분류학자들은 얼마나 속이 쓰렸을까. 그렇지만 나머지 과학자 공동체는 분자, 특히 DNA의 사용에 대한 믿음을 갖기 시작했고, 거기에는 충분히 타당한 이유가 있었다. 만약 어떤 사람이 (다윈 이후 분류학자들이 내내 그랬듯이) 진정한 진화적 관계, 모든 생명의 계보를 찾아내고자 한다면 유전물질 자체, 그러니까 모든 생물의 모든 새 세대에게, 조상에게서 후손에게로 전해 내려온 바로 그 분자를 사용하는 것보다 더 나은 방법이 어디 있겠는가? 분자생물학자들이 DNA를 연구할 때, 그들은 진화의 나무가 꼬이고 꺾이고 가지가 나뉘는 모습을, 그러니까 생명의 진정한 계보를 추적할 수 있는 무언가와 가장 근접해 보이는 것을 제공하는 정보 조각을 손에 들고 있는 셈이다. DNA에 일어난 변이, 그러니까 염기서열에 일어난 변화는 조상에게서 후손에게로 전해지며 오랜 세월 서서히 축적되므로, 한 유기체의 DNA에서 나타나는 유사성과 차이점은 지금까지 알려진 그 어떤 것보다 실제로 가깝거나 먼 진화적 관계에 잘 부합할 것이다. 이것이 바로 (움벨트에게는 미안한 말이지만) 아주 오래전 다윈이 분류학자들에게 추구하라고 촉구했던 생명의 진화적 질서를 판단할 때 분류학자들이 사용할 수 있는 가장 막강한 도구였다.

하지만 아무리 논리적이라도 분류학자들이 참고 받아넘기기는 어려운 얘기였다. 자기 움벨트의 작동에서 작은 부분 하나 포기하는 것도 어려운 일인데, 하물며 이처럼 커다란 무엇(자연 질서를 판단하는 데 인간의 감각이 가장 우선한다는 생각)을 단념한다는 것은 또 어떻겠는가. 이제 그들은 소중한 주관성뿐 아니라 무엇보다 자신들이 실제로 보고 감각하고 느낄 수 있는 것에 대한 의존까지 포기해야 할 판이었다. 보이지 않는 것들에 더 큰 믿음을 가져야 할 테고, 시험관에게 바통을 넘겨줘야 할 터였다.

✳ ✳ ✳

그러는 동안 분자생물학자들은 계속해서 자신들의 가치를 증명하며, 자기 감각의 안락함에 감싸여 있기를 고집하는 이들이 볼 수 없는 진실을 찾아내고 있었다.

그중 가장 덜 모욕적인 발견은 아마도 '은밀종cryptic species'이란 용어로 불리는 것일 터이다. 은밀종은 그 종들 자체에는 아니라도 인간의 감각에 대해서는 숨어 있는 것이기에 적절한 명칭이다. 예를 들어, 회갈색의 작고 끈적끈적한 몸으로 세상을 느릿느릿 돌아다니는, 서로 똑같아 보이는 도롱뇽들이 있다. 이 생물들은 명백히, 그리고 부인할 수 없이 한 종의 구성원들로 보였다. 하지만 그들의 단백질 혹은 DNA를 검토했을 때, 과학자들은 숲의 한 부분에 있는 도롱뇽들이 그 숲의 다른 부분 또는 근처 계곡에 있는 도롱뇽들과 완전히 다르다는 것을 발견했다. 실제로 그 차이점들은 한 종의 구성원들로 보였던 것이 오래전에 서로 짝짓기하기를 그만둔 별개의 숨어 있던 종들임을 암시했다. 더 많은 분자생물학자가 그런 동물들을 더 많이 만지작거릴수록 점점 더 많은 종이 다수의 은밀종으로 분리되었고, 그러다 보니 모든 언덕, 모든 나무 아래에 새로 이름 지을 새로운 생물들이 숨어 있는 게 아닌가 싶을 지경이었다. 상어, 모기, 새우, 나비, 뱀의 은밀종들이 발견되었고, 이전까지 감각으로 발견하지 못했던 종들의 목록은 점점 더 길어지고만 있었다.

그런데 분류학자들은 이런 일련의 은밀종까지는 받아들일 뜻이 있었던 것 같지만, 계 하나가 통째로 숨어 있었다는 은밀계cryptic kingdom의 개념은 도저히 믿으려 하지 않았다. 어떤 작은 갈색 도롱뇽들이 우리가 생각했던 것보다 사실은 더 다른 것들이라고? 그래, 뭐 그런 일은 있을 수 있겠지. 하지만 하나의 계 전체를 우리가 놓쳤다고? 절대 그럴 수는 없는 일이다. 칼 워즈Carl Woese라는 이름의 미생물학자가 나타나 그들이 정확히 그런 일을 한 거라고 주장했을 때까지는 그랬다.

✳ ✳ ✳

대부분의 사람이, 심지어 대부분의 생물학자도 (수리분류학자 스니스도 잘 알고 있었듯이) 유연성 및 자연적 질서와 관련해 거의 아무런 의견도 갖지 않는 유기체 중 하나가 박테리아다. 그런데 어찌 그런 박테리아의 생명의 나무가 사람 마음을 상하게 할 수 있겠는가? 그러려면 상당한 수고가 필요할 터였고, 워즈는 바로 그런 수고를 마다하지 않았다. 일리노이대학교에서 여러 해 동안 박테리아 종들을 연구해왔던 워즈는 1976년에 습지나 동물의 내장에 사는 또 하나의 박테리아라 여겨지던 것들을 검토하기 시작했다.[9] 메탄생성균methanogen이라는 현미경으로 봐야만 보이는 이 단세포생물은 메탄가스를 만들어내며, 습지 가스 냄새와 배 속에 가스가 차는 현상의 원인이다. 여느 박테리아와 다름없게 보이며, 다른 모든 생명체와 마찬가지로 DNA를 갖고 있다. 세포는 이 DNA로 RNA라는 것을 만들어내고, 그런 다음 RNA를 사용해 단백질을 생산한다. 워즈는 박테리아의 RNA에 나타나는 유사성과 차이점을 비교하여 어떤 종들의 관계가 서로 더 가깝거나 더 먼지를 알아보고 있었다.

메탄생성균의 RNA 염기서열을 들여다보았을 때 워즈는 자기 눈을 믿을 수 없었다. 결과가 너무 말이 안 돼서 실험을 처음부터 다시 반복했지만, 그래도 결과는 똑같았다. 이 박테리아는 너무 남달랐고, 그 RNA는 너무나 독특했으며, 여느 박테리아와 너무 달라서 도저히 같은 범주에 속할 수가 없었다.

너무나 놀란 워즈는 같은 복도에 있는 동료의 연구실로 찾아가 이 메탄생성균이 완전히 새롭고 여태까지 전혀 알려지지 않은 것이며, 결코 박테리아가 아니라고 흥분해서 말했다. 동료는 워즈에게 이렇게 말했다고 회상했다. "자, 진정하게, 칼. 흥분을 좀 가라앉혀. 물론 그건 박테리아야. 박테리아처럼 생겼잖아."[10] 그것들은 정말로 박테리아처럼 보였지만, 워즈가 본 RNA는 상당히 다른 이야기를 하고 있었다. 그것들이 워낙 독특했기에 워즈는 RNA가 들려준 이야기를, 즉 메탄생성균들이 굉장히 오래된 계통이라는 점을 담아내기 위해 이 분류군에 고세균Archaebacteria, 그러니까 태곳적 박테리아라는 이름을 붙였다. 사실 RNA를 보면 고세균은 단순히 박테리아에 속하는 작은 분류군이라고 할 수 없었다. 일반적이고 익숙한 나머지 모든 박테리아, 그리고 나머지 모든 생명체와도 완전히 구별되는 분류군이었다. 고세균은 그것들만으로 하나의 새로운 계였다. 비켜 섰거라, 식물계와 동물계, 이제 일반적인 세균계와 새로 만들어진 고세균계 둘 다의 자리가 필요해졌노라.

결국 워즈의 관점은 훨씬 더 명료해지게 된다. 워즈가 말하는 세계, RNA가 말하는 세계는 이런 것이었다. 생명은 애초에 계보다 더 크고 더 포괄적인 집단인 세 개의 역domain으로 구성되었다. 한 역은 세균(일반적이고 익숙한 박테리아)이며, 둘째 역은 새로 발견된 고세균 Archaebacteria[*], 그리고 셋째 역은 진핵생물이다. 진핵생물은 뭘까? 다른 모든 생물, 그러니까 동물이니 식물이니 균류니 하는 별것 아닌 작은 계들이다. 이 진핵생물에는 모든 돌말류, 모든 고릴라, 모든 복숭아나무와 인간이 속한다. 워즈의 3역 체계는 박테리아들에게 두 개의 역을 각각 하나씩 내어주고, 그런 다음 다른 모든 생물을 하나의 역에 몰아넣었다. RNA가 그렇게 뚜렷이 구별되는 3개의 오래된 분류군의 증거를 보여주었기 때문이다.

자신들이 사랑하는 생물들이 모두 하나의 작은 역으로 떠밀려 들어가고 박테리아는 자신들만의 역을 두 개나 차지하게 된 것을 본 분류학자들은 웃어야 할지 울어야 할지 알 수 없었다. 둘 다 하기 싫었다. 어떻게 그토록 사소하며 눈에 보이지도 않는 미세한 유기체들이 이런 대접을 받을 만큼 그렇게 뚜렷이 다르고 그토록 중요할 수 있다는 말인가?

마이어는 "생물학자가 아닌 자만이 그런 생각을 떠올릴 수 있지"라며 단칼에 그 생각을 일축했다.[11] 분명 그건 생물학자들이 지금까지 보고 감각하고 추정해왔던 모든 것을 완전히 거스르는 것이었다. 이는 무엇보다도 움벨트의 비전에 대한 정면 도전이었다. 모든 생명을 박테리아 두 부분과 나머지 모든 것 한 부분으로 나누는 분류가 도대체 어떻게 말이 될 수 있다는 것인가? 박테리아가 아니며 다세포생물인 우리 인간은 이를 용납하려 하지 않았다. 워즈는 1976년의 그날 자신이 세기의 발견을 했다고 느꼈고, 그의 분류는 (반대자들도 이윽고 인정했듯이) 진화적으로 타당했지만, 수년간 그는 조롱 아니면 무시를 당했고 어디를 가든 분류학자들에게 냉대를 받았다.

---

* 고세균은 박테리아(세균)가 아니므로 이 이름에는 오해의 소지가 있었고, 12년 뒤 이 이름은 Archaea로 바뀌었다. 한국어에서는 고균과 고세균이라는 용어를 혼용하고 있다.

8장 · 화학을 통한 더 나은 분류학

워즈의 미친 생각은 전통 분류학자들이 필요로 했던 바로 그것, 그러니까 너무 미친 소리여서 분자에 의존해 분류학을 하는 것이 얼마나 무분별한 짓인지 생물학자들이 마침내 깨닫게 할 미친 짓이 될 수 있었을지도 모른다. 딱 하나 문제는 워즈의 말이 옳았다는 것이다. 마이어는 이 기이한 박테리아 세계의 전문가 워즈를 사실상 생물학자가 아니라고 깎아내렸지만, 워즈는 그 진실을 알아보기에는 충분한 생물학자였던 모양이다. 처음 나왔을 때 과학자들 사이에서 그야말로 농담거리에 지나지 않았던 워즈의 체계는 이제 주류 생물학의 중심 원리로 확고히 자리 잡았다.

1980년대 중반 분자분류학자들과 전통 분류학자들 사이의 대결은 정점으로 치닫고 있었다. 과학 학회나 세미나는 진화적 계통수의 진실이 늘 여겨져온 대로 유기체의 형태와 크기, 물리적 특징에, 즉 형태학에 있는지 아니면 유기체의 분자들인 DNA와 단백질에 있는지를 두고 큰소리로, 때로는 상당히 꼴사납게 논쟁하는 사람들로 가득했다. 표면적으로 이는 흔히 '분자 대 형태'라고 표현된 일종의 증거들 사이의 싸움처럼 보였다. 그러나 나 역시 당시에는 깨닫지 못했지만, 사실 그건 훨씬 더 심층적인 어떤 것이었다. 이는 우리가 눈과 귀로 보고 감각하여 확신하는 것(버클리의 정원사와 그의 벚나무)과 분자생물학자들이 증거라고 제시한, 말 그대로 눈에 보이지 않는 DNA와 그것이 제공하는 엄청나게 추상적인 데이터 사이의 싸움이었다.

정말로 이것은 내가 직접 경험해보았듯 기이하게도 눈에 보이지 않는 것, 철저히 추상적인 것이었다. 내가 분자들을 가지고 작업한 여정은 노래하는 초파리들과 함께 시작됐다. 초파리속*Drosophila*에 속하는 여러 종인 이들은 아마 우리에게 가장 익숙한 곤충일 것이다.

부엌 한구석 물렁해진 바나나 주변을 보면 황금색을 띤 작은 몸으로 날아다니는 초파리들을 흔히 볼 수 있다. 수컷 초파리는 구애 기간에 암컷을 유혹하기 위해 제 날개를 암컷의 머리 근처로 뻗어 진동시킴으로써 '노래한다'. 이 소리를 키워보면 모기의 윙윙 소리와 비슷하다. 하지만 그 소리는 경계를 다 해제해버릴 정도로 매력적이다. 당신이 만약 암컷 초파리라면 말이다. 다음에 여러분의 부엌에 농익은 바나나가 있을 때 초파리들의 행동을 관찰해보라. 천천히 다가가 살펴보면 바나나 위로 작고 마른 초파리들(수컷)이 더 덩치 큰 초파리들(암컷)을 쫓아다니는 모습을 목격할 수 있을지도 모른다. 수컷이 한쪽 날개를 제 몸에서 90도 각도로 쭉 뻗고 있다면, 그건 이 초파리가 노래하고 있다는 뜻이다.

나의 관심은 서로 긴밀히 연관된 초파리 세 종류의 진화를 이해하는 일에 있었는데, 각 종류는 서로 아주 다른 노래를 불렀다. 초파리의 노래를 듣는 방법은 초파리 한 쌍(가장 음악적인 초파리 듀오는 무관심한 암컷과 필사적인 수컷으로 구성된다)을 노출된 마이크 위에 덮어둔 작은 용기(이 멋진 장비는 인섹타박스insectavox라고 한다) 안에 넣고 수컷이 노래할 때 그 소리를 듣는 것이다. 이스턴 A 그룹에 속한 수컷이 노래할 때는 빗을 손가락으로 훑을 때처럼 거칠게 긁히는 듯한 소리가 난다. 이스턴 B 그룹의 수컷이 노래할 때는 트럼펫처럼 뿌앙 하는 소리를 낸다. 그리고 셋째 그룹인 웨스턴노던 그룹의 수컷은 낮고 한결같이 울리는 윙 소리를 낸다. 그러나 재미있기는 하지만 (사랑에 빠진 초파리가 '붕붕'거리며 노래하는 소리를 듣는 건 진짜 재미있다) 이 노래를 들어도 이 세 종류의 초파리가 어떻게 진화했는지 힌트를 얻을 수 있는 건 아니다. 이 세 부류와 그 노래들의 진화를 이해하려면,

8장 · 화학을 통한 더 나은 분류학

그 초파리들의 진화사를 한데 모아 둘 중 어느 초파리들이 더 가까운 관계이고 어느 하나가 더 먼 관계인지를 알아낼 필요가 있었다. 나는 이 초파리들의 진화적 계보를 알아내야 했고, 바꿔 말하면 이 초파리들을 분류해야 했다.

아쉽게도 외양으로는 셋 중 어느 둘이 더 가까운 관계인지에 대한 실마리를 전혀 얻을 수 없었다. 나보다 더 훌륭한 분류학자라면 그 실마리를 벌써 발견했을 테지만 말이다. 초파리들은 아주 비슷해 보여서 신체적 특징을 기반으로 분류하기가 어렵기로 악명이 높다. 나의 세 종류 초파리들은 유난히 문제가 많았다. 세 부류가 각자 서로 다른 부류와 짝짓기하는 일이 거의 없다는 사실에도 불구하고 (암컷들은 각자 자기 그룹의 노래를 부르는 수컷들하고만 짝짓기했는데, 이 사실만으로도 이 세 종을 별개의 종들로 분류해야 마땅했다.) 생물학자들은 이 초파리들을 분리하는 걸 너무나 꺼렸다. 대신 그들은 드로소필라 아타바스카*Drosophila athabasca*속에 속하는 세 '반종semi-species'이라며 얼버무렸다.[12] 이런 사정으로 나는 결국 분자들을 가지고 작업해야 하는 처지가 되었다. 이 세 부류를 분류하는 데 활용할 차이점이 존재한다면, 아마도 그 차이는 이 초파리들의 DNA 안에 있을 터였다.

나는 세 반종 초파리들의 분자분류학 작업에 착수하면서, 분류학에 대한 분자생물학의 침입이 전통 분류학자들의 심기를 얼마나 상하게 할 수 있는지 이해하기 시작했다. 그것은 괴상하고 이해할 수 없는 레시피(이거 한 움큼, 저거 한 꼬집)로 하는 요리와 순전한 흑마술(영원newt의 눈, 두꺼비 다리)을 뒤섞어, 아무리 봐도 생명의 질서와는 전혀 무관해 보이는 일을 꾀하는 것 같았다.

나의 지도교수인 칩 아콰드로Chip Aquadro 교수님은 철저히 현대적인 유전학자였지만, 가슴속에 자연사와 모든 종류의 생물에 대한 애착을 품고 있었다. 그래서 교수님의 연구실 연구원들은 늘 초파리뿐 아니라 벌거숭이두더지쥐, 개미 군체, 미니밴만 한 크기의 둥지를 짓는 오스트레일리아의 새, 붉은날개검은새, 연못송어 떼 등을 연구하고 있었고, 이것도 그중 겨우 일부만 언급한 것이다. 그렇다면 연구실이 꽥꽥거리고 가볍게 날아다니는 동물들이 들어 있는 수조와 케이지로 가득한 동물원 같았겠다고 상상할지 모르지만, 실상은 절대 그렇지 않았다. 그렇다면 최소한 방 안 가득 꼬리표와 이름표가 달린 표본들이 가득한 자연사박물관 같은 모습이었을 거라고 생각할 수도 있겠다. 하지만 그런 모습과도 거리가 멀었다. 그곳은 생명의 신호라고는 일절 없는 첨단기술을 갖춘 연구소였다. 대신 줄줄이 늘어선 유리 약병과 병들, 작은 플라스틱 튜브, 불빛이 깜빡거리며 켜졌다 꺼졌다 하는 기계들을 볼 수 있었고, 황량한 검은색 실험대들이 가로 놓여 있었다. 거기서는 살아 있는 것들은 전혀 볼 수 없었다. 우리가 연구를 하는 데 실제 살아 있는 동물이 사실상 전혀 필요하지 않았기 때문이다. 우리에게 필요한 건 유기체의 한 부분, 혹은 만약 그 유기체가 초파리처럼 작은 것이라면 작은 한 움큼이면 충분했고, 그로부터 우리가 연구하는 DNA를 추출하기만 하면 됐다.

나는 내가 모은 한 움큼의 초파리를 시험관에 넣고 거기에 약간의 액체를 집어넣은 다음, 시험관에 딱 맞게 들어가는 일종의 절굿공이 같은 장비인 그라인더를 켜고 (죄송한데, 그리 보기 좋은 광경은 아니다), 그 작은 초파리들을 갈아서 일종의 선홍색(피가 아니라 눈 색소다) 초파리 현탁액을 만든다. 좀 끔찍한 이 용액에 이어서 다양한 화학물질을 첨가해 세포를 터뜨려 DNA를 끄집어내고, 시험관 안에 있는

8장·화학을 통한 더 나은 분류학

다른 단백질들과 끈적끈적한 물질들을 제거하고 나면 이윽고 순수한 DNA를 얻을 수 있다. 어쨌든 우리가 들은 바로는 그렇다. 여기까지가 흑마술 부분이다. 이 빨갛고 끈적끈적한 약간의 주스를 가지고 이제부터 하는 일은 진짜 아무 일도 아닌 것처럼 보인다. 그저 여러 가지 액체를 추가하고 간간이 이 전체를 냉각기에 넣거나 원심분리기(세탁기를 연상시키는 커다란 기계로, 시험관들을 고정한 채 일종의 초고속 탈수 과정을 실행한다)에 넣는 것, 그리고 약간의 변화만 더하며 이 과정을 계속 반복하는 것이다. 이 일을 하는 동안 액체는 점점 더 맑아지고 더 깨끗한 외양을 띨 뿐 아니라 용량도 줄어든다. 실제로 작업이 끝나갈 무렵이면 아이의 새끼손가락만 한 시험관을 사용하게 되고 그 안에는 겨우 한 방울의 액체만이 남게 되는데, 거기에 당신이 연구하는 유기체의 DNA가 모두 녹아들어 있다. 언젠가 연구실의 한 동료가, 얼핏 보면 순수한 물이 담긴 것 같은 작은 시험관 하나를 함께 들여다보다가 두렵다는 듯 이렇게 물었던 게 기억난다. "정말 거기 아무것도 없으면 어쩌지? 이게 모두 커다란 농담이면 어떻게 해?" 그것은 그만큼 신비로운 일이었다. 우리는 분명 DNA를 보지 못한다. 이중나선은 눈에 보이지 않고, 사실 아무것도 보이지 않는다. 그러니 우리가 해온 일에 확신을 갖기란 정말 어려웠다.

이 DNA 조각의 염기서열을, 그 A, T, G, C를 판별하는 일은 한층 더 신비롭고 추상적인 작업이었다. 이 작업을 시작하려면 (이미 우리는 소중한 린나이우스가 미래의 분류학으로 상상할 수 있었던 것에서 아주 멀리 왔다) 젤gel이라는 것을 만들어야 한다. 이것은 말하자면 대략 아주 얇은 페이퍼백 정도의 두께로, 일종의 과학적 젤로Jell-O 같은 걸로 이루어졌지만, 흔히 보는 젤로보다는 더 단단하고 견고하다. 다음으로 이 젤로 판의 한쪽 끝에 있는 작은 구멍들에다가, 아이의 새끼손가락보다 작은 시험관에 담겨 있는 당신의 소중한 DNA의 아주 작은 부분을 집어넣는다. 그런 다음 거기에 전류를 흘려보내고 그 전체를 물과 브로민화 에티듐이라는 것이 섞인 발암성 용액으로 적신다. 그리고 이 전체를 블랙라이트(낯간지러운 검정 벨벳 포스터가 은은히 빛을 발하게 하고, 흰 티셔츠가 보라색 빛을 발하게 하는 그 블랙라이트)가 설치된 특수한 상자 속에 넣는다. 보호안경을 끼고(브로민화 에티듐은 정말로 암을 유발하므로 이 일을 할 때는 장갑을 끼고 있어야 한다) 방안의 조명을 끈다. 그런 다음, 조용한 어둠 속에서 블랙라이트를 켠다. 모든 일이 제대로 처리되었다면, 보랏빛 조명이 발광젤로 쏟아지는 동안 당신은 진분홍빛을 발하는 일련의 색띠들을 보게 될 것이고, 이 띠들의 배치와 크기가 그 DNA의 염기서열에 관한 첫 실마리를 제공해줄 것이다.

여기에 (이 울렁울렁 빛을 발하는 실험실 젤로 판에) 분류학의 미래가 있었다. 잘 믿기지가 않았다. 내가 방금 마친 다른 공부, 진짜 분류학자에게서 나비와 나방의 분류학에 관해 배운 공부와 그 일이 얼마나 대조적인지 느꼈을 때 특히나 더 믿기가 어려웠다. 초파리 프로젝트를 시작하기 전에 나는 호랑나비의 분류에 관한 분자생물학적 연구를 할까 고려했었다. 말하자면 그럴 자격을 갖추기 위해, 나는 나비와 나방 계통학의 원로 학자에게 이 곤충들의 분류에 관해 개인 교습을 좀 해주십사 부탁했다. 잭 프랭클몬트Jack Franclemont 교수라는 원로 곤충학자로, 친절하고 정중한 분이었다(약간 산만해서 항상 나를 미스 운 아니면 룬 아니면 분이라고, 윤이 아닌 다른 이름으로만 부르긴 했지만). 철저히 전통파인 이 교수님은 매주 우리의 만남에 나타나 나방이나 나비의 특정 분류군에 관한 그날 치의 짧은 강의를 했는데, 이 공식적 강연에서 내가 유일한 청중이었는데도 언제나 말끔하기 그지 없는 재킷과 타이 차림으로 나타났다. 나중에는 내게 1923년에 나온 나방에 관한 아주 오래된 안내서를 가지고 몇몇 수수께끼 같은 나방들을 동정해보게 했는데, 이 과정의 의도는 내가 나방 분류군들이 체계화되고 배열되는 방식을 이해하게 도우려는 것이었다. 그것은 내가 자리에 앉아 세심하고 반복적으로 심사숙고하고, 나의 감각을 통해 흡수하며, 나방과 나비의 특성들을 한껏 누리게 하려는 의도의 훈련이었다. 그래서 나는 프랭클몬트 교수님과 함께 작업하는 동안 때로는 침묵 속에서 깊은 생각에 빠져 있었고, 때로는 교수님의 반려견이 최근에 보인 희한한 버릇에 관한 이야기를 들었다. 단순한 일이었다. 그분은 전문가였고 나는 반복적이고 조용한 관찰을 통해 지식을 향상시킬 수밖에 없는 초심자였다. 시끄럽게 돌아가는 원심분리기도, 소음을 내는 기계들도, 독성 화학물질이나 빛을 발하는 젤도 없었다. 그것은 거의 명상적인 일이었고, 몇 시간 동안 나방들을 들여다보고 나면 이상하게도 항상 생기를 되찾은 느낌이 들었다. 그것은 다윈이 잘 알고 있었듯, 자신의 눈과 손가락을 사용하고, 생명의 세계를 보고 감각하며, 자신의 움벨트를 굴려보는 일이 주는 기쁨이었다. 그러나 그것은 내 인생에서도 세상 전반에서도 사라져가고 있는 연구의 방식과 방법이었다.

　이 분자생물학 혁명이, 실험대 위에 대칭을 맞춰 잘 정리해둔 그 모든 쥐들이, 아직도 형태와 크기와 구조, 아름다운 유기체 전체를 가지고 헌신적으로 작업하는 다수의 전통 분류학자에게는 수리분류학이 그랬던 만큼 차갑고 지루하게 느껴질 수 있음을 잘 알 수 있다.

하지만 내 생각에는(내가 편향되어 있다는 건 나도 인정한다), 실험실 작업에도 완전히 다른 종류이기는 하지만 모종의 아름다움이 있다. 반짝거리는 액체를 가득 담고 끝없이 늘어선 유리병들, 마치 거대한 동물처럼 문을 열 때마다 거대한 수증기 숨을 뱉어내는 초저온 냉동고. 이는 대부분 사람의 눈에, 알렉산더 폰 훔볼트가 남미 해안의 생명체들 앞에서 어리벙벙해하며 느꼈던 경이와는 비교가 안 될지 모르지만, 조용하고 어두운 방에 홀로 앉아 눈부신 조명을 딸깍 켜고, 우리 눈앞에서 희미한 빛을 발하는 DNA를, 빛나는 띠 모양의 생명의 청사진을, 모든 유기체가 세대와 세대를 넘어 자신을 재구축하는 데 사용하는 그 많은 분자의 더미를 보는 것은 굉장한 일이다.

✳   ✳   ✳

분자의 심미적 특징이 분류학자들에게나 그들의 움벨트에게 위안이 된다거나 될 수 있다는 말은 아니다. 특히 분자생물학자들이, 워즈의 모욕도 넘어서서 얼마나 더 멀리 나아가며 계속해서 신성한 영토를 짓밟을 것인지를 생각하면 말이다. 실제로 전통 분류학자들에게 그 시절에, 그러니까 혼란으로 들끓던 1980년대와 그보다 더 나을 것도 없었던 1990년대에 전통 분류학자들에게 분자분류학자들을 어떻게 생각하느냐고 물었다면, 그들이 분명 지나치게 멀리 나아갔다고 말했을 것이다. '젤 자키'라는 멸칭으로 불리던 분자분류학자들은 단지 기이한 도롱뇽이나 눈에 띄지도 않았던 오래된 박테리아의 분류학만 바로잡는 것이 아니라, 모든 생명 사이 관계의 가지 전체를 완전히 제멋대로 재배열하기 시작했다. 전체 자연의 질서를 다시 쓰

8장·화학을 통한 더 나은 분류학

기 시작한 것이다.

　최악은 1993년에 찾아왔다. 워즈의 제자인 미첼 소긴Mitchell Sogin과 연구팀이 워즈가 그랬듯 이번에도 RNA를 비교하여, 균계 fungi가 사실은 식물보다 동물과 더 긴밀한 관계임을 발견한 것이다.[13] 바꿔 말하면, 생명의 긴 역사에서 일어난 최초의 분리는 식물들의 조상과 균류 및 동물의 공통 조상 사이에서 일어났다는 말이다. 그러다가 나중에 동물의 조상과 균류의 조상이 두 계통으로 갈라져 하나는 동물이 되고 다른 하나는 균계가 되었으니, 피자 위 버섯은 옆에 있는 토마토보다 우리와 더 가까운 관계인 셈이다. 균류를, 이를테면 당신 집 잔디밭에 핀 버섯이나, 오래된 빵에 핀 푸른곰팡이를, 아니면 욕실 바닥 위로 번져가는 곰팡이를 보라. 이 생물들과 비슷하게 보이는 다른 어떤 생물이 있다면 무엇일까? 당연히 소리도 얼굴도 움직임도 없이 돋아나는 이 유기체들은 다른 무엇보다 식물과 비슷해 보인다. 이들은 이 모든 면에서 식물 **같다.** 하지만 그렇다고 해서 이들과 가장 최근에 조상을 공유한 게 동물이라는 사실은 바뀌지 않는다.

　진정으로 생명 세계의 작동을 이해하려 노력하는 사람들에게 이러한 진화적 통찰은 아주 유용하다. 처음에는 혼란스러워 보이거나 우리가 생명의 세계에서 보고 감각하는 것에 위배되는 것처럼 보일 수는 있더라도 말이다. 이 유난히 괴상한 발견은 사람에게 생기는 진균병fungal disease이 왜 치료하기가 너무 어렵기로 악명이 높은지 그 이유를 설명해준다. 예컨대 이미 AIDS에 걸린 사람들의 대표적 사망 원인 중 하나도 진균감염이다. 그 치료가 그토록 어려운 이유는 균류에게 피해를 입힐 수 있는 치료법은 모두 환자까지 거의 사망에 이르게 할 수 있기 때문이며, 이에 대한 진화적 이유는 우리가, 그러니까 동물계와 균계가 너무 가까운 관계라서 세포들이 서로 유사한 방식으로 구축되고 작동하기 때문이다. 문제가 되는 균류의 생명을 중단시킬 수 있는 것은 무엇이든 환자의 생명까지 위협하는 경우가 아주 많다.

생명 분류에 관한 분자 연구에서는 그보다는 덜 괴상해도 여전히 이상한 것들이 계속 등장했다. 과학자들은 아스파라거스가 사실은 난초과에 속하며, 아메리카너구리raccoon가 레서판다red panda의 가까운 사촌이며, 레서판다는 비슷하게 귀여운 눈두덩이가 있는 자이언트판다와는 별 관계가 없다고 발표했다. 사실상 어딘가 어느 실험대에선가 매일같이 생명의 재분류에 관한 새로운 선언이 나오는 듯 보였다. 분자분류학자들은 사라지지 않을 터였다.

분자분류학은 커다란 답을 약속했고 그 답을 내놓았다. 모든 생명, 모든 종류의 생명이 거쳐간 진화의 역사라는 답이었다. '젤 자키' 들은 최첨단 기술로 얻은 데이터를 활용하여 분류학의 지루하고 낙후된 덮개를 벗겨냈다. 이 일은 실제로 돈을, 정부 기관들이 제공하는 (분류학자들이 작업에 사용하던 클립과 끈에 대한 보상에 비하면 사실 어마어마한) 큰돈을 끌어들이기 시작했다. 그리고 이 모든 돈은 박물관에서 오래 일해온 성실한 사람들에게, 온갖 종들의 형태와 외양을 알고 있는 사람들에게, 수십 가지 딱정벌레나 각종 생쥐 가죽을 보고서 종을 동정하고 라틴어 학명을 알려줄 수 있는 사람들에게 가지 않았다. 그 돈은 당나귀아속Equus asinus과 땅바닥에 난 구멍도 구별할 줄 모르는 분자생물학자들에게 갔다. 이 분자생물학자들, 대개 자신이 분류하고 있는 생물에 관해서는 그들의 DNA를 추출하는 걸 제외하

8장·화학을 통한 더 나은 분류학

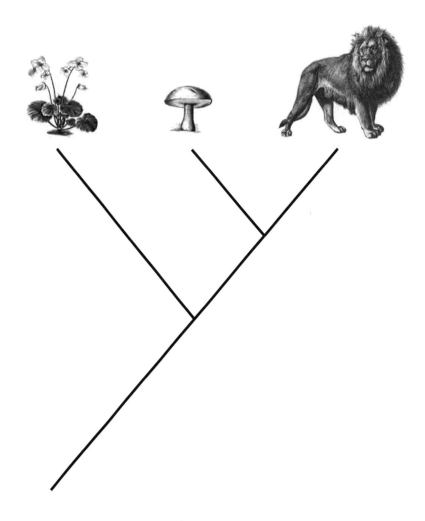

눈에 보이지 않는 분자들을 가지고 분류학을 하는 분자생물학자들은 이 그림에
서 보듯이 균계가 식물계보다는 인간을 포함한 동물계와 더 가까운 관계임을
발견했다. 이 진화의 나무는 (시간상으로 더 오래전인) 바닥에서부터 시작해 (현재
인) 위로 올라가며 읽으면 된다. 이 나무의 뿌리에서부터 올라가보면 이 계통에
서 식물계가 처음에 가지를 뻗고, 나중에 균계와 동물계도 가지를 뻗은 것을 볼
수 있다. 이로써 식물계는 균계와 동물계에게 먼 사촌 같은 존재가 되고, 균계와
동물계는 대략 자매 계들 같은 사이가 된다.[14]

면 아무것도 모르던 이 남자들과 여자들, 분류학에 대한 훈련은 조금도 받지 않은 이들은 생명의 질서를 연구하던 이들이 100년 동안 전혀 경험해보지 못한 종류의 존중을 누리고 있었다.

❊　❊　❊

구식 훈련을 받은 분류학자들에게 근래 몇 년은 참아내기가 아주 힘든 시기였다. 처음에는 수리분류학자들이 등장해 수학과 컴퓨터를 고집하며 전문 분류학자들의 직관력을 모욕했다. 그들은 주관성을 버리려고만 하는 것이 아니라 사실상 주관성을 금지하려 들었다.

이제 분류학자들은 새로 나온 온갖 최첨단 횡설수설(DNA 염기서열분석, PCR, 제한효소)과 움벨트에 대한 더욱 큰 모욕에 맞닥뜨렸다. 분자생물학자들은 생물의 세계를 이해하는 바로 그 일에서 인간의 감각 자체가 가장 우선한다는 생각에 도전을 제기하고 있었다. 그럼으로써 움벨트를 모욕하는 것보다 더 나쁜 짓을 저질렀다. 움벨트를 완전히 무시하고, 대신 세계를 감각하는 완전히 새로운 방법으로 온갖 유기체의 세포에서 가져온 개별 분자, DNA, 단백질 조각을 읽어냈는데, 이것을 읽어내는 일은 수백만 달러를 들여 시설을 갖춘 실험실과 최첨단 과학 장비, 은밀하게 전해진 난해한 지식과 기술을 지닌 이들만이 할 수 있었다.

린나이우스의 시대, 숲속을 돌아다니며 스스로 자연의 질서를 감지하던 어린 박물학자들의 시대와 이어져 있던 마지막 끈이 절단된 것이다. 인간의 단순한 비전이 지닌 진실은 이제 과학자들이 제시하는 것(빛을 발하는 젤에서 일련의 색깔을 띤 선들이 보여주는 진실)과 더 이상 경쟁할 수 없었다. 린나이우스에게는 이 모든 게 얼마나 가당찮게 보였을까. 생명의 질서에 담긴 진실을 캐내기 위해서 그 어떤 동물이나 식물도, 헤엄치거나 숨 쉬거나 날아다니는 그 어떤 존재도, 싹을 틔우거나 꽃을 피우는 그 어떤 존재도, 생명의 세계에 관한 그 무엇도 알 필요가 없다는 것. 분자들, DNA만 알면 된다는 것. 심지어 분류학마저, 생명 분류의 과학마저 생명 자체에서 멀어지고 있었다. 과학자들은 철저히 현대적인 과학에 전념하는 단계로 넘어가는 마지막 한 걸음을 내디뎠다. 그것은 인간이 감각할 수 있는 것, 자연의 질서는 어떠하리라는 직관에 대한 전념이 아니라, 전에는 눈에 보이지 않던 것을 다루는 과학이 밝혀낼 새로운 과학적 자연 질서에 대한 전념이었다. 이제 움벨트를 완전히 저버리기까지 딱 한 가지 일만 남았는데, 그 일은 이미 여러 해 동안 물밑에서 진행되고 있었다. 바로 물고기의 죽음이다.

9장

🌸

물고기의 죽음

아무도 믿지 않는 것은 그리 자주 증명되지 못한다.[1]

조지 버나드 쇼

만약 당신이 워즈의 미친 짓과 수리분류학의 광풍이 몰아치던 1970년
대에 전통 분류학자들과 대화를 나눴다면, 그들이 당시 겪고 있던 것
보다 더 나쁜 일을, 갑자기 나타나 잘난척하던 신출내기 수리분류학
자들보다 더 무례하고 공격적인 자들을, 분자분류학자들보다 더 오
만하고 집요한 애송이들을 상상하게 만들기는 어려웠을 것이다. 안
됐지만 그들은 더 나쁜 일을 상상할 필요가 없었다. 이내 그런 현실
이 닥쳐왔으니까.

　거대한 분류학 전통에 대한 마지막 포위전은 새로운 유형의 분
류학자라는 형태로 찾아왔다. 이 무리는 어찌나 험악하고 지독히 난
폭한 반항아들인지 이전의 싸움꾼 분류학자들이 과학계에 에티켓을
전파하는 '매너 선생님'처럼 보일 정도였다. 1980년대에 노래하는 초
파리들을 연구하던 시절, 나는 이 마지막 공격이 정점에 이르던 광경
을 목격했다. 내가 본 것이 생명 분류의 세계에서 인간의 움벨트가
이울어가는 마지막 날들이었다는 건 나중에야 깨닫게 되었지만.

　전통 분류학은 1970년대가 끝나가던 무렵 이미 험난한 시기를

보내고 있었다. 수리분류학자들은 분류학 전반을 폭풍처럼 휩쓸지는 못했지만 그래도 자기들이 주장하는 객관성과 점점 더 복잡해지는 통계학에 대한 집요한 숭배를 품은 채 계속 그 일을 하고 있었다. 분자생물학자들 쪽에서는 만만찮은 추진력을 얻으며 무서운 속도로 세를 불려갔다. 바로 이 괴로운 시절에, 젊은 무뢰한들 가운데서도 가장 경악스러운 자들이 나타나 자기들 특유의 새로운 대혼란을 일으키기 시작했다. 수리분류학이 현대 과학으로서 분류학의 유아기였다면, 그리고 분자분류학이 생명에 대한 새로운 시각을 향해 비틀비틀 첫걸음을 내디디며 신기함과 놀라움을 채워가던 유년기였다면, 가장 최근에 등장한 이 불행은 분류학의 청소년기였을 것이다. 누구나 알듯이 청소년기는 항상 어여쁘지만은 않다. 이 시기는 분류학이 삐딱함을 장착하고 모히칸 스타일로 머리를 밀고 군데군데 피어싱도 하고는 엄마 아빠에게 가운뎃손가락을 들어 보이던 시절이었다. 이들은 분기학자라고 불리게 될 이들, 아니 그보다는 사납게 날뛰는 분기학자나 횡설수설하는 분기학자라고 불리게 될 이들, 그리고 혹시 남부캘리포니아 출신이라면 때로 '온탕hot-tub 분기학자'라 불리게 될 이들이었다. 하지만 그들이 뭐라고 불렸건, 누가 그들을 좋아했건 싫어했건, 그들은 다가오고 있었다.

사납게 날뛰고 횡설수설하며 온탕을 즐기는 자들의 분란을 초래한 남자는 빌리 헤니히Willi Hennig라는 이름의 수줍고 조용한 독일의 파리 전문가였다.[2] 그는 1913년, 나중에 동독에 속하게 된 지

역에서 체코공화국과 국경을 맞대고 있던 뒤르헤네르스도르프Dürr
-hennersdorf라는 작은 마을에서 태어났다. 거기서 그는 전형적인 너드
로 성장하며 학교에서(체육 과목만 빼고) 탁월한 성적을 올리며, 자유
로운 시간에는 딱정벌레와 나비뿐 아니라 식물도 수집하고 보존해
자기만의 식물표본집을 꾸렸다. 하지만 빌리의 관심이 수집에만 있
었던 건 아니다. 열성적인 박물학자라면 누구나 그렇듯, 그는 자연의
질서를 감지할 수 있었고, 그 질서를 해독하는 일을 아주 좋아하게 됐
다. 고등학교에 들어갔을 즈음에는 자원봉사를 하던 드레스덴의 동
물학박물관에 있는 모습이 자주 목격되었다. 고등학교 졸업을 앞두
고는 열여덟 살이라는 어린 나이에 「동물학에서 계통학의 위치Die
Stellung der Systematik in der Zoologie」라는 제목의 작문을 썼는데, 이 글
에서는 평생 그의 작업에서 나타날 확신의 전조가 보였다. 바로 계통
학은 진화적 관계를 반영해야만 한다는 확신이었다. 이 확신은 어찌
나 강력했던지 그가 2차 세계대전 당시 수류탄 파편에 맞아 결국 영
국군에게 전쟁포로로 잡힌 뒤에도 그의 머릿속에서 가장 중요한 자
리를 차지하고 있었다.

　전쟁포로로 잡혀 있는 동안에 그는 어떻게 해야 그런 분류학
을 할 수 있을지에 대한 원칙과 이론에 관한 글을 쓰며 시간을 보
냈다. 『계통발생 분류학 이론의 기본 원리Grundzüge einer Theorie der
Phylogenetischen Systematik』는 진화분류학자들이 한창 어둡고 곤궁한
시절을 지나고 있던 1950년에 출판됐지만, 거의 20년 동안 수리분
류학이 등장하고 난 후로도 대체로 알려지지 않은 채 남아 있었다.
다가오는 혁명의 성경이자 쿠란이자 토라가 될 이 책이 분류학자
들의 관심을 붙잡지 못한 데는 몇 가지 충분한 이유가 있는데, 거기

9장 · 물고기의 죽음

엔 제목 탓도 작지 않았다. 결코 가볍게 읽을 수 없는 『계통발생 분류학 이론의 기본 원리』는 한 분류군의 진화적 관계들, 즉 그 계통발생에 따른 분류학 혹은 계통학의 방법론을 설명한 책이었다. 텍스트가 난해하고 기술적이어서 독일어가 유창한 사람들조차 읽기 어려웠다. 헤니히는 자기가 발명한 길고 복잡한 용어들을 책 곳곳에 뿌려놓아 한층 더 자기 사상에 누를 끼쳤다. 이를테면 '공유파생형질synapomorphy'(가장 최근의 공통 조상으로부터 새롭게 진화해 나뉜 두 분류군이 공유하는 형질), '단독파생형질autapomorphy'(이 형질이 진화된 한 분류군에서만 볼 수 있는 형질), '공유원시형질sympleisiomorphy'(가장 최근의 공통 조상에서 생겨난 것이어서가 **아니라** 더 먼 이전의 조상에서 생겨난 결과 두 분류군이 공유하는 형질) 등.

그러나 아무리 그의 어휘가 괴상할 정도로 새롭고 문체가 넌더리가 나더라도, 헤니히의 목표는 다윈 시절 이후 분류학자들이 공통적으로 품어왔던 전통적인 목표와 같았다. 그가 하고 있던 일은 진화의 나무, 바로 생명의 계보를 밝혀내려는 노력이었다. 헤니히의 방법론이 지닌 주요 목표 중 두 가지, 그러니까 직관에서 탈피하는 것과 방법을 명료히 설명하는 것은 수리분류학자들의 목표와 공통점이었지만, 이전 방법론들과의 유사성은 그게 다였다. 헤니히는 진화분류학자들과 달리 어떤 경우에도 유기체들 사이의 어떤 유사성이나 차이점이 더 혹은 덜 중요할지를 감지하는 데 직관을 마음대로 사용하지 않았다. 수리분류학자들과 달리, 얻을 수 있는 최대한 많은 유사성과 차이점의 방대한 통계분석에 의지해 미묘한 관계와 분기의 진실을 완력으로 뽑아내려 시도하지도 않았다. 그가 책을 쓰던 당시 DNA는 아직 완전히 수수께끼로 남아 있었으니 DNA를 사용할 생각도 분명 없었다.

　모든 분류학자가 그렇듯 헤니히도 진정한 생명 진화의 계통수를 향한 바른 방향을 알려주는 유사성은 일부에 지나지 않는다는 걸 알고 있었다. 하지만 그가 역사상 다른 모든 분류학자와 달랐던 것은 바른 방향을 알려주는 유사성이 어떤 것인지 알고 있었다는 점이다. 그는 가까운 친척이기 때문에 유사한 분류군들, 다시 말해 특정 종의 공통 후손들을 식별하려면, 다른 어떤 분류군도 아닌 그 후손들만이 특유하게 공유하는 유사성들을 밝혀내야 한다는 걸 깨달았다. 나아가 그들이 공유하는 유사성은 정확히 한 유형, 바로 그 공통 조상에게서 새로 진화되어 그들에게 유전된 새롭고 특유한 형질이리라는 점도 깨달았다. 이 유사성은 그 공통 후손들 모두에게 회원식별용 배지 같은 역할을 할 터였다. 각각의 특정 계통에 고유하게 나타나는 진화상의 새로움을 보면 친척 분류군 전체를 식별할 수 있다는 말이다. 이것이 헤니히의 머리에서 나온 독창적인 생각이었다. 공통된 진화상의 참신함만을 가지고 진화상의 친척 분류군들을 식별하라는 것.

　이게 어떻게 하는 것인지 알아보자. 하나의 종이 있다고 상상하고, 이를 A 종이라고 하자. 이 종은 영겁의 시간을 살아왔다. 단순하게 얘기할 수 있게 A 종이 작은 덩어리 모양의 생물이라고 상상하자. 시간이 지나면서 우리의 덩어리는 몇 가지 참신한 특징을 진화시켰다. 실제 생물들의 경우라면 이는 예컨대 깃털이나 잎의 새로운 배열이나 새로운 행동 같은 참신한 특성일 것이다. 우리 덩어리의 경우 진화적 새로움이 크고 둥근 눈과 작은 귀라고 해보자. 이를 다음 그림으로 표현해보았다. 이윽고 A 종(눈이 크고 작은 귀가 있는 덩어리)은 B와 C라는 두 개의 새로운 종으로 분기하는데, B와 C 둘 다 A 종으로부터 크고 동그란 눈과 작은 귀라는 새로운 형질을 물려받았다. 시간이 지나면서 B 종에게는 길고 가는 다리와 발이 진화했다. C 종 역시 자기에게 고유한 새로운 특징을 진화시켰는데, 바로 통통하고 폭신한 꼬리와 작은 더듬이다. B는 결국 B의 새로운 특징들을 공유하는 D와 E라는 새로운 두 종으로 분기했고, C는 F와 G로 나뉘었다. 한 분류군이 둘로 나뉠 때마다 두 후손(이들은 지구상의 다른 어떤 분류군보다 둘이 서로 가장 가깝다)은 그들이 방금 막 유래한 조상, 다시 말해 가장 최근의 공통 조상에게서 새로 진화한 참신함을 표지로 갖고 있다. 진화의 과정 자체가 새로운 두 종에게 (공통 조상의 진화적 새로움이라는) 도장을 찍어 둘의 관계를 표시하는 것이다.

이 네 종을 보면 이들이 계층적 배열에 얼마나 순식간에 또한 완벽하게 들어맞는지 보인다. 다윈이 말한 분류군 안의 분류군의 예다.

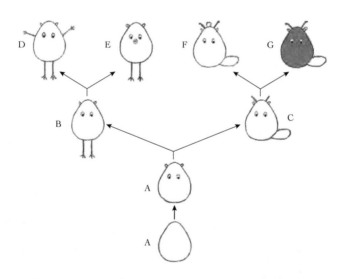

이 그림에서 우리는 완벽한 진화적 규칙성의 세계에서 우리가 상상한
덩어리 종이 진화하는 모습을 볼 수 있다.

　　　　　　　　　　　　　　　　　　　　　3부 · 어떤 과학의 탄생

이 종들은 모두 덩어리여서, 모두 다 그들의 공통 조상인 A 종에게서 유래했음을 알려준다. 둘은 통통하고 폭신한 꼬리와 작은 더듬이가 있어, 그들이 공통적으로 C에게서 유래했음을 보여준다. 이 완벽한 세상에서 자연의 질서는 차곡차곡 펼쳐지는 일련의 패턴 변화로 단순명료하게 표시되고, 한 덩어리 종의 특징들은 덩어리의 진화계통수에서 각자의 위치에 정확히 부합한다. 이렇게 완벽한 세상에서는 이전 분류학자들이 썼던 어떤 방법을 쓰든 진정한 진화적 관계를 판독해낼 수 있다. 진화분류학자들의 직관과 수리분류학자들의 통계분석 둘 다 이 역사를 정확히 반영하는 계통수를 만들어낼 것이다. 그 계통수에서는 관계가 가장 가까운 덩어리들이 가장 가까이 모여 있고 관계가 먼 덩어리들일수록 더 멀리 떨어져 있을 것이다.

아쉽게도 실제 진화는 이만큼 질서정연하지 않다. 우리 덩어리들의 완벽한 세상에서는 진화하는 모든 변화가 독특하고 유일무이하다. 길고 가는 다리와 발은 한 번만 진화하고 다시는 진화하지 않는다는 말이다. 그러나 실제 형질들은 여러 계보에서 여러 번씩 진화가 일어날 수 있으며, 여기서, 저기서, 도처에서 생겨나 분류학자들을 혼란에 빠트리는 유사성들을 만들어낸다. 게다가 우리의 완벽한 세상에서 새로운 형질은 일단 한 번 진화하면 절대 사라지지 않는다. 만약 당신의 계통이 길고 가는 다리와 발로 시작됐다면, 그 계보는 영원히 그 형질들을 보유한다. 하지만 실제 세상에서는 형질들이 상실될 수 있다. 사실은 길고 가는 다리와 발이 한 계통에서 사라졌다가, 다른 계통에서 다시 등장할 수도 있고, 심지어 원래의 계통에서 다시 등장했다가 또다시 사라질 수도 있다. 실제 삶에서는 또 다른 복잡한 문제들도 존재한다. 길이는 어중간하지만 마른 다리와 작은 더듬이 갖고 있는 유기체가 발견되어 단순한 범주들로 분류하려 애쓰는 분류학자를 곤혹스럽게 만들 수도 있다.

마지막으로, 앞서 본 우리의 완벽한 세상 예에서는 생명이 질서 정연하게, 거의 시계처럼 움직이는 방식으로 진화하며 각각의 종 분화 사건은 하나나 두 가지의 독특한 진화적 변화로 표시된다. 그래서 이 완벽한 세상에서는 두 덩어리 사이 차이의 정도가 관련성의 정도를 나타낸다. 하지만 실제 세상에서는 다음에 살펴볼 예처럼, 때때로 하나의 종에게 일련의 진화적 변화가 급속하게 일어나 급작스럽고 정신없게 새로운 형질들을 획득하는데, 그 종과 가장 가까운 종은 줄 곧 그대로 남아 있는 일도 있다. 헤니히의 천재성은 바로 이런 실제 세계의 혼란 속에서 빛을 발한다.

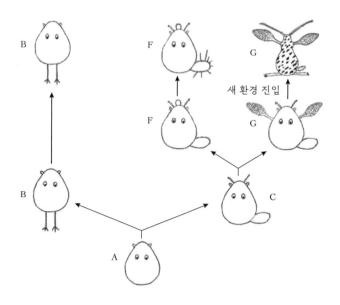

여기서 우리는 우리 상상 속 덩어리들이 좀 더 실제 세상의 분류군들처럼
진화하는 모습을 볼 수 있다.

이번에도 덩어리 종을 살펴보자. 앞에서처럼 A 종(크고 동그란 눈과 작은 두 귀)에서 시작한다. 이번에도 A는 B(길고 가는 다리와 발)와 C(통통하고 폭신한 꼬리와 더듬이)로 나뉘고, 이어서 C는 F와 G라는 두 개의 새로운 종으로 분기한다. 이제 여기에 실제 세상이 끼어들게 해보자. 예컨대 G 종의 진화 과정에서 여러 가지 독특한 새 형질이 진화했다고 상상해보자. 옆의 그림을 보면 그 이유를 알 수 있다. G 종은 작은 날개들을 진화시켜 펄럭펄럭 날아 완전히 새로운 환경으로 옮겨갔다. 최초로 바다에서 육지로 이동한 식물이나, 새로운 화산섬에 서식하기 시작한 최초의 곤충처럼 말이다. 이 종이 급격하게 다른 새 환경에서 생존하고 번성하기 위해 애쓰는 동안 집중적인 자연선택이 일어날 테고, 그 결과는 새로운 형질들의 급속한 진화일 것이다. 그리하여 G 종은 꽤 다른 모습으로 진화한다. 여전히 덩어리 종이긴 하지만 좀 더 유선형이고 날개가 달린 덩어리가 되었으며, 순전히 더 효율적인 비행을 위해 귀와 꼬리는 줄어들었다. 더듬이는 길이가 길어지고 바람 속 냄새를 감지하기 위해 큰 솜깃털이 돋아나도록 진화했다. 크던 눈은 비행 중에 바람을 더 잘 견딜 수 있게 더 작게 진화했다. 심지어 새로운 포식자에 맞서 보호해주는 위장용 얼룩무늬와 부드럽게 착륙할 수 있게 해주는 넓은 발도 한 쌍 생겨났다. G가 진화하며 이 모든 형질을 갖추고 있는 동안, F는 꼬리에 뾰족한 침만 더해졌을 뿐이다. 이야기를 단순하게 하기 위해 B는 길고 가는 다리와 발을 지닌 그 상태를 계속 유지했다고 하자.

이제 G는 아주 다른 모습이 되었고, B와 F는 원래와 거의 비슷한 모습이다. 하지만 이 모든 변화에도 불구하고, 이들의 관계에 대한 진화계통수(분류학자들이 찾고 있는 바로 그것)는 전과 똑같이 남아

9장·물고기의 죽음

있을 것이다. 즉, F와 G는 둘 다 C에게서 막 유래했으므로 형제자매처럼 가장 가까운 관계라는 말이다. 그리고 이전과 마찬가지로 둘 다 B와는 조금 먼 관계로, 말하자면 B는 둘의 삼촌과 같다. 자, 이제 이런 혼란 속에서 어떤 분류학자가 진정한 진화적 관계를 판독해낼 수 있을까?

진화분류학자라면 B, F, G를 살펴보고 처음에는 모든 종이 같은 특징들(덩어리 같은 체형, 동그란 눈과 작은 귀)을 공유하기는 하지만, G가 독특한 특징을 많이 보인다는 사실에 놀랄 것이다. 이런 차이는 극명하게 두드러지며, 이 종들에 대한 감을 잡아보려 애쓰는 분류학자의 직관을 쿡쿡 찌르고 쑤셔댈 것이다. 이 모든 독특한 특징은 진화분류학자의 머릿속에서 G를 B와 F로부터 멀리 떨어뜨려 놓을 것이다. 이에 비해 이제 B와 F는 훨씬 더 비슷하게 보인다. 그러니까 이 분류학자는 필시 자신의 진화계통수에서 G를 적절한 자리라 여겨지는 곳, 그러니까 F와 B에서 멀리 떨어진 가지에 두고, F와 B는 서로 가까운 가지들에 둘 것이다. 이렇게 그는 잘못된 판단을 내릴 것이다.

우리의 수리분류학자는 이 종들의 유사성과 차이점을 모두 합계 내 컴퓨터 프로그램에 넣고 돌린 결과, 진화분류학자와 정확히 똑같이 속아넘어갈 것이다. G는 아주 많이 다르다. 수학적 추산도 진화분류학자의 직관적 추정에서 그랬듯 G 종을 다른 두 종에서 멀리 떨어뜨려 놓을 것이고, F와 G의 가까운 관계는 전혀 인지되지 않고 넘어갈 것이다.

이제 헤니히의 방법을 시도해보자. 여기서 가까운 관계를 식별하는 데 우리가 사용하도록 허락된 유일한 유사성은 공통의 진화상 새로움이다. 그러니까 G가 진화적으로 새로운 형질을 많이 갖고 있기는 하지만 다른 어떤 덩어리 종도 그 형질들을 공유하지 않으므로, 이 형질들은 관계를 판단하는 데 무의미하다. 마찬가지로, B와 F, G의 전반적인 덩어리 모양 체형, 동그란 눈과 작은 귀는 새로운 것이 아니라 세 종과 다른 종들도 모두 공유하는 조상들의 형질이므로 무시하고 넘어간다. 이제 어떤 유사성이 남았을까? 음, F와 G는 둘 다 꼬리와 더듬이를 갖고 있다. 우리의 분기학자가 다른 모든 덩어리 종들을 둘러본다면, F와 G만이 꼬리와 더듬이를 갖고 있음을 알게 될 것이다. 그가 이 덩어리 종들을 넘어 더 먼 관계인 다른 분류군들을 보아도 이들과 같은 꼬리나 더듬이는 전혀 보이지 않았다. 이는 꼬리와 더듬이가 오래된 상태가 아니라 F와 G가 최근의 조상, 그러니까 C에게서 공통으로 물려받은 진화상 새로움임을 시사할 것이다. 이 핵심적인 공통의 새로움은 F와 G가 각자 B와의 관계보다 서로 더 가깝다는 것을 보여줄 것이고, 이는 실제로도 그러하다. 공유하는 진화상 새로움만을 사용하도록 스스로 제한함으로써 헤니히는, 그리고 헤니히 혼자만, 실제 진화의 역사를 찾아낼 것이다. 헤니히는 진실을 보게 될 것이다.

헤니히는 조용하고 너드다운 그만의 방식으로 어떤 식으로든 명료하게 정의된 방법론을 개발해냈으며, 그의 방법론(완전무결한 것도 누구나 쉽게 할 수 있는 것도 아니지만)에는 다른 이들은 발견하지 못하는 바로 그곳에서 진화사의 진실을 찾아내는 힘이 있었다.

이 대단치 않은 깨달음이 분류학 분야를 바꿔놓았다. 객관성을 생명 분류의 제일 목표로 만든 공을 수리분류학에 인정해준다면, 분류학을 (이제야 마침내) 정말로 진화에 근거한 학문으로 만든 공은 빌리 헤니히에게 돌릴 수 있다. 왜냐하면 헤니히는 중요한 특징들이 어떤 것인지, 분류학자를 틀린 방향이 아니라 옳은 방향으로 안내해줄 신뢰할 수 있는 특징, 진정으로 진화적인 분류를 가능하게 할 진화적 유연관계를 보여주는 유사성이 어떤 것인지를 알아냈기 때문이다.

바로 이것이 지난 세기에 다윈이 분류학은 진화에 근거해야 하며 생명의 계보를 반영해야 한다고 천명한 이래 분류학자들이 줄곧 찾아왔던 것이다. 왜냐하면 분류학자들은 아주 오랫동안 생물 분류군들 사이의 진화적 유연성을 판단하는 데 모든 특징이 똑같이 유용한 게 아니라는 건 알고 있었지만, 어떤 특징이 정말로 유용하고 어떤 게 그렇지 않은지 알아내는 방식에 관해서는 도저히 의견의 일치를 보지 못했기 때문이다. 진화분류학자들이 내놓은 답(자신의 전문가적 직관을 발휘해 가장 중요한 특징들을 식별하는 것)은 완전히 실패했다. 수리분류학자들의 해법(가장 중요한 특징을 선별하거나 저울질하지 않는 대신 그런 특징을 찾는 것을 완전히 그만두는 것)은 결정적으로 틀리는 것은 피했지만, 완전히 제대로 하는 결과 역시 피해갔다. 왜 유용한 특징과 오답을 유도하는 특징을 한데 섞는단 말인가? 그 문제가 마침내, 그것도 바닐라맛 아이스크림처럼 밍밍하고 지극히 단순한 해법으로 풀렸다.

하지만 일단 한번 생각해보면, 헤니히의 방법은 대단히 급진적인 것으로 드러난다. 헤니히는 어느 생물 분류군에서든 무엇이 가장 중요한 특징인지 판단했는데, 그 판단을 내릴 때 그 분류군에 대한 전문가적 감각이나 직관에 전혀 의지하지 않았다. 그는 곰이나 이끼나 불가사리에 관한 깊은 지식 없이도 그 생물들을 분류하는 데 가장 중요한 특징이 어떤 것인지 판단할 수 있었다. 모든 경우에 가장 중요한 특징은 공유하는 진화적 새로움이었다. 사실 헤니히가 곤충을 연구하거나 분류학을 전혀 해보지 않았더라도 이를 알아낼 수 있었을 것이다. 생명의 세계에 정통한 지식 없이, 그냥 단순히 논리만으로도 그 방법을 찾아낼 수 있었을 것이다. 그만큼 생물에 대한 그 어떤 감각과도 단절된 방법이라는 말이다. 그 방법은 순수하게 이성에 의해서만 분류의 경로를 찾아가며, 그럼으로써 분류 과정에서 감각과 움벨트를 완전히 잘라내버렸다. 이것이 바로 그토록 오래 찾아 헤맸던, 진화적 생명 분류라는 수수께끼의 비직관적이며 감각에 기반하지 않은 해답이었다.

헤니히의 방법에는 사소해 보이는 세부가 아직 하나 더 남아 있었다. 발견된 체계, 즉 진정한 진화적 분류를 보존하기 위해, 헤니히는 진짜 진화적 친척인 분류군들만을, 그러니까 한 조상의 모든 후손을 포함하고 다른 것은 아무것도 포함하지 않는 분류군만을 예컨대 과 또는 속으로 인정하고 명명할 것을 요구했다. 이 진짜 분류군, 한마디로 생명 진화의 계통수에서 잘라낸, 모든 후손이 온전히 함께 자리한 전체 가지를 분기군clade이라 한다. 이는 '가지'라는 뜻의 그리스어 **클라도스klados**를 가져와 만든 단어다(이 용어는 나중에 이 운동을 가리키는 분기학cladistics과 그 추종자들을 가리키는 분기학자cladist라는 명칭도 낳았다).

순수하게 논리적인 입장에서 보면 헤니히의 분류군 정의 규칙은 논쟁의 여지없이 이치에 잘 들어맞는다. 과학자들이 정말로 추구하는 것이 생명 진화의 역사라면(그리고 확실히 그들은 그걸 추구해야한다) 분류학과 관련된 모든 것, 즉 계통수와 분류와 이름은 그 역사를, 오직 그 역사만을 반영해야 한다. 언뜻 보기에 헤니히의 분류군

명명 규칙을 따르는 것, 즉 전체 후손들의 온전한 분류군만을 명명하는 것은 기껏해야 사소한 조정 정도로만 보일지 모르나, 사실 그것은 분류학자들 사이에서 가장 큰 소요를 초래한 규칙이었다. 그리고 그 규칙이 결국에는 움벨트에게 가장 크나큰 슬픔을, 바로 물고기의 죽음을 초래했다.

✳ ✳ ✳

헤니히의 천재적인 저작은 1950년에 출간된 후, 앞에서 보았듯이 거의 알려지지 않은 채 시들어가고 있었는데, 1966년에 라르스 브룬딘Lars Brundin이라는 스웨덴 곤충학자가 등장해 어둠 속에 묻혀 있던 그 책을 원래 있어야 할 곳인 스포트라이트 아래로 끌어다 놓았다.[3]

브룬딘은 깔따구midges라는 작고 섬세한 파리 분류군, 특히 남극의 깔따구에 관한 472페이지짜리 논문을 발표했다. 얼어붙은 남극의 깔따구라고 하면 극소수의 사람들만이 다루는 주제일 것 같지만, 이 곤충은 첫눈에 보이는 인상보다는 훨씬 큰 중요성을 지니고 있다. 남반구 전반에 흩어져 있는 깔따구 종들의 진화와 관계를 설명하는 일은 오랫동안 큰 관심사였다. 이 종들은 광대하고 험난한, 때로는 목숨을 위협할 정도로 차가운 바닷물로 분리되어 있음에도 충격적일 정도로 비슷했기 때문이다. 수많은 섬뿐 아니라 남미와 아프리카의 남쪽, 남극 등 여러 대륙에 퍼져 있는, 명백히 유사해 보이는 이 종들은 어디서 온 것일까? 남극에서 생겨나 북쪽으로 퍼져간 것일까? 지금은 생명들로 가득한 북쪽의 대륙들에서 생겨나 남쪽으로 조금씩 이동한 것일까? 아니면 대륙들이 갈라지기 전에 생겨나서 흩어지는 땅덩어리들을 타고 이동하여 그냥 현재의 위치에 당도한 것일까?

깔따구들은 이래서 중요하다. 만약 다른 종들 사이의 진화적 관계(어느 종이 먼저 생겨났고, 어느 종이 어느 계통에서 유래했는지)를 안다면 그 종들의 지리적 기원도 판단할 가능성이 있으니 말이다. 예를 들어 만약 가장 오래된 종들이 모두 남극에 살고 있고 북쪽으로 갈수록 더 새로 생긴 종들이 살고 있다면, 이는 남극이 중심 기원지임을 암시할 것이다(진화와 자연선택에 대한 다윈의 개념들을 사용한 최초의 출판물이 우연히도 남극 주변 생물들의 관계에 관한 연구였다는 점도 흥미롭다. 이 책을 쓴 사람은 다윈의 아주 친한 친구이자 흉금을 털어놓고 지내던 식물학자로 마침 남극의 식물을 연구했던 조지프 돌턴 후커이다).

1966년에 브룬딘은 《스웨덴왕립과학원회보》에 실은 논문에서 바로 그 질문을 던졌고, 거의 알려지지 않았던 헤니히의 방법을 사용해 종들의 진화적 관계를 판단했다. 알고 보니 같은 해에 헤니히의 책은 마침내 『계통발생분류학Phylogenetic Systematics』이라는 덜 거추장스러운 제목의 영어 번역본으로 출간되었다. 이 새로운 방법에 관한 소문이 천천히 그러나 확실하게 퍼져나가기 시작했다. 분기학 혁명이 공식적으로 시작된 것이다.

분류학자들은 한 사람씩 차츰 그 방법의 힘을 깨우쳐갔고, 각자 거의 종교적 개종에 맞먹는 과정을 거쳤다. 헤니히의 방법을 받아들인 일이 종종 거의 종교적 계시를 받은 일처럼 표현되는 것은 놀라운 일이 아니다. 그것을 받아들이려면 일종의 항복이, 이렇게 말해도 된다면 헤니히에게 자신을 넘겨주는 일이 필요하다. 작은 믿음을 품었다가 믿음의 도약을 해야 하고, 그런 다음 분류군들 사이의 일반적이고 전반적인 유사성과 차이점은 무시하고, (이게 더 어려운 일인데) 특히 더 중요하게 보이는 유사성이나 차이점도 무시하며, 오직 분류군들이 공유하는 진화상의 새로움에만 의지해야 한다. 헤니히에게 항복하는 일은 당신의 움벨트를 내어주는 일이다. 당신이 가슴 속으로 헤니히를 받아들였다면, 그건 당신이 정말로 죄인이었음을 인정한다는 뜻이다. 이것은 과학사학자 토머스 쿤이 묘사했던, 이후로는 아무것도 예전과 같이 보이지 않는다는 패러다임 이동의 질서를 타고 일어난 변화였다.[4] 영국자연사박물관의 고생물학자 콜린 패터슨Colin Patterson은 1981년 미시건주 앤아버에서 열린 분기학자들의 모임에서 일종의 사적인 고백을 하듯이, 헤니히의 생각을 처음 접했을 때 "논리를 처음으로 발견한 것 같았다"라고 말했다.[5] 패터슨도 그때 그 자리에서 의식하고 있었겠지만, 그 말은 그때까지 그가 평생 해온 분류학이 전부 철저한 시간 낭비였음을 뜻했다.

이런 식의 자기분석을 통한 깨달음은 자기만 알고 덮어둘 수 없는 법이다. 아니 어쩌면 그보다 더 중요한 것은, 당신이 그렇게나 바보였다는 것을 깨달았을 때, 그 마음을 달랠 수 있는 유일한 일은 다른 이들에게 그들 역시, 그것도 그렇게 오랫동안 바보였음을 깨닫게 하는 것이다. 그래서 한 분류학자가 개종하자마자 그의 눈을 덮고 있던 비늘들이 떨어지면 (그리고 점점 더 자주 그녀의 눈에서도 떨어지면), 갓 개종한 이 사람들은 또 다른 영혼을 구원하는 일에 나섰다.

하지만 분기학자들이 주장하려 한 것은 생명을 분류할 때 공유된 새로움만을 사용해야 한다는 것만은 아니었다. 그들은 또한 분류군에 이름을 붙이는 방식과 '진짜 분류군'을 알아보는 방식에 관한, 겉으로는 얼핏 순해 보이지만 실제로는 충격적인 헤니히의 새로운 규칙들도 적용하게 만들려 애썼다.

　그런데 일단 실제 유기체들과 실제 분류 작업에 헤니히의 규칙들을 적용하기 시작하자 그 규칙들이 순한 것과는 전혀 거리가 멀다는 것이 드러났다. 이 새로운 유형의 분류학자들은 우리가 미처 그들을 '날뛰는 분기학자들'이라고 부르기도 전부터, 황당한 변화들을 요구하며 말도 안 돼 보이는 분류의 체계를 구축하고 있었다. 그들은 자신들의 논리를 맹렬히 내세우며 이른바 인위적 분류군이라는 것들을 폭발시켜 흔적도 남지 않게 없애버리기 시작했고, 그러면서 나방부터 무척추동물, 파충류, 물고기, 얼룩말(누가 얼룩말을 부인할 수 있단 말인가?)까지 존재하지 않는다고 선언했다. 심지어 그들은 새가 사실은 공룡이라는 헛소리까지 함부로 지껄여대면서, 자신들의 방식이 계몽된 방식이며, 따라서 유일한 방식이라 주장했다.

　나는 물고기를 좋아한다. 그건 어쩌면 나의 어머니가 일본계여서 우리가 생선을, 어떤 날은 아침, 점심, 저녁까지, 회로, 튀김으로, 구이로 먹고, 설탕을 넣고 조려서 먹고, 훈제하거나 절여서 먹고, 국을 끓여 먹고, 덴푸라tempura로 튀겨 먹고, 어쨌든 거의 모든 생선을, 아무 생선이나 다 먹었기 때문인지도 모른다. 아니면 물고기가 원래 억누를 수 없이 정이 가는 존재이기 때문일 수도 있다. 나는 내가 키웠던 모든 물고기를 애정 어린 (그리고 이제는 오래전에 땅밑으로 들어갔으니 슬픔도 어린) 마음으로 기억한다. 금붕어, 네온테트라, 앤젤피시도 있었고, 수줍은 클라운로치도 있었다. 아마도 내가 물고기를 좋아하는 진짜 이유는 그것들이 그냥 너무나 견고하게 물고기로서 **존재하기** 때문인 것 같다. 물고기라는 개념을 어떻게 좋아하지 않을 수 있을까? 그건 공기를 좋아하지 않거나 하늘을 좋아하지 않는 것과 비슷할 것이다. 당최 그게 무슨 소리란 말인가? 그래서 물고기들이 죽어가는 것을 보는 일, 아니 사실 내가 여리고 젊은 대학원생 시절부터 강의실에서, 세미나실에서, 연구실에서, 과학 학회에서, 조용한 복도에서 계속 반복해서 목격했듯이 물고기들이 살해당하는 장면을 지켜보는 일은 내게 각별히 고통스러웠다. 그것이 과학적으로 타당하다는 건 알았지만 그래도 그건 내게 언제나 얼마간 아픔을 안겼다. 지금 나는 그것이 바로 내 움벨트에서 느껴지는 아픔이었다는 걸 안다.

하지만 분기학자들은 그 일을 아주 즐거워하는 것 같았다. 한 분류군 또 한 분류군 차례로 죽여 없애느라 바빴지만, 그중에서도 물고기를 죽이는 의식을 유난히 좋아하는 것 같았다. 그들은 모든 관중에게 물고기의 희생제의를 치르는 광경을 보여주는 일에서 특별한 희열을 느꼈고, 그걸 본 관중은 당연히 하나같이 놀라서 멍해지고 분노했고 화를 냈고 믿지 않으려 했다.

분기학자들은 방심하고 있는 사람들의 관심을 끌려고 이렇게 말한다. 좋아요, 그러면 연어와 폐어와 소는 어떨까요? 셋 중 어느 둘이 가장 가까운 관계이고, 셋 중 어느 것이 가장 먼 관계라고 생각하시나요? 그러면 방 안에 있던 생물학자들은 마음을 놓는다. 아주 쉬운 질문이잖아. 분류학적 전문 지식 같은 건 전혀 필요하지 않았다. 그 유연관계는 아주 명백했다. 연어와 폐어는 둘 다 명백히 물고기이고 소는 똑같이 명백하게 물고기가 아니다. 증거를 더 찾아볼수록 두 물고기가 서로 가까운 관계이고 소와는 무관하다는 게 더욱 명백해진다.

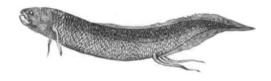

맨 위의 연어를 보고, 그다음에 있는 폐어를 보고,
마지막으로 소를 보면 어느 둘이 가장 가까운 관계인지 명백해 보인다.[6]

연어와 폐어는 비슷하게 생겼고 물속에 살며 종일 헤엄을 치며 지내고 물고기의 비늘로 덮여 있으며, 알을 낳으면 거기서 새끼가 부화한다. 반면 소는 물속에 살지 않고 비늘도 없으며 헤엄을 치지도, 알을 낳지도 않는다. 대신 소에게는 네 다리가 있고 살아 움직이는 새끼를 낳으며, 유선에서 나온 젖을 새끼에게 먹이고, 음메 하고 울며, 풀밭을 어슬렁거리며 하루를 보낸다. 당연히 아무 의심도 하지 않는 관객은 폐어와 연어가 가까운 관계이며 소가 그 둘과 더 먼 관계라고 말할 것이다. 사실 그건 생물학자뿐 아니라, 진화분류학자나 수리분류학자뿐 아니라, 도축업자, 제빵업자, 양초제작자까지 어떤 집단이라도 다 동의하는 점일 것이다. 움벨트가 우리를 바른 방향으로 분명히 안내해줄 테니까. 이즈음 분기학자의 얼굴에는 얄미운 미소가 번지고, 이어서 그는 정확히 왜 당신이 틀렸는지 보여준다.

우리가 앞서 B 종과 F 종, G 종을 살펴보았을 때, 우리의 덩어리 종들 사이 진짜 진화적 관계를 밝혀낸 것은 분기학자들뿐이었음을 기억하는가? 그렇다면 우리가 바로 그때와 동일한 분기학적 사고를 연어와 폐어와 소에게 적용하면 어떻게 될지 생각해보자. 그러려면 우리는 그냥 아무 유사성이 아니라 공통의 진화상 새로움을 활용하여 가까운 친척을 식별해야 한다. 연어와 폐어를 가까운 친척으로 만들 때 우리가 어떤 특징을 사용했던가? 물고기 같은 모양, 물속에서 살며 헤엄치는 것, 알을 낳는 것 등 모두 물고기의 기본적인 특징이었다. 이제 소들이 애초에 어떻게 육지에 오게 되었는지 돌아보자. 척추가 있는 육상 동물(소, 도롱뇽 등)이 육지로 올라온 물고기의 후손이라는 것은 잘 확립된 사실이다. 그러니까 만약 당신이 폐어와 연어의 모든 물고기다운 성질을 고려했다면, 그 동일한 특징들은 최초로 제 몸을 물 밖으로 끌어내 탁 트인 공기 속에서 살기 시작한 최초의 물고기를 포함해 초창기 물고기 조상들에게도 있었을 것이다. 그리고 그 최초의 물고기 조상의 후손 중에는 소도 있을 것이다. 바꿔 말해서 우리 덩어리 종들의 동그란 눈과 작은 귀가 그랬듯이, 폐어와 연어가 물고기다운 특징들을 공유하는 유일한 이유는 세 종 모두의 조상(폐어와 연어와 소를 파생시킨 계통을 최초로 만들어낸 까마득한 옛날의 그 물고기)이 그 특징을 갖고 있었기 때문이다. 단지 이 경우에는, 동그란 눈과 귀를 모두 보유한 우리 덩어리 세 종과 달리, 시간이 흐르며 소가 물고기스러운 특징들을 잃어버렸다고 할 수 있다. 우리는 까마득한 옛날 물고기의 특징을 공유한다는 이유로 연어와 폐어를 한데 모을 수는 없다. 그러니 이제 폐어와 소 사이에는 유사성이 없을지 생각해보자.

폐어는 그 이름이 시사하듯 그냥 단순한 물고기가 아니다. 다른 물고기들과 달리 폐어는 간혹 일종의 폐를 통해 호흡할 수 있고, 뭍에서 쿵쿵 뛰어다니며 제법 긴 시간 동안 물 밖에서도 살아남을 수 있다. 꼭 소처럼 말이다. 더 자세히 들여다보면 다른 유사성들도 드러난다. 폐어의 심장을 보면 소의 심장과 유사하게 이루어져 있음을 알 수 있는데, 다른 물고기들은 이 유사성을 공유하지 않는다. 폐어에게는 소와 비슷하게 내부 콧구멍이 있으며, 이는 다른 물고기들과 다른 점이다. 또한 폐어는 소와 마찬가지로, 음식물이 식도로 넘어갈 때 폐로 들어가지 않도록, 폐로 이어지는 구멍인 기관을 막아주는 덮개 모양의 피부인 후두개도 있다. 그밖에도 유사한 점은 더 있는데, 그중 어느 것도 이 둘의 다른 물고기 친척들에게서는 볼 수 없다. 연어, 개복치, 황새치, 잉어 이들 중 어느 것도 공기를 들이마실 수 없고, 어느 것에게도 기관이 없다. 연어와 폐어와 소, 이 세 계통을 모두 낳은 까마득한 옛날의 물고기 역시 공기 속에서 숨 쉴 수 없었고 후두개가 없었다. 이 증거에 근거해서 보면 소와 폐어가 공유하는 유사성들은 물고기스럽지만 폐도 있었던 조상에게서 생겨난 진화상의 새로움인 것 같다. 진정한 진화적 유연관계에 근거하면, 모든 상식과 반대로 폐어와 소가 가장 가까운 친척이고 연어는 둘 모두와 더 먼 관계라는 말이다.

날개를 돋아내 새로운 서식지로 들어가 독특하고 새로운 특징들을 많이 진화시킨 우리의 덩어리 G 종처럼, 소의 조상은 새로운 서식지(육지)로 들어가 거기서 살아남기 위해 독특하고 새로운 특징을 많이 진화시킨 물고기였다. 그 새로운 특징들이 우리 덩어리 종들의 분류에서 진화분류학자들의 움벨트와 수리분류학자들의 통계분석을 틀린 방향으로 이끌었듯이, 연어와 폐어와 소의 분류에서도 그들에게 착각을 유도했다. 분기학자들은 그 이상한 진실을 볼 수 있었다. 폐어와 소의 관계가 각자와 연어의 관계보다 더 가까우며, 서로 더 가까운 시기에 공통 조상을 공유했다는 진실을 말이다.

분기학자들의 나라에서는 상황이 더 기괴해진다. 헤니히가 온전한 후손들의 분류군만을 인정하고 명명할 수 있다고 했던 말을 기억하자. 다시 말해서 우리는 진화의 나무에서 온전한 가지 전체만을 취할 수 있다는 것이다. 하지만 우리의 나무를 살펴보면 작은 문제하나가, 검고 흰 얼룩이 있고 음메 하고 소리를 내는 문제가 보인다. 소들이 우리의 물고기들과 함께 있는 것이다. 이는 만약 당신이 모든 물고기가 포함된 가지를 쳐낸다면 소도 함께 딸려 나올 것이라는 말이다. 그리고 당신은 거기서 소를 떼어낼 수 없다. 가지를 두 번 쳐

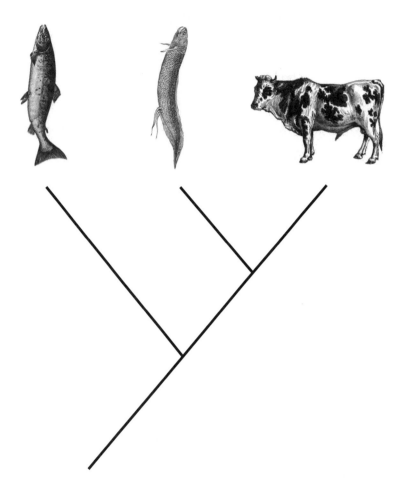

당신이 예상한 것과는 다를지 모르지만, 이것이 연어와 폐어와 소의 진화계통
수다. 나무의 뿌리 부분에서부터 위로 올라가면 연어로 이어지는 계통이 가장
먼저 분기한 것을 볼 수 있다. 연어 계통이 가지를 뻗은 지점에서 계속 나무를
따라 올라가자(시간의 흐름을 따라가는 것이다). 그러면 이 계통이 마침내 가지를
뻗어 두 개의 새로운 계통으로 나뉘는 것을 보게 된다. 하나는 폐어로 이어지는
계통이고 다른 하나는 소(와 우리) 같은 네 발 달린 척추동물로 이어지는 계통이
다. 그러므로 연어는 폐어와 소의 진화상 먼 사촌 격이 되고, 폐어와 소는 진화
상 형제자매에 더 가깝다. 다시 말해서 놀랍게도 소와 폐어가 연어보다는 서로
더 가까운 관계라는 말이다.

서 당신 마음에 맞게 불완전한 무리 짓기를 하는 것은 허락되지 않는다. 그리고 이는 다시 우리가 어류라고 부르는 것은 헤니히의 기준에 따르면 진정한 진화적 분류군이 아니라는 뜻이다. 물고기들은 한 조상의 모든 후손들로 이루어진 집단이 아니다. 거기에 소를 포함시키지 않는다면 말이다. 그러니까 어류는 '진짜 분류군'이 아니다. 이 말은 폐어나 잉어나 연어 같은 물고기가 존재하지 않는다는 말은 아니다. 이들은 모두 분기학자들의 기준에서도 다른 기준에서도 정말로 실재한다. 당신은 가지를 하나만 잘라서 폐어만 있는 가지를 가질 수도 있고, 연어만 있는 가지 하나만 잘라낼 수도 있다. 분기학자들이 인위적이라고 비판하는 것은 모든 물고기를 하나의 분류군으로 묶는 것이다. 혹은 그들이 하는 말로는, 당신이 정말로 폐어와 연어와 잉어 등등을 '어류'라는 하나의 분류군에 모아 넣고 싶다면, 그 분류군에 그들과 조상을 공유하는 모든 후손도 함께 넣기만 하면 된다는 것이다. 그러면 거기에는 베시도 들어가고 오리너구리 부인도 들어가며, 지구상의 모든 소도 들어간다.

소만 포함시키면 되는 것이 아니라, 정말로 '어류'라 불리는 이 분류군을 유지하고 싶다면, 거기에 모든 포유동물도, 심지어 인간도 포함시켜야 할 터이다.

소가 어류고 인간도 어류라고? 혹은 어류 같은 건 없다고? 이건 분명 말도 안 되는 소리였다. 하지만 헤니히의 방법론에는 이론異論을 제기하기가 어려웠고, 그 방법을 어떻게 적용하든 당신이 깔끔하고 명료하며 완전한 진화적 분류를 원한다면, 진화의 역사와 당신의 진화계통수의 진실을 지키고 싶다면, 베시와 함께 지구상의 모든 사람을 포함하고, 이 책을 읽고 있는 사랑스러운 독자인 당신까지 포함하여 모든 포유동물을 어류라고 보든가, 아니면 어류란 절대 존재하지 않는다고 보든가 둘 중 하나를 선택할 수밖에 없다.

이렇게 된 사정이었다. 물고기들의 죽음은. 다윈이 분류학은 생명의 계통을 기반으로 해야 한다고 천명하며 시동을 건 일의 필연적인 결과. 그가 우리에게 감지된 자연의 질서 저변에 거대한 생명의 나무가 있음을 깨달은 순간부터, 생명은 정말로 진화한다는 것을 목격한 순간부터 과학이 피할 수 없이 달려온 지점. 다윈이 방향을 알려주었고, 이제 마침내 종착역에 도달했다. 마침내 분기학자들이 순수하게 진화적 관계의 계통수에만, 그 관계에 따라 이름 붙인 바로 그 가지들에만 초점을 맞추었다. 물고기들은 죽었고 헤니히는 아직도 연기를 뿜고 있는 분기학이라는 권총을 손에 쥔 채 물고기들 위에 (이 내성적인 파리 분류학자는 1976년에 세상을 떠났으니 영혼으로라도) 서 있었다.

하지만 헤니히의 추종자들은 거기서 멈추지 않았다. 그들은 쉬지 않고 논리를 연료로 한 파괴 행각을 계속 벌이며 사랑받는 분류군들을 하나하나 죽여나갔다. 멋진 유인원들(높이 평가받는 우리의 친척들인 침팬지, 고릴라, 오랑우탄)조차 진짜 분류군이 아니다. 거기에 우리 인간 종도 포함시키지 않는다면 말이다. 인간이 유인원이라고? 생물학자들에게는 이것이 소가 물고기라는 것보다 더 불쾌한 생각이었다.

어떤 분류군은 죽임을 당하지는 않고 마치 마술처럼 변신하기도 했는데, 예컨대 새의 경우에는 공룡으로 변신했다. 만약 당신이 생명의 나무에서 티라노사우루스 렉스, 스테고사우루스 등 당신이 보통 공룡이라고 생각하는 것들이 달린 가지를 잘라낸다면, 그 가지에서 바로 그 공룡들의 후손으로 그들과 가까운 관계로 밝혀진 짹짹거리고 깃털이 있는 새들도 발견하게 될 것이다. 그러니까 헤니히의 방식을 따르자면, 그 가지를 생명수의 공룡 가지라 부르고 싶다면, 새들도 공룡이라고 선언해야만 한다는 뜻이다. 갑자기 공룡들은 이제 멸종한 종이 아닌 것이 된다. 저기도 공룡 한 마리가 지나간다. 아마도 당신의 창가로 날아가는 비둘기 한 마리이거나 전깃줄 위에 앉아 구슬피 울어대는 비둘기일 텐데, 그건 바로 당신의 집 근처에서 부드럽게 구구구구 소리를 내는 공룡인 셈이다.

이런 일들이 일어날 때, 세미나실에 앉아 보고 들으며 잔인할 정도로 깔끔한 분기학의 논리를 따라갈 때면, 종종 나는 어떤 속임수에 넘어간 느낌, 어떤 능란한 술책에 농락당한 느낌이 들었다. 그리고 이건 나만 그런 게 아니었다. 사람들이 이렇게 말하는 게 실제로 귀에 들리는 듯했다. 이봐, 잠깐, 당신 지금 어떻게 한 거야? 물고기(혹은 유인원 혹은 얼룩말 등등)한테 무슨 짓을 한 거냐고! 하지만 그건 단순한 눈속임이 아니었다. 냉엄하고 적나라한 진실이었다. 누구든 자기가 진짜 분류군이라고 느끼는 것, 그들이 명백한 생물의 질서라고 감각하고 감지하는 것이 실제 진화적 생명의 분류와 반드시 일치할 필요는 없다.

이 격변이(속임수든 아니든) 꼭 그렇게 엄청난 일이어야만 했던 건 아니다. 그래요, 알았어요. 분류학자들은 이렇게 소리 모아 말했을 수도 있다. 만약 그들이 본성적으로 진화론자들이거나, 그들이 지닌 인간의 뇌가 생명에 대한 어떤 종류의 비전에도 완벽하게 적응할 수 있다면 말이다. 좋아요, 어류는 존재하지 않고 인간은 유인원이라는 거, 나도 동의해요, 하고 그들은 의견의 일치를 보았을지도 모른다.

이런 식으로 분류학은 조용히 계속 앞으로 나아갔을 수도 있다. 하지만 인간은 본성상 진화론자도 아니며 생명 세계의 이해에 관한 빈 서판을 부여받지도 않았다. 우리는 최후의 순간까지 움벨트 중심적이다. 우리는 본성상 세계를 진화하는 것으로 보지 않으며, 세계에서 진화하는 분류군들을 보지도 않는다. 태고부터 살아남고자 투쟁한 무수히 많은 조상에게 그렇게 보는 것이 아무 쓸모가 없었다면, 우리에게라고 왜 그런 것이 보이겠는가. 바로 이것이 우리에게 물고기의 죽음이 그토록 잘못된 일로, 너무나 얼토당토않은 소리로 보이는 이유다.

또한 그것은 정확히 분기학자들이 이 살해 의식에서 아무 분류군이나 해체해버리는 것이 아니라, 생명에 대한 우리의 보편적 비전에서 우리가 가장 아끼고 소중히 여기는 분류군을, 더할 수 없이 실제적으로 보이는 분류군을 선택한 바로 그 이유이기도 하다. 물고기의 죽음은 시연될 때마다 특별한 순간이었는데, 이는 더없이 신경에 거슬리고 더없이 착잡하며 더없이 움벨트를 모욕하는 일이기 때문이었다. 한마디로 그것은 분류학자들의 케케묵은 본능에 대한 충성심에서 아직 남아 있던 한 조각을 직통으로 때리는 공격이었다. 요점을 한 방에 각인시키는 데 이보다 더 좋은 방법이 어디 있겠는가. 생명의 세계가 어떻게 보이는지, 당신이 그것을 어떻게 인식하는지는 단한 톨도 중요하지 않다. 그보다 더 의미 없는 것도 없다. 의미 있는 것은 오직 진정한 진화적 질서뿐이다.

9장 · 물고기의 죽음

여러분도 충분히 상상했겠지만, 전 세계 나머지 분류학자들은 이를 잘 받아들이지 않았다. 수리분류학자들(이제 분류학 분야의 망나니 반항아 자리를 분기학자들에게 빼앗긴)은 이 신진 세력과 그들의 터무니없는 개념을 열렬히 미워했다. 그들이 보기에 진화상의 새로움 하나만 가지고 질서를 찾아내고 무리를 짓는다는 것은 진짜 객관성을 위배하는 일이었다. 과학자라면 모름지기 모든 가용 데이터를 써야 하고, 어떤 특징이 더 중요하거나 덜 중요한지 판단하면 안 된다는 것이 그들의 주장이었다. 수리분류학자들에게는 공통의 진화상 새로움이라는 특별한 것을 해독하는 일은 주관성을 다시 들여놓는 또 다른 방식일 뿐이었다.

진화분류학자들은 분기학자들을 더욱더 미워했다. 분기학자들은 자신들이 진정한 생명의 역사를 진짜로 밝혀내고 있는 유일한 분류학자라고 암시하는 대범함을 지녔을 뿐 아니라, 자신들을 유일하게 진정한 진화론자, 다윈의 지적 후손이라고 선언하는 뻔뻔함까지 드러냈기 때문이다.

치미는 부아를 좀처럼 억누르지 못한 채 에른스트 마이어가 한 표현에 따르면 그것은 "건방짐"이었다.[7] 언젠가 말했듯이 그는 "분기학자들이 새들을 날아다니는 공룡이라고 말했을 때 아주 기뻤다. 그야말로 그들의 체계 전체가 얼마나 멍청한지 보여주는 소리니까!"[8] 진화분류학자들에게, 그러니까 깔끔한 정장에 타이를 매고 일했으며, 두 번의 세계대전을 겪었고, 여러 언어를 구사하는 학자들이었던 전통파 세대에게 어느 날 갑자기 떠오른 분기학자들은 단지 어리석기만 한 자들이 아니었다. 그들과 대조적으로 이 분기학자들은, 특히 분기학 운동이 한창 성장하던 시기에는 세상 물정 모르는 어리숙한

　　　　　　　　　3부·어떤 과학의 탄생

젊은이 같은 인상을 풍기며 티셔츠 차림에 구부정한 자세로 걸어 다니고, 온탕에 들어가 신나게 까불어댔으며, 귀걸이까지 하고 다니는 이들도 있었고, 특히 그 말도 안 되는 논증을 펼칠 때는 머리가 텅 빈 깡통처럼 "어, 음, 그니까… 그거 있잖아요?" 하는 소리를 남발했다.

어쩌면 진화분류학자들도 그저 인간일 뿐이니, 그들이 분기학자들을 미워한 진짜 이유는 분기학자들이 끊임없이 그들을 조롱하고 놀려댔기 때문일지도 모른다. 분기학자들이 보기에 진화분류학자들은 시대에 뒤떨어진 분류학자, "전문가인 척하며" 헛소리를 늘어놓고, 내내 아무 근거도 없는 직관만을 써먹어온 어리석은 노친네의 전형이었다. 심슨과 마이어와 그 세대 분류학자들은 노장으로서 예우받기를 기대했지만, 분기학자들은 그 누구도 예우할 생각이 없었다. 프랑스의 고생물학자 필립 장비에Philippe Janvier가 지적했듯이 "진화분류학자들이 가장 삼키기 어려워했던 쓴 알약은, 개인적인 느낌에 따라 계통발생학을 행하던 것을 분기학자들이 못 하게 막아버렸다는 점이다."[9] 욕설들이 한쪽에서 또 다른 쪽으로 던져지고 되돌아오는 사이, 분류학자들은 서로 상대 진영을 비전문적이고 비과학적이며 비이성적일 뿐 아니라, 사악하고 무례하며 공격적이고 못됐고 편협하며 음흉하고 부도덕하다고, 심지어 미쳤다고 비난했다.

그렇다고 모든 게 연어와 폐어와 소의 경우처럼 전개되었다는 말은 아니다. 진화적 분류와 우리 움벨트의 시각은 (앞에서도 보았듯이) 꽤 자주 잘 맞아떨어졌다. 민속 분류학들도 진화분류학자들과 마찬가지로, 진화에 따른 생명 분류와 대동소이한 자연의 질서를 제시할 수 있었는데, 이는 가까운 관계인 것들은 흔히 모습도 비슷하기 때문이다. 개미의 움벨트처럼 아주 다른 움벨트에 기초한 분류학이

　　　　　　　　　　　　　　　　　　9장·물고기의 죽음

라도 인간의 분류학과는 다르지만 진정한 진화적 분류학과 일치하는 면들이 있을 것이다. 왜냐하면 진화적으로 가까운 친척들끼리는 흔히 비슷한 모습인 것처럼, 냄새도 맛도 비슷할 가능성이 크기 때문이다. 무엇이든 감각을 기반으로 한 분류라면 대체로 진화상 가까운 친척들을 한 무리로 묶고 관계가 먼 것들은 떨어뜨려놓을 것이다. 우리 움벨트의 시각과 진화적 분류가 일치하는 정도는 어떤 분류군에 관해 말하고 있는가에 따라 크게 달라질 수 있다.

어떤 분류군들에서는 진화적 분류가 우리 움벨트의 시각과 아주 잘 맞아떨어지는데, 이를테면 새들의 분류도 그렇다. 이는 어쩌면 그 자체로 대단히 시각적인 존재들인 새들이 시각적으로 구별되는 특징들, 우리가 쉽게 감지할 수 있고 우리에게 명백하게 보이는 차이들을 진화를 통해 갖추었기 때문일 것이다. 새들의 진화적 분류는 인간의 치각에 대단히 명료히 들어온다. 그래선지 한 연구에서 과학자들은 세 부류의 사람들(새에 관해 아는 게 별로 없는 대학생들, 새들에 정통한 아구아루나Aguaruna족과 후암비사 지바로Huambisa Jivaro족 같은 남아메리카 사람들, 그리고 전문 조류학자들)이 모두 동일한 기본적 분류군과 분류 체계를 알아본다는 사실을 알게 됐다.[10] 마이어가 자신과 뉴기니 원주민들의 새 분류가 그토록 잘 일치한다는 것을 발견한 것도 당연한 일이었다. 물론 모든 사람이 동의할 때는 아무런 문제도 없다. 문제는 진화적 분류가 우리가 진실이라고 느끼는 것과 일치하지 않을 때, 그 분류가 태고부터 이어온 우리의 본능을 모욕할 때 생기는데, 이런 일은 분기학자들 때문에 점점 더 자주 일어났다.

그리하여 적의의 시대가 찾아왔다. 분류학자들은 서로 싸우는 세 분파로, 그러니까 아직 남아 있던 굳센 진화분류학자들과 수리분류학자들과 분기학자들로 갈렸고, 각자 극단적이고 점점 더 편집적인 배타적 파벌이 되어갔다. 누가 내부자이고 누가 외부자인지, 누가 우리 편이고 누가 적인지, 누가 무엇을 믿는지, 이런 것들이 끊임없는 가십과 추측의 근원으로, 비난과 '숨어 있는 분기학자'를 커밍아웃시키려는 시도들, 그리고 열광적 개종자들이 헤니히 신과 다른 모든 사람 앞에서 자신은 분기학자로 다시 태어났다고 선언하는 일들로 이어졌다. 사적인 복수가 있었고, 로맨스, 중상모략, 자기희생, 배신, 아군의 총탄에 의한 희생도 있었다. 분류학의 문제에 관해 연구하는 통계학자 조지프 펠젠스타인Joseph Felsenstein이 말했듯 "언젠가 누군가가 이 내분의 역사에 관한 글을 쓸 테지만, 그 이야기를 믿을 사람은 아마 현장에 있었던 사람들뿐일 것이다."[11]

분기학자들은 그 모든 야단법석에 개의치 않았다. 그들이 파괴를 일삼으며 돌아다니던 당시, 자신들이 일으킨 말썽을 그들이 진심으로 즐기는 것 같다고, 전형적인 똑똑하고 건방지고 얄미운 녀석의 역할을 아주 좋아하는 것 같다고 느꼈던 기억이 난다. 대부분 남자에 단연코 괴짜인 그들은 머리가 좋고 뭔가 서툴며 공격적이었는데, 때로는 충격적일 정도로 일반적인 사회적 기술도 갖추지 못했으며, 이따금은 분기학 운동 자체를 대대적인 너드들의 복수처럼 보이게 만들었다. 어떤 경우에는 자신이 옳은 말을 하는 것보다 다른 사람을 바보처럼 보이게 만드는 일에서 더 큰 기쁨을 느끼는 것 같았다. 멍청한 부모가 아무것도 모른다는 걸 마침내 증명한 십 대들처럼, 분기학자들은 케케묵은 것이기는 하지만 다른 사람들이 소중히 여기는 개념들을 매섭게 비난하는 데서 희열을 느끼는 듯했다. 어류라고? 하, 하, 하!

한 분류학자는 중서부의 물고기 분기학자 개러스 넬슨Gareth Nelson에게 이렇게 불만을 토로했다. "당신은 내가 아는 그 누구보다 남의 감정을 상하게 만드는 재주가 뛰어나." 그러면서 동시에 "그 무엇에 대해서도 자신이 비난받을 여지는 남겨두지 않지."[12] 역시나 자기가 만난 모든 분기학 반대자들을 제압하는 일을 즐겨 했던 스티브 패리스Steve Farris에 대해 데이비드 헐은 이렇게 썼다. "어떤 박테리아 균주들이 유황을 먹고 사는 것처럼, 패리스는 신랄함을 낙으로 삼아 기운을 얻는 것 같았다.[13] 어쩌면 그들은 모든 사람과 모든 것에 기꺼이 맞설 태세가 되어 있었어야 했는지도 모르고, 어쩌면 그러기를 원했어야만 했는지도 모른다. 다윈의 불독이라 불렸던 그 유명한 토머스 헨리 헉슬리가, 만족스러운 논쟁을(자신이 항상 이겼기 때문이겠지만) 그 무엇보다 좋아했던 것처럼 말이다.

　　내 이야기가 분기학자들에게 개인적인 장점이 전혀 없었다는 인상을 주지는 않길 바란다. 나의 아주 친한 친구 몇 명은 분기학자이며 오랫동안 분기학자였다. 이 혁명적인 분류학자 무리는 때때로 아주 재미있는 사람들이 될 수도 있다. 그들의 공격이 상당한 불안을 초래하기는 하지만, 그들이 멋진 쇼를 보여준다는 점은 인정해줘야 한다. 분류학자들의 모임은 지루하고 까다로운 트집쟁이들의 확실한 졸음 유발 시간이라는 당연한 평판을 누렸지만, 이 열광적인 극단주의자들(어떤 사람들의 표현으로는 '불 지르는 놈들')이 나타나 불꽃을 쏘아 올리면서 흥분은 보장된 자리가 됐다. 분기학자들은 분류학자들이 감히 엄두도 못 내어 봤을 만큼 과격하며 인습에 구애되지 않았고, 전통과 규약에 최대한 얽매이지 않았다. 그것은 혼란을 야기하기도 했지만 그만큼 신선하기도 한 새로운 스타일이었다. 그리고 그

스타일은 분류학의 문화를 머리끝부터 발끝까지 바꿔놓고 있었다. 저명한 에른스트 마이어 같은 진짜배기 전통파 노학자라면 생선 수프 그릇을 앞에 둔 젊은 기자에게 "그 수프가 자네 입맛에 맞는가?"라고 점잖게 물었을 상황에서, 온탕을 좋아하는 분기학자는 아마도, 지나치게 큰 소리로 이렇게 말했을 공산이 크다. "어이, 그니까, 그 수프 괜찮아? 왜냐면 지금 당신 꼭 토할 것 같은 얼굴이거든…"

어쩌면 그들은 그냥 그렇게 불쾌한 존재들이 될 수밖에 없었는지도 모른다. 그렇게 급진적인 입장을 취하며 오랜 세월의 분류학 전통에 등을 돌리려면 반항적인 성격이 필요하다. 분기학의 원리(오직 공통의 새로움**만**을 사용하고, 인위적인 분류군은 **결코** 인정하지 않으며, 모호함은 **절대** 용인하지 않는다)를 고수하는 일은 흑 아니면 백이라는 경직된 사고방식을 요구한다. 어쩌면 분기학자들은 공격적이고 현란한 극단주의자들의 감독을 받으며 앞으로 나아갈 수밖에 없었던 건지도 모른다. 어쩌면 그들은, 이렇게 표현해도 된다면, 덩치만 커졌지 여전히 십 대에 머물러 있었고, 그래서 청춘의 순진함에 기대 자기들만이 자기네가 하는 일을 알고 있다고 계속 확신할 수 있었던 건지도 모른다. 그리고 어쩌면 그들은 정말로 진정한 신봉자였을 것이고, 자신들이 헤니히뿐 아니라 다윈과 칼 포퍼(많은 사람이 과학적 엄정함의 수호천사라고 여기는 유명한 과학철학자)의 진정한 지적 계승자라고 믿었을 것이다. 왜냐하면 그들이야말로 분류학자 중 유일하게 진정한 과학자였으니까. 분기학자들은 정말로 이 모든 걸 믿었다.

✳ ✳ ✳

9장 · 물고기의 죽음

분기학자라는 사람이 아무리 밉살스럽더라도 그들을 무시하기는 어렵다. 헤니히의 방법을 사용하면서 분류학자들은 크고 작은 수수께끼들을 풀어나갔다. 두 생물이 더 가까운 관계일수록 둘은 겉으로 명백히 보이는 부분에서도, 숨어 있어 잘 보이지 않는 부분에서도 더 많이 닮았을 가능성이 크다. 예를 들어 새가 공룡이라는 터무니없어 보이는 말은 오비랍토르*Oviraptor*의 수수께끼를 풀어주었다. 1923년 고비사막에서 출토된 이 공룡이 애초에 오비랍토르, 즉 '알 도둑'이라는 이름으로 불리게 된 것은 발견됐을 때 알들이 있는 둥지를 끌어안은 채로 화석이 되어 있었기 때문이다. 고생물학자들은 오비랍토르가 그 둥지의 알을 훔치려던 현장에서 발각된 것이라 짐작했다. 분기학자들이 새와 공룡은 모두 한 조상의 후손들인 일가친척 사이라는 걸 깨달았을 때, 그들은 오랫동안 지탄받아온 오비랍토르가 결코 도둑이 아니라는 사실을 알게 됐다. 여느 착한 새들처럼 이 공룡도 자기 알을 품고 있었을 뿐이다. 화석이 된 그 오비랍토르는 흉악한 짓을 하다가 들킨 게 전혀 아니라, 모래폭풍이 몰아칠 때 아직 부화하지 못한 자기 새끼들의 소중한 둥지를 지키려다 죽은 것이었고, 분기학자들 덕에 명예를 되찾았다.

성공 위에 계속 성공이 쌓여갔고, 따라서 모든 좋은 혁명이 그렇듯, 분기학(그 철학과 기법)은 주류 분류학에 통합되기 시작했다. 어느 날이든 계통학자가, 예컨대 어느 딱정벌레과에 속한 종들의 관계를 연구한다면 그는 자기가 가진 데이터에 대한 분기학적 분석법을 사용해 컴퓨터가 어떤 나무를 그려주는지 볼 수 있다. 또 어떤 날에 이 계통학자는 수리분류학 분석을 실시해 분류군들의 전반적인 유사성을 파악해볼 수도 있다. 그는 또 딱정벌레들의 형태학을 연구할 수도 있고, DNA 연구도 할 수 있다. 해가 갈수록 통계 기법과 분자연구 기법이 증가하고, 분류군들의 진화사를 재분석, 재구성, 재평가할 수 있는 새로운 방법들도 사용하기가 더 쉬워지므로 그는 시도해볼 가능한 방법이 계속 더 많아지는 걸 실감할 것이다.

분기학자들은 많은 것을 성취했다. 그들은 전통파 진화분류학자들의 핵심적인 약점들과 수리분류학자들이 부지불식간에 저지른 확연한 실수들을 집어냈다. 진화상의 새로움(진짜 진화적으로 친척 관계인 분류군들 전체에 식별용 깃발을 꽂아줄 수 있는 유사성)과 분류학자들을 헤매게만 만드는 다른 유사성 사이의 차이도 명확히 했다. 그리고 분류학 작업에서는 진화적 관계가 (다윈이 오래전 주장했듯이) 다른 무엇보다 우세해야 한다고 과격하게, 시끄럽게, 밉살스럽게 주장했다.

가장 중요한 점은 그들이 분류학을 토대부터 흔들며 마침내 합리적으로 감각과는 절연해야 한다고 주장했다는 점이다. 분류학은 이제 직관으로 얻은 질서의 감각을 품은 인간의 눈으로 자연을 바라볼 것이 아니라, 자연 자체의 관점에서, 영겁처럼 긴 시간 이어진 진화사의 진실이라는 관점에서 바라봐야 한다는 것이 그들의 주장이었다. 분기학자들은 분류학이 아직 놓지 못하고 있던 인간의 움벨트와의 끈을 잘라버렸다. 그럼으로써 분류학에 일종의 자유를, 말하자면 감각에 완전히 작별을 고하고, 인간 특유의 감각에 그럴듯하게 보이는 것들의 방해를 받지 않으면서 한 분류군의 진화사를 보여주는 실마리들만 따라갈 수 있는 자유를 안겨주었다.

헤니히의 연구가 무명의 어둠에서 벗어나 부상하기까지 그렇게 오랜 시간이 걸린 것은 어쩌면 과학자들이 정말로 하길 원하고 또 해야만 하는 일을 분류학의 전통(주관성, 직관, 신비로운 무의식적 숙고)이

가로막고 있다는 걸 깨닫기까지 그만큼 긴 시간이 필요했기 때문인지도 모른다.

우리 인간 종 역사상 처음으로, 우리를 입히고 먹이고 우리를 먹었던 생명의 세계를 이해하고자 애써왔던 기나긴 세월 중 처음으로, 우리 자신의 제한된 시각이 아니라, 우리와는 완전히 별개인 무엇, 바로 지구의 생명의 역사를 통해 생명을 바라볼 수 있게 되었다. 과학이 순수한 합리성을 위한 길을 깨끗이 터놓은 덕이다.

분기학이 마지막 종착역은 아니었다. 그보다 덜 심오한 발전이라도 발전은 계속 이어질 터였다. 이 합리적인 과학자들은 곧 인간의 직관과 너무나 거리가 먼 힘들을 불러낼 터였고, 그래서 거의 아무도, 심지어 그 힘들(그것을 논하려면 과학 문헌에 '최대가능도'니 '베이즈식 분석'이니 하는 용어를 흩뿌려놓게 될 방법들)을 사용하는 이들 중에도 일부는 그 힘을 이해하지 못할 터였다. 그리고 이 남자들과 여자들은 오늘날에도 모든 생명의 진화계통수를 찾아 단순히 감각되는 것을 넘어 계속 더 멀리 밀고 나아가고 있다.

그들의 목표는 아주 장엄하다. 지금도 생명의 나무는 아주 부분적이고 단편적인 형태로나마 놀라운 진실들을 드러내고 있다. 언젠가는 그 나무가 완성될 것이다. 그것은 얼마나 굉장한 성취일까. 생명이 있는 모든 존재의 역사를 캐내는 일, 지식과 통찰의 너무나도 강력한 이 원천은. 그에 비하면 인간 유전체 프로젝트Human Genome Project는 아주 작고 지엽적으로 보일 것이다.

3부·어떤 과학의 탄생

하지만 이 모든 일은 나머지 우리를 어디에 남겨둘까? 예전에는 보통 사람들이 생명 분류라는 일에서 작은 위치만 차지하는 것 같았다면, 이제는 그들의 자리가 아예 사라졌다. 그 일은 모두 일반 사람들, 아마추어들이 닿을 수 없는 머나먼 곳에 있었다. 평범한 사람들이 헤니히의 눈으로 세상을 볼 거라고 기대할 수는 없었다. 공통의 진화상 새로움이라고? 또한 보통 사람들이 수리분류학자들의 관점과 그들의 복잡한 수식의 관점에서 혹은 분자생물학의 DNA 렌즈를 통해 세상을 볼 거라 기대할 수도 없었다. 과학은 생명의 세계를 독점적으로 지배하는 지점에 도달했다. 그 누가 생명의 세계에 신경을 썼을까? 물론 생물학자들은 신경을 썼다. 그야 그게 그들의 직업이니까. 그들이 잘 통제하고 있었다(우리는 그렇게 믿었다). 보통 사람들이 물고기를 다시 내놓으라고 아우성치거나, 얼룩말의 죽음을 두고 언쟁을 벌이는 소리는 들어보지 못했다. 이제 그건 모두 한 조직이 담당하는 일이었고, 생물학적인 모든 일, 생명의 세계와 관련된 모든 일이 그랬다.

과학자들이 세계가 생물다양성 위기에 봉착했다고 처음으로 발표한 것이 분기학자들이 부상한 격동의 1980년대였다는 건 내 생각에 우연의 일치가 아닌 것 같다.[14] 과학자들은 생명의 세계가 곧장 지옥을 향해 달려가고 있다는 충격적인 사실을 깨달았지만, 수십억 명에 달하는 전 세계의 우리 보통 사람들은 눈곱만큼도 눈치채지 못하고 있었다.

과학자들이 설명하기를 우리는 우리가 자초한 생명 세계의 대대적인 멸종의 한가운데 있으며, 이 상황은 지구상 생명의 역사가 겪었던 그 어떤 멸종보다 훨씬 빠른 속도로 진행되고 있는 것 같다고 했다. 과학자들은 경종을 울렸다. 논문을 쓰고 콘퍼런스를 개최하고 연설을 하고 중대 발표를 했지만, 이 모든 일에 대중은 거대하고 집단적인 하품 정도로만 반응했다. 그래요, 참 안타까운 일이네요. 근데 그게 사실 누구의 문제일까요? 그것은 반드시 뭔가 대책을 세워야만 한다고 주장하는 바로 그 사람들, 과학자들 자신의 분야요 그들의 영역이며 그들 고유의 문제였다. 그 일을 해야 하는 건 분명 과학자들이 아니었나? 그게 우리 나머지와 도대체 무슨 상관이 있다는 거지? 그리고 그 어마어마하다는 긴급 상황이 내 주변에서 벌어지고 있다는 걸 내가 알아채지 못 한다고 해도, 그래서 도대체 달라지는 게 뭔데?

내가 대학원 연구를 마무리하고 있던 1990년대 초에 이르자, 동료 생물학자들의 심기가 갈수록 불편해지는 것이 눈에 보였다. 그들은 자기 반성적 세미나와 논문에서 사람들이 생명의 세계에 관해 어찌 그렇게 신경을 안 쓸 수 있는지 물었다. 생명의 세계가 얼마나 중요한 것인지 사람들은 왜 깨닫지 못하는 것일까 하고 생물학자들은 한결같이 탄식했다. 다들 뭐가 잘못된 걸까요? 나도 그게 이상하다고 느꼈고, 내가 과학저널리즘의 세계로 뛰어들기로 결심한 이유 중하나도 일반 대중이 과학적 문제들, 그중 결코 작지 않은 생물다양성 위기의 중요성을 이해하도록 돕겠다는 것이었다. 과학자들은 대중에게 상황의 심각성을 이해시키는 일에, 그리고 더 중요하게는 대중이 **신경을 쓰게** 만드는 일에 분명 도움이 필요했다.

그때 나는 이 문제의 핵심에 과학자들 자신이(당시 나 역시 확실히 그 무리에 포함된다고 생각했다) 있을 수도 있다는 생각은 전혀 해보지 못했다. 과학이 모든 생명에 대한 지배권을 주장하며 스스로 생명 세계의 정당한 수호자, 소유주, 분류자, 명명자라고 선언함으로써(그리고 그 과정에서 움벨트를 저버림으로써) 나머지 인류 모두가 생명 세계에 무관심해진 현재 상황을 초래하는 데 일조했으리라는 건 나로서는 전혀 짐작도 못 한 일이었다.

하지만 그것이 정확히 실제로 일어났던 일이며, 과학이 모든 인간이 공유하고 이해하던 생명 세계에 대한 관점에서 천천히 그러나 확실하게 거리를 둔 결과 일어난 일이었다. 그 일은 과학이 우리의 움벨트로는, 즉 태고부터 진화해온 인간의 뇌로는 좀처럼 파악할 수 없을 만큼 너무나 광대해졌고, 우리 조상들이 자신들의 세계에서 경험한 것과는 너무나 달라진 생명의 다양성과, 새로운 규모로 거대해지고 있던 생명의 세계에 초점을 맞추던 린나이우스의 시절에 시작되었다. 뒤이어 다윈이 나타나 진화를 밝혀내고, 우리가 눈앞에서 보고 있던 것과는 전혀 달라 보이는 진화하는 세계의 비전을 제시했다. 진화분류학자들은 아무 문제 없는 척하려고 최선을 다했지만, 다 헛수고였다. 수리분류학자들, 분자생물학자들, 분기학자들은 교대로 연달아 움벨트를 점점 더 멀리 밀어내면서, 생명 세계에 대한 움벨트의 비전이 완전히 불신당할 때까지 투쟁을 멈추지 않았다. 그러니 우리가 생명의 세계에 대해 그렇게 눈을 감아버린 것(계속해서 그 세계의 아름다움뿐 아니라 그 존재 자체마저 알아보지 못하는 것), 그리고 그 세계가 사라져간다는 사실에 그렇게 철저히 무관심하게 된 것도 놀라운 일이 아니다.

❊ ❊ ❊

9장·물고기의 죽음

나는 그 종말을 내 두 눈으로 목격했다. 물고기의 죽음과 함께 움벨트에 맞선 과학의 싸움도 끝이 났다. 아직 툴툴거림과 싸움박질이 좀 남아 있긴 했지만, 이런 건 그저 사소한 충돌에 지나지 않을 터였다. 인간의 움벨트에 대항한 전쟁은(현대 과학의 탄생이라는 쾌거와 죽어가는 세계의 발견이라는 비극의 와중에) 이미 승리로 끝나 있었다.

4부

되찾은
비전

10장

이렇게 이상한 정류장

이름을 잃어버리면 그 지식도 사라진다.

요한 크리스티안 파브리시우스
『곤충학의 철학Philosophia Entomologica』[1]

과학이 승리를 거둔 이후로 지금도 눈에 보이는 움벨트의 흔적을 찾는다면 어떤 게 있을까? 아직도 태고부터 내려온 비전의 힘만을 온전히 사용해 생명의 세계를 분류하고 명명하는 일에 몰두하는 이들이 있다. 그 수는 희귀할 정도로 아주 적지만 (지금 그들은 인류 역사상 이전 그 어느 시기보다 우리 중에서 작은 비율을 차지할 것이다) 이 사람들은 여전히 자신의 감각과 인류 공통의 시각이 지닌 힘을 활용하여 생명을 이해한다. 일부는 최후의 수렵채집인들이고 또 다른 이들은 시골의 자급자족 농부들이다. 여러 면에서 야외에서 생활하며 야외의 것들을 자원으로 활용할 수밖에 없는 이들에게 그들의 움벨트는 일상생활의 일부가 된다. 이를테면 멕시코의 첼탈 마야족 같은 이들로, 이 부족에서는 두 살 난 아이가 서른 가지가 넘는 식물의 이름을 말할 수 있고, 네 살 아이들은 보통 거의 백 가지 식물을 알아보고 이름을 말할 수 있다.[2] 이들은 여전히 생명의 세계를 상당히 단순명료하게 보며 그 질서를 분명히 분별할 수 있는 사람들이다. 그들은 자신들의 비전에 깊이 스며들어 있으며 그 비전에 정통해 있다. 우리 아이들이 멸종한 공룡들에 집착했다가 이내 너무 금방 잊어버릴 때, 첼탈족 아이들은 진짜 삶을 배우고 있다. 이 아이들의 부모가 "이러러러한 이파리가 하나 필요한데, 네가 가서 하나만 따다 줄래?" 하고 말하면, 아이는 곧장 야생의 벌판으로 종종거리며 들어가 필요한 그 잎을 정확히 찾아서 돌아온다. 이 사람들은 아주 쉽게 자기 주변 생명의 세계를 주인처럼 누린다. 진화론 같은 것 없이도 그 세계를 잘 볼 수 있고, 살아 있는 모든 것과 여러 면으로 연결된 삶을 살아간다. 하지만 이렇게 버티고 있는 이들의 존재도 그리 오래 지속되지는 못할 것이다. 이들은 하루하루 자기네 야생의 땅과 언어와 문화와 지식을 잃어가고 있는 부족들이다.

그런가 하면 사무직 관리자, 교사, 트럭 운전사 등 수렵과 채집 외에 다른 방법으로 생계를 꾸려가면서도 여전히 자신의 움벨트를, 대개는 그 움벨트의 아주 작은 한 부분이나마 보살피고 가꿔가는 이들도 있다. 여기에는 하이킹하는 사람, 탐조인, 정원 가꾸는 사람, 토착 식물 덕후, 나비 채집자와 관찰자, 사냥꾼, 그리고 낚시꾼 등이 있다. 이들은 존경스럽지만 여전히 너무 소수다.

❋ ❋ ❋

우리 나머지는 어떨까? 우리는 우리 종의 역사를 거쳐간 그 누구보다 움벨트가, 그 비전이 결여되어 있다. 우리 대부분은 직업과 계층과 인종이 무엇이든, 대도시에 살든 소도시에 살든, 오랫동안 사람이 살아왔던 시골에서 살든 새로 개발된 교외의 주택지구에서 살든, 우리 대부분은 생명의 세계와 심히 단절된 채 살고 있다. 지구촌 시민 대부분에게, 아장아장 걸어 다니는 첼탈 마야족 아이의 식물학 혹은 동물학 지식을 따라가는 것은 아주 어려운 일일 것이다. 각자 어떤 언어를 사용하든 우리는 생명의 언어를 거의 잃었다. 생명의 분류를 너무 모르며 거기서 너무 동떨어진 채 지내기 때문에, 생명의 세계를 가리키는 단어들을 말 그대로 잃어버렸다. 우리는 거리를 걸으며 우리 다수가 '나무'와 '덤불'이라는 것 외에는 자세히 알지 못하는 것들을 지나쳐간다. '꽃들'은 피고 '벌레들'은 성가시게 굴거나 겁을 준다.

우리는 생명의 분류와 명명을 전문가들에게 맡겨 버렸다. 그런 건 과학자들이 제일 잘 아는데, 그들은 우리에게 어류 같은 건 존재하지 않는다고 말한다. 재밌게도 그들은 새들이 공룡이라는 소리까지 한다. 뭐, 좋다. 그들은 우리에게 이 초파리들이 겉보기엔 아주 비슷해 보이지만 실제로는 태곳적에 분리된 별개의 종들이라고, 그리고 이 새 둘은 아주 다르게 보이지만 사실은 같은 종이라고 말한다. 아무렴. 우리가 뭐라고 그런 말에 토를 달겠는가? 그리고 왜 그런 귀찮은 짓을 하겠는가?

원래 이런 식이어서는 안 된다. 생명에 대한 더 깊은 과학적 지식은 생명 세계를 훼손하는 것이 아니라 우리가 그 세계를 더 깊이 이해하게 해주어야 한다. 그것은 과학과 상식을 조화시켜야 한다. 다윈은 『종의 기원』에서 우리가 생명의 진화적 분류를 더 잘 이해하게 되면 "과학의 언어와 일상의 언어가 서로 일치하게 될 것"이라 예언했다.

하지만 과학의 진보는 언어의 일치나 상호 이해의 증진으로 이어지지 않았다. 오히려 진정한 과학적 분류는 생명 세계의 자연적 질서에 대한 우리의 본능적 시각과 정반대 입장에 선다. 그 분류는 우리에게 생명에 대한 우리의 시각은 사실 틀렸다고 말한다. 과학은 단지 자신의 정확함을 주장하는 것만으로 똑바로 우리 앞을 막아섰고, 언제든 우리가 샛길로 빠지려 할 때마다 끼어든다. 우리는 모두 과학의 옳음을 지나치게 확신한 나머지 이런 일까지 허용했다.

이제 너무 많은 사람이 생명의 세계를 볼 수 있는 눈을 잃었다. 그 결과 대학 학장부터 정부 행정관, 연방 자금 지원처의 장들까지 생명 분류 연구에 시간이나 돈을 낭비하는 것이 아무 의미도 없다고 보는 이들이 점점 늘어나고 있다. 박물관과 대학은 생물의 분류와 명명에 집중하는 유일한 과학자들인 분류학자들의 직위를 없애고 있다.[3] 한편 전 세계 대학들은 동물학 및 식물학 수집물들을 내다 버리고 있다. 실제 생물들을 없애버리는 것이다. 그로 인한 끔찍한 결과는 분류학자들, 생명을 분류하고 명명하는 남자들과 여자들의 종족이 그 수가 줄고 사멸해가고 있다는 것이다. 움벨트를 내던져버리는 일이 우리 모두에게 대가를 치르게 하고 있다.

그래도 여전히, 무수히 많은 세대가 자연선택을 거치며 다듬어온, 생명의 분류와 명명을 위한 움벨트는 그냥 그렇게 맥없이 멈춰버리지는 않을 것이다. 전쟁에서 승리한 건 사실 과학이지만 분류학자들도 결국 인간이다. 그러니 움벨트를 기반으로 한 어떤 생각들과 관행들은 계속 이어진다.

예컨대 분류학자들은 한 종을 정의하는 데 단 하나의 표본, 그러니까 '모식模式, type'이라는 표본만을 사용하는 아주 오래된 관습에 여전히 의지한다. 그러니까 분류학자가 새로운 종 하나를 정의하고자 할 때, 그는 그 종의 결정적인 본보기로서 이른바 모식 표본이라는 하나의 표본(예컨대 어느 특정 나비 또는 어느 특정 압화)을 지정해야 한다. 이것은 실용적으로 필요한 것이다. 가령 '이게 내가 말하는 거예요', '이 종류의 동물이 아무개라는 종이랍니다' 하고 말할 때 가리킬 수 있는 무언가는 있어야 하니 말이다. 하지만 그것은 동시에 진화적인 난센스이기도 하다. 어떻게 분류학자가 핀으로 꽂아둔 곤충 하나로, 한 동물의 모피로, 또는 압화로 만든 꽃과 잎 한 다발로 하나의 계통을(하나의 종처럼 시간 속을 유영하며 변화하고 분기하는 대단히 가변적인 것을) 정의할 수 있단 말인가? 신기하게도 우리가 모식 표본을 유지하든 내버리든 그런 일로 염려하는 사람은 아무도 없는 것 같다. 그게 아무리 시대착오적인 것이라 해도 말이다.

움벨트는 또한 생물 분류군의 명명에서 일어나고 있거나 적어도 제안된 변화를 두고 계속되는 생물학의 논란 속에서도 모습을 드러낸다. 일례로 파일로코드PhyloCode라는 계통발생명명법 프로젝트는 헤니히의 철저하게 분기학적인 명명 체계라는 비전을 모든 생명의 세계에 적용하는 것을 목표로 한다.[4] 당신은 물고기의 죽음과 공룡이 새라는 충격적 발견 이후로 분류학자들이 이 문제를 받아들였을 거라고 생각하겠지만, 전혀 그렇지 않다. 만약 당신이 어느 분류학자(파일로코드의 기획자가 아닌 대다수의 분류학자 중 한 명)를 정말로 열받게 만들고 싶다면, 이 주제를 꺼내보시라. 단, 폭언과 열변을 들을 각오는 해야 한다. 알고 보니 분류학자들은 그 누구도(그의 논리가 아무리 훌륭하다 해도) 더 이상 명명을 함부로 건드리는 것을 원치 않으며, 그것도 대대적인 규모로 그런 짓을 하는 건 단연코 원치 않는다. 그리고 지금까지 명명된 셀 수 없이 많은 생물을 재편성 또는 재명명하지 말아야 하는 데는 아주 타당하고 실용적인 이유가 있다(그것을 말 그대로 셀 수 **없는** 이유는 어디에도 명명된 모든 생물의 완전한 목록은 존재하지 않기 때문이다).

이 모든 건 파일로코드에 대한 저항의 세세한 부분을 설명해주기는 하지만, 그중 어느 것도 그 저항의 열기는 설명해주지 못한다. 진짜 문제는 파일로코드가 분류학자들의 명명 방식을 근본적으로 바꾸는 것을 목표로 한다는 것만이 아니라, 움벨트를 전혀 고려하지 않은 채 그 일을 한다는 것이다. 일례로 파일로코드의 명명 체계는 린나이우스의 계층 구조를, 그러니까 우리가 인지한 자연 질서, 모든 곳의 민속 분류학에서도 발견되는 그 질서를 표현하는 분류군 속의 분류군으로 이루어진 분류군들의 계층 구조를 완전히 버렸다. 과학적 분류의 토대인 이 구조를 왜 버리는 것일까? 알고 보니 린나이우스의 계층 구조는 현재 분류학자들이 보편적으로 동의하는 가장 결정적인 정보를, 그러니까 유기체들 사이의 진화적 분기 관계를 반영하거나 활용하는 일을 그리 잘하지 못한다. 그래서 파일로코드는 린나이우스의 계층 구조를 내다 버렸고, 그래서 이제는 계도, 그 안에 있던 문도, 그 안에 있던 강도, 그 안에 있던 목 등등도 없다. 대신 생물 분류군들은 생명의 나무에서 뻗어 나온 가지들로 표시된 부분들로 명명되고 정의된다. 그런데 파일로코드의 문제는 분류학자들이 다른 모든 사람과 마찬가지로 생명을 생명의 나무에 표시된 지역들로 보지 않고, 정확히 린나이우스가 처음에 배치한 방식의 분류군들로 본다는 점이다. 그들이 이 새로운 아이디어가 가져올 잠재적 혼란에 단순히 이성적으로만 반대하는 것이 아니라 격분하는 것은 이 때문이다.

✳ ✳ ✳

과학 바깥에서는 움벨트가 어떻게든 자주 제 모습을 강력히 드러냈는데, 특히 진화 전쟁이라 불리는 사태에서 그랬다.

아직도, 적어도 미국에서는, 진화에 대한 압도적인 과학적 증거에도 불구하고 진화는 일어나지 않는다고 계속 주장하는 사람들이 많이 있다. 그렇게 많은 사람이 자신은 진화를 '믿지' 않는다고 말하는 이유가 뭘까? 여러 이유가 있지만, 아직 사람들이 잘 인지하지 못한 주요한 이유 하나는 바로 움벨트의 힘이다. 움벨트는 진화를 '보지' 못하고, 그 결과 많은 사람이 단순히 진화가 일어난다는 것을 그냥 믿지 못하는 것이다. 혹은 언젠가 내가 들었던 어느 근본주의 라디오 프로그램 진행자가 전파에 대고 소리쳤던 것처럼, "나는 원숭이가 사람으로 변하는 걸 한 번도 못 봤는데요! 여러분은 봤습니까?"라는 식이다.

사실 이것은 다윈도 즉각 마주쳤던 아주 오래된 논쟁이다. 진화 개념에 반대하는 사람들은 흔히 다른 사람들에게 관찰력과 현실에 대한 그들의 감각, 그들이 생명의 세계에서 보는 것만을 가지고 생명 진화의 가능성을 판단해보라고 요구한다. 유명한 다윈 반대자 중한 사람인 옥스퍼드 주교 새뮤얼 윌버포스Samuel Wilberforce가 정말로 "순무의 모든 유리한 변종들이 사람이 되려는 경향이 있다는 게 믿을 수 있는 말인가?"라고 물었듯이 말이다.[5] 비누처럼 미끌미끌 잘 둘러 댄다고 소피 샘Soapy Sam이라는 별명으로 불리던 윌버포스의 말이 그 럴듯하게 들린다면, 어떤 종류의 허위도 받아들일 문이 열린 셈이다. "그렇다면 리빙스턴 박사*가 다음번에는 경추 위에 붙어 있는 팔 아 래에 머리가 자라는 검둥이 부족을 만날 가능성도 있다는 말이 된다" 라고 그는 썼다. 이 맹렬한 반진화론자들이 깨닫지 못한 것은 진화의 발생 여부를 이해하는 데 움벨트(진화적 변화를 보도록 진화하지 못한) 를 사용하는 것은 뭔가를 아주 잘 보려고 자기 눈을 없애는 것 혹은 귀가 멀게 함으로써 어떤 소리를 잘 들어보겠다는 것과 좀 비슷한 일 이라는 것이다.

소피 샘의 주장이 무척 황당하게 들릴지는 몰라도, 오늘날에도 여전히 반복되는 지겨운 주장들과 그리 다르지 않다. 샘과 현대의 그 의 후손들이 거둔 성공이 있다면, 그것은 적어도 부분적으로는, 비진 화적 정신을 지닌 움벨트의 힘이 아직 남아 있기 때문이다.

우리의 움벨트는 과학과 종교 사이의 이 억지스러운 전쟁과는 거리가 먼, 예상하지 못한 다른 곳에서 갑자기 튀어나올 수도 있다. 예를 들어 수년간 과학자들은 우리에게 인종이 실제가 아니라고, 생 물학적으로는 실제가 아니라고 말해왔다. 과학자들이 지구를 쭉 둘 러봤을 때, 그들은 유전적으로 다양하고, 때로는 어떤 면에서 유전적

---

* 영국의 선교사이자 아프리카 탐험가인 데이비드 리빙스턴.

4부 · 되찾은 비전

으로 완전히 구별되는 여러 인간 개체군들을 발견했다. 하지만 그들이 발견한 차이와 유사성은 인종의 경계선을 따라 깔끔하게 혹은 일관되게 나뉘지 않았다. 물론 일상적 현실로서 인종은 여전히 살아 있다. 인종은 우리가 자신의 정체성을 파악하고 자신을 이해할 때 가장 먼저 사용하는 기준 중 하나다. 과학자들은 그 이유를 알아내려고 벽에다 머리를 찧어댔지만, 그 답은 이번에도 또 움벨트다.

인간의 움벨트에는 우리가 만나는 사람들 사이에서 분명히 감지되는 질서가 존재한다. 지리적으로 작은 범위의 지역 안에 존재하는 모든 식물과 동물을 깔끔하게 나뉘는 종들로 수월하게 분류할 수 있는 것처럼 작은 규모의 지역 안에서, 이를테면 한 도시나 주 안에서 인류를 관찰하면(우리 대부분이 그리고 조상들도 분명 그랬을 것이다) 상당히 쉽게 인종별로 나눌 수 있다. 범위를 집으로 더 좁혀 보면 당신은 매일 거울 속에서 자신이 속한 인종을 본다. 그리고 당신의 도시나 마을에서 밖으로 나가봐도 똑같이 변하지 않는 명백한 인종의 구분을 계속 보게 된다. 만약 미국 안에서 당신이 속한 지역을 충분히 제한한다면, 흑인, 백인, 동양인, 아메리카원주민이라는 분류 기준을 들이대도 별일 없이 넘어갈 수 있을 것이다. 당신은 일상의 삶 대부분에서 분명 유효하게 통할 (그리고 당신이 충분히 고집스럽다면 이의에 부딪힐 때도 유효하다고 우길 수 있는) 인종 분류학을 만들어낼 수도 있다. 과학의 선언은 이렇게 인지된 현실을 쉽게 바꿀 수 없고, 움벨트의 너무나도 설득력 있는 이 요소를 사라지게 할 수 없다.

그런데 과학자들이 그러듯이 전 지구적 규모로 인종을 바라보기 시작하면, 깔끔한 분류로 보였던 것이 금세 무의미해진다는 걸 알게 될 것이다. 만약 당신이 데이터를 (말하자면 편견 없이) 검토하려 한다면 명쾌한 종간 경계선이 그렇듯 명쾌한 인종간 경계선도, 똑같은 이유에서 한마디로 존재하지 않는다는 사실을 발견할 것이다. 깔끔하게 나뉜 사람들의 범주를 머릿속에 품고 고향을 떠났던 아이오와 사람이 경험한 것처럼, 당신 역시 작은 고향 마을 바깥에 존재하는 인류라는 거대한 연속체 상에서 어질어질할 정도의 다양성을 마주하면서 자신이 품고 있던 범주가 흐릿하게 지워지는 것을 깨닫게 될 것이다. 린나이우스를 비롯한 18세기 박물학자들이 지구 곳곳에서 유럽으로 들여온 기이하고 중간적이며 혼동되는 동물들과 식물들을 만났을 때 꼭 그랬던 것처럼 말이다.

움벨트와 과학은 나머지 생명 세계의 분류를 두고 그랬듯이, 우리 자신의 종을 두고도 질서에 대한 시각이 서로 어긋났다. 그렇다면 한 사람으로서 우리는 어떻게 해야 할까? 한 가지 비전이 옳다고 선언하는 것(예컨대 인종은 확실히 실제라거나 인종 같은 건 그냥 존재하지 않는다고, 늘상 이 논쟁이 표현되어온 방식 그대로 말하는 것)은 요점을 빗나가는 일이다. 우리는 서로 뚜렷이 구분되며 각자 유효한 두 개의 시각을 지닌 채 살고 있고, 그 시각들은 우리가 하는 일이 무엇인가에 따라 각자 다른 유용한 것을 줄 수 있다. 우리가 하려는 일이 전 지구의 인간 분류군들의 진화를 연구하는 것이라면, 인간은 유전적으로 다양한 개체군들이라고 보는 과학의 시각이 인종이라는 편협한 개념의 방해를 받지 않으므로 우리에게 도움이 될 가능성이 훨씬 크다. 그런가 하면 지역적 규모에서, 이를테면 한 공동체의 문화적, 사회적, 경제적 분리 면에서 삶을 이해하려 한다면, 인종에 대한 우리 움벨트의 시각이 정확히 우리에게 필요할 것이다.

인종의 경우만큼 강력한 도전은 아니지만 성별의 뚜렷한 구분

역시 일부 과학자들에게 도전을 받았다. 우리가 대부분의 사람을 남자 아니면 여자로 손쉽게 분류하기는 하지만, 사람의 전체 범위를 생각해보면 그렇게 단순한 경계선은 흐릿해진다. 모호한 성기를 갖고 태어난 간성intersexual인 사람들도 있는데, 이들은 일반적인 XX 또는 XY 성염색체 조합을 갖고 있음에도 성별이 불분명하다. 또 유전적으로는 한 성별이지만 신체의 외형을 기준으로 하면 다른 성별로 범주화되는 사람들도 있고, 트랜스젠더도 있다. 우리가 일상적으로 남성과 여성 사이의 지워지지 않는 경계선이라 여기는 것은 더 넓은 범위에서 보면 한마디로 존재하지 않는다. 그런데도 남성이냐 여성이냐는 사람들이 다른 사람들을 묘사할 때나 타인에게 말을 걸 때, 그리고 자신을 정의할 때 거의 항상 가장 먼저 사용하는 식별 기준이다. 그리고 이는 우리의 본능이 우리로 하여금 그 경계선을 현실로 보도록 점화하고 준비해두었기 때문이다.

✳   ✳   ✳

드문 일이기는 하지만 움벨트의 힘은 심지어 실용적이고 직업적인 면에도 적용된다. 미세하게 조정된 움벨트, 적어도 가금류의 성별에 대한 움벨트는 어떤 사람에게는 병아리감별이라는 돈벌이 수단이 될 수도 있다.[6] 양계업에서는 암탉과 수탉을 구별해야 한다. 알곡과 겨를 가려내듯이 암탉만이 토실토실하게 자라고 튀겼을 때 맛있다는 이유로 암탉들을 골라내는 것이다. 수탉으로 자랄 병아리를 키우느라 먹이를 낭비하는 건 의미가 없다. 하지만 어린 수평아리와 암평아리는 사실상 똑같이 생겼다. 그래서 대부분의 사람은 알지 못하는 직

10장 · 이렇게 이상한 정류장

업이 하나 생겨났는데, 바로 병아리감별사라는 직업이다.

가장 뛰어난 병아리감별사는 일본에 있다. 그곳에서는 1920년대에 처음으로 분류학이라고 부를 수밖에 없는 분야가 하나 생겨나, 겉으로는 성별이 분간 안 되는 삐약삐약 울어대는 병아리들을 신속하고도 정확하게 구분할 줄 아는 사람들을 길러냈다. 그들은 그 일을 어떻게 하는 걸까? 그건 아무도 모른다. 어쨌든 본인들도 제대로 설명을 하지 못한다. 병아리감별사들이 아직 발달 중인 병아리의 성기 부분을 들여다보기는 하지만, 수평아리와 암평아리의 성기에는 단순명료하게 정의할 수 있는 특징이 사실상 존재하지 않는다. 그건 그냥 감을 기를 수밖에 없는 일이다. 안내서도 없고 지침도 없다. 그냥 전문 병아리감별사에게 훈련을 받는 수밖에 없다. 병아리들을 차례로 하나씩 연달아 들여다보면서 매번 그건 암컷이고, 그건 수컷이고, 그건 수컷이고, 그건 암컷이라는 말을 들어야 하고, 그러다 보면 언젠가 그 안에 있는 질서에 대한 감이 잡히면서 움벨트가 들어서기 시작하고, 그때부터는 당신도 혼자서 구별할 수 있게 된다. 아, 그래, 하고 당신은 어느 날 말하게 될 것이다. 그래, 맞아, 그건 수컷이야. 자신에게서, 아니, 그건 아냐, 그건 암컷이지, 하는 육감이 작동하는 것도 깨닫게 되는 것이다. 그리고 이전의 다른 모든 병아리감별사가 그랬듯, 도대체 어떻게 그런 걸 할 수 있느냐는 질문을 받으면 당신 역시 설명하지 못할 것이다.

그렇게 가치 있는 전문적 능력을 지녔음에도 병아리감별사들은 자기가 어떻게 그걸 구별하는지 도저히 말로 설명하지 못한다. 만약 당신이 린나이우스에게 한 식물과 다른 식물을 어떻게 구별하는지 물었다면 어떤 명확한 답도 듣지 못했을 것이고, 그 규칙의 왕조차 자기만큼 분류를 잘하게 해주는 규칙을 결코 정하지 못했을 것이다. 이건 병아리감별사들도 마찬가지다. 그것은 닭에 대한 감각이며, 생명의 세계에서 질서를 발견하고 분류하는 우리의 강력한 능력이 남긴 유산이다.

✳ ✳ ✳

그런데 현대인들의 움벨트에 생명의 세계에서 질서를 알아보는 시각이 대체로 결여되어 있다면, 거기엔 정확히 뭐가 있는 걸까? 여기 그에 대한 실마리가 하나 있다. 우리가 쉽게 알아보는 건 무엇일까? 우리가 수백 수천 개를 보고도 그것을 분류하고 이름을 말할 수 있는 것은 무엇일까? 우리 대부분에게 그 답은 상표가 붙은 상품들, 돈 주고 살 수 있는 모든 것이다. 가장 현대적인 인간의 움벨트는 분명히 구별되는 모양, 냄새, 맛, 소리, 느낌을 지닌 (다시 말해, 포장과 브랜드와 로고가 다른) 다양한 종류의 상품들로 빼곡히 들어차 있다.

오늘날 우리는 아주 많은 종류의, 인간이 만든 구매할 수 있는 물건들의 질서를 아무 노력 없이도 자연스레 인지한다. 워낙 상품의 세계에 사로잡히고 몰입해 있다 보니, 크기, 형태, 색깔, 냄새, 소리로 생물이 아닌 상품들을 분류하고, 결국 우리는 탁월한 상품 분류학으로 무장하게 되었다. 우리가 포드와 BMW를, 아디다스와 나이키를 한눈에 구별하는 그토록 탁월할 능력을 지닌 건 그 때문이다. 시리얼처럼 모두 똑같은 직육면체 마분지 상자에 들어 있어 모양과 포장이 거의 비슷한 상품들을 볼 때도 우리는 비슷한 상자들로 가득 찬 진열대에서 원하는 시리얼을 찾아 다양한 색 조합과 로고들을 재빨리 분류하여 가장 좋아하는 상품을 단번에 찾아내는 굉장한 기술을 선보인다.

생물들의 모습을 인간이 만든 상품들의 모습으로 대체하지 말아야 할 이유가 어디 있겠는가? 현대의 수렵채집인인 우리는 야생의 장소가 아니라(몹시 복잡하고 분주한 날에도 쇼핑몰을 야생으로 간주하기는 어렵다) 상점과 마트에서 수렵과 채집 활동을 한다. 어찌 보면 우리가 상점이 제공하는 먹이들을 야생의 먹이들을 구별할 때처럼, 그러니까 색과 형태, 크기, 냄새, 촉감, 소리로 구별하기 시작한 것도 아주 자연스럽고 납득되는 일이다. 의식주의 세계를 시각적으로 그리는 데 늘 사용해온 바로 그 감각들을 사용해 우리에게 필요한 것을 사냥하는, 다시 말해 찾아내는 것은 사실 당연한 일일지도 모른다.

하지만 움벨트는 생명의 세계를 분류하는 것만이 아니었던가? 그렇다면 이 무생물들, 뇌의 다른 부분에서 처리하기로 되어 있는 이 무생물들은 어떻게 슬그머니 우리의 움벨트로 들어왔을까? 바로 여기서 광고업계의 진정한 천재성이 보인다. 광고업자들은 움벨트를 알지도 못하면서도 어떻게인지, 질서를 찾고 익히고 기억하려는 우리의 가장 깊은 본능적 욕망에 접근해 그 욕망을 촉발하는 방법을 알아냈으니 말이다. 무생물(망치, 찻주전자, 자동차)은 전반적인 외양이나 형태, 촉감보다는 기능으로 분류되는 일이 더 많다. 어떤 물건을 토스트기라고 하는 이유는 그것이 비록 다른 무언가, 이를테면 테디베어나 경주용 자동차의 모양을 하고 있더라도 우리가 그것을 사용해 토스트를 만들 수 있기 때문이다. 이와 대조적으로 생물을 분류할 때 우리는 어떤 모습인지, 어떤 냄새나 촉감인지, 무엇으로 보이는지를 기준으로 하는 경향이 있다. 어떤 것이 호랑이나 나무의 모습이라면, 우리는 그걸 바로 호랑이나 나무라고 여긴다. 바꿔 말해서 무언가를 우리의 움벨트 안에 들여놓는 것, 그것들을 살아 있는 존재들 곁에 끼워 넣는 것은 어쩌면 그것들이 생물인지 아닌지가 아니라, 우리가 그것들을 구별하는 방식인지도 모른다. 그리고 아주 영리한 광고업계는 생물 분류에 대한 우리의 유구한 사랑을 이용해 우리가 생물들을 바라보고 알아보고 인지하고 분류하는 것과 똑같은 방식을 상품들에 적용하게 한다.

핵심적인 방아쇠는 물건들의 분류를 도와주는 유난히 시각적인 신호, 바로 로고인 것 같다.[7] 그리고 사람이 글을 읽을 수 있기 훨씬 전부터 로고를 아주 잘 처리한다는 건 놀라운 일도 아니다. 미국의 두 살짜리 아이들은 식물 이름 맞추기로는 첼탈의 두 살배기들을 이길 수 없지만, 로고를 알아맞히는 대결에서는 거뜬히 이길 것이다. 암스테르담대학교에서 실시한 한 연구에서는 두 살 정도의 어린 네덜란드 아이들이 M&Ms나 듀플로(장난감)처럼 아이들이 깊은 관심을 갖고 있으리라 예상되는 것뿐 아니라 메르세데스나 나이키, 카멜(담배), 셸(휘발유), 하이네켄처럼 전혀 관심이 없을 만한 것들까지 그 로고들을 잘 인지하고 있음을 보여주었다. 사실 로고와 거기 사용되는 색상과 기호는 너무 강렬하게 눈을 끌기 때문에, 로고를 알아보기 위해서는 문자를 알 필요가 없을 뿐 아니라 심지어 인간일 필요도 없다. 맥도날드의 로고는 어찌나 머릿속에 쉬이 저장되는지 까마귀들도 그 보기 좋은 금색 아치 모양을 알아볼 수 있다.[8] 종이봉투들을 고르게 했을 때 둘 다 맛있는 냄새가 나는 음식이 가득 들어 있더라도 한 봉투에는 아무 그림도 없고 또 한 봉투에는 맥도날드의 로고가 있다면, 까마귀들은 항상 맥도날드 봉투로 곧장 날아간다.

10장 · 이렇게 이상한 정류장

하지만 기억하자. 움벨트는 생명의 세계에 대한 시각만이 아니라, 언제나 우리를 둘러싼 현실, 우리가 누구인지를 이해하게 해주는 맥락에 대한 시각이라는 것을. 그러니까 우리는 의식하지도 못한 채, 생명의 세계에서 살아가는 생물로서 우리 자신을 바라보는 관점을 상품들의 풍경에서 살아가는 소비자로 바라보는 관점으로 바꿔치기한 것이다. 무의식중에 우리는 생물들을 익숙히 알아보는 능력을 브랜드에 대한 서번트 같은 전문 지식과 맞바꿨고, 생명 세계의 언어(진짜 식물과 진짜 동물의 이름들)를 토니 더 타이거와 가이코 도마뱀붙이의 어휘와 맞바꿨다. 우리가 사는 세계, 우리의 단순한 현실은 구매 가능한 것들의 세계다. 별 노력을 하지 않아도 돈을 지불하면 그것은 완전한 우리 것이 된다. 당신이 사는 지역의 숲을 거닐 때는 보이는 것들을 이해하기 위해 숲해설가가 필요할지 모르지만, 쇼핑몰 안을 돌아다닐 때는 그런 도움이 전혀 필요치 않을 것이다.

놀랄 일도 아니지만, 동시에 우리는 생물들의 실제 세계를, 생물 대신 인공 상품들로 가득한 세계, 그것들을 만들 공장과 판매할 상점과 채워둘 집이 있는 세계와 맞바꿨다. 우리가 분주히 쇼핑하고 이 세상 인공물들의 다양성을 불려가는 동안, 이 세상 생물들의 풍부함은 줄어들고 있다.

✳ ✳ ✳

그리하여 지금 우리는 지구 생명의 여섯 번째 대멸종의 한가운데서, 들어찬 상품들로 꽉 막힌 움벨트와 함께 앉아 있다. 이 멸종은 지구의 역사가 지켜본 이전 어느 멸종보다 더 빠른 속도로 진행된다고 추정되며, 공룡들(새들은 제외하고)과 지금 우리는 알지도 못하는 다른 수많은 형태의 생명에게 일어났던 그 어떤 멸종보다 규모가 더 크고 더 강력하다. 아주 작은 것들, 이를테면 작은 딱정벌레, 나비, 달팽이, 야생화, 버섯의 무수한 종들이 사라지고 있고, 검은코뿔소, 강돌고래, 거북이, 늑대 등 큰 것들도 사라지고 있다. 이 소멸이 모두 머나먼 산꼭대기나 어두운 해저에서만 일어나는 것은 아니다. 북미에서는 초기 이주민들이 메이플라워호를 대고 신세계에 상륙한 이래 600종류 이상의 생물이 멸종한 것으로 알려져 있는데, 아무도 모르는 사이에 멸종한 생물은 그보다 더 많을지도 모른다. 몇 가지만 꼽아보아도 우리는 여행비둘기passenger pigeon, 이스턴엘크Eastern elk, 텍사스붉은여우Texas red fox, 배들랜즈빅혼양Badlands bighorn sheep, 바다밍크sea mink, 뉴잉글랜드초원뇌조heath hen, 캐롤라이나앵무Carolina parakeet, 캘리포니아회색곰California grizzly을 이 세상에서 몰아냈다. 이는 바로 우리 뒷마당에서 일어나는 일인데도, 생명에 대한 우리의 인식이 이토록 방해받고 가로막히고 마비되어 있다 보니, 이 거대한 규모의 상실을 염려하는 것은 고사하고 느끼기조차 쉽지 않다.

우리가 이 생물다양성 위기에 봉착하게 된 데는 여러 이유가 있지만, 그중 한둘은 바로 움벨트에서 찾을 수 있다. 로고가 가득 들어찬 오늘날의 움벨트도 사실 그 문제의 일부이며, 브랜드에 대한 인지와 동경, 점점 더 빠른 속도로 연달아 물건을 손에 넣으려는 과정을 추동하는 핵심 엔진 중 하나다. 한때 생명의 비전을 지키는 수호자였던 움벨트가 남아 있는 야생의 세계를 상점 선반에 놓인 상품으로 바꿔치기하는 일의 추진을 실제로 돕고 있는 지경까지 몰락했다는 말이다. 그렇지만 그토록 많은 종(매혹적인 야생화부터 인상적인 육식동물

10장 · 이렇게 이상한 정류장

까지, 위기를 알리며 활활 타오르는 봉화들)이 아무도 눈치채지 못하는 사이 사라질 수 있는 대멸종은 물건에 대한 무분별한 욕망의 문제에서 그치지 않는다. 대멸종이 진행 중인데도 우리가 전혀 염려하지 않는 상황이 벌어지는 유일한 이유는, 한때 우리가 일반적으로 소중히 여기고 연구하고 그 안에서 살았던 생명의 세계에 대한 시각을 스스로 폐기해버렸기 때문이다.

분류학자들은 움벨트를 버렸고, 우리도 그들을 따라 움벨트를 버렸다. 하지만 분류학자들은 생명의 진화적 질서를 확실히 밝히기 위해 자신들이 옛날부터 지녔던 시각을 버릴 수밖에 없었다. 그들에게는 움벨트의 시각을 위해 계속 과학을 희생시킬 여유가 없었다. 움벨트를 버린 것은 과학에게는 쾌거였지만, 나머지 우리에게는 상당히 다른 이야기다. 우리는, 그리고 우리가 잊어버린 생명의 세계는 움벨트의 심각한 왜곡 때문에 고통받고 있으니, 원래 우리가 지녔던 비전을 가능한 한 빨리 되찾는 게 좋을 것이다.

✳ ✳ ✳

우리가 움벨트를 되찾을 수 있다는 희망을 가져도 될 이유는 충분하다. 우선 야생생물의 세계는 신축 주택 단지의 맥맨션McMansion의 창에서, 벽돌 벽을 마주한 작은 아파트의 창에서, 심지어 도심의 마천루에서도 아주 멀어 보일지 모르지만, 사실은 전혀 멀리 있지 않다. 야생의 존재들이 완전히 사라졌거나 눈에 보이지 않는 것처럼 느껴질 수 있지만, 그들은 분명 거기 존재한다. 심지어 문을 꼭 닫고 운전하는 차 안에서도, 습한 지하철 터널 속을 달릴 때도, 우리가 다른 종들을 철저히 몰아낸 집 안에 살고 있을 때도 생명의 세계는 우리를 찾아낸다.

도시적 장소 가운데 가장 도시적인 뉴욕시에도 생명은 풍부하게 존재한다. 보도를 어슬렁거리는 쥐들과 쓰레기통 주변을 날아 다니는 초파리들만 말하는 게 아니다. 거기엔 아주 야생적인 야생생물들이 있다. 나는 짧은 기간 브루클린에서 산 적이 있는데, 그때 어느 봄날 아침 새 관찰자 무리의 초대를 받고 그들과 함께 밖으로 나갔다. 아직 잎도 돋지 않은 나무(황야에 우뚝 솟은 나무가 아니라, 흘러넘치는 쓰레기통들이 늘어서 있고 목줄 맨 개와 함께 바삐 산책하는 도시인들이 지나는 포장된 보도에 서 있는)에서 나는 그때까지 한 장소에서 본 것 중 가장 환상적인 각종 새들이 섞여 있는 광경을 보았다. 코스타리카나 에콰도르, 멕시코, 또는 베네수엘라의 풍요로운 우림에서 본 그 어떤 새들보다 더 좋았다. 플로리다와 하와이의 열대 조류들보다 좋았고, 아시아나 유럽에서, 아니 내가 가본 다른 어떤 장소에서 보았던 것보다 더 좋았다.

얼마 전까지 뉴욕주 북부에 살다가 이 도시로 갓 이사한 참이었는데, 이사 전 살던 곳은 진짜 야생 세계의 가장자리였다. 그 숲은 매일 도롱뇽 수백 마리가 숲길을 따라 행진하는 모습을 볼 수 있고 밤이면 누른도요새가 빙빙 맴돌며 춤추고 노래하는 곳, 내가 솔새 warbler라는 작지만 눈부신 매력을 지닌 노래하는 새를 잠시라도 보겠다고 몇 시간씩 눈이 뻑뻑해지고 목이 아파지도록 높은 나무 위를 응시하던 곳이었다. 선명한 색상과 우아한 패턴, 짹짹 활기 넘치는 노랫소리로 눈에 띄게 어여쁜 이 새들은 정말이지 쌍안경의 시야에 잡히는 순간 말 그대로 숨을 멈추게 만든다. 한 친구와 새를 관찰하던 날이 기억나는데, 친구가 청솔새cerulean warbler를 처음으로 보았을 때, 그 연한 청록빛 깃털을 본 순간 그 자리에서 쌍안경을 통해 새를 응시하던 친구의 입가에는 말 그대로 침이 줄줄 흘러나왔다. 단 한 마리의 솔새를 보는 일조차 그토록 환상적일 수 있는 것이다. 이 새 들은 수많은 탐조인들이 목적을 이루지 못할 때가 많음에도 인내하 며 기다리는 긴 시간과 노력을 전혀 아깝지 않게 해주는 보물들이다.

그러니 브루클린의 그 나무를 올려다보며 각양각색의 보석 같 은 색깔을 띤 솔새들이 빼곡히 자리하고 있는 모습을 발견했을 때 내 가 느꼈을 경이로움을 상상해보시라. 거기엔 무지갯빛 윤기를 띤 황 금솔새yellow warbler가 햇빛을 받아 깃털을 빛내며 앉아 있었고, 잘생 긴 마그놀리아 미국벌새magnolia warbler가 검은 목걸이를 두른 듯한 인상적인 깃털을 자랑하며 벌레를 잡아먹고 있었으며, 검은목녹색 솔새black-throated green warbler들은 큰 소리로 계속 노래하며 지저귀고 있었고 그 옆으로는 밤색허리솔새chestnut-sided warbler의 짙은 밤색과 딱새redstart의 대담한 다홍색이 눈에 들어왔다. 정말 찬란했고, 찬란 하게 어처구니가 없었다. 우리가 아무리 무시하려 해도 알고 보면 생 명은 어디에나 존재했고, 심지어 존재하지 않을 거라 여겨지는 곳에 도 존재했다.

내가 어느 소도시의 2세대주택에 살 때 내 이웃은 벽에서 뭔가 가 긁어대는 소리를 들었다. 이웃이 석고보드 벽을 뚫어보니 정신없 이 쑤석거리고 있던 족제비 한 마리가 날쌔게 튀어나왔다. 호놀룰루 어느 도시 동네에 사는 나의 사촌을 방문했을 때는, 침대에 누운 채 도마뱀붙이가 밤새도록 천장을 가로질러 뛰어다니는 모습을 쳐다보 던 일이 기억난다. 모로코의 수도에서는 어느 밤 호텔 침대의 이불을 걷어보니 이불 속에 더없이 경이로운, 이국적이고 야생적이며 거대한 딱정벌레가 아늑하게 자리 잡고 있었다. 서랍 속에는 좀벌레가 살고, 세탁실에서는 괴물 같은 거미들이 내 곁에 함께한다. 지금 살고 있는 태평양 북서부의 도시에서는 신문 배달 소년이 한 블록 내내 자기를 따라오는 퓨마를 보고 공포에 질렸다. 어느 해 여름에는 바위자고새chukar라는 메추라기 비슷한 야생 새 한 마리가 우리 집 앞 철쭉 나무 밑에서 부리로 뭔가를 계속 쪼고 있었다.

생명은 모든 곳에서 끈질기게 버티고, 존재하고, 침입하고, 발산하고, 살금살금 다니고, 튀어나온다. 그리고 움벨트는 (우리가 가격표와 상표가 붙은 물건들에서 벗어나기만 한다면) 마음껏 쓸 수 있으며, 생명의 세계에 대한 움벨트의 전체적이고 풍성한 시각을 한껏 흡수할 수 있는 우리의 것이다. 우리가 구찌와 베르사체에서, 맥과 피씨에서, 에디 바우어와 바나나 리퍼블릭, 허머와 포드와 폭스바겐에서 벗어나 생명 있는 존재들에게 돌아가려면 약간의 재훈련은 필요할 것이다. 아기들에게 더 잘 가르칠 수 있을 만큼 우리가 먼저 충분히 배워야겠지만, 희망은 영원히 솟아나며 또 그래야 한다. 한결같이 어서 생명의 세계를 이해하고 그 세계의 굶주린 움벨트의 허기를 채워주고 싶어 하는 작은 사람이 새로 한 명씩 태어날 때마다 우리에게는 또 한 번의 기회가, 생물에 대해 열렬히 배우고자 하는 또 한 명의 존재가 생겨난다.

과학을 넘어

함께 부딪히며 멍들지만 혼돈과는 다르네

이 세상이 그러하듯 조화로운 혼란이지

우리가 다양성에서 질서를 보는 곳

모든 게 다른데도 모두 서로 어우러지는 곳

알렉산더 포프, 『작품선』[1]

이 책을 쓰는 작업에 착수하기 전, 나는 생명의 세계에 질서를 부여하는 유일한 방법이 과학이라고 확신했다. 이치에 맞는 다른 그 어떤 방법도 있을 수 없다고 생각했으니 사실 확신 이상이었다. 그것은 그대로 명백한 진실이었다. 진화의 질서는 올바로 판독하기만 하면 정말로 소중한 지식이며, 모든 생물의 진짜 역사를 흘깃 볼 수 있게 해준다. 나는 이것을 생명의 세계를 분류하고 명명하는 최선의 방법일 뿐 아니라 유일하게 맞는 방법으로 알았다. 아무리 독특하고 재미있더라도 다른 모든 분류법은 틀린 것이었다. 아무리 기이한 일 같더라도 물고기는 존재하지 않는다는 것을 나는 확실히 알았다.

과학은 생명 분류의 접근법에서 유일무이한 힘을 **지니고 있다.** 분류학자들은 체계적으로 증거를 찾고, 한 유기체의 DNA 속 문자들을 수집하며, 모든 비늘, 모든 깃털, 모든 꽃잎, 모든 이파리를 뚫어지게 들여다본다. 그런 다음 다른 것은 다 배제하고 오직 진화의 역사만을 근거로 그 유기체들을 정리하고 분류한다. 그것은 의식적으로 제한된 시각이며, 무의미한 부풀림과 공기는 거의 모조리 빼낸 엄밀하고 잘 정의된 시각이다. 진화적 분류는 과학자들이 이 세상 유기체들의 생물학을 다른 무엇으로도 할 수 없는 방식으로 이해할 수 있게 해준다. 그것은 그들이 거둔 쾌거다. 하지만 그것이 유일한 방법이라던 내 생각은 틀렸다. 생명의 분류에는 과학보다 훨씬 더 많은 것이 존재했다. 나는 근시안 때문에 하마터면 생명의 분류와 명명이, 그리고 생명의 세계 자체도 과학뿐 아니라 우리 모두에게 속하며 언제나 그래 왔다는 사실을 모르고 지나칠 뻔했다. 움벨트를 완전히 놓칠 뻔한 것이다.

❋ ❋ ❋

나는 분류학이 평범한 과학이 아니라는 것을, 그리고 과학적 생명 분류와 명명의 역사도 평범하지 않다는 것을 믿게 되었다. 만약 움벨트가 내가 믿는 것처럼 실제적이고 강력하다면, 만약 하나의 종으로서 우리가 지구상 생명의 질서에 대한 특정한 비전을 정말로 공유하고 있다면, 그렇다면 분류학의 역사는 어느 한 학문 분야의 개념과 기술이 지속적으로 다듬어지는 이야기로 이해하면 안 된다. 린나이우스의 최초의 뛰어난 짐작에서 출발해 점점 더 정확한 생명 분류의 체계화로 나아가는 합리적인 진보로 이해하면 안 된다. 만약 우리 모두가 태고부터 진화해온 움벨트의 렌즈로 생명의 세계를 본다면, 분류학의 역사는 오히려 길고도 철저히 비과학적인 인간의 전통으로부터 실질적 과학이 등장한 이야기로 보아야 한다. 한 학문이 그 탄생에 영감을 준 생명에 대한 비전의 부름으로부터, 살아가는 존재들에 대한 우리의 가장 깊고 가장 심오한 연결로부터 서서히 그리고 고통스럽게 몸을 비틀며 빠져나가는 과정으로 보아야 한다.

내가 움벨트를 원인으로 꼽았던 모든 것(린나이우스의 계층 구조에서 나온 많은 개념을 우리가 너무도 편안하게 사용하는 것부터, 이명법, 종들 사이 유연관계를 묘사할 때 '가족', '자매' 같은 용어를 쓰는 것, 생명의 질서에 대한 주관적 직관, 생명의 세계를 고정적이고 불변하는 존재들이 모인 곳으로 보는 것, 심지어 '어류'라는 분류군에 대한 개념까지)이 정말로 다른 무언가의 산물일 수 있을까? 이 모든 것이 과학자들에게 미치는 힘과 나머지 우리 모두에게 미치는 영향력이 단순히 린나이우스의 가르침을 2세기 동안 주입한 결과일 수 있을까? 바꿔 말하면, 이것들만이 올바르게 느껴지고 자연스러워 보이는 이유가, 우리가 초등학교 때부터 대학 시절까지 그것들을 주입받았기 때문일까? 내가 움벨트의 선물이라고 불렀던 모든 것은 오랫동안 익숙해진 전통이며, 바로 이 점이 그것들이 지닌 힘의 일부임에 틀림없다. 하지만 우리 모두가 생명의 분류에 관한 한 빈 서판이라면, 그리고 이명법을 비롯한 나머지 모든 것이 단순히 과학자들이 우연히 발명한 것이라면, 그렇다면 우리는 어떤 종류의 분류와 명명 체계라도 배우고 믿고, 그것이 옳다고 느낄 수 있을 것이다. 더 중요하게는, 모든 인간 사회가 각자 고유한 역사와 언어와 문화를 지니고 있으니 보편적 움벨트 같은 것은 흔적도 없이 각자 생명에 대한 자신들만의 완전히 고유한 전통과 방법과 분류 체계를 지니고 있어야 할 것이다. 하지만 실상은 그렇지 않다.

생명의 분류는 인간의 자유분방한 창의력의 팔레트가 아니다. 예컨대 하늘의 별자리를 그리는 것과는 다르다. 나는 밤하늘을 바라볼 때 나의 아버지가 보여준 것이 보인다. "저건 큰 국자Big Dipper(북두칠성)란다." 어느 여름밤 아버지는 집 앞 진입로에 서서 손가락으로 별들을 따라가며 국자의 손잡이와 오목한 부분을 그렸다. 그러고는 그 국자를 하늘에서 떼어내 그걸로 맛있는 천상의 음료를 한 잔 떠 마시는 것 같은 동작으로 설명을 대신했다. 그리고 좀 옆으로 손끝을 옮기더니 말했다. "저건 작은 국자Little Dipper(소북두칠성)고." 그래서 내게는 국자가 보인다. 하지만 다른 사람들도 모두 국자를 보는 건 아니다. 내게 물이 가득한 국자로 보이는 바로 그 별들에서 다른 사람들은 국자가 아닌 곰을 본다. 북두칠성은 큰곰자리Ursa Major라고도 불리며, 작은 건 작은곰자리Ursa Minor로 불린다. 고대 메소포타미아 사람들이 하늘의 바로 그 자리를 올려다보았을 때 그들은 거기서 대신 커다란 마차를 보았다. 고대 아랍인들은 장례 행렬을 보았고, 아즈텍인들은 발이 없고 몸이 부분적으로 집어 삼켜진 신을 보았으며, 알곤킨족Algonquin과 이로쿼이족Iroquois은 올빼미와 파랑어치, 찌르레기, 박새 등 온갖 종류의 생물을 보았다. 아마도 가장 독창적인 이들에게 주는 상은 바스크인들에게 돌아갈 것이다. 나에게는 명백한 국자로 보이는 것들에서 그들은 도둑들에게 쫓기는 황소들을 양치기 한 명과 여자 노예 두 명이 지켜보는 모습을 읽어냈으니 말이다. 태고의 햇빛이 똑같이 흩뿌려진 것들, 그 천상의 로르샤흐 테스트를 보고서 각 문화는 인간 사고의 무한한 다양성이 관장하는 각자의 고유한 무언가를 만들어냈다.

생명의 분류에도 경이로운 다양성이 존재하지만, 별자리를 그리는 것과 달리 생명의 분류는 보편적이고 지속적이며 한결같은 규칙들의 지배도 받는다. 누구라도 물고기를 보고, 이해하며, 물고기의 질서를 발견하고 이름을 붙일 것이다. 어디서나 사람들은 생물의 이름에 두 부분으로 이루어진 이름을 붙일 것이다. 린나이우스나 그의 계층 구조에 관해 들어본 적이 있든 없든 상관없이, 모든 생물을 모아 하나의 체계화된 계층 구조를 꾸릴 것이다. 이것들은 과학 이전부터 존재했으며, 과학이 전혀 존재하지 않는 곳에서도 지켜지는 규칙들이다. 그 이유는, 우리의 정신에는 별들의 특정한 패턴을 인식하는 일을 공식적으로 담당하는 장소는 없는 것 같지만, J. B. R.과 L. A.를 비롯한 다른 서글픈 환자들이 분명히 보여주었듯, 우리 뇌에서 생명의 분류를 담당하는 장소는 존재하기 때문이다.

진화분류학자들이 주관성과 직관의 사용을 포기하는 걸 그토록 꺼렸던 이유는 강고하게 굳어버린 린나이우스의 전통을 고수해서만은 아니었다. 그것은 태고부터 내려온 인류의 전통을 고수했기 때문이었다. 분류학자들이 눈에 보이지 않는 것들(DNA와 단백질)을 사용해 생명을 분류하는 일을 받아들이기 어려워했던 것은 단순히 눈에 보이는 생물의 물리적 특징들을 사용하도록 200년 동안 교육받아온 결과만이 아니다. 문제는 인간의 정신이 생물의 겉으로 보이는 모습, 그것이 우리에게 어떻게 보이는가를 기반으로 분류하도록 만들어졌다는 점이었다. 그리고 마지막으로, 분기학자들이 어류가 존재하지 않는다고 주장했을 때, 이는 생명 분류의 체계에 가해진 끔찍한 충격이었다. 하지만 그토록 충격적이었던 이유는 '어류'라는 분류군을 린나이우스와 그를 따르는 과학자들이 항상 인지해왔기 때문이 아니라, 인간이라면 누구나 항상 '어류'를 인지해왔고 앞으로도 영원히 인지할 것이기 때문이었다. 이 모든 것이 과학자들에게 영향력을 발휘한 이유는 단순히 과학자들이 그것이 옳다고 배웠기 때문은 아니다. 그것들이 지배력을 발휘하고 그토록 강력하게 자연스러운 느낌을 주는 것은 오랫동안 모든 인류의 전통, 태고부터 이어진 인간의 움벨트가 준 선물들이기 때문이다.

움벨트의 이러한 힘은, 과학이 점점 더 엄격히 진화만을 근거로 한 생명의 비전을 향해 나아가는 동안에도 우리 모두가 이 최신의 비전을 쉽고 단순하게 채택하지 못한 이유이다. 또한 그 힘은 우리가 아직도(수십 년이 지났는데도) 얼룩말이나 물고기나 나방의 죽음을, 새가 공룡이라는 생각을 편안히 받아들이지 못하는 이유이기도 하다. 만약 우리가 진화적으로 타당한 새 용어들만을 항상 듣고 본다고 하더라도, 그러한 생명의 비전은 지금 우리가 그렇게 느끼듯 여전히 낯설게 느껴질 것이다. 과학은 계속 전환하고 변화하겠지만, 움벨트와 움벨트의 비전이 지닌 근본적인 요소들은 늘 똑같이 남을 것이다.

✳ ✳ ✳

분류의 과학이 결국에는 움벨트에서 완전히 자유로워질 날이 올 거라는 생각이 들지도 모른다. 거기에 도달하기 위해 선의의 노력을 쏟아붓는 과학자들이 있기는 하지만, 나는 아마 그런 일은 끝내 일어나지 않을 것이라고, 어쩌면 일어나지 않는 게 최선일 거라고 생각한다.

과학자들도 사람인지라 내 생각에는 그들에게도 결코 그것 없이는 살 수 없을 어떤 것들이 있을 것이다. 우리가 사랑하는 이명법을 비롯하여 움벨트의 가장 기본적인 요소 몇 가지를 사용하지 않고서 생명을 분류한다는 것은 상상하기도 어렵다. 이명법이 태고부터 내려온 인류의 전통이며 생물들의 전혀 비과학적인 전통적 계층 구조의 한 요소라는 점, 한 종마다 하나의 고유한 이름을 사용하는 무한히 더 논리적인 방법이 있다는 점, 혹은 그보다 더 논리적이고 언제나 더 쉽게 접근할 수 있는, 아예 언어를 배제하고 숫자를 사용하는 방법도 있다는 점에는 신경 쓰지 말자. 과도하게 합리적인 분류학자들이 분류학 분야에서 이명법을 없애려는 시도로 어떤 세세한 사항들을 제안했든 간에, 그 시도는 늘 실패했고, 계속 철저히 실패하고 있다. 이명법을 없애는 것이 논리적일 수도 있겠지만, 그걸 없애는 일은 지성적 측면에서 항상 사이즈가 안 맞는 신발을 신고 다니거나 티셔츠를 앞뒤 거꾸로 입고 다니는 것에 맞먹는 일이기 때문이다. 그건 언제나 뭔가 안 맞는 일처럼 느껴질 것이다. 한마디로 너무 어색한 것이다.

그와 유사하게, 종(버클리의 정원사가 자기 벚나무의 존재를 확신하는 것만큼 우리가 그 존재를 확신하는 실체인)도 생물에 대한 위대한 과학적 분류의 가장 기본적인 요소로서 절대 없애지 못할 것이다. 종에 대한 합의된 정의가 여전히 하나도 존재하지 않는다는, 그리고 앞으로도 거의 확실히 그런 정의는 없으리라는 점에도 신경을 끄자. 종이란 정의하고 명확히 기술할 수 있는 고정된 것이 아니라 사실은 항상 진화하는 실체라는 점도 무시하자. **종들은 우리가 도저히 보지 않을 수 없는 것이다.**

그러니까 이명법과 종의 개념이 지닌 온갖 혼란스러움에도 불구하고 이 둘은 너무나 근본적인 현실이고, 인류가 생명의 세계를 감지하는 방식에서 지극히 기본적인 것이어서, 그 둘 없이 생명을 분류한다는 건 정말 글자 그대로 그 누구도 결코 납득하지 못할 것이다. 과학은 움벨트와 결별함으로써 얻은 이득도 많지만, 움벨트의 파편과 조각들, 움벨트가 지닌 설명할 수 없는 인간다움의 작은 요소들이 영원히 남아 떠도는 것을 어찌하지는 못할 것이다. 분류학을 여전히 너무나도 인간적인 과학자들이 수행하는 한, 과학은 움벨트를 완전히 잘라내는 것이 아니라 그냥 웬만큼은 남겨둠으로써 더 강력해질 수 있다.

1700년대에 린나이우스는 모든 생명, 이 광대한 세계에서 살아가는 마지막 한 생명까지 모조리 찾아내고 분류하고 명명하는 것을 과학적 분류의 궁극적 목적이라고 보았다. 사실 그는 모든 생물에 대해 다 알기 전까지는 분류학을 제대로 하는 게 아니라고 확신했다. 생명의 세계 전체를 알고자 하는 그 맹렬한 열정을 진지하게 실행에 옮겨보는 일을, 생물다양성 위기에 직면한 오늘날의 과학자들이 시도해보면 좋을 것이다. 그것은 매력적인 생각이다. 완성한다는 것에는 매혹적이고 헤아릴 수 없이 만족스러운 뭔가가 있다. 그러나 또한 생물학자들이 세상에 존재한다고 추정하는 종의 총수가 3백만에서 3천만 사이라는 점, 그리고 알려지고 명명된 종이 총 180만 종 정도라는 점을 고려하면 그 일이 불가능하다는 것은 충분히 짐작할 수 있으며, 이는 대부분의 과학자가 그 숭고한 목표를 추구하는 걸 중단한 이유 중 하나다. 생명의 완전한 목록을 만든다는 생각은 간간이 여기저기서 재등장했지만, 희망을 품고 시작했다가 실패한 이런저런 시도들로, 선의를 싣고 출발했으나 흉한 실용성의 해안에 좌초한 배들로만 남았다. 이리 된 이유는 많지만, 이런 종류의 추구에 과학자 공

11장·과학을 넘어

동체 자체가 대체로 아무 가치도 부여하지 않는다는 점도 작지 않은 이유다. 그 일은 '알파 분류학'이라는 경멸적인 용어로 알려져 있는데, 이는 생물들에 대한 첫 글자 혹은 첫 시선이라는 의미이며, 진흙이 들러붙어 무거워진 장화와 가벼운 지적 가치를 떠올리게 한다. 여기에는 린나이우스의 시절 이후로 분류학 분야가 극도로 지성화되고, 방법론의 세부에 미세하게 초점을 맞춰왔다는 점(이는 분류학이 단지 제대로 돌아가는 과학이 되고자 너무도 힘겹게 몸부림쳐온 결과지만)도 전혀 도움이 안 되는 것 같다. 개념의 추구가 생명 자체의 추구를 너무나 압도적으로 내리눌러버린 나머지 생명의 세계는 분류학자들이 다양한 가설을 검증해보는 시험장에, 엄청나게 많은 것 중 일부를 선별해 최신의 통계적 방법론을 시도해보는 대상에 지나지 않게 되었다.

이 모든 것은 분류학자들이 모든 생명을 알아내고 분류한다는 버거운 목표를 너무 쉽게 밀쳐버리게 만들었다. 에드워드 O. 윌슨이 이미 알려지고 명명된 180만 종의 생물에 대한 자료를 모두 인터넷 상에 게시하는 것을 목표로 만든 '생명의 백과사전Encyclopedia of Life'* 은 올바른 방향으로 나아가는 완벽하게 야심 찬 한 걸음이다. 늘 조롱당하고 자금은 부족하며 별 존경도 못 받는 와중에도 용감하고 대담하게 행해온 알파 분류학의 모든 작은 부분도 도움이 된다. 이는 계속해서 줄어들기만 하는 야생의 세계가 필요로 하는 것, 우리 모두가 분류학에서 필요로 하는 것이다. 과학자들이 수중에 있는 유기체들을 분류하는 일에 시간을 조금 덜 쓰고, 가깝거나 먼 장소들로 발

---

*　eol.org로 접속하면 된다.

걸음을 옮겨 새로운 생명을 찾고 수집하며 봉플랑과 훔볼트를 거의 정신 나가게 만들었던 경이로움을 만끽하고, 지구상의 나머지 한 생물까지 모두 찾아내겠다는 경탄스럽고도 가망 없는 과제를 추구하는 일에 시간을 조금 더 쓴다면 이는 우리 모두에게 크게 이로운 일이 될 것이다.

하지만 분류학자들이 그물을 얼마나 넓은 범위로 던지든(모든 생명을 향해서든 그냥 일부만 향해서든) 그들이 어떤 방식으로 분류를 행해야 하는지는 여전히 명백하다. 과학자들은 생명의 진화적 마디들을 따라 세계를 계속 조각해나가야 한다. 결국 그들이 할 일인 거대한 생명의 나무를 그려나가는 일을 하고자 한다면 그들은 계속 정확한 진화적 비전을 안내자로 삼아야만 한다.

그러나 나머지 우리로 말하자면, 우리는 그렇게 엄격한 시각을 견지하지 않아도 괜찮다. 아니 사실은 그러지 않는 편이 더 낫다. 오랜 세월 과학을 이해의 다른 모든 방법 위에 두고, 과학자들만이 무엇이 옳고 그른지를 우리에게 말해줄 수 있다고 믿어온 결과, 우리는 생명의 세계를 우리 자신의 시각으로 볼 수 없게 되고 생명의 언어를 말할 수 없게 되었으며, 생명이 있는 존재들과 단절되고 그들에게서 관심을 거둔 채 쇼핑몰만 헤매다니고 있다. 다들 뭔가에 너무 정신이 팔려 있어서 우리 주변에서 벌어지고 있는 대멸종조차 알아차리지 못하는 지경이 됐다. 우리에겐 우리 스스로 해야 할 일이 있다. 죽어가는 우리의 세계를 되살리고 구하기를, 그 세계와 우리의 관계를 회복하기를 바란다면, 그 세계에 대한 우리의 비전에 작은 생명을 다시 불어넣어야만 하기 때문이다. 그리고 그 일은 물고기에서부터 시작할 수 있다.

11장 · 과학을 넘어

　　　　　✳ 　✳ 　✳

　글을 쓰는 현재 내가 살고 있는 태평양 북서부는 빗물이 넘쳐나
는 시내와 바다와 물고기, 물고기, 물고기들의 땅이다. 여기서는 물고
기를 먹는 일, 물고기를 잡는 일, 그리고 물고기에 대한 관심이 거의
숭배에 가까운 단계에 이르렀다. 특히 연어는 여기서 거의 신적인 존
재이며, 이 지역의 아메리카 원주민들인 러미족과 새미시족부터 초
기 유럽의 식민지 개척자들까지 이곳에 사는 사람들에게 영양을 공
급할 뿐 아니라 그들을 매료해왔다. 그 초기 개척자들 중에는 물고기
를 먹는 스칸디나비아 출신 목수들이 아주 많았다. 물고기가 어찌나
많았던지 한때 세계에서 가장 큰 연어 통조림 공장에서 수많은 일꾼
이 매일같이 일했다. 오늘날에도 연어는 나처럼 최근에 이곳에 온 사
람들까지 포함해 우리를 계속 먹여 살리고 있고, 우리는 아직도 왕연
어king와 은연어coho, 홍연어sockeye를 그리고 이따금은 북태평양연어
chum까지 먹고 있다. 연어의 수가 줄기는 했지만 나는 아직도 물고기
를 잡는 남자들과 여자들 사이에서 살고 있다. 나는 연어를 새기거나
그리거나 조각하며, 또는 다른 방식으로 연어라는 개념을 재구상하
며 나날을 보내는 예술가들 틈에서, 이 물고기에 관해 글을 쓰는 시
인, 기자, 소설가들 사이에서 살고 있다. 그리고 매년 이웃들과 개천
둑방에 나란히 서서 갈고리 같은 턱의 거대한 그 물고기들이 어서 고
향으로 돌아가 짝짓기를 하고 생을 마감해야 한다는 절실함으로 퍼
덕거리며 물살을 거스르는 모습을 경외감에 휩싸여 바라본다.
　나는 여기가 물고기에 대한 옹호 태세를 갖추기 좋은 출발점, 가
능한 한 상냥하게 과학에 대한 무시를 표현하기 좋은 출발점이라고

생각한다. 하지만 물고기의 존재를 옹호할 캠페인은 아마 사막에서도 시작할 수 있을 것이다. 우리 대부분은 물고기의 존재를 믿지 않을 수가 없으니 말이다. 물고기들은 너무나도 알아보기 쉽고 감각하기도 쉬워서, 심지어 비둘기들도 물고기를 알아볼 수 있다. 물고기를 생각하기만 해도 당신의 움벨트에서는 뭔가가 작게 깜빡거리기 시작하다가 아직 안개 자욱한 풍경에서 봉화가 불을 뿜기 시작한다. 물고기의 존재에 대해서는 너무나 쉽고 재빠르게 확신을 가질 수 있기 때문에, 물고기에 대한 과학의 폐기 선언을 일축해버리는 것도 그리 어렵지 않다.

하지만 물고기를 되찾는 일에는 접시 위의 송어나 어항 속 금붕어의 존재를 인정하는 것 이상이 걸려 있다. 일단 당신이 물고기를 옥죄고 있던 과학자들의 폭력적 비전으로부터 물고기를 구해내고 나면, 자신의 비전을 신뢰하는 문을 열고, 과학적 조류를 거스를 만큼 충분히 용감해지고 나면, 당신의 일반적인 물고기다운 물고기 외에 다른 것들도 그 문을 통해 흘러들어오기 시작할 것이다. 그러니까, 만약 당신이 당신의 물고기를 지키고 싶다면 (그리고 나는 정말로 당신이 그래야 한다고 생각한다) 몇 가지 다른 것들도 기꺼이 받아들여야만 할 것이다. 만약 과학이 옳다면 (과학은 옳다), 그리고 당신이 옳다면 (당신도 옳다), 그렇다면 당신이 좀 넋 나간 듯 보인다고 생각하는 저 이상한 몇몇 사람들, 그들도 옳은 것이기 때문이다. 무슨 말이냐면, 당신은 고래도 물고기로 포용할 필요가 있다는 말이다. 이건 좀 따끔할 것이다. 그건 좀 꺼림칙하고 퇴행적인 생각처럼 보일 것이다. 당신은 '아니, 아냐, 그래도 그건 아니지' 하고 생각하는 자신을 발견할 것이다. 고래는 물고기일 수 없지. 왜냐면 고래는 **나의** 물고기들과 달리 포유류니까. 나 참, 고래에겐 젖꼭지도 있고 털도 있고 자궁도 있지 않냐고. 그래도 고래들은 그 열린 문을 통해 똑같이 헤엄쳐 들어올 것이다.

과학이라는 것이 우리가 생명의 세계에 질서와 이름을 부여하는 일에 끼어들기 전, 물고기를 생각할 때(우리는 물고기를 생각했다, 그것도 자주) 우리는 고래도 물고기로 생각했다. 여기 태평양 북서부에서는 최초의 영어 사용자들이 이 질척한 해안에 발을 디디기 오래전부터, 이 지역 원주민들은 이 수역에 살고 있는 거대한 범고래를 가리켜 '검은물고기'라고 불렀다. 영어에서도 과학자들이 우리의 분류와 명명에 간섭하기 전 과거에는 우리도 고래가 물고기라는 개념에 아주 만족하며 지냈다. 요나를 벌하기 위해 삼킨 고래부터 모비 딕까지, 우리는 이 동물들을 '거대한 물고기'라고 불렀다. 왜 안 그랬겠는가? 이 생물들은 더없이 물고기다우며, 평생 물속에서 살고, 지느러미로 헤엄치며 다니는데. 고래들은 부드럽고 미끈하며 미사일 같은 형태를 띠고 있다. 모든 아이가 처음으로 고래를 볼 때 "물고기!"하고 소리치는 데는 다 이유가 있다. 인간의 움벨트에서 물고기와 고래는 하나의 표지가 가리키는 하나의 범주 안에 느긋하게 함께 들어가 있기 때문이다. 영국의 초기 박물학자인 존 트러데스컨트John Tradescant는 고래를 물고기와 한 부류로 두었고, 심지어 거북이도 함께 포함시켰다. 18세기의 위대한 어류 분류학자로 린나이우스의 친한 친구이자 지적 동료였던 페테르 아르테디Peter Artedi(공교롭게도 수로에서 익사했다)도 고래를 물고기에 포함시켰다. 심지어 작은 신탁 신관 본인도 고래에 관한 진실을 알면서도 『자연의 체계』 초판에서 고래를 물고기 무리에 집어넣었다.[2] 그가 고래와 물고기의 차이를 몰랐기 때문은 아니다. 그는 물고기와 고래 사이에 차이가 있다는 걸 알았지만, 형태와 생활 방식에서 유사한 점이 많다는 것도 알았다. 더 중요한 건 고래와 물고기가 한 종류처럼 **보인다는** 점이었다. 그것들은 물고기였다. 찬찬히 살펴보면 우리가 진화적 척도로 보면 더 이상한 것들도 물고기라고 부르고 있음을 알 수 있다. 이를테면 우리는 starfish(불가사리), cuttlefish(갑오징어), shellfish(개류)*라는 말을 쓴다.

하지만 인간의 움벨트를 정말로 되찾기 위해 우리가 납득하고 받아들여야 하는 건 고래가 물고기라는 것만이 아니다. 우리는 놀랍고도 터무니없어 보이는 온갖 종류의 가능성도 반가이 맞아들일 필요가 있다. 이를테면 포유류인 화식조, 엄지손가락인 난초, 새인 박쥐를 말이다. 달팽이와 뱀과 악어를 곤충으로 분류했던 어느 프랑스 박물학자의 관점도 우리는 두 팔 벌려 맞이해야 할 것이다. 과학자들이 오래전에 버렸던, 균류가 식물이라는 생각에도 편안해져야 할 것이다. 닭은 새가 아니며, 수달은 개구리와 도롱뇽 같은 물을 좋아하는 생물들과 한 분류군에 속한다는 이차 마야족Itzaj Mayan의 판단도 기꺼이 받아들일 마음을 지녀야 할 것이다.

처음에는 실수로, 과학적 과실로 보였던 것들이 사실은 생명에 대한 독특하고 의미 있는 관점들이며, 이 각각의 관점도 물고기 자체만큼 유효하다. 가장 희한하게 보이는(예컨대 악어가 곤충이라는) 개념도 생명의 세계를 바라보고 그 안에서 질서를 발견하는 인간의 능력이 표현된 한 양상이며, 이렇게 이루어지는 분류에는 근본적으로 보편적인 측면들이 있지만 때때로 너무나 엉뚱하고 불가사의한 기묘함

---

* 개류介類는 갑각류, 복족류, 성게류, 패류, 해삼류를 아우르는 범주다.

도 존재한다.

　　우리는 선들을 그어야만 하고, 일정한 인간적 방식들에 따라 선을 그을 테지만, 우리끼리도 과학자들과도 항상 정확히 똑같은 선을 그을 필요는 없다. 우리가 생명에서 읽어내는 세계는 매혹적인 관점들이 가득한 세계이며, 그 관점에는 과학도 포함된다. 이 모든 관점 하나하나와 모든 생물을 다 유지하지 말아야 할 이유가 어디 있단 말인가?

　　그건 눈먼 사람들과 코끼리의 이야기와 좀 비슷하다. 한 사람은 꼬리를, 또 한 사람은 코를 잡고, 한 사람은 거친 피부를 만지며, 아무도 코끼리라는 동물을 전체적으로 파악하지 못한다. 단, 각자 꼬리든 엄니든 다리든 자기가 잡은 것만 붙잡고 있는 눈먼 사람들만 있는 건 아니라는 걸 지금 우리는 알고 있다. 코끼리를 맛보아서 다른 사람들은 꿈도 꿔보지 못한 방식으로 코끼리를 감각한 남자도 있다. 코끼리를 해부해보아서 글자 그대로 코끼리를 안팎으로 아는 여자도 있다. 야생에서 코끼리를 사냥하려고 쫓다가 되려 코끼리에게 쫓긴 남자도 있고, 코끼리의 해골을 다시 맞춰 세웠고, 모든 관절, 근육과 뼈가 연결되는 모든 거친 부분을 정확히 기억하는 사람도 있다. 코끼리 무리 속에서 살아서 코끼리들의 기이한 집단 행동과 코끼리들이 애도하고 우는 방식을 이해하는 사람도 있다. 아마 과학자는 코끼리를 본 적은 없지만 코끼리 DNA의 작은 표본을 연구한 사람일 것이다. 코끼리에게 그림 그리는 법을 가르친 남자도 있다. 코끼리 점보의 뒷이야기와 긴 생애와 그 시대를 알고 있는 아이도 있다. 코끼리에게서 신의 헌신을 보는 사제도 있다. 우리 모두에게는 한 관점은 취향에 맞고 다른 관점은 마음에 안 드는 식으로 각자 선호하는 관점이 있다. 부인할 수 없는 코끼리에 대한, 우리 앞에 우뚝 선 참을성 많고 회색을 띤 이 거대한 봉화에 대한 우리 자신의 아주 현실적인 관점.

린나이우스는 자기가 존재한다고 믿었던 것, 바로 단 하나의 완벽하고 진실한 자연의 질서를 찾으려 애쓰며 평생을 보냈다. 그는 생명의 세계라는 수수께끼를 푸는 단 하나의 해법이, 그 혼돈의 미궁에서 빠져나올 하나의, 오직 하나뿐인 정확한 경로가 존재한다고 믿었다. 과학자들도 계속 그렇게 믿었다. 단지 신이 정한, 창조의 날 이후 전혀 변하지 않은 존재들의 자연 질서가 있다는 린나이우스의 시각을 생명 진화의 나무라는 시각으로 대체했을 뿐. 하지만 거기에는 린나이우스의 실수와 우리(나머지 우리)의 실수도 있다. 단 하나의 해법은 없다. 미로에서 빠져나오는 단 하나의 방법은 없다. 분류는 옳거나 그렇지 않으면 틀린 것이라고 단순하게 볼 것이 아니다. 어쩌면 오히려 각각의 분류는 있는 그대로, 그러니까 그 사람의 비전, 인간의 움벨트가 표현된 것으로, 보편적인 주제에 대한 하나의 변주로 볼 수 있을지도 모른다. 생물은 하나의 진실이라기보다는, 오히려 인간의 사고라는 백색광을 무수한 명암과 색조의 분류학들로 흩뜨릴 수 있는 프리즘으로 이해할 수도 있을 것이다. 백색광은 무지개의 서로 다른 색깔들이 정의하는 것도, 그것을 흩뜨리는 프리즘이 정의하는 것도 아니다. 바로 이처럼 인간 사고의 빛이 만들어내는 분류학의 다양성도 서로 모순되는 것으로 볼 필요가 없다. 이 다양한 분류학들은 찬란하게 반짝거리는 우리 인간 비전의 무한히 다양한 색조들이다.

생명의 세계는 죽어가고 있지만, 아직 너무 늦은 건 아니다. 쇼핑몰에서 나가자. 알려지고 익숙해져야 한다는 브랜드들의 욕구를 큰소리로 외쳐대는, 상품들이 가득한 진열대 사이에서 헤매며 길게 돌아온 이 우회로에서 그만 빠져나가자. 가여운 J. B. R.과 플로라 D를 불쌍히 여기고, 그들처럼 행동하는 걸 그만두자. 고래가 물고기이고 화식조가 포유류라는 걸 어떻게든 받아들일 수 있다면, 그렇다면 당신은 생명 세계에 대한 자신의 비전을 되찾을 수 있고, 이는 생명을 마음에 그리는 일에서 일어나는 위대한 민주화의 한 부분이다. 기막히게 탁월한 아기 박물학자들에게서, 그 천재 같은 수렵채집인들에게서 뭔가를 배우자. 계속 생명의 언어를 구사하지 못하는 것은 비극이다. 생명의 비전을 보지 못한다는 것은 어쩌면 그보다 더 나쁘다. 어떤 형태로 표현된 움벨트이든 우리의 움벨트를 되찾는 것은 생명의 세계로 한 걸음 더 다가서는 일이다. 우리가 생명이 있는 존재들의 모습과 질서에 몰입할 때마다, 평소에는 시야에서 물러나며 점점 더 멀고 서먹서먹해지려 위협하던 생명들과 그만큼 더 깊이 연결된다.

이렇게나 쉬운 일이다. 당신이 과학이 무엇인지 알기도 전, 코카콜라와 펩시콜라를 구별할 수 있기도 전, 당신이 숲속을 어슬렁거리던 때, 동물원의 너무나 멋진 사자 앞에서 얼어붙듯 멈춰 섰던 때, 당신 움벨트의 모든 봉화가 밝고 뚜렷한 빛을 발하며 당신을 환영하던 때를 생각해보자. 그런 다음 생물 하나를(작거나 크거나 화려하거나 미묘하거나 이국적이거나 평범하거나 생물은 어디에나 있다) 찾아서 그 형태와 색깔과 크기와 촉감과 냄새와 소리를 느껴보라. 당신이 눈을 더 커다랗게 뜨는 동안 당신의 움벨트가 활기와 열기를 띠는 것을 느껴보라. 그런 다음 그것을 가리키는 이름을 하나 찾아라. 당신 마음에 드는 이름으로 골라라. 그 이름은 과학에서 가져온 것일 수도 있고, 수많은 민속 분류학의 이름 중 하나일 수도 있으며, 직접 지어도 좋다. 그러면 당신 자신을 포함하여 모든 것이 변한다. 마케터들이 잘 아는 것처럼, 일단 당신이 어떤 브랜드를 인지하고 그 이름과 형태와 의미를 알게 되면, 어디서든 그 브랜드가 보이기 시작한다. 아직 남아 있는 희귀한 자연탐구가들도 그 사실을 안다. 일단 생물들을 알아보기 시작하면, 일단 특정한 야수들, 새들, 꽃들의 이름을 알게 되면, 당신의 눈에 생물들의 형태와 자연의 질서가 보이기 시작한다. 당신은 생명이 존재하는 곳, 당신 주변 어디에서나 생명을 알아보기 시작할 것이다. 아직 너무 늦은 건 아니다.

✷ ✷ ✷

몇 년 전, 북서부 지방 여름의 전형 같은 맑고 완벽하게 화창한 날, 나는 퓨짓사운드에서 작은 보트를 타고 있었다. 하로Haro 해협의 짙은 검은색 바닷물 위를 지나고 있었는데, 우리 배 바로 밑으로는 선수부터 선미까지 연어 떼가 함께 흐르고 있었고, 맛있는 물고기들이 흥청망청 넘쳐났다. 그때 범고래 떼가 나타나 자신들의 점심을 향해 유유히 헤엄쳐왔다. 수면 바로 위로 그들의 검은 지느러미가 보였다. 고래들은 우리 주위에서 헤엄치며 물고기를 잡아먹었고, 배와는 계속 일정한 거리를 유지했다. 나는 바로 이 고래들을 보러 온 것이었고, 그 순간을 고대하고 있었으며, 보게 되면 얼마나 짜릿할까 생각했었다. 하지만 그런데도, 그 고래들의 크기와 힘에도 불구하고 실제로 눈앞에 나타났을 때 그 고래들은 이상하게도 멀리 떨어져 있는 느낌이었고, 연어를 잡으려 아래로 다이빙하거나 분수공으로 바닷물을 뿜어 승리의 나팔을 불며 수면 위로 올라올 때도 어쩐지 실제 같은 느낌이 들지 않았다. 나는 별 감흥이 없었다. 왠지 무슨 자연의 쇼를 보고 있는 느낌이었다. 나는 여전히 생명 세계와의 그 안이한 단절의 수렁에 빠져 있었고, 그런 내게 범고래는 야생의 생물들이 아니라 표를 끊고 들어와 관람하는 쇼에서 재주를 피우고, 할리우드 영화에서 연기를 하며, 솜인형으로, 티셔츠와 열쇠고리에 그려진 그림으로 어디서나 보이는 익숙한 상품화된 사물 같았다.

나는 그런 비전에 장악되어 있다는 걸 깨닫지도 못한 채, 이 유순하고 작고 다루기 쉬운 범고래의 비전에 사로잡혀 있었다. 범고래들이 시야에서 사라지자 나는 보트의 옆면에 서서 범고래들을 찾았다. 그 거대한 포식자들 곁에서도 완전히 편안한 상태였던 나는 배 옆쪽으로 몸을 기울이며 그 귀여운 바다의 판다들이 다음에는 어디서 튀어나올까 하며 바다를 응시했다. 그러다 어느 순간 나는 바로 코앞에서 솟아오르는 범고래를 똑바로 쳐다보고 있었다. 엄청나게 거대한 몸이 물에 젖어 번들거리는 이 사냥꾼은 입을 커다랗게 벌리고 미소를 지은 채 길고 반짝이는 이빨에서 바닷물을 뚝뚝 떨어뜨리며 물 밖으로 솟아오르고 또 솟아올랐다. 내가 그 녀석을 **본** 것은 그때였다. 그 고래는 내가 성인이 된 후로 정말로, 진정으로 보았다고 말할 수 있는 몇 안 되는 동물 중 하나였다. 이 해역에서 바다 풍경의 부인할 수 있는 봉화 역할을 하는 야수가 하나 있다면, 절대 놓치거나 무시할 수 없는 존재가 하나 있다면, 그것은 바로 범고래다. 그 순간 그 존재는 속속들이 자신을 주장하며, 내 움벨트 안에서 장작불처럼 불길을 활활 피워 올렸다.

중력이 범고래를 다시 아래로 끌어당기기 시작하자 녀석의 몸이 배의 옆면에 충돌할 것처럼 보였고, 한순간 나는 내 앞의 이 크나큰 존재에 비해 우리가 탄 배가 얼마나 허술한지 깨달았다. 그러나 범고래는 우리와 닿기 직전에, 날렵하게 몸을 피하며 조용히 다시 물속으로 미끄러져 들어가 우리의 시야에서 사라졌다. 하지만 나의 시각 속에는 영원히 새겨졌다. 오르카, 범고래, 오르키누스 오르카 *Orcinus orca*, 그것은 내가 고혹적인 푸른 하늘 아래서 본 가장 크고 가장 검고 가장 환상적인 물고기였다.

감사의 말

책 한 권을 쓰는 마지막 단계가 다가왔을 때, 마침내 뒤돌아볼 수 있는 지점에 도달했을 때 가장 좋은 일 하나는 애초에 책 쓰는 일 자체를 가능하게 해준 분들에게 감사를 표할 기회가 생긴다는 것입니다.

이 책은 많은 사람의 연구와 통찰을 종합한 결과물입니다. 무엇보다 먼저 생명의 분류에 빛을 비춰주었으며, 내가 여기서 연구를 참고하고 인용한 모든 부류의 학자들(생물학자, 역사학자, 인류학자, 심리학자, 언어학자, 철학자)께 감사드립니다. 이 책의 밑바탕이 된 모든 글의 저자분들(그분들이 내가 이 책에 쓴 내용에 동의하든 하지 않든)께도 크나큰 감사의 말씀을 전합니다.

내가 생물학자로서 받은 교육은 분류에 관한 나의 생각에 큰 영향을 주었으므로, 과학에 관한 생각을 형성하는 데 도움을 주신 분들께 감사의 말씀을 드리고 싶습니다. 리오 버스, 리타 캘보, 생태학과 계통학의 와일드 아이디어스 클럽, 폴 피니, 잭 프랭클몬트, 스티브 핸델, 릭 해리슨, 키스 효르초이, 캐럴 호비츠, 에이미 맥큔, 제프리 파월, 톰 실리는 각자 모두 과학을 하는 일에서 중요한 무언가를 내게 가르쳐준 분들입니다. 그중에서 DNA 염기서열분석을 할 수 있으면서 날아가는 솔새들도 동정할 수 있는 매우 드문 생물학자 칩 아콰드로 선생님께는 특별한 감사를 드리는 것이 마땅합니다.

414

글을 어떻게 써야 하는지 그냥 아는 사람들도 있는 것 같지만, 글쓰기에 관해 내가 아는 것은 모두 가르침을 받아 알게 된 것입니다. 나와 함께 일했던 편집자와 작가 몇 분께도 감사의 말씀을 드리고 싶습니다. 직접적인 교정 교열 작업으로써, 또는 본인의 글로 직접 모범을 보여줌으로써, 혹은 두 방식 모두로 나의 글을 더 낫게 만들어 준 분들이지요. 브루스 애그누, 내털리 앤지어, 캐서린 부턴, 제인 브로디, 로라 창, 데이비드 코코런, 코리 딘, 빌 디키, 짐 고먼, 리처드 힐, 오즈 코글린, 데니스 오버비, 클레어본 레이가 그 분들입니다. 내가 처음 《뉴욕 타임스》의 문을 열고 들어갔을 때 과학 부문 편집장이었으며, 해야 할 다른 일이 수천 가지나 있는 데도 시간을 내 내게 글 쓰는 법을 가르쳐 준 니콜라스 웨이드에게 특별한 감사를 드립니다.

이 책은 경이로운 여성 몇 사람의 노고와 믿음이 없었다면 존재하지 못했을 겁니다. 그 수고를 이끌어준 분은 나의 편집자인 마리아 과나셀리입니다. 이 책을 쓰고 만드는 일에 결정적이었던 (때로는 스승 같은) 통찰과 온화한 지도, 선물 같은 시간을 내어준 마리아에게 마음 깊이 감사를 전하고 싶습니다. 또한 원고를 세심하게 다듬어준 앤 아델먼, 마거릿 멀로니, 멜라니 토토롤리에게도 감사드립니다. 그리고 나의 에이전트인 엘리자베스 웨일스에게도 감사합니다. 엘리자베스가 독자로서, 조언자로서, 치료사로서, 끈질긴 비판자로서, 응원단장으로서 보여준 노력이 없었다면 이 책은 절대 세상에 나오지 못했을 겁니다.

지난 수년간 이 책에 관해 나와 이야기를 나눠줌으로써, 또는 절대 이 책에 관한 이야기는 하지 않음으로써 내가 이 작업을 계속해 나갈 수 있도록 도와준 많은 분이 있습니다. 케이트 베이커 윙필드,

멜리사 바인더, 해나 블로크, 아일린 존, 디 어뮤징 뮤지스, 크리스틴 파크스, 낸시 퀴그, 사샤 새보이언, 얼리샤 셰터, 서스턴 일가, 돌로리스 버듀어, 에밀리 위너, 더 웜버거-브라운스가 여기에 포함됩니다. 그리고 올리비어 브램부트, 빈스 랄롱드, Mt. 베이커리의 좋은 사람들은 매일 하루분의 벨지언 페스트리와 라테로, 분투하는 예술가 커뮤니티의 부드러운 공감으로 나를 지탱해주었지요. 앨런 드 케이로스는 끝없는 넋두리를 들어주었을 뿐 아니라, 관대하게도 기꺼이 실험 대상이 되어주었답니다. 그 누구와도 비교할 수 없는 다정한 나의 친구 데이비드 터커츠에게는 그리스에서 즐겁게 놀고 있었어야 할 시간에 이 원고를 읽어준 데 대해 특별한 감사를 표합니다.

말할 것도 없이 이 책에 남아 있는 결함과 실수에 대한 책임은 온전히 나에게 있습니다.

나의 가족은 내가 이 책을 쓰는 동안 사랑을 넘어서는 필수적인 것들, 예컨대 음식과 의복과 안식처를 제공해주는 것을 포함해 아이들을 기르는 일을 도와주고 때로는 현금을 수혈해줌으로써 나를 뒷받침해주었습니다. 생계를 유지하도록 도와주신 데 대해 돌아가신 나의 아버지와 그레이스 고모, 시댁 피터슨 가족에게 감사드립니다. 내가 여기에 다 적을 수 없을 만큼 다방면으로 나를 지원해주고 응원해준 나의 어머니께는 더더욱 특별한 감사를 전합니다.

마지막으로 이 책을 쓰는 과정의 모든 측면을 함께해준 나의 세 가족에게 감사를 표하고 싶습니다. 그들은 내가 주저앉을 때마다 다시 일으켜주고, 공감과 좋은 충고를 나눠주고, 즐거운 노래를 불러주고, 행운을 기원하는 그림을 그려주고, 사랑의 쪽지를 보내주고, 글쓰기 슬럼프를 타파하는 팔찌를 만들어주었답니다. 그보다 더 좋은 건,

더없이 작은 승리라도 주방에서 선데이 아이스크림과 축하 댄스로 축하해주었다는 것이죠. 이 모든 일을 가치 있게 만들어준 에미코와 에릭, 그리고 메릴에게 감사합니다.

옮긴이의 말

그럼에도 물고기는 존재해야 한다는 이야기

캐럴 계숙 윤. 모든 것은 이 이름에서 시작되었다. 『물고기는 존재하지 않는다』(룰루 밀러 지음, 곰출판, 2021)라는 책을 번역할 때 만난 이름. 그 책이 출간된 후 한국계가 분명해 보이는 이 이름에 많은 독자가 관심을 보여주셨고, 나는 그 관심에서 힘을 얻는 느낌이었다. 『물고기는 존재하지 않는다』의 저자 룰루 밀러가 책을 쓰면서 가장 큰 영향을 받았다고 밝힌 그의 책을 꼭 번역해보고 싶은 마음이 있었기 때문이다. 마침 딱 그런 생각을 하고 있을 때 월북에서 이 책의 번역을 의뢰해주셔서 정말 반갑고 기뻤다.

　사실 나는 이 책이 무엇보다 '자연에 이름을 붙이는 일'에 관한 책이라는 점에서 강하게 끌렸다. 식물의 이름을 알아내고 수집하는 일이 내 오랜 취미이기 때문이다. 내가 식물의 이름에 관해 이야기할 때 받는 반응은 대체로 두 가지다. 어떤 풀이나 꽃의 이름을 이야기하면 왜 그런 쓸데없는 데 관심을 기울이냐는 듯, 약간은 이해가 안된다는 듯 보는 시선이 하나. 아니면 몰랐던 걸 알게 되어 좋아하거나 신기해하며 흥미를 보이는 반응이 또 하나. 간단히 말해 관심 아니면 무관심이다.

　이름을 알고 싶은 마음은 그 존재에 대한 관심의 시작이다. 이름을 모르면 각각이 개별적으로 인지되지 않으며 보통명사로만 남거나 아예 인지되지도 않는다. 이름을 모르면 스쳐 지나가지만 이름을 알면 마음속에, 머릿속에 스며든다. 그런데 알고 보니 이름을 안다는 건 무엇보다 분류를 한다는 뜻이기도 했다. 분류학에 관해 이야기하는 이 책의 제목이 『자연에 이름 붙이기』인 것도 그래서다. 우리가 캐럴 계숙 윤이라는 이름을 보고 한국계일 것이고 윤씨 집안 사람이라고 생각하는 것 역시 일종의 분류다. 내 식물 블로그에서는 처음에 '식물'이라는 하나의 카테고리였던 것이 하나하나 이름을 붙이며 쌓아간 결과 나중에는 (가래나무과로 시작해서 회양목과로 끝나는) 과명으로 된 125개의 카테고리로 늘어나 있었다. 그냥 이름을 알아내고 있을 뿐이라고 생각했지만, 알고 보니 나 역시 분류를 하고 있었던 셈이다.

　『자연에 이름 붙이기』를 그냥 분류학에 관한 책이라고 말하는 건 이 책을 너무 납작하게 만드는 일 같다. 이 책은 분류학보다 더 큰 분류학에 관한 책, 인간과 생명 세계와 진화와 과학 사이의 아주 오래된 관계에 관한 책이다. 일단 제목에 꽂혀서 번역을 시작했지만, 내가 예상한 '분류학'에 관한 이야기와는 좀 다른 이야기들을 만났고, 그래서 번역을 하는 내내 여러 신기하고 재미있는 이야기들, 생각도 해보지 못한 진실들을 알게 되었다. 이런 예상 밖의 전개는 책의 서두에서 밝히고 있다시피 저자 역시 의도한 바가 아니었다. 책을 쓰는 과정에서 저자는 원래 쓰고자 했던 이야기에서 벗어나 예상 밖의 길로 들어서게 되고, 완전히 새로운 생각을 갖게 된다. 이런 점은 『물고기는 존재하지 않는다』와도 비슷한데, 다만 여기서는 저자가 서두에서 자신의 생각이 바뀌었음을 미리 이야기하고 있어 독자가 처음부터 반전 아닌 반전을 예상하고 들어가게 된다.

룰루 밀러가 우리에게 '물고기가 존재하지 않는 이유'를 알려준다고 한다면, 캐럴 계숙 윤은 거기서 한발 더 나아가 그럼에도 '물고기가 존재해야만 하는 이유'를 이야기한다. 이렇게 말하면 얼핏 서로 모순처럼 들릴 것도 같은데, 사실은 둘 다 폭압적인 도그마를 거부하는 상보적 관점이며, 서로 어우러져 더 완전한 원을 이루는 반쪽이자 거울상이라고 생각한다. 어느 한쪽만이 아닌, 두 책이 함께 어우러져 만들어내는 그 원이 내겐 정말 아름답게 느껴진다. 룰루 밀러가 감사의 말에서 "이 책에서 논의한 과학적 주제에 조금이라도 관심이 생긴 분이라면, 직관과 진실의 충돌에 관한 놀라운 사실을 자세히 들려주는 윤의 책 『자연에 이름 붙이기』를 향해 걷지 말고 뛰어가보시"라며 적극 추천한 이유도, 자기 이야기에만 치우치지 말고 역시나 중요한 이 이야기도 꼭 알아주기를 원했기 때문이라 생각한다.

그러나 저자의 원래 의도는 물고기가 존재해야 한다고 역설하는 것이 아니었다. 과학자인 저자는 오히려 정반대의 자리에서, 그러니까 물고기가 존재하지 않는다는 과학적 확신에서 출발했다. 처음에는 린나이우스와 함께 시작된 '과학적' 분류학이 200년 뒤 물고기가 존재하지 않는다는 결론에 이르게 된 과정을 과학자가 아닌 일반 독자들에게도 재미있게 들려줄 생각이었다. 그러나 책 쓰기 작업에 착수한 후부터 분류학에 관해 그간 몰랐던 완전히 새로운 사실에 부딪히고, 어리둥절한 세계로 빠져들어 놀라운 발견을 마주하며 전혀 다른 깨달음에 도달했다. 그건 바로 과학으로서 분류학이 생겨나기 전 까마득한 옛날부터 인류가 줄곧 분류학을 해왔다는 사실이었다.

원시 인류에게 분류는 생존에 필수적인 능력이었다. 이 식물 또는 동물이 무엇인지, 내가 먹을 수 있는 것인지 아니면 나를 먹을 수 있는 것인지 분류하는 능력은 생존에 필수이니 말이다. 병으로 뇌의 일부가 손상된 후, 무생물은 아무렇지 않게 알아보고 구분하는 반면 생물에 대해서는 무엇인지 까맣게 잊어버린 환자 J. B. R.의 이야기를 상기해보자. 이런 증상을 보이는 환자들은 세계 곳곳에서 거듭 발견되었고, 결국 뇌의 비슷한 부위가 손상되었다는 사실이 밝혀졌다. 이는 생물에 대한 관심과 이를 분류하는 능력이 진화를 거치며 뇌의 특정 부위에 장착된 기본 기능이라는 뜻이고, 결국 인간의 선천적 능력이라는 뜻이다.

　　생명의 세계에 대한 인간의 이런 본능적이고 직관적인 시각을 저자는 (이 책의 주인공이라고 해도 과언이 아닐) 움벨트Umwelt(독일어로 환경, 주변 세계라는 뜻)라는 개념으로 설명한다. 아마도 생명의 탄생 직후부터 존재하기 시작했을 이 움벨트는 인간뿐 아니라 모든 생물이 자연에 관심을 갖게 만드는 근원이지만, 또한 진짜 과학이 되고자 몸부림치는 분류학의 발목을 매번 걸어 넘어뜨리는 방해꾼이기도 했다. 움벨트와 분류학 사이에 이런 애증 관계의 씨앗을 뿌린 장본인은 바로, 생명은 진화의 역사를 반영하는 방식으로 분류해야 한다는 원칙을 천명한 찰스 다윈이었다.

　　린나이우스 때 하나의 학문 분야로 자리 잡은 분류학은 다윈을 거치며 진화분류학, 수리분류학, 분자분류학, 분기학으로 이어졌다. 이 과정은 과학이 되고자 애쓰는 분류학과 그걸 방해하는 움벨트가 200년에 걸쳐 옥신각신해온 역사라고 할 수 있다. 마침내 분기학이 물고기의 죽음을 선언함과 동시에 움벨트에 대해 최종 승리를 거두

421　　　　　　　　　　　　　　　　　　　　　　　　옮긴이의 말

었지만, 이는 분류학이 진정한 과학이 되는 순간임과 동시에 또 다른 비극의 출발점이 되고 말았다. 너무나도 인간적인 움벨트의 시야를 지닌 우리는, 복잡한 수학과 통계학, 눈에 보이지 않는 분자들, 철저한 진화적 논리를 따르는 너무나도 과학적이고 기술적인 분류학 앞에서 어리벙벙해졌고, 결국 생명 세계에 대한 모든 판단의 권한을 과학에게 일임하고 말았다. 자연의 경이 앞에서 환희를 느끼던 자연의 일부였던 우리는 대멸종이 진행되는 와중에도 생명의 세계에 더할 수 없이 무관심하다. 움벨트를 잊어버리고 잃어버린 것이다. 자신이 자연의 일부라는 사실도 잊어버리고 사는 것 같다. 과학이 불러온 이런 거대한 무감각 앞에서 본인 역시 진화생물학자인 캐럴 계숙 윤은 망연자실해졌다. 그리고 이런 상황을 해결할 열쇠는 움벨트의 시각을 회복하는 것임을 깨닫는다. 생명과 자연에 대한 경이를 회복하는 것. 뻔한 이야기처럼 들릴지 모르지만 왜 그래야 하는지에 대한 저자의 이야기를 들어보면 고개가 끄덕여질 것이고, 얼른 자신의 움벨트를 찾아보고 싶어질 것이다.

생명의 세계. 그건 어디에나 있다. 사람들은 삭막한 콘크리트 도시에서는 자연을 보기가 어렵다고 생각한다. 영어에는 'hide in plain sight'라는 표현이 있다. 눈앞에 뻔히 있는데도 너무 당연히 여겨서 그게 거기 있다는 걸 알아차리지 못하고 놓치는 상황에 쓰는 어구다. Hide라는 동사가 들어가지만 사실 그건 숨어 있는 것이 아니고, 사람이 그걸 보지 않는, 보지 못하는 것일 뿐이다. 오늘 아침 내가 아파트 단지 안을 걸으며 본 화단 구석과 보도블록 틈새에서는 쇠비름, 바랭이, 밭뚝외풀, 주름잎, 애기땅빈대, 중대가리풀, 피막이풀, 포아풀, 개미자리, 질경이 그리고 그 외 많은 식물이 살고 있었다. 이들은 사람이 일부러 심지 않아도 저절로 알아서 자라 '잡초'라 불리는 풀들이다. 가로수와 함께 도롯가에 조성해둔 화단도 가만히 들여다보면 어디선가 날아와 뿌리를 내린 가지가지 잡초가 깜짝 놀랄 만큼 많다. '숨어 있는 보잘것없는 것들'이지만 하나하나 들여다보면 더없이 경이롭고 귀엽고 사랑스럽다. 모르는 이름이 있다면 인터넷에서 사진을 찾아보시면 좋겠다. 분명 많이 보았던 익숙한 풀들일 것이다. 그렇게 한 번 이름을 붙이고 나면 다음부터는 보지 않으려고 해도 자기 개성을 뽐내며 눈으로 툭툭 튀어 들어올 것이다.

분류학에 관한 책이라고 하면 딱딱하고 어렵다는 느낌이 들지도 모르겠다. 그런데 내가 번역한 책이라서, 팔이 안으로 굽어서가 아니라, 캐럴 계숙 윤은 옛날이야기의 달인인 능청스러운 동네 할머니처럼 얘기 보따리를 아주 재미나게 풀어낸다. 아니, 분류학이 이렇게 재미있을 일인가 싶게. 이 책을 읽다 보면 분류학의 역사와 생명의 진화에 관해 어느 정도 감이 잡힐 것이고, 어쩌면 분류학과 진화의 역사에 대한 관심이 무럭무럭 커져 있을지도 모른다. 그리고 캐럴 계숙 윤은 여러분 마음속에서 '이야기꾼'이라는 또 하나의 카테고리에 쏙 들어가 있을 것이다.

2023년 8월
정지인

옮긴이의 말

주석

프롤로그

1   Lewis Carroll, *Through the Looking Glass* (London: Macmillan & Co., 1872), 131. 루이스 캐럴, 『거울 나라의 앨리스』.

2   분류의 과학(생물을 분류군으로 나누는 일부터, 각 분류군에 이름을 붙이고, 그 이름들을 체계적으로 정리하는 일까지)을 가리키는 데는 역사적 시기에 따라, 그리고 사람에 따라 '분류학'과 '계통학'이라는 두 용어가 사용되었다. 이 책에서 나는 두 용어 다 이 모든 활동을 포괄하는 가장 넓은 의미로 사용한다.

3   물고기 그림들의 출처는 다음과 같다. Jim Harter, *Animals 1419 Copyright Free Illustrations of Mammals Birds Fish Insects etc* (New York: Dover Publications, 1979), Harold H. Hart, *Hart Picture Archives The Animal Kingdom* (New York: Hart Publishing Co., 1977).

4   J. B. R.과 L. A. 등의 이야기는 '아기와 뇌손상 환자의 움벨트' 항목에서 더 자세히 다룬다. J. B. R.의 사례가 처음 기술된 논문: Richard Greenwood, et al., "Behaviour disturbances during recovery from herpes simplex encephalitis," *Journal of Neurology Neurosurgery and Psychiatry* 46 (1983): 809-17; L. A.의 사례를 보고한 논문: M. Caterina Silveri and G. Gainotti, "Interaction between vision and language in category-specific semantic impairment," *Cognitive Neuropsychology* 5 (1988): 677-709.

5   분류학에 선천적 토대가 있을 수 있다는 가설에 관한 논의는 다음 논문에서 볼 수 있다. Scott Atran, "Folk biology and the anthropology of science: Cognitive universals and cultural particulars," *Behavioral and Brain Sciences* 21 (1998): 547-609.

6   20세기 초 야코프 폰 윅스퀼Jakob von Uexküll이라는 독일 생물학자가 동물행동학에 이 용어를 도입했다. 처음에 윅스퀼은 한 생물이 지각하는 세계 및 생물이 그 지각에 대해 보일 수 있는 반응의 범위 둘 다를 나타내는 데 그 단어를 사용했다. 현재 '움벨트'는 행동생물학자들이 한 동물의 고유한 종특이적 지각 세계를 나타내는 데

사용하고 있다. 다음을 참고하라. Fred C. Dyer and H. Jane Brockmann, "Biology of the Umwelt," in Lynne D. Houck and Lee C. Drickamer, eds., *Foundations of Animal Behavior* (Chicago: University of Chicago Press, 1996).

7   나는 이러한 개념을 다음 책에서 처음 접했다. Scott Atran, *Cognitive Foundations of Natural History Towards an Anthropology of Science* (Cambridge: Cam-bridge University Press, 1990).

8   Diane Schmidt, *A Guide to Field Guides Identifying the Natural History of North America* (Westport, CT: Libraries Unlimited, 1999).

9   E. O. Wilson, *The Future of Life* (New York: Knopf, 2002), 60. 에드워드 오스본 윌슨, 『생명의 미래』, 전방욱 옮김, 사이언스북스, 2005.

1부

1장   작은 신탁 신관

1   알렉산더 폰 훔볼트가 1799년 7월 16일에 자기 형 빌헬름에게 쓴 이 편지는 다음 책에서 독일어 원문으로 읽을 수 있다. Alexander von Humboldt, *Briefe Alexander s von Humboldt an seinen Bruder Wilhelm* (Stuttgart: J. G. Cottaschen Buchhandlung, 1880).

2   린나이우스의 전기는 그의 과학적 기여를 학문적으로 논한 것부터, 오늘날까지도 스웨덴에서 큰 사랑을 받고 있는(웁살라에 가면 마지팬으로 만든 린나이우스의 얼굴로 장식한 패스트리도 먹을 수 있을 정도다) 그에 대한 충실한 숭배문에 이르기까지 다양하다. 내가 주로 참고한 자료는 윌프레드 블런트Wilfred Blunt가 쓴 *Linnaeus The Compleat Naturalist* (Princeton: Princeton University Press, 2002)이며, 따로 언급하지 않은 출전들은 다음과 같다. James L. Larson, Reason and Experience: *The Representation of Natural Order in the Work of Carl von Linné* (Berkeley: University of California Press, 1971); Heinz Goerke, *Linnaeus* (New York: Scribner, 1973); and Frans A. Stafleu, *Linnaeus and the Linnaeans* (Utrecht, Netherlands: A. Oosthoek's Uitgeversmaatschappij, 1971).

3   Aristotle's *History of Animals*, trans. by D'Arcy Wentworth Thompson (1910; Whitefish, MT: Kessinger Publishing, 2004). 아리스토텔레스, 『동물지』, 서경주 옮김, 노마드, 2023. 테오프라스토스가 언급한 종류의 수는 다음 책에 나와 있다. Edward Lee Greene, *Landmarks in Botanical History* (1909; Stanford, CA: Stanford

University Press, 1983).

4 George-Louis Leclerc, comte de Buffon, *Natural History* (1749-1804; New York: Hurst & Co., 1870), vol. 2, p.125.

5 과학적 분류를 위협하는 그 혼돈에 대한 생생한 이야기는 다음 책에서 볼 수 있다. Stephen T. Asma, *Stuffed Animals and Pickled Heads: The Culture and Evolution of Natural History Museums* (New York: Oxford University Press, 2001).

6 Aristotle's *History of Animals*, 287.

7 J. G. Wood, *Animate Creation Vol. II* (New York: Selmar Hess, 1885).

8 Paul Lawrence Farber, *Finding Order in Nature The Naturalist Tradition from Linnaeus to E. O. Wilson* (Baltimore: Johns Hopkins University Press, 2000); Asma's *Stuffed Animals and Pickled Heads*.

9 결국에는 린나이우스가 큐레이팅하게 된 국왕의 컬렉션은 현재 아돌피 프리데리시 박물관Museum Adolphi Friderici으로 불리며, 스웨덴 자연사박물관의 일부이다. 컬렉션에 소장된 표본들은 영어로 된 설명과 함께 http://linnaeus.nrm.se/zool/madfrid.html.en에서 볼 수 있다.

10 Sue Ann Prince, ed., *Stuffing Birds Pressing Plants, Shaping Knowledge* (Philadelphia: American Philosophical Society, 2003), 13.

11 Tore Frängsmyr, ed., *Linnaeus: The Man and His Work* (Berkeley: University of California Press, 1983), 62.

12 위와 동일.

13 Mary P. Winsor, "The Development of Linnaean insect classification," *Taxon* 25 (1976): 57-67.

14 Jim Harter, ed., *Plants: 2400 Copyright Free Illustrations* (New York: Dover Publications, 1988).

15 이 월계수 사건을 들려주는 글로 내가 읽은 것은 네 가지다. Wilfred Blunt, *Linnaeus: The Compleat Naturalist*, 99; Mark Griffith, "Clifford's Banana: How Natural History Was Made in a Garden," in B. Gardiner and M. Morris, eds., *The Linnean Special Issue No. 7: The Linnaean Collections* (Oxford: Wiley-Blackwell, 2007), 19; Edward Lee Greene, *Carolus Linnaeus* (Philadelphia: Christopher Sower Co., 1912), 60; and Alice Dickinson, *Carl Linnaeus: Pioneer of Modern Botany* (New York: Franklin Watts, 1967), 95. 물고기부터 얼룩말까지 다양한 생물들과 마찬가지로 실론계피나무Cinnamon도 린나이우스의 시대 이후로 과학적 생명 분류 안에서 그 위치가 여러 번 바뀌는 일을 겪었다. 가장 최근에 이 종은 다시 녹나무속 *Cinnamomum*으로 분류되었다. 현재의 학명은 *Cinnamomum verum*이다.

16 Greene, *Carolus Linnaeus*, 60.

17   린나이우스는 식물학을 행하는 일에 관한 상세한 규칙을 *Fundamenta Botanica*
      (1736), *Critica Botanica*(1737), *Philosophia Botanica*(1751) 세 권에 담아냈다.

18   "구체적인 이름은 짧을수록 좋다"라며 이름을 지을 때 하지 말아야 할 예로 이 이름
      을 제시했다. *Linnaeus Critica Botanica* (London: The Ray Society, 1938), 170. 아카시
      에 퀴담모도의 정확한 영어 번역은 다음 책에서 가져왔다. Stephen Freer, *Linnaeus
      Philosophia Botanica* (Oxford: Oxford University Press, 2005).

19   Wilfred Blunt, *Linnaeus: The Compleat Naturalist*, 180.

20   Knut Hagberg, *Carl Linnaeus* (New York: E. P. Dutton & Co., 1953), 129.

21   Carolus Linnaeus, *Systema Naturae* (Nieuwkoop: B. De Graaf, 1735).

22   린나이우스가 분류한 종의 수에 대해서는 여러 다른 말들이 있다. 이 수는 Blunt
      의 *Linnaeus The Compleat Naturalist*, 246쪽에 실린 것으로 윌리엄 T. 스턴스William T.
      Stearns라는 학자의 논문 "Linnaean Classification, Nomenclature, and Method,"에
      서 인용한 것이다.

23   Blunt, *Linnaeus: The Compleat Naturalist*, 179.

2장   따개비 안에 담긴 기적

1   George Bernard Shaw, *Heartbreak House; Great Catherine; and Playlets of the War*
     (New York: Brentanos, 1919), 289.

2   Janet Evans, ed., *The Natural Science Picture Sourcebook* (New York: Van Nostrand
     Reinhold Co., 1984), 15.

3   다윈의 생애에 관한 자료들과 그 자료들에 대한 조사의 세밀함은 정말 백과사
     전적이라 할 만하다. 이 장을 쓸 때는 다음 주요 전기 두 편을 참고했다. Janet
     Browne, *Charles Darwin: Voyaging* (Princeton: Princeton University Press 1996) 재닛
     브라운, 『찰스 다윈 평전: 종의 수수께끼를 찾아 위대한 항해를 시작하다』, 임종
     기 옮김, 김영사, 2010년; Adrian Desmond and James Moore, *Darwin: The Life
     of a Tormented Evolutionist* (New York: Warner Books, 1991). 다음 자료는 앞의 두 권
     만큼 유명하지는 않지만 그에 못지않게 중요하다. William A. Newman, "Darwin
     and cirripedology" in Frank Truesdale's History of Carcinology: *Crustacean
     Issues 8* (1993): 349-434. 이 장에서 인용한 문장들은 따로 출처를 밝히지 않은 경
     우, 다윈이 받거나 쓴 편지에서 가져온 것들이며, 현재 Darwin Correspondence
     Project, www.darwinproject.ac.uk에서 온라인으로 (인용된 문구 하나만 넣고 검색
     해도) 찾아 읽을 수 있다. 또한 이 편지들은 『찰스 다윈 서한집The Correspondence of
     Charles Darwin』이라는 제목의 여러 권으로 된 시리즈로도 출판되었다. (Cambridge:

Cambridge University Press, 1985-).

4   이 작업 전체는 『비글호 항해의 동물학The Zoology of the Voyage of H.M.S. Beagle』이라는
    제목으로 출간되었고, 다윈은 이 프로젝트의 편집자이자 감독자였으며 주석과 정보
    를 덧붙이기도 했지만, 실제로 각 권을 쓴 것은 각 분야를 담당한 전문가들이었다.

5   특수화가 점점 더 심화되던 현상은 다음 문헌에서 볼 수 있다. Carl H. Lindroth,
    "Systematics Specializes Between Fabricius and Darwin: 1800-1859," in Ray F.
    Smith, Thomas E. Mittler, and Carroll N. Smith, eds., *History of Entomology* (Palo
    Alto, CA: Annual Reviews, 1973).

6   다윈이 비글호 여행 중 작성한 동물학 기록에 담긴 내용. Richard Keynes, ed.,
    Charles Darwin's Zoology Notes & Specimen Lists from H.M.S. Beagle (Cambridge:
    Cambridge University Press, 2000), 274. 이 책은 http://darwin-online.org.uk(온라인
    찰스 다윈 전집 The Complete Works of Charles Darwin Online)에서 온라인으로 찾아
    볼 수 있고, 내용도 검색할 수 있다.

7   생명이 진화해왔다는 가능성을 다윈이 처음으로 떠올린 것이 정확히 언제인지에
    대해서는 좀 논란이 있으며, 아직 그가 비글호를 타고 항해 중일 때 그 이론을 처음
    떠올렸는지 여부에 대해서 특히 그렇다. 다윈은 「빨간 노트The Red Notebook」가 다
    끝나가는 부분에 진화에 관한 글을 써놓았는데, 「빨간 노트」는 그가 아직 비글호
    를 타고 있던 1836년에 쓰기 시작했지만 그 노트를 다 쓴 것은 영국으로 돌아온 후
    인 1836년이나 1837년이었던 것으로 보인다. 비글호에 있을 때 썼다고 알려진 글
    중 "종의 안정성을 훼손할" 사실들에 관해 쓴 글들을 보고, 어떤 사람들은 이 단계
    에 다윈이 이미 진화에 관해 생각했다는 증거로 해석하지만, 그렇게 단언할 수 없
    다고 보는 이들도 있다. 더 자세한 논의는 다음 글에서 볼 수 있다. Niles Eldredge,
    "Darwin's *Other* Books: 'Red' and 'Transmutation' Notebooks, 'Sketch,' 'Essay,'
    and *Natural Selection*," *Public Library of Science Biology* 3 (11) (2005): e382.

8   Paul Lawrence Farber의 『Finding Order in Nature: The Naturalist Tradition
    from Linnaeus to E. O. Wilson』에서 "Victorian Fascination: The Golden Age of
    Natural History"라는 제목의 챕터 87쪽을 보라.

9   나는 자주 인용되는 이 멋진 말의 원출처를 끝내 찾아내지 못했다. 내 무지를 깨줄
    독자가 있다면 무척 감사할 것이다.

10 다윈이 비글 여행 중에 쓴 동물학에 관한 일지에서. Keynes, ed., *Charles Darwin's
    Zoology Notes*, 276.

11 따개비에 대한 다윈의 논문, *A Monograph on the sub class Cirripedia with figures of all
    the species The Balanidae, (or sessile cirripedes); the Verrucidae etc etc etc Vol. 2* (London: The
    Ray Society, 1854).

12 Charles Darwin *On the Origin of Species by Means of Natural Selection, or the*

Preservation of Favoured Races in the Struggle for Life, 1st ed. (London: John Murray, 1859), 441. 찰스 로버트 다윈, 『종의 기원』, 장대익 옮김, 사이언스북스, 2019.

13   Francis Darwin, *Rustic Sounds and Other Studies in Literature and Natural History* (London: John Murray, 1917), 95.

14   위와 동일, Plate XXIII.

15   Darwin, *On the Origin of Species*

16   Francis Darwin, ed., *The Autobiography of Charles Darwin and Selected Letters* (New York: Dover Publications, 1958), 43.

17   Darwin, *The Autobiography of Charles Darwin*, 43.

18   Darwin, *On the Origin of Species*, 1st ed., 484.

3장   맨 밑바닥의 모습

1   E. M. Forster, *A Room with a View* (1908; New York: Vintage Books, 1986), 305. E. M. 포스터, 『전망 좋은 방』, 고정아 옮김, 열린책들, 2009.

2   에른스트 마이어의 생애 이야기는 위르겐 하퍼Jürgen Haffer가 쓴 상세하고 많은 걸 밝혀주는 전기 『조류학, 진화, 그리고 철학: 에른스트 마이어의 생애와 과학 Ornithology, Evolution and Philosophy: The Life and Science of Ernst Mayr 1904-2005』(Berlin: Springer, 2008)에 담겼다. 본문에서 따로 언급하지 않은 참고자료로는 다음과 같은 것들이 있다. Jared Diamond, "Obituary: Ernst Mayr," *Nature* 433 (2005): 700-01, and "Interview with Ernst Mayr," *BioEssays* 24 (2002): 960-73.

3   그가 쓴 것 중 드물게 자전적인 다음 글에서 젊은 에른스트는 얼마 전에 한 야생 탐험 이야기를 들려준다. Ernst Mayr, "A Tenderfoot Explorer in New Guinea," *Natural History* (January-February 1932).

4   Hart, *Hart Picture Archives*.

5   나이가 지긋한 사람에 대한 사전 부고를 서둘러 준비할 때면 언제나 남의 불행을 이용해먹는 족속이 된 기분이 든다. 다행히 우스운 꼴이 된 건 우리 쪽이었다. 부고가 방치된 채 시들어가는 동안 마이어는 생산적인 8년의 삶을 더 이어갔다.

6   Keith Vernon, "Desperately seeking status: Evolutionary Systematics and the taxonomists' search for respectability 1940-60," *British Journal for the History of Science* 26 (1993): 207-27.

7   Julian Huxley, ed., *The New Systematics* (Oxford: Clarendon Press, 1940), 2.

8   위와 동일, 455.

9   Alvin Toffler, "Vladimir Nabokov—a candid conversation with the artful, erudite

author of Lolita," *Playboy* 1 (1964): 35-45.

10 세분과 병합의 사례 및 그 문제에 대한 마이어의 생각을 알아보려면 다음 책들을 보라. Ernst Mayr, 『Animal Species and Evolution』 (Cambridge, MA: Belknap Press of Harvard University Press, 1966); Ernst Mayr, E. Gorton Linsley, and Robert L. Usinger, *Methods and Principles of Systematic Zoology* (New York: McGraw-Hill, 1953).

11 George Gaylord Simpson, *Principles of Animal Taxonomy* (New York: Columbia University Press, 1961), 139.

12 George Berkeley, *A Treatise concerning the Principles of Human Knowledge* . . . first printed in the year 1710 (London: Tonson, 1734).

13 Ernst Mayr and Dean Amadon, "A Classification of recent birds," *American Museum Novitates 1496* (1951): 1-42.

14 Wood, *Animate Creation Vol. IV*, 366.

15 Simpson, *Principles of Animal Taxonomy*, 44.

16 George Gaylord Simpson, "The Principles of classification and a classification of mammals," *Bulletin of the American Museum of Natural History* 85 (1945): 1-350.

17 Wood, Animate Creation Vol. II, 386.

18 Mayr and Amadon, "A Classification of recent birds," 4.

19 위와 동일, 4.

20 주금류에 대해서는 이후에도 아주 많이 연구되었다. 다음은 가장 유명한 예이다. Alan Cooper, et al., "Complete mitochondrial genome sequences of two extinct moas clarify ratite evolution," Nature 409 (2001): 704-07.

21 Diana Lipscomb, "Women in systematics," *Annual Review of Ecology and Systematics* 26 (1995): 323-41.

22 Mayr, "A Tenderfoot Explorer in New Guinea."

23 Ernst Mayr, *Systematics and the Origin of Species* (New York: Columbia University Press, 1942), 120.

24 Simpson, *Principles of Animal Taxonomy*, 57.

25 Gordon Floyd Ferris, *Principles of Systematic Entomology* (Stanford University: Stanford University Press, 1928), 14.

26 Richard E. Blackwelder, *Systematic Zoology* 3 (1954): 177-81.

27 Mayr, Linsley, and Usinger, *Methods and Principles of Systematic Zoology*, 283.

28 Simpson, "The Principles of classification and a classification of mammals," 85.

2부

4장 바벨탑에서 발견한 놀라움

1 Rudyard Kipling, *Rudyard Kipling s Verse* 1885- 1918 (New York: Doubleday Page and Co., 1919), 354. 인용문은 그가 1895년에 쓴 시 「신석기에」In the Neolithic Age」에 서 가져온 것이다.

2 UN Convention on Biological Diversity, Montreal, Canada, 2007.

3 William W. Pilcher, "Some comments on the folk taxonomy of the Papago," *American Anthropologist* 69 (1967): 205-09.

4 Ralph Bulmer, "Which Came First, the Chicken or the Egg-head?" in J. Pouillon and P. Maranda, eds., *Echanges et communications* (The Hague: Mouton, 1970).

5 Ralph Bulmer, "Why is the cassowary not a bird? A problem of zoological taxonomy among the Karam of the New Guinea Highlands," *Man*, 2 (1967): 5-25.

6 Harter, *Animals*: 1419 *Copyright Free Illustrations*.

7 Michelle Zimbalist Rosaldo, "Metaphors and folk classification," *Southwestern Journal of Anthropology* 28 (1972): 83-99.

8 W. C. O. Hill, *Primates Comparative Anatomy and Taxonomy* (Edinburgh: Edinburgh University Press, 1953). And for further discussion, Aleta Quinn and Don E. Wilson *"Indri indri,"* *Mammalian Species* 694 (2002): 1-5.

9 이 일화들은 마크 J. 플롯킨Mark J. Plotkin이 쓴 민족식물학자의 일에 관한 흥미진 진한 경험담 *Tales of a Shaman's Apprentice* (New York: Penguin, 1994)에서 가져온 것 이다.

10 위와 동일, 104.

11 Jared Diamond and K. David Bishop, "Ethno-Ornithology of the Ketengban People, Indonesian New Guinea," in Douglas L. Medin and Scott Atran, eds., *Folkbiology* (Cambridge, MA: MIT Press, 1999), 19.

12 Cecil H. Brown, *Language and Living Things Uniformities in Folk Classification and Naming* (New Brunswick, NJ: Rutgers University Press, 1984). 브라운은 이 종합적인 책에 이전에 발표한 논문들 다수에서 나온 발견들을 모아놓았다.

13 이 역시 벌린의 광범위한 연구들을 종합해놓은 책이다. Brent Berlin, *Ethno biological Classification Principles of Categorization of Plants and Animals in Traditional Societies* (Princeton: Princeton University Press, 1992), 53.

14 민속 분류학이 어디에나 존재한다는 이야기로 시작하는 이 광범위한 논문에서 스 콧 애트런은 민속 분류학과 과학의 관계를 탐색한다. Scott Atran, "Folk biology

and the anthropology of science: Cognitive universals and cultural particulars," *Behavioral and Brain Sciences* 21 (1998): 547-609. 더 심층적인 분석을 원하면 그의 다음 논문을 보라. S. Atran, *Cognitive Foundations of Natural History: Towards an Anthropology of Science*.

15   Berlin, *Ethnobiological Classification*, 145.

16   Blunt, *Linnaeus: The Compleat Naturalist*, 133.

17   Scott Atran, "Itzaj Maya Folkbiological Taxonomy: Cognitive Universals and Cultural Particulars," in Douglas L. Medin and Scott Atran, eds., *Folkbiology* (Cambridge, MA: MIT Press, 1999), 127.

18   Wolfgang Köhler, *Gestalt Psychology* (New York: Liveright Publishing Corp., 1929), 243. 최근 연구와 2살 아이들의 연구 결과를 검토하려면 다음을 보라. Daphne Maurer, Thanujeni Pathman, and Catherine J. Mondloch, "The Shape of boubas: Sound-shape correspondences in toddlers and adults," *Developmental Science* 9 (2006): 316-22.

19   Brent Berlin, "Evidence for Pervasive Synthetic Sound Symbolism in Ethnozoological Nomenclature," in Leanne Hinton, Johanna Nichols, and John J. Ohala, eds., *Sound Symbolism* (Cambridge: Cambridge University Press, 2006).

20   Berlin, *Ethnobiological Classification*, 236. ©1992 Princeton University Press. Reprinted by permission of Princeton University Press.

21   위와 동일, 241. 이 말을 한 동료는 벌린과 함께 인간의 또 한 가지 보편적 특성에 관한 고전적 저서 *Basic Color Terms: Their Universality and Evolution* (Stanford, CA: CSLI Publications, 1999)을 함께 쓴 폴 케이Paul Kay다.

22   『Ethnobiological Classification』에서 벌린은 "자연의 포천500+Nature's Fortune 500+" 이라며 이 사실을 이야기한다.

23   민속 분류학과 과학적 분류학 모두에서 속이 흐물흐물하게 정의된 범주인 것처럼 보인다면 실제로 그런 범주이기 때문이다. 속에 관한 더 심층적인 논의를 찾고 싶다면 Scott Atran의 책 *Cognitive Foundations of Natural History Towards an Anthropology of Science*를 보라.

24   Eugene Hunn은 흥미진진한 논문에서 수치적 상한선에 대한 개연성 있는 설명들을 탐색한다. "Place-Names, population density, and the magic number 500," *Current Anthropology* 35 (1994): 81-85.

25   Berlin, *Ethnobiological Classification*, 122.

5장   아기와 뇌손상 환자의 움벨트

1   O. S. and L. N. Fowler, *The Illustrated Self-Instructor in Phrenology and Physiology* (New York: Fowlers and Wells, 1853), 11

2   이후에 나오는 사례 연구들의 인용 출처는 다음과 같다. Flora D: J. M. Nielsen Agnosia, Apraxia, Aphasia: *Their Value in Cerebral Localization* (New York: Paul B. Hoeber, 1946); J. B. R.: Richard Greenwood, et al.,"Behaviour disturbances during recovery from herpes simplex encephalitis," *Journal of Neurology Neurosurgery and Psychiatry*, 46 (1983): 809-17; S.B.Y.: Elizabeth K. Warrington and T. Shallice, "Category specific semantic impairments," *Brain* 107 (1984): 829-54; L.A.: M. Caterina Silveri and G. Gainotti, "Interaction between vision and language in category-specific semantic impairment," *Cognitive Neuropsychology*, 5 (1988): 677-709; Giulietta: Giuseppe Sartori, et al., "Category-specific form-knowledge deficit in a patient with herpes simplex virus enceph alitis," *Journal of Clinical and Experimental Neuropsychology* 15 (1993): 280-99; E.W.: Alfonso Caramazza and Jennifer R. Shelton, "Domain-specific knowledge systems in the brain: the animate-inanimate distinction," *Journal of Cognitive Neuroscience* 10 (1998): 1-34; Monsieur Lucien: H. Hécaen and J. de Ajuriaguerra, "Agnosie visuelle pour les objets inanimé par lesion unilatéale gauche," *Revue Neurologique* 94 (1956): 222-33; C.W.: C. Sacchett and G. W. Humphreys, "Calling a squirrel a squirrel but a canoe a wigwam: A category specific deficit for artifactual objects and body parts," *Cognitive Neuropsychology* 9 (1992): 73-86; and P.S. and J.J.: Argye E. Hillis and Alfonso Caramazza, "Category-specific naming and comprehension impairment: A double dissociation," *Brain* 114 (1991): 2081-94.

3   Adrian Desmond and James Moore, *Darwin The Life of a Tormented Evolutionist.*

4   Fowlers's *The Illustrated Self Instructor in Phrenology and Physiology V.*

5   Venita Jay, "Pierre Paul Broca," *Archives of Pathology and Laboratory Medicine* 126 (2002): 250-51; Pierre-Paul Broca, "Remarks on the seat of the faculty or articulated language following an observation of aphemia (loss of speech)," *Bulletin de la Société Anatomique* 6 (1861): 330-57.

6   Alex Martin, et al., "Neural correlates of category-specific knowledge," *Nature* 379 (1996): 649-52.

7   Jenny Sheridan and Glyn W. Humphries, "A Verbal-semantic category-specific recognition impairment," *Cognitive Neuropsychology* 10 (1993), 144-84; John Hart, Jr., Rita Sloan Berndt, and Alfonso Caramazza, "Category-specific naming

deficit following cerebral infarction," *Nature* 316 (1985): 439-40; and Giuseppe Sartori and Remo Job, "The Oyster with four legs: A neuropsychological study on the interaction of visual and semantic information," *Cognitive Neuropsychology* 5 (1988), 105-32.

8   Martha J. Farah, *Visual Agnosia: Disorders of Object Recognition and What They Tell Us About Normal Vision* (Cambridge, MA: MIT Press, 1990), 71.

9   Andrew Balmford, et al., "Why conservationists should heed Pokéon," *Science* 295 (2002): 2367.

10 Lisa Gershkoff-Stowe and Linda B. Smith, "Shape and the first hundred nouns," *Child Development* 75 (2004): 1098-1114.

11 Bertrand Russell, *Human Knowledge Its Scope and Limits* (New York: Simon and Schuster, 1948), V.

6장 워그의 유산

1   Charles Darwin, *On the Origin of Species*, 429.

2   Simpson, *Principles of Animal Taxonomy*, 3.

3   Richard Hertwig, A Manual of Zoology (New York: Henry Holt and Co., 1902), 62.

4   T. T. Struhsaker, "Auditory Communication Among Vervet Monkeys (Cercopithecus aethiops)," in S. A. Altmann, ed., *Social Communication Among Primates* (Chicago: University of Chicago Press, 1967).

5   K. Zuberbuhler, R. Noe, and R. M. Seyfarth, "Diana monkey long distance calls: Messages for conspecifics and predators," *Animal Behaviour* 53 (1997): 589-604.

6   Frank Evers Beddard, *Mammalia* (New York: MacMillan and Co., 1902), 565.

7   C. N. Templeton, E. Greene, and K. Davis, "Allometry of alarm calls: Black-capped chickadees encode information about predator size," *Science* 308 (2005): 1934-37.

8   비둘기와 나무, 물고기 이야기는 다음을 참고하라. R. J. Herrnstein and Peter A. de Villiers, "Fish as a Natural Category for People and Pigeons," in Gordon H. Bower, ed., *The Psychology of Learning and Motivation: Advances in Research and Theory*, Vol. 14 (New York: Academic Press, 1980).

9   Thomas N. Headland, *Taxonomic Disagreement in a Culturally Salient Domain Botany versus Utility in a Philippines Negrito Taxonomic System*. MA thesis, University of Hawaii, 1981.

3부

7장 숫자로 하는 분류학

1   Sir D'Arcy Wentworth Thompson, *On Growth and Form* (Cambridge: Cambridge University Press, 1917), 2.

2   소칼과 스니스의 이야기에 관한 정보는 다양한 출처에서 수집한 것이다. 그중 가장 주요하게 참고한 책은 많은 생각을 자극하는 역사 이야기일 뿐 아니라 분류학에 대한 선정적인 연예 신문마냥, 왠지 꺼림칙한 재미가 있는 책이다. David L. Hull, *Science as a Process An Evolutionary Account of the Social and Conceptual Development of Science Chicago University of Chicago Press 1988 Keith Vernon The founding of numerical taxonomy British Journal for the History of Science* 21 (1988): 143-59이며, 따로 표시하지 않은 또 하나의 출처는 R. R. Sokal, "The Principles of Numerical Taxonomy: Twenty-five Years Later," in M. Goodfellow, ed., *Computer Assisted Bacterial Systematics* (Orlando: Academic Press, 1985)이다.

3   V. H. Heywood, ed., *Phenetic and Phylogenetic Classification* (London: Systematics Association, 1964).

4   Charles D. Michener and Robert R. Sokal, "A quantitative approach to a problem in classification," *Evolution* 11 (1957): 130-62.

5   Paul D. Hurd Jr. and Charles D. Michener, *The Mega chiline Bees of California* (Berkeley: University of California Press, 1955), Plate 6.

6   위와 동일.

7   P. H. A. Sneath, "Thirty years of numerical taxonomy," *Systematic Biology* 44 (1995): 281-98.

8   위와 동일.

9   Sokal and Sneath, *Principles of Numerical Taxonomy*. ©1963 by W. H. Freeman and Company.

10   *Science as a Process*, 120.

11   위와 동일, 121.

12   위와 동일, 121.

13   George Gaylord Simpson, "Numerical taxonomy and biological classifications," *Science* 144 (1964): 721-13.

14   Ernst Mayr, "Numerical phenetics and taxonomic theory," *Systematic Zoology* 14 (1965): 73-97.

15   Robert R. Sokal and Peter H. A. Sneath, *Principles of Numerical Taxonomy* (San

Francisco: W. H. Freeman & Co., 1963), 141.

8장 화학을 통한 더 나은 분류학

1   James Boswell, *Life of Johnson* (1778; Philadelphia: Archibald Constable and Co., 1901), 37.

2   Linus Pauling and Edward Teller, *Fallout and Disarmament The Pauling Teller Debate* (San Francisco: Fearon Publishers, 1958).

3   Gregory J. Morgan, "Emile Zuckerkandl, Linus Pauling, and the molecular evolutionary clock, 1959-1965," *Journal of the History of Biology* 31 (1998): 155-78.

4   Don Rice, ed., *Animals A Picture Source book* (New York: Van Nostrand Reinhold Co., 1979), 132.

5   Emile Zuckerkandl, "Perspectives in Molecular Anthropology," in Sherwood L. Washburn, ed., *Classification and Human Evolution* (Chicago: Aldine Publishing Company, 1963), 247.

6   George Gaylord Simpson, "Organisms and Molecules in evolution: Studies of evolution at the molecular level lead to greater understanding and a balancing of viewpoints," *Science* 146 (1964): 1535-38

7   Emile Zuckerkandl and Linus Pauling, "Evolutionary Divergence and Convergence in Proteins," in V. Bryson and H. J. Vogel, eds., *Evolving Genes and Proteins* (New York: Academic Press, 1965).

8   Walter M. Fitch and Emanuel Margoliash, "Construction of phylogenetic trees," *Science* 155 (1967): 279-84.

9   Virginia Morell, "Microbiology's scarred revolutionary," *Science* 276 (1976): 699-702. 메탄생성균에 대한 워즈의 논문: George E. Fox, et al., "Classification of methanogenic bacteria by 16S ribosomal RNA characterization," *Proceedings of the National Academy of Sciences*, 74 (1977): 4537-41.

10 Morell, "Microbiology's scarred revolutionary."

11 "Interview with Ernst Mayr," *Bioessays* 24 (2002), 960-73.

12 C. K. Yoon and C. F. Aquadro, "Mitochondrial DNA variation among the *Drosophila athabasca* semispecies and *Drosophila affinis*," *Journal of Heredity* 85 (1994): 421-26.

13 Patricia O. Wainwright, et al., "Monophyletic origins of the metazoan: An evolutionary link with fungi," *Science* 260 (1993): 340-42.

14   Plant and mushroom from Harter, *Plants: 2400 Copyright Free Illustrations,;* Lion
      from Harter, *Animals: 1419 Copyright Free Illustrations*

9장   물고기의 죽음

1   George Bernard Shaw, *Plays: Pleasant and Unpleasant: The first Volume Containing
      Three Unpleasant Plays* (1898; New York: Brentanos, 1905) xi.

2   이 장에서 들려주는 빌리 헤니히 이야기의 주요 출처는 데이비드 헐David Hull의
      *Science as a Process An Evolutionary Account of the Social and Conceptual Development of
      Science*이며, 따로 표기하지 않은 또 다른 출처는 빌리 헤니히 협회Willi Hennig Society
      의 웹사이트이다. http://cladistics.org/willi-hennig/

3   L. Brundin, "Transantarctic relationships and their significance, as evidenced by
      chironomid midges," *Kunglica svenska Vetensk apsakademicns Handlingar* 11 (1966):
      1-472.

4   Thomas S. Kuhn, *The Structure of Scientific Revolutions* (Chicago: University of Chicago
      Press, 1970). 토머스 새뮤얼 쿤, 『과학혁명의 구조』, 김명자, 홍성욱 옮김, 까치, 2013.

5   Sara V. Fink, "Report on the second annual meeting of the Willi Hennig Society,"
      Systematic Zoology 31 (1982): 180-97.

6   세 동물 그림 모두 다음에서 가져왔다. Harter, *Animals: 1419 Copyright Free
      Illustrations.*

7   James S. Farris, "The Pattern of cladistics," *Cladistics*, 1 (1985): 190-201.

8   "Interview with Ernst Mayr," *BioEssays*, 24 (2002), 960-73.

9   Philippe Janvier, "Cladistics: Theory, Purpose, and Evolutionary Implications,"
      in J. W. Pollard, ed., *Evolutionary Theory Paths into the Future* (New York: John
      Wiley, 1984), 56.

10   J. N. Bailenson, et al., "A bird's eye view: Triangulating biological categorization
      and reasoning within and across cultures," *Cognition* 84 (2002): 1-53.

11   Joseph Felsenstein, "Waiting for post-neo-Darwin," *Evolution* 40 (1986): 883-89.

12   Hull, *Science as a Process An Evolutionary Account of the Social and Conceptual
      Development of Science*, 173.

13   위와 동일, 155.

14   다음 책은 생물다양성 위기의 탄생과 생물다양성 운동, 연구 분야에 관한 흥미진진
      한 이야기를 담고 있다. David Takacs, *The Idea of Biodiversity Philosophies of Paradise*
      (Baltimore: Johns Hopkins University Press, 1996).

4부

10장 이렇게 이상한 정류장

1   J. C. Fabricius, Philosophia Entomologica (Hamburg: Carl Ernst Bohn, 1778).

2   Rebecca K. Zarger and John R. Stepp, "Persistence of botanical knowledge among Tzeltal Maya children," Current Anthropology 45 (2004): 413-18.

3   자연사 수집물 컬렉션들을 여기저기 나눠주거나 없애버린다는 뉴스가 이따금 들려오기도 하지만, 대부분은 공지도 없이 치워버린다. Rex Dalton, "Natural history collections in crisis as funding is slashed," Nature 423 (2003): 575.

4   PhyloCode 웹사이트에 가볼 수 있다. http://phylonames.org/code/.

5   Samuel J. Wilberforce, "(Review of) 'On the Origin of Species,'" Quarterly Review (1860): 225-64.

6   Richard Horsey, "The Art of chicken sexing," UCLA Working Papers in Linguistics 14 (2002): 107-17.

7   Patti M. Valkenburg and Moniek Buijzen, "Identifying determinants of young children's brand awareness: Television, parents, and peers," Applied Developmental Psychology 26 (2005): 456-68.

8   John M. Marzluff and Tony Angell, In the Company of Crows and Ravens (New Haven: Yale University Press, 2005).

11장 과학을 넘어

1   Alexander Pope, The Works of Mr Alexander Pope (London: W. Boyer, 1717), 48. 인용한 글은 『윈저 숲Windsor Forest』에서 발췌한 것이다.

2   물론 이후에 린나이우스는 1758년에 출간된 『자연의 체계』 10판에서 고래를 물고기에서 빼내어 포유류에 넣었다.

저자

캐럴 계숙 윤
Carol Kaesuk Yoon

캐럴 계숙 윤은 예일대학교에서 생물학을 공부한 후 코넬
대학교에서 생태학 및 진화생물학 박사 학위를 취득한 한
국계 미국인 과학자이자 과학 전문 저널리스트다. 매사추
세츠에서 태어나고 자랐으며 어린 시절 대부분을 집 뒤
숲에서 돌아다니거나 만화책을 읽으며 보냈고 현재는 워
싱턴주 벨링엄에 거주하고 있다. 1992년부터 《뉴욕 타임
스》의 〈사이언스 타임스〉에 생물학에 대한 글을 기고해왔
으며, 그의 기사는 《사이언스》, 《워싱턴 포스트》, 《로스앤
젤레스 타임스》에도 실린 바 있다. 진화생물학과 분류학
사이의 갈등의 역사를 탐구한 대표작 『자연에 이름 붙이
기』는 2009년 《로스앤젤레스 타임스》 도서상 과학·기술
부문 최종 후보에 올랐다.

옮긴이

정지인

번역하는 사람. 『물고기는 존재하지 않는다』, 『우울할 땐
뇌과학』, 『욕구들』, 『마음의 중심이 무너지다』, 『두 뇌, 협
력의 뇌과학』, 『불행은 어떻게 질병으로 이어지는가』, 『내
아들은 조현병입니다』 등을 번역했다.

자연에 이름 붙이기

보이지 않던 세계가
보이기 시작할 때

펴낸날 초판 1쇄 2023년 10월 11일

초판 4쇄 2024년 1월 8일

지은이 캐럴 계숙 윤

옮긴이 정지인

펴낸이 이주애, 홍영완

편집장 최혜리

편집1팀 김하영, 양혜영, 김혜원

편집 박효주, 장종철, 문주영, 홍은비, 강민우, 이정미, 이소연

디자인 기조숙, 박아형, 김주연, 윤소정

마케팅 김태윤, 김철, 정혜인, 김준영

해외기획 정미현

경영지원 박소현

펴낸곳 (주)월북 **출판등록** 제2006-000017호

주소 10881 경기도 파주시 광인사길 217

홈페이지 willbookspub.com

전화 031-955-3777 **팩스** 031-955-3778

블로그 blog.naver.com/willbooks **포스트** post.naver.com/willbooks

트위터 @onwillbooks **인스타그램** @willbooks_pub

ISBN 979-11-5581-646-2 03400